21 世纪本科院校土木建筑类创新型应用人才培养规划教材

土木工程材料

主　编　赵志曼　张建平

副主编　虞　波　祝海雁

　　　　赵　敏　戴必辉

北京大学出版社

PEKING UNIVERSITY PRESS

内 容 简 介

本书依据我国现行最新相关规范和标准编写,对建筑石料、无机胶凝材料、普通混凝土与建筑砂浆、建筑金属材料、墙体材料与屋面材料、沥青与沥青混合料、建筑木材、合成高分子材料、土木工程材料试验等内容进行了系统的介绍。本书还增加了"高性能混凝土简介"等扩展知识,以引导学生关注土木工程材料学科前沿发展动态。

本书在各章节中有大量的"知识要点提醒"、"应用实例"和"小思考"等,以及形式多样的习题。这些可使学生在学习土木工程材料过程中较快地掌握、熟悉和了解各层次的知识点,做到学以致用,为后续课程的学习打下良好的基础。

本书可作为高等学校土木工程、工程管理和工程造价专业及其他相关专业的教科书,也可作为土木工程设计、施工、科研和监理人员的参考书。

图书在版编目(CIP)数据

土木工程材料/赵志曼,张建平主编 .—北京:北京大学出版社,2012.9
(21世纪本科院校土木建筑类创新型应用人才培养规划教材)
ISBN 978 - 7 - 301 - 16792 - 2

Ⅰ. ①土… Ⅱ. ①赵… ②张… Ⅲ. ①土木工程—建筑材料—高等学校—教材 Ⅳ. ①TU5

中国版本图书馆 CIP 数据核字(2012)第 202602 号

书　　　　名:	土木工程材料
著作责任者:	赵志曼　张建平　主编
策 划 编 辑:	卢　东　吴　迪
责 任 编 辑:	卢　东　林章波
标 准 书 号:	ISBN 978 - 7 - 301 - 16792 - 2/TU · 0276
出　版　者:	北京大学出版社
地　　　　址:	北京市海淀区成府路 205 号　100871
网　　　　址:	http://www.pup.cn　http://www.pup6.cn
电　　　　话:	邮购部 010 - 62752015　发行部 010 - 62750672　编辑部 010 - 62750667
电 子 邮 箱:	pup_6@163.com
印　刷　者:	北京虎彩文化传播有限公司
发　行　者:	北京大学出版社
经　销　者:	新华书店
	787 毫米×1092 毫米　16 开本　20.75 印张　478 千字
	2012 年 9 月第 1 版　2022 年 7 月第 8 次印刷
定　　　　价:	48.00 元

前　言

本书是按照高等学校土木工程学科专业指导委员会 2011 年制定的"土木工程材料教学大纲"和"卓越工程师"培养计划进行编写的，在现行土木工程材料教材编写体例的基础上，为了满足施工组织设计、工程管理和工程造价相关人员在提高工程质量、降低成本、合理选用材料等方面的需求，本书在部分章节增加了相关材料的质量鉴别、管理和成本分析等内容。

目前，由于各高校专业课学时的大幅度缩减，使土木工程材料课堂教学质量受到一定的影响。本书编写的目的就是使学生能够在有限的学时内对主要的土木工程材料有比较系统和深入的了解，而相应各章节的扩展知识则放在"附录"中留给学生课后自行学习。这样不但使课堂教学内容重点、难点突出，而且也可以让学生根据个人兴趣和需要了解到其他相关知识，从而避免多年来土木工程材料教材内容庞杂、系统性和逻辑性不强的弊端。本书具有如下特点。

(1) 本书基本上依据我国现行最新相关规范和标准进行编写，如《普通混凝土配合比设计规程》(JGJ 55—2011)、《混凝土质量控制标准》(GB 50164—2011)、《混凝土强度检验评定标准》(GB/T 50107—2010)、《混凝土耐久性检验评定标准》(JGJ/T 193—2009)、《通用硅酸盐水泥》(GB 175—2007)、《用于水泥中的粒化高炉矿渣》(GB/T 203—2008)、《用于水泥中的火山灰质混合材料》(GB/T 2847—2005)、《用于水泥和混凝土中的粉煤灰》(GB 1596—2005)、《建筑砂浆基本性能试验方法》(JGJ 70—2009)、《低合金高强度结构钢》(GB/T 1591—2008)、《碳素结构钢》(GB/T 700—2006)和《冷轧带肋钢筋》(GB 13788—2008)等。

(2) 对水泥和混凝土等章节的主要内容进行了系统而详细的讨论，突出重点和难点，与之相关的扩展知识则放在附录中，从而使相关内容主次分明，便于学生学习和掌握。

(3) 在各章节中有大量的"知识要点提醒"、"应用实例"和"小思考"等，便于学生在学习过程中能够掌握、熟悉和了解各层次的知识点，做到学以致用，为后续课程的学习打下良好的基础。

(4) 本书在各章节后附有类型丰富的习题，帮助学生从不同的角度理解所学知识点，并加强记忆。

(5) 本书在各章节中附有较多的图片和表格，以帮助学生对材料形成感性认识。

本书由赵志曼和张建平主编。绪论、第 1 章、第 3 章、第 4 章、第 5 章、附录 C、试验 1、试验 3、试验 4 由赵志曼（昆明理工大学）编写；第 2 章、第 9 章、附录 A、附录 B、试验 2、试验 5 由张建平（昆明理工大学）编写；第 6 章、试验 6 由祝海雁（云南大学）编写；第 7 章、试验 9 由虞波（云南交通职业技术学院）编写；试验 7 由戴必辉（西南林业大学）编写；第 8 章、试验 8 由赵敏（津桥学院）编写。

　　本书在编写过程中得到了北京大学出版社、昆明理工大学等单位的大力帮助和支持，在此深表谢意。

　　由于时间仓促和编者水平有限，如书中有不妥之处，敬请广大师生、读者提出宝贵意见。

编　者

2012 年 6 月

目　录

绪　　论

1. 土木工程材料的范畴和分类

从广义范畴考虑，土木工程材料是指除用于建筑物本身的各种材料之外，还包括卫生洁具、给水排水设备、采暖及空调设备等，以及施工过程中的暂设工程，如围墙、脚手架、板桩、模板等所用的材料。本书讨论的是狭义的土木工程材料，即构成建筑物本体的材料，如地基基础、承重构件(梁、板、柱等)以及地面、墙体、屋面等所用的材料。

土木工程材料可从不同的角度加以分类，比如可按材料在建筑物中的部位分，也可按材料的功能分，还可按化学成分分类。

目前，土木工程材料通常是根据组成物质的种类和化学成分分类(表 0-1)。

表 0-1　土木工程材料分类

无机材料	金属材料	黑色金属：钢、铁
		有色金属：铝、铜等
	非金属材料	天然石材：石、砂及各种石材制品
		烧土及熔融制品：粘土砖、瓦、陶瓷及玻璃等
		胶凝材料：石膏、石灰、水泥、水玻璃等
有机材料	植物质材料	木材、竹材等
	沥青材料	石油沥青、煤沥青、沥青制品
	高分子材料	塑料、涂料、胶粘剂
复合材料	无机材料基复合材料	水泥刨花板、水泥混凝土、砂浆、钢纤维混凝土
	有机材料基复合材料	沥青混凝土、玻璃纤维增强塑料(玻璃钢)

2. 土木工程材料的技术标准分类

技术标准是生产质量的技术依据。生产企业必须按标准生产合格的产品,这也可促进企业改善管理制度,提高生产率,实现生产过程合理化。使用部门则应当按标准选用材料,使设计和施工标准化,从而加快施工进度,降低工程造价。同时,技术标准也是供需双方对产品质量验收的依据。

目前我国绝大多数土木工程材料都制订了产品的技术标准,这些标准一般包括产品规格、分类、技术要求、检验方法、验收规则、标志、运输和储存等方面的内容。

土木工程材料的技术标准按其适用范围可分为国家标准、行业标准、地方标准和企业标准(表 0-2)。

表 0-2　国家及行业标准代号

标准名称	代号	标准名称	代号
国家标准	GB	交通行业标准	JT
建材行业标准	JC	冶金行业标准	YB
建工行业标准	JG	石化行业标准	SH
铁道部标准	TB	林业行业标准	LY

随着国家经济的迅速发展和对外技术交流的增加,我国还引入了不少国外技术标准,常用的见表 0-3。

表 0-3　国际组织及几个主要国家标准

标准名称	代号	标准名称	代号
国际标准	ISO	德国工业标准	DIN
国际材料与结构试验研究协会	RILEM	韩国国家标准	KS
美国材料试验协会标准	ASTM	日本工业标准	JIS
英国标准	BS	加拿大标准协会标准	CSA
法国标准	NF	瑞典标准	SIS

3. 土木工程材料与工程造价和工程管理的关系

土木工程材料是土木工程建设中构成各种建筑产品的重要元素,它与建筑设计、施工及工程造价之间有着密切的关系。新的施工技术、新材料和新设备的出现必将推动设计方法、施工工艺等发生相应的改变:如轻质高强结构材料的出现,必然推动大跨结构和高层建筑的发展;各种标准化、大型化和预制化构件的出现,必然推动建筑工程标准化作业和高效施工的发展;优质的绝热材料、吸声材料、透光材料、保温材料等多功能材料的出现,必然推动建筑物向节能利废的方向发展。总之,随着社会的进步和建筑工程高科技装备的不断涌现,土木工程材料总的发展趋势是轻质、高强、多功能、机械化、利废和耐久。

在一般土木建筑工程的总造价中,材料的费用约占 50%～60%。因此,在实际工程中，材料的选择、使用及管理对工程成本影响很大。学习并熟练地掌握主要土木工程材料知识，可以利用各种材料的技术性质合理和正确地选用材料，达到在保证工程质量的基础上降低工程成本。综上所述，从工程技术经济和工程管理的角度来看，学好本课程十分重要。

4. 本课程的学习方法和要求

"土木工程材料"课程是土木工程、工程管理和工程造价专业的专业基础课，学习本课程的目的是为后续相关专业课程如施工组织设计、工程造价和工程管理的学习奠定必要的理论基础。

由于"土木工程材料"的内容庞杂、品种繁多，涉及多学科或课程，且各章节之间联系较少，因此，其知识点的逻辑性与连贯性与许多专业课程存在较大差别。学生如果不能掌握本课程特有的学习规律，常常会感到课程内容枯燥乏味，难以记忆和掌握，所以寻找或获得学习"土木工程材料"知识的规律显得尤为重要。这里给出以下几点建议。

(1) 在学习第1章土木工程材料的基本性质时，学生应重点学习和记忆相关概念的定义、计算公式及适用条件、指标或系数，以及各概念之间的区别等。比如表观密度和堆积密度的区别，吸水性和吸湿性的区别，软化系数、抗渗等级、抗冻等级的确定等。

(2) 在学习第3章无机胶凝材料时，无论是气硬性胶凝材料还是水硬性胶凝材料均可按照"原料→生产→熟化(水化)硬化→技术性质→应用"这几个步骤去学习，在学习石灰和石膏时，还要有意识地进行相互对照，这样就避免了许多学生出现概念混乱的现象。当然对于硅酸盐水泥除了掌握上述几个部分外，还要掌握硅酸盐水泥熟料组成及特点、水泥腐蚀、通用水泥的选择等。总之，有了大的知识构架，再针对不同的材料进行细化学习，这会使学生对课程内容的认识更加清晰。

(3) 在学习第4章普通混凝土与建筑砂浆时，主要掌握以下几点：①混凝土的组成材料；②混凝土的和易性(工作性)；③混凝土的强度；④混凝土的变形；⑤混凝土的耐久性。其中，混凝土的配合比计算和混凝土质量检测是必须熟练掌握的，学习建筑砂浆知识点的方法基本与混凝土相同。

(4) 在学习第5章建筑金属材料时，主要掌握建筑钢材的分类、建筑钢材的力学及工艺性、建筑钢材的冷加工、建筑钢材的选用等。

(5) 在学习第7章沥青与沥青混合料时，通过对比各沥青制品的组成和结构掌握它们的性质和应用，尤其是通过对比来掌握它们的个性和共性。

最后，要重视试验课并做好实验。试验课是本课程的重要教学环节，通过试验可以验证所学的基本理论，学会检测常用材料的试验方法，掌握一定的试验技能，并能对试验结果进行正确的分析和判断。这对培养学生学习与工作能力及严谨的科学态度十分有利。

第1章
土木工程材料的基本性质

本章教学要点

知识要点	掌握程度	相关知识
材料与质量有关的性质	掌握	材料的密度、表观密度、堆积密度、孔隙率、空隙率等
材料与水有关的性质	重点掌握	材料的吸水性、吸湿性、耐水性、抗冻性、抗渗性等
材料与热有关的性质	熟悉	材料的导热性、热容量、热变形等
材料的力学性质	重点掌握	材料的抗压、抗拉、抗弯、抗剪强度；材料的弹性、塑性、韧性、脆性、硬度、耐磨性等
材料的耐久性	熟悉	材料抵抗化学作用、物理作用、生物作用、机械作用的能力

本章技能要点

技能要点	掌握程度	应用方向
掌握材料的密度、表观密度、堆积密度、孔隙率、空隙率等的定义、计算公式以及相互之间的区别	掌握	材料的选用、运输、管理等

续表

技能要点	掌握程度	应用方向
掌握材料的吸水性、吸湿性、耐水性、抗冻性、抗渗性等的定义、计算公式、技术参数以及相互之间的区别	重点掌握	材料的选用、运输、管理等
熟悉材料的导热性、热容量、热变形等的定义、计算公式以及相互之间的区别	熟悉	材料的选用
掌握材料的抗压、抗拉、抗弯、抗剪强度，材料的弹性、塑性、韧性、脆性、硬度、耐磨性等的定义、计算公式以及相互之间的区别	重点掌握	材料的选用
熟悉材料抵抗化学作用、物理作用、生物作用、机械作用的能力	熟悉	材料的选用

小思考 1-1

某土建工程根据施工图预算得砌筑墙体体积为 $8463m^3$，根据当地材料供应情况决定选用标准烧结砖，标准砖尺寸为 $240mm \times 115mm \times 53mm$，其表观密度为 $1600kg/m^3$，现有载重量为 $5t$ 的汽车五辆，每辆车的运价为 1500 元/趟，试问要运完该工程所有砌墙砖共需费用多少？

小思考 1-2

在某市政管道工程施工中，对于砌筑污水检查井壁是否选用已有砖料存在争议，一种方案认为必须选用高强度的烧结砖；另一种方案是强度只要满足设计要求，重点应考虑其软化系数是否满足材料耐水性要求。经测试现有库存砖绝干时极限抗压强度为 $42.6MPa$，饱和面干时极限抗压强度为 $39.2MPa$，试问选用哪种砖更符合工程需要？

小思考 1-3

某南方城市需修建一座大跨预应力钢筋混凝土桥梁，监理工程师根据设计文件要求施工方提供该桥主体结构混凝土抗冻性指标，而施工方则认为该地区属于亚热带气候，无冰冻侵害，所以不用测试混凝土的抗冻等级，但监理工程师坚持要求施工方测试混凝土的抗冻性，为什么？

由上述三个小思考可看到，对材料基本性能的了解和掌握，是人们在实际工程中正确、合理选用材料，估算工程造价的基础。

1.1 材料的物理性能

表征材料与质量性能的主要参数有密度、表观密度、堆积密度、密实度、孔隙率、空隙率及填充率等，这是土木工程材料最基本的物理性质。

1.1.1 密度、表观密度与堆积密度

1. 密度

材料在绝对密实状态下，单位体积的质量称为材料的密度，即：

$$\rho = \frac{m}{V} \tag{1.1}$$

式中　ρ——密度，g/cm^3；

　　　m——材料在绝干状态下的质量，g；

　　　V——材料在绝对密实状态下的体积，cm^3。

绝对密实状态下的体积是指不包括材料内部孔隙在内的体积。除钢材和玻璃等少数材料外，土木工程材料学科认为绝大多数土木工程材料都含有一定的孔隙。在密度测定中，应把含有孔隙的材料破碎并磨成细粉，烘干至恒重后用李氏比重瓶测定其密实体积。材料磨的程度应符合国家相关规范要求。对砖、石等材料常采用此种方法测定其密度。

知识要点提醒

无论何种材料其密度是唯一的。

2. 表观密度

材料在自然状态下，单位体积的质量称为材料的表观密度，即：

$$\rho_0 = \frac{m}{V_0} = \frac{m}{V + V_k + V_B} \tag{1.2}$$

式中　ρ_0——材料的表观密度，g/cm^3 或 kg/m^3；

　　　V_0——材料在自然状态下的体积，或称表观体积，cm^3 或 m^3，包括固体物质所占体积、开口孔隙体积 V_k 和封闭孔隙体积 V_B，如图 1.1 所示。

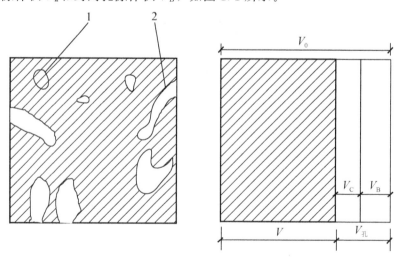

1—闭孔；2—开孔

图 1.1　含孔材料体积组成示意图

材料的自然状态体积包括孔隙在内，当开口孔隙内含有水分时，材料的质量将发生变化，因而会影响材料的表观密度值。材料在烘干至恒重状态下测定的表观密度称为干表观密度。一般测定表观密度时，以干表观密度为准，而对含水状态下测定的表观密度，须注明含水情况。

 知识要点提醒

对于烧结砖、石材等无机非金属材料其表观密度可能有 4 个值，这与其含水状态有关。

3. 堆积密度

散粒材料(指粉料和粒料)在自然堆积状态下，单位体积的质量称为材料的堆积密度(如图 1.2 所示)，即：

$$\rho_0' = \frac{m}{V_0'} \tag{1.3}$$

式中 ρ_0' ——散粒材料堆积密度，kg/m^3；

  m ——散粒材料的质量，kg；

  V_0' ——散粒材料的堆积体积，m^3。

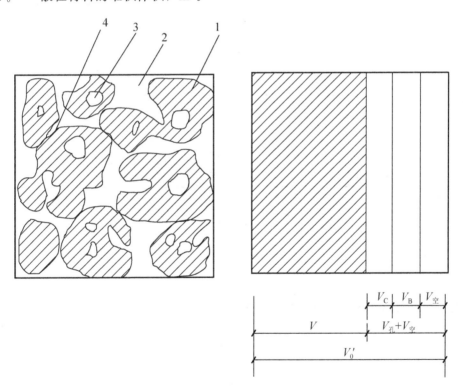

1—颗粒中的固体物质；2—颗粒的开口孔隙；3—颗粒的闭口孔隙；4—颗粒间空隙

图 1.2 散粒材料堆积状态示意图

测定材料的堆积密度时，材料的质量是指填充在一定容器内的材料质量，而堆积体积则是指堆积容器的容积。所以材料的堆积体积既包含颗粒的体积，又包含颗粒之间的空隙体积。

 知识要点提醒

对于散粒材料其堆积密度可以有 n 个值，这与其含水状态及材质有关。

在土木工程中，计算材料和构件的自重、材料的用量，以及计算配料、运输台班和堆放场地时，经常要用到材料的密度、表观密度和堆积密度等数据。现将常用土木工程材料的密度、表观密度和堆积密度列于表 1-1 中。

表 1-1　常用土木工程材料的密度、表观密度及堆积密度

材料名称	密度 ρ /(g/cm³)	表观密度 ρ_0 /(kg/m³)	堆积密度 ρ_0' /(kg/m³)	孔隙率 P/%
石灰岩	2.60	1800～2600	—	—
花岗岩	2.80	2500～2900	—	0.50～3.00
碎石	2.60	—	1400～1700	—
砂	2.60	—	1450～1650	—
粘土	2.60	—	1600～1800	—
普通粘土砖	2.50	1600～1800	—	20～40
粘土空心砖	2.50	1000～1400	—	—
水泥	3.10	—	1200～1300	—
普通混凝土	—	2100～2600	—	5～20
轻骨料混凝土	—	800～1900	—	—
木材	1.55	400～800	—	55～75
钢材	7.85	7850	—	0
泡沫塑料	—	20～50	—	—
沥青(石油)	约 1.0	约 1000	—	—

1.1.2　材料的密实度与孔隙率

1. 密实度

材料体积内被固体物质所充实的程度称为材料的密实度，即：

$$D=\frac{V}{V_0}\times100\% \quad \text{或} \quad D=\frac{\rho_0}{\rho}\times100\% \tag{1.4}$$

2. 孔隙率

材料体积内孔隙体积所占的比例，即：

$$P=\frac{V_0-V}{V_0}\times100\%=(1-\frac{V}{V_0})\times100\%=(1-\frac{\rho_0}{\rho})\times100\% \tag{1.5}$$

即：$D+P=1$。

式中　P——材料的孔隙率，%。

　　孔隙率的大小反映了材料的致密程度。材料的许多性能，如强度、吸水性、耐久性、导热性等均与其孔隙率有关。此外，还与材料内部孔隙的结构有关。孔隙结构包括孔隙的数量、形状、大小、分布以及连通与封闭等情况。

　　材料内部孔隙有连通与封闭之分，连通孔隙不仅彼此连通且与外界相通，而封闭孔隙则不仅彼此互不连通，且与外界隔绝。孔隙本身有粗细之分，粗大孔隙（孔径 $D>n\text{mm}$）、细小孔隙（$D=n\times10^{-4}\sim n\text{mm}$）和极细微孔隙（$D=n\times10^{-7}\sim n\times10^{-4}\text{mm}$）。粗大孔隙虽易吸水，但不易保持。极细微开口孔隙吸入的水分不易流动，而封闭的不连通孔隙，水分及其他介质不易侵入。因此，我们说孔隙结构及孔隙率对材料的表观密度、强度、吸水率、抗渗性、抗冻性及声、热、绝缘等性能都有很大影响。

【应用实例 1-1】

　　某标准砌墙砖经测试其密度为 $\rho=2.6\text{g/cm}^3$，表观密度为 $\rho_0=1700\text{kg/m}^3$，问该砖的孔隙率和密实度各为多少？

　　【解】（1）根据公式 1.5 计算砌墙砖的孔隙率。

$$P=(1-\frac{\rho_0}{\rho})\times100\%=\left(1-\frac{1.7}{2.6}\right)\times100\%=34.6\%$$

　　（2）计算砌墙砖的密实度。

　　因为 $D+P=1$；所以，$D=1-P=65.4\%$

1.1.3　散粒材料的填充率与空隙率

1. 填充率

散粒材料在堆积状态下，其颗粒的填充程度称为填充率，即：

$$D'=\frac{V}{V_0'}\times100\%\quad\text{或}\quad D'=\frac{\rho_0'}{\rho}\times100\% \tag{1.6}$$

2. 空隙率

散粒材料在堆积状态下，颗粒之间的空隙体积所占的比例，即：

$$P'=(\frac{V_0'-V}{V_0'})\times100\%=(1-\frac{V}{V_0'})\times100\%=(1-\frac{\rho_0'}{\rho})\times100\% \tag{1.7}$$

即：$D'+P'=1$。

　　空隙率的大小表征着散粒材料颗粒间相互填充的致密程度。空隙率可作为控制混凝土骨料级配与计算砂率的依据。

【应用实例 1-2】

　　某混凝土所用碎石经测试其密度为 $\rho=2.65\text{g/cm}^3$，堆密度为 $\rho_0'=1600\text{kg/m}^3$，问该碎石的空隙率和填充率各为多少？

　　【解】（1）根据式（1.7）计算碎石的空隙率。

$$P'=(1-\frac{\rho_0'}{\rho})\times100\%=\left(1-\frac{1.6}{2.65}\right)\times100\%=39.6\%$$

　　（2）计算碎石的填充率。

　　因为 $D'+P'=1$；所以，$D'=1-P'=60.4\%$

1.2 材料与水有关的性质

在土木工程中，绝大多数建筑物和构筑物在不同程度上都要与水接触，有的建筑物本身就是用来装水的，如水池、水塔等。一些构筑物是建在水中的，像桥梁的墩台、拦水大坝等。水与土木工程材料接触后，将会出现不同的物理化学变化，所以要研究在水的作用下土木工程材料所表现出来的各种特性及其变化。

1.2.1 亲水性与憎水性

建筑物和构筑物经常与水或大气中的水汽接触，一般固体材料与水接触后，会出现如图 1.3 所示的两种情况。当液滴与固体在空气中接触且达到平衡时，从固、液、气三相界面的交点处，沿着液滴表面作切线，此切线与材料和水接触面的夹角 θ 称为湿润边角（或接触角）。

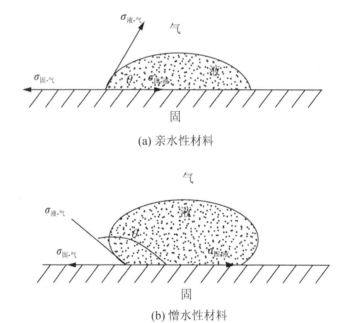

(a) 亲水性材料

(b) 憎水性材料

图 1.3 材料的润湿示意图

一般认为：当 $\theta \leqslant 90°$ 时，水分子之间的内聚力小于水分子与固体材料分子间的相互吸引力，此种材料称为亲水性材料[图 1.3(a)]；当 $\theta > 90°$ 时，水分子之间的内聚力大于水分子与固体材料分子间的吸引力，此种材料称为憎水性材料[图 1.3(b)]。

亲水性材料能通过毛细管作用，将水分吸入材料内部。憎水性材料一般能阻止水分渗入毛细管中，从而降低了材料的吸水作用。所以憎水性材料不仅可用作防水材料，而且还可用于亲水性材料的表面处理，以降低其吸水性。

大多数土木工程材料都是亲水性材料，如石料、砖瓦、水泥混凝土和木材等，而沥青、建筑塑料、多数有机涂料等则为憎水性材料。

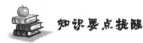

知识要点提醒

对于土木工程材料的亲水性与憎水性的定义是用湿润边角值来判断的，不可望文生义。

1.2.2 材料的含水状态

亲水性材料的含水状态可分为 4 种基本状态，如图 1.4 所示。

（1）绝干状态——材料的孔隙中不含水分或含水极微。

（2）气干状态——材料的孔隙中含水时其相对湿度与大气湿度相平衡。

（3）饱和面干状态——材料表面无水，而孔隙中充满水并达到饱和。

（4）湿润状态——材料不仅孔隙中含水饱和，而且表面上被水润湿附有一层水膜。

除上述 4 种基本含水状态外，材料还可以处于 2 种基本状态之间的过渡状态中。

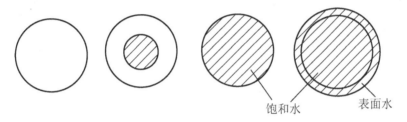

(a) 绝干状态　(b) 气干状态　(c) 饱和面干状态　(d) 表面湿润状态

图 1.4　材料的含水状态

1.2.3 吸水性与吸湿性

1. 吸水性

材料在水中吸收水分的性质称为吸水性。材料吸水能力的大小用吸水率表示，即：

$$W = \frac{m_1 - m}{m} \times 100\% \tag{1.8}$$

式中　W——材料的质量吸水率，%；

　　　m——材料在绝干状态下的质量，g；

　　　m_1——材料吸水饱和状态下的质量，g。

W 称为质量吸水率，有时也用体积吸水率来表示材料的吸水性。材料吸入水分的体积占干燥材料自然状态下体积的百分率称为体积吸水率。

由于材料的亲水性以及开口孔隙的存在，大多数材料都具有吸水性，所以材料中通常均含有水分。

材料的吸水性不仅与其亲水性及憎水性有关，还与其孔隙率的大小及孔隙特征有关。

一般孔隙率越高,其吸水性越强。封闭孔隙水分不易进入;粗大开口孔隙,易吸满水分;具有细微开口孔隙的材料,其吸水能力特别强。

各种材料因其化学成分和构造不同,其吸水能力差异极大,如致密岩石的吸水率只有 $0.50\% \sim 0.70\%$,普通混凝土为 $2.00\% \sim 3.00\%$,普通烧结粘土砖为 $8.00\% \sim 16.00\%$;而木材及其他多孔轻质材料的吸水率则常超过 100%。

2. 吸湿性

材料在潮湿空气中吸收水分的性质称为吸湿性,一般用含水率表示,即:

$$W_含 = \frac{m_含 - m}{m} \times 100\% \tag{1.9}$$

式中　$W_含$——材料的含水率,%;

　　　m——材料在绝干状态下的质量,g;

　　　$m_含$——材料含水时的质量,g。

材料的吸湿性随空气湿度大小而变化。干燥材料在潮湿环境中能吸收水分,而潮湿材料在干燥环境中也能放出(又称蒸发)水分,这种性质称为还水性,最终与一定温度下的空气湿度达到平衡。多数材料在常温常压下均含有一部分水分,这部分水的质量占材料干燥质量的百分率称为材料的含水率。与空气湿度达到平衡时的含水率称为平衡含水率。木材具有较大的吸湿性,吸湿后木材制品的尺寸将发生变化,强度也将降低。保温隔热材料吸入水分后,其保温隔热性能将大大降低。承重材料吸湿后,其强度和变形也将发生变化。因此,在选用材料时,必须考虑吸湿性对其性能的影响,并采取相应的防护措施。

 知识要点提醒

吸水性一般是指材料在水中吸收水分的性质,而吸湿性是指材料在潮湿的空气中吸收水分的性质。

【应用实例1-3】

某标准砌墙砖绝干状态时质量为 $2.05kg$,气干状态时质量为 $2.12kg$,饱和面干状态时质量为 $2.25kg$,润湿状态时质量为 $2.30kg$,问该砖的吸水率和吸湿率各为多少?

【解】 (1) 根据式(1.8)计算砌墙砖的吸水率。

$$W = \frac{m_1 - m}{m} \times 100\% = \frac{2.25 - 2.05}{2.05} \times 100\% = 9.8\%$$

(2) 根据式(1.9)计算砌墙砖的含水率。

$$W_含 = \frac{m_含 - m}{m} \times 100\% = \frac{2.12 - 2.05}{2.05} \times 100\% = 3.4\%$$

1.2.4　耐水性

材料长期在饱和水的作用下不破坏的性质称为耐水性。材料的耐水性常用软化系数 K_R 表示:

$$K_R = \frac{f_饱}{f_干} \tag{1.10}$$

式中 K_R——材料的软化系数；

$f_饱$——材料在吸水饱和状态下的极限抗压强度，MPa；

$f_干$——材料在绝干状态下的极限抗压强度，MPa。

由上式可知，K_R值的大小表明材料浸水后强度降低的程度。一般材料在水的作用下，其强度均有所下降。这是由于水分进入材料内部后，削弱了材料微粒间的结合力所致。如果材料中含有某些易于被软化的物质如粘土等，这将更为严重。因此，在某些工程中，软化系数 K_R 的大小成为选择材料的重要依据。一般次要结构或受潮较轻的结构所用的材料 K_R 值应不低于 0.75；而受水浸泡或长期处于潮湿环境的重要结构的材料，其 K_R 值应不低于 0.85；特殊情况下，K_R 值应当更高。通常认为软化系数＞0.8 的材料为耐水性材料。

【应用实例1-4】

某地基基础材料其含水率与空气相对湿度平衡时的极限抗压强度为 45MPa，绝干时的极限抗压强度为 52MPa，吸水饱和时的极限抗压强度为 48MPa，试问该材料是否可作为耐水性材料。

【解】根据式(1.10)计算此基础材料的软化系数：

$$K_R=\frac{f_饱}{f_干}=\frac{48}{52}=0.92$$

该材料的软化系数为 0.92＞0.8，所以可以作为耐水性材料。

1.2.5 抗渗性

材料在压力水作用下，抵抗渗透的性质称为抗渗性。材料的抗渗性一般用渗透系数 K 表示：

$$K=\frac{Qd}{AtH} \tag{1.11}$$

式中 K——渗透系数，cm/h；

Q——渗水总量，cm^3；

d——试件厚度，cm；

A——渗水面积，cm^2；

t——渗水时间，h；

H——静水压力水头，cm。

或用抗渗等级（记为 P_n）表示，即以规定的试件在标准试验条件下所能承受的最大水压力(MPa)来确定。

$$P=10H-1 \tag{1.12}$$

式中 P——抗渗等级；

H——试件开始渗水时的水压力，MPa。

混凝土的抗渗等级是以 28 天龄期的标准试件，在标准试验方法下所能承受的最大静水压来表示，共有 P4、P6、P8、P10、P12 五个等级，表示混凝能抵抗 0.4MPa、0.6MPa、0.8MPa、1.0MPa、1.2MPa 的静水压力而不渗透。

渗透系数越小的材料其抗渗性越好。材料抗渗性的高低与材料的孔隙率和孔隙特征有关。绝对密实的材料或具有封闭孔隙的材料，水分难以透过。对于地下建筑及桥涵等结构

物，由于经常受到压力水的作用，所以要求材料应具有一定的抗渗性。对用于防水的材料，其抗渗性的要求更高。

1.2.6 抗冻性

材料在吸水饱和状态下，抵抗多次冻融循环的性质称为抗冻性，用抗冻等级（记为F_n）表示，抗冻等级的大小也是衡量材料耐久性的指标。

冰冻的破坏作用是由于材料中含有水，水在结冰时体积膨胀约9%，从而对孔隙产生压力而使孔壁开裂。冻融循环的次数越多，对材料的破坏作用越严重。

影响材料抗冻性的因素很多，主要有：材料的孔隙率、孔隙特征、吸水率及降温速度等。一般来说孔隙率小的材料抗冻性高；封闭孔隙含量越多，抗冻性越高。

在路桥工程中，处于水位变化范围内的材料，在冬季时材料将反复受到冻融循环作用，因此抗冻性是路桥工程中重要的考察技术指标。

知识要点提醒

不是只有在有冰冻的地区才考虑和检测材料的抗冻性，因抗冻等级是衡量材料耐久性的指标。

1.3 材料的热工性质

建筑物的功能除了实用、安全、经济外，还要为人们创造舒适的生产、工作、学习和生活环境。因此，在选用材料时，需要考虑材料的热工性质。

1.3.1 导热性

热量在材料中传导的性质称为导热性。导热性能是材料的一个非常重要的热工指标，它说明材料传递热量的一种能力。材料的导热能力用导热系数λ表示，即：

$$\lambda = \frac{Qd}{(t_1 - t_2)FZ} \tag{1.13}$$

式中　λ——导热系数，$W/(m \cdot K)$；

Q——传导热量，J；

d——材料厚度，m；

$(t_1 - t_2)$——材料两侧温度差，K；

F——材料传热面积，m^2；

Z——传热时间，s。

导热系数的物理意义是：在一块面积为$1m^2$、厚度为$1m$的壁板上，板的两侧表面温度差为$1K$时，在单位时间内通过板面的热量。因此，λ值越小，材料的绝热性能越好。

各种土木工程材料的导热系数差别很大，大致在$0.03 \sim 3.30 W/(m \cdot K)$之间，比如泡沫塑料$\lambda = 0.03 W/(m \cdot K)$，而大理石$\lambda = 3.30 W/(m \cdot K)$。几种典型材料的热工性质指

标见表 1-2。习惯上把导热系数≤0.175W/(m·K)的材料称为绝热材料。

表 1-2 几种典型材料的热工性质指标

材　　　料	导热系数/[W/(m·K)]	比热/[J/(g·K)]
铜	370	0.38
钢	55	0.46
花岗岩	2.9	0.80
普通混凝土	1.8	0.88
烧结普通砖	0.55	0.84
松木(横纹)	0.15	1.63
泡沫塑料	0.03	1.30
冰	2.20	2.05
水	0.60	4.19
密闭空气	0.025	1.00

影响材料导热系数的主要因素有：材料的化学成分及其分子结构、表观密度(包括材料的孔隙率、孔隙的性质及大小等)、材料的湿度和温度状况等。由于静止空气的导热系数很小 [$\lambda=0.025$W/(m·K)]，所以，一般材料的孔隙率越大，其导热系数就越小(粗大而贯通孔隙除外)。

材料受潮或冻结后，其导热系数将有所增加。这是因为水的导热系数 $\lambda=0.60$W/(m·K)，而冰的导热系数 $\lambda=2.20$W/(m·K)，它们都远大于空气的导热系数。因此，在设计和施工中，应采取有效措施，使保温材料经常处于干燥状态，以发挥其保温效果。

1.3.2 比热及热容量

材料在受热时要吸收热量，在冷却时要放出热量，吸收或放出的热量按下式计算：

$$Q=Cm(t_2-t_1) \tag{1.14}$$

式中　Q——材料吸收或放出的热量，J；

　　　C——材料的比热，J/(g·K)；

　　　m——材料的质量，g；

　(t_2-t_1)——材料受热或冷却前后的温度差，K。

比热的物理意义表示 1g 材料温度升高或降低 1K 时所吸收或放出的热量。材料的比热主要取决于矿物成分和有机质的含量，无机材料的比热比有机材料的比热小。湿度对材料的比热也有影响，随着材料湿度的增加比热也会相应提高。

比热 C 与材料质量 m 的乘积称为材料的热容量。采用热容量大的材料作围护结构，对维持建筑物内部温度的相对稳定十分重要。夏季高温时，室内外温差较大，热容量较大的材料温度升高所吸收的热量就多，室内温度上升较慢；冬季采暖后，热容量大的建筑物吸收的热量较多，短时间停止供暖，室内温度下降缓慢。所以，热容量较大、导热系数较小的材料，才是良好的绝热材料。

1.3.3　耐燃性

建筑物失火时，材料能经受高温与火的作用不破坏，强度不严重下降的性能，称为材料的耐燃性。根据耐燃性，材料可分为三大类。

1. 不燃烧类

材料遇火遇高温不易起火、不阴燃、不碳化，如普通石材、混凝土、砖、石棉等。

2. 难燃烧类

材料遇火遇高温不易起火、不阴燃、不碳化，只有在火源存在时能继续燃烧或阴燃，火焰熄灭后，即停止燃烧或阴燃，如经防火处理的木材等。

3. 燃烧类

材料遇火遇高温即起火或阴燃，在火源移去后，能继续燃烧或阴燃，如木材、沥青等。

1.3.4　耐火性

材料在长期高温作用下，保持不熔性并能工作的性能称为材料的耐火性，如砌筑窑炉、锅炉、烟道等的材料。按耐火性高低可将材料分为以下三类。

1. 耐火材料

耐火度不低于 1580℃ 的材料，如耐火砖中的硅砖、镁砖、铝砖和铬砖等。

2. 难熔材料

耐火度为 1350～1580℃ 的材料，如难熔粘土砖、耐火混凝土等。

3. 易熔材料

耐火度低于 1350℃ 的材料，如普通粘土砖等。

1.4　材料的声学与光学性质

1.4.1　材料的声学性质

1. 吸声性

声音起源于物体的振动，如说话时声带的振动和打鼓时鼓皮的振动(声带和鼓皮称为声源)。声源的振动迫使邻近的空气跟着振动而形成声波，并在空气介质中向四周传播。声音在传播过程中，一部分由于声能随着距离的增大而扩散，另一部分则因空气分子的吸收而减弱，当声波传播到材料的表面时，一部分声波被反射，一部分穿透材料，其余部分则传给材料。对于含有大量连通孔隙的材料，传递给材料的声能在材料的孔隙中引起空气分子与孔壁的摩擦和粘滞阻力，使相当一部分声能转化为热能而被材料吸收或消耗。声能穿透材料和被材料消耗的性质称为材料的吸声性，被吸收声能(E)与入射声能(E_0)之比，称为吸声系数 α，即：

$$\alpha = \frac{E}{E_0} \tag{1.15}$$

吸声系数 α 值越大，表示材料吸声效果越好。

影响材料吸声效果的因素有材料的表观密度、材料的孔隙构造和材料的厚度等。

2. 隔声性

隔声与吸声不同，不能简单地把吸声材料作为隔声材料使用。

声波在建筑结构中的传播主要是通过空气和固体物质来实现，因而隔声可分为隔空气声和隔固体声两种，两者的隔声原理是不同的。

隔声量(R)，又称传声损失，是表示材料隔绝空气声的能力，是在标准隔声实验室内测出的，其单位为分贝(dB)。R 越大，隔声效果越好。

1.4.2 材料的光学性质

光是以电磁波形式传播的辐射能。电磁波辐射的波长范围很广，只有波长在 380～760nm 的这部分辐射能才能引起光视觉，称为"可见光"。波长短于 380nm 的光是紫外线、X 射线、γ 射线；长于 760nm 的光是红外线和无线电波等。

光的波长不同，人眼对其产生的颜色感觉也不同，各种颜色的波长之间并没有明显的界限。即一种颜色逐渐减弱，另一种颜色则逐渐增强，慢慢变到另一种颜色，另外还关系到光通量、发光强度、照度等。

根据光学原理，颜色不是材料本身固有的，而是取决于材料的光谱反射、光线的光谱组成、观看者对光谱的敏感性，其中光线尤为重要。

材料的光泽是材料表面的特征。光线照到物体上，一部分被反射，另一部分被吸收。如果物体是透明的，则有一部分透过物体。当光线入射角和反射角对称时，为镜面反射；当反射光线分散在各个方向时称为漫反射，漫反射与颜色和亮度有关。镜面反射是产生光泽的主要因素，对物体成像的清晰程度和反射光的强弱起决定性作用。另外，材料与光的性质还关系到材料的透明度、表面组织、形状尺寸和立体造型等。

总之，一幢建筑物(或建筑群体)，除了满足物理、力学等性能外，还要充分利用自然光线为室内采光，建筑的立面要充分运用自然光线形成凹凸的光影效果、强烈的明暗对比，使建筑物矗立在大地上栩栩如生、色泽鲜明、清晰，立体感强，美观耐久。

1.5 材料的力学性质

材料的力学性质通常是指材料在外力(荷载)作用下的变形性质及抵抗外力破坏的能力。

1.5.1 强度

1. 材料的理论强度

固体材料的强度来源于内部质点(原子、离子和分子)间的相互作用力。以共价键或离子键结合的晶体,其结合力较强,材料的弹性模量也较高;而以分子键结合的晶体,其结合力较弱,弹性模量也较低。

材料的理论强度一般比较高。所谓理论强度就是根据理论分析得到的材料所能承受的最大应力,或者说克服固体物质内部的结合力而形成两个新表面所需要的力就是理论强度。

材料的破坏主要是由拉应力使结合键断裂而造成的,或由剪切使原子间滑动而造成的。从理论上说,当两质点被压缩而不断接近时,将遇到非常强大的排斥力,阻止质点相互接近。因此材料是不可能被压坏的。材料的受压破坏本质上是由压应力引起内部拉应力或剪应力造成的。材料的理论抗拉强度用式(1.16)表示:

$$f_t = \sqrt{\frac{E\gamma}{d}} \tag{1.16}$$

式中 f_t——材料的理论抗拉强度,Pa;

  E——材料的纵向弹性模量,Pa;

  γ——材料(固体)的单位表面能,J/m²;

  d——原子间的距离,m。

由式(1.16)可知,材料的弹性模量和表面能越大,原子间距离越小,其理论强度越高。

事实上材料的真实破坏强度远低于理论强度,这是由于实际材料中存在各种各样缺陷的缘故,如晶格的错位、杂质的存在以及孔隙和微裂纹的产生等。当材料受力时,能引起晶格的滑移,且在微裂纹的尖端处引起应力集中,致使局部应力急剧增加,导致裂纹不断延伸、扩展直至相互贯通,最终导致材料的破坏。如钢的理论强度为 30000MPa,而普通碳素钢的实际强度只有 400MPa 左右,相差两个数量级。

2. 材料的强度、强度等级和比强度

1) 强度

材料在外力(荷载)作用下抵抗破坏的能力称为强度。

根据外力作用方式的不同,材料强度有抗压强度[图 1.5(a)]、抗拉强度[图 1.5(b)]、抗弯强度[图 1.5(c)]和抗剪强度[图 1.5(d)]等。

材料的拉伸、压缩及剪切为简单受力状态,其强度按式(1.17)计算:

$$f = \frac{P}{F} \tag{1.17}$$

式中 f——材料强度,MPa;

  P——材料破坏时的最大荷载,N;

  F——材料受力截面面积,mm²。

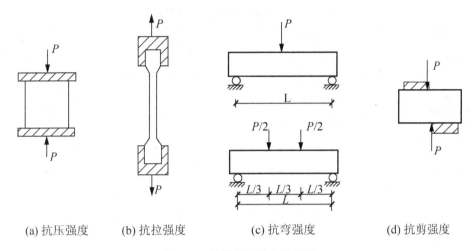

(a) 抗压强度　　(b) 抗拉强度　　　(c) 抗弯强度　　　(d) 抗剪强度

图 1.5　材料所受外力示意图

材料受弯时其应力分布比较复杂，强度计算公式也不一致。一般是将条形试件放在两支点上，中间加一集中荷载。对矩形截面的试件，其抗弯强度按式(1.18)计算。

$$f_弯=\frac{3PL}{2bh^2} \tag{1.18}$$

有时可在跨度的三分点上加两个相等的集中荷载，此时其抗弯强度按式(1.19)计算。

$$f_弯=\frac{PL}{bh^2} \tag{1.19}$$

式中　$f_弯$——材料的抗弯强度，MPa；

　　　P——材料弯曲破坏时的最大荷载，N；

　　　L——两支点间的距离，mm；

　　　b、h——试件横截面的宽及高，mm。

各种不同化学组成的材料具有不同的强度值。同一种类的材料，其强度随其孔隙率及构造特征的变化也有差异。一般孔隙率越大的材料其强度越低，其强度与孔隙率具有近似的线性关系如图 1.6 所示。

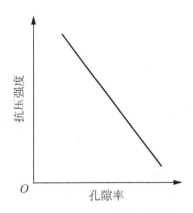

图 1.6　材料强度与孔隙率的关系

表 1-3 是几种常用材料的强度值。

表 1 - 3 几种常用材料的强度(MPa)

材料种类	抗压强度	抗拉强度	抗弯强度
花岗岩	100～250	5～8	10～14
普通粘土砖	5～20	—	1.6～4.0
普通混凝土	5～60	1～9	4.8～6.1
松木(顺纹)	30～50	80～120	60～100
建筑钢材	240～1500	240～1500	—

材料的强度通常是用破坏性试验来测定的。由试验测得的材料强度除与其组分、结构及构造等内因有关外，还与试验条件有密切关系。如试件的形状与尺寸、试件表面的平整度、试验装置情况、试验时的加荷速度以及温度和湿度条件等。

(1)试件形状与尺寸对试验结果的影响。试验材料强度时，对试件形状均有明确规定，对脆性材料(如砖、石、混凝土等)常采用立方体或圆柱体试件。一般来说圆柱体试件的强度值比立方体试件的小。就试件尺寸来看，通常小试件的抗压强度大于大试件的抗压强度。出现这种现象的原因有两个：其一，当试件受压时，试验机压板和试件承压面产生横向摩擦阻力(由于变形量不同)，试验机压板约束试件承压面及其毗连部分的横向膨胀变形(又称环箍作用)，从而抑制和推迟了试件破坏，因此所测强度值较高。因小试件受环箍作用的影响相对较大，因此小试件的强度较大试件的高。其二，材料内部存在有各种构造缺陷，试件尺寸较小时，存在缺陷的几率较小，因此小试件的强度值较高。

(2)试验装置情况对试验结果的影响。如上所述，脆性材料单轴受压时，试件的承压面受环箍作用影响较大，而远离承压面试件的中间部分，受环箍作用的影响较小，这种影响大约在距承压面$\frac{\sqrt{3}}{2}a$(a为试件横向尺寸)的范围以外消失。试件破坏以后形成两个顶角相接的截头角锥体，如图1.7所示，就是这种约束作用造成的结果。

若在试件承压面上涂以润滑剂，则环箍作用将大大减弱，试件将出现直裂破坏，测得的强度也较低，如图1.8所示。

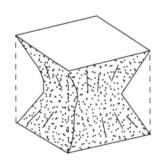

图 1.7 试块破坏后残存的立方体

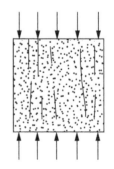

图 1.8 无摩擦阻力时试块的破坏情况

(3)试件表面的平整度对试验结果的影响。试件受压面是否平整，对强度也有影响。如果承压面凹凸不平或有缺棱掉角等缺陷时，将会出现应力集中现象而降低强度。

(4)加荷速度对试验结果的影响。试验时的加荷速度对所测强度值也有影响。因为材料的破坏是在变形达到一定程度时发生的，当加荷速度过快时，由于变形的增长滞后于荷载的增长，所以破坏时测得的强度值较高；反之，测得的强度值较低。

（5）试验时的温湿度对试验结果的影响。一般来说温度升高时材料的强度将降低，其中沥青混合料受温度波动的影响尤其显著。材料的强度还与其含水状态有关，一般湿度大的材料较干燥材料的强度低。

除上述诸因素外，试验机的精度、操作人员的技术水平等都对试验强度值的准确性有影响。所以材料的强度试验，只能提供一定条件下的强度指标。应当指出：不仅强度试验结果如此，材料其他性质的试验结果也带有条件性。所以为了得到具有可比性的试验结果，就必须严格遵照规定的标准试验方法进行试验。

2）强度等级

土木工程材料常按其强度的大小被划分成若干个等级，我们称之为强度等级。对脆性材料如砖、石、混凝土等，主要根据其抗压强度划分强度等级，对建筑钢材则按其抗拉强度划分强度等级。将土木工程材料划分为若干强度等级，对掌握材料的性质、合理选用材料、正确进行设计和施工以及控制工程质量都有重要的意义。

3）比强度

比强度是指单位体积质量的材料强度，它等于材料的强度与其表观密度之比。它是衡量材料是否轻质、高强的指标。

 知识要点提醒

准确记忆比强度的定义，以及它是衡量材料轻质、高强的指标。

1.5.2 弹性与塑性

材料在外力作用下发生变形，当外力取消后，材料能够完全恢复原来形状和尺寸的性质称为弹性。这种可以完全恢复的变形称为弹性变形（或瞬时变形）如图 1.9 所示。

材料在外力作用下发生变形，当外力取消后，材料不能恢复原来的形状和尺寸，但并不产生裂缝的性质称为塑性。这种不能恢复的变形称为塑性变形（或永久变形）如图 1.10 所示。

实际上，材料受力后所产生的变形是比较复杂的。某些材料在受力不大的条件下，表现出弹性性质，但当外力达到一定值后，则失去其弹性而表现出塑性性质，建筑钢材就是这种材料。有的材料在外力作用下，弹性变形和塑性变形同时发生，如图 1.11 所示。当外力取消后，其弹性变形 ab 可以恢复，而塑性变形 ob 则不能恢复，水泥混凝土受力后的变形就是这种情况。

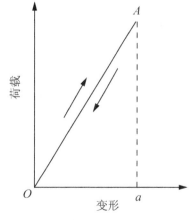

图 1.9 材料的弹性变形曲线

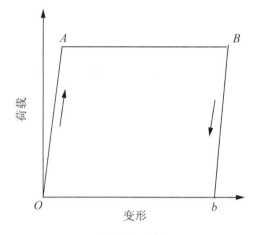

图 1.10　材料的塑性变形曲线

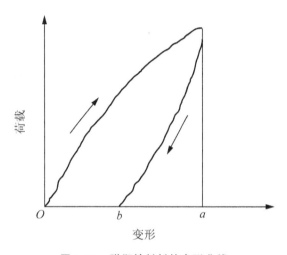

图 1.11　弹塑性材料的变形曲线

下列土木工程材料中属于塑性材料的是（　　　　）。

A. 混凝土拌和物　　B. 沥青　　　　C. 涂料　　　D. 水泥浆　　　E. 钢筋混凝土

1.5.3　脆性与韧性

材料在冲击荷载作用下突然破坏，而没有明显的变形，材料的这种性质称为脆性。脆性材料的变形曲线如图 1.12 所示。

材料在冲击荷载作用下能够吸收较大的能量而不破坏，材料的这种性质称为韧性。对于用作桥梁、路面、桩、吊车梁、设备基础等有抗震要求的结构，都要考虑材料的冲击韧性。

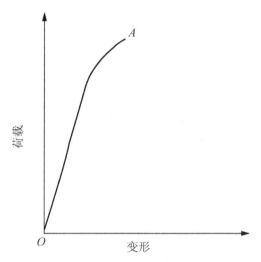

图 1.12 脆性材料的变形曲线

小思考 1-5

下列土木工程材料中属于脆性材料的是（　　）。

A. 混凝土　　　B. 建筑玻璃　　　C. 烧结砖　　　D. 铸铁　　　E. 墙面砖

1.5.4 疲劳极限

材料在受到拉伸、压缩、弯曲、扭转以及这些外力的反复作用，当应力超过某一限度时即会发生破坏，这个限度叫做疲劳极限，又称疲劳强度。当应力小于疲劳极限时，材料或结构在荷载多次重复作用下不会发生破坏。疲劳强度的大小与材料的性质、应力种类、疲劳应力比值、应力集中情况以及热影响等因素有关。材料的疲劳极限是由试验确定的，一般是在规定应力循环次数下，与它对应的极限应力作为疲劳极限。疲劳破坏与静力破坏不同，它不产生明显的塑性变形，破坏应力远低于强度，甚至低于屈服极限如图 1.13 所示。

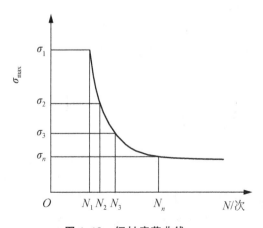

图 1.13 钢材疲劳曲线

对于混凝土，通常规定应力循环次数为$10^6 \sim 10^8$次。此时混凝土的压缩疲劳极限为抗压强度的$50\% \sim 60\%$。

小思考 1-6

对于桥梁等受动荷载作用的结构或构筑物，其所用钢材的选用应考虑（　　）。

A. 脆性　　　　B. 弹性　　　C. 塑性　　　D. 韧性　　　E. 耐疲劳性

1.5.5 硬度、磨损及磨耗

硬度是指材料表面抵抗较硬物质刻划或压入的能力。测定硬度的方法很多，常用刻划法和压入法。

刻划法常用于测定天然矿物的硬度，即按滑石、石膏、方解石、萤石、磷灰石、正长石、石英、黄玉、刚玉、金刚石的硬度递增顺序分为十级，通过它们对材料的划痕来确定所测材料的硬度，称为莫氏硬度。

压入法是以一定的压力将一定规格的钢球或金刚石制成的尖端压入试样表面，根据压痕的面积或深度来测定其硬度。常用的压入法有布氏法、洛氏法和维氏法，相应的硬度称为布氏硬度、洛氏硬度和维氏硬度。

如布氏法的测定原理是利用直径为D的淬火钢球，以荷载P将其压入试件表面，经规定的持续时间后卸除荷载，即得直径为d的压痕；以压痕面积F除荷载P，所得应力值即为试件的布氏硬度HB，以数字表示，不带单位。硬度计算式如下：

$$HB = \frac{2P}{\pi D(D - \sqrt{D^2 - d^2})} \tag{1.20}$$

硬度大的材料耐磨性较强，但不易加工，所以材料的硬度在一定程度上可以表明材料的耐磨性及加工难易程度。

材料受到摩擦作用而减小质量和体积的现象称为磨损。

材料受到摩擦、剪切及撞击的综合作用而减小质量和体积的现象称为磨耗。道路工程中的路面、过水路面以及涵管墩台等，经常受到车轮摩擦、水流及其挟带泥砂的冲击作用而遭受损失和破坏，这些均需要考虑材料抵抗磨损和磨耗的性能。

材料的结构致密、硬度较大、韧性较高时，其抵抗磨损及磨耗的能力较强。

1.6 材料的耐久性

建筑物或构筑物在使用过程中，除受各种力的作用外，还受到各种自然因素长时间的破坏作用，为了保持建筑物或构筑物的功能，要求用于建筑物或构筑物中的各种材料具有良好的耐久性。材料的耐久性是指材料在各种因素作用下，抵抗破坏保持原有性质的能力。自然界中各种破坏因素包括物理的、化学的以及生物的和机械的作用等。

（1）物理作用包括干湿交替、热胀冷缩、机械摩擦、冻融循环等。这些作用会使材料发生形状和尺寸的改变而造成体积胀缩，或导致材料内部裂缝的引发和扩展，久而久之终将导致材料和结构物的完全破坏。

（2）化学作用包括酸、碱、盐水溶液以及有害气体的侵蚀作用，光、氧、热和水蒸气作用等。这些作用会使材料逐渐变质而失去其原有性质或破坏。

（3）生物作用多指虫、菌的蛀蚀作用，如木材在不良使用条件下会受到虫蛀、腐朽变质而破坏。

（4）机械作用多指结构或构筑物在外部荷载作用下被破坏的过程。

砖、石、混凝土等矿物性材料，受物理作用破坏的机会较多，同时也受到化学作用的破坏。金属材料主要受化学和电化学作用引起锈蚀而破坏。木、竹等有机材料常受生物作用而破坏。而沥青、树脂、塑料等高分子有机物在阳光、空气和热的作用下，逐渐老化、变脆或开裂而失去其使用价值。

综上所述，材料的耐久性是一项综合性能。对具体工程材料耐久性的要求，是随着该材料实际使用环境和条件的不同而确定的。一般情况下，特别是在气温较低的北方地区，常以材料的抗冻等级代表耐久性。因为材料的抗冻性与在其他多种破坏因素作用下的耐久性具有密切关系。

在实际使用条件下，经过长期的观察和测试做出的耐久性判断是最为理想的，但这需要很长的时间，因而往往是根据使用要求，在实验室进行各种模拟快速试验，借以做出判断。如干湿循环、冻融循环、加湿与紫外线干燥循环、碳化、盐溶液浸渍与干燥循环、化学介质浸渍与快速磨损等试验。

应当指出，上述快速试验是在相当严格的条件下进行的，虽然也可得到定性或定量的试验结果，但这种试验结果与实际工程使用下的结果并不一定有明确的相关性或完全符合。因此，评定土木工程材料的耐久性仍需根据材料的使用条件和所处的环境情况，做具体的分析和判断，才能得出正确的结论。

本 章 小 结

　　本章通过对材料的密度、表观密度、堆积密度，材料的孔隙率、密实度、空隙率、填充率，以及材料的含水状态及性能（亲水性与憎水性、吸水性和吸湿性、耐水性、抗渗性、抗冻性）、热工性能（导热性、热容量、热变形）、声学及光学性能、力学及工艺性能（材料强度、比强度、弹性、塑性、韧性、脆性、硬度和耐磨性）和耐久性等基本概念讨论和学习，为后续系统地学习各章节相关土木工程材料知识打下了坚实的基础，为结合工程实际情况合理选用土木工程材料奠定了理论基础。

习　　题

1. 填空题

(1) 通常在建筑工程中耐水性材料是指 ＿＿＿＿＿＿＿＿＿＿＿＿。

(2) 反映材料在动荷载作用下，材料变形及不破坏的性质是 ＿＿＿＿＿＿＿＿＿＿＿＿＿。

(3) 材质相同的 A、B 两种材料，已知 $\rho_{0A} > \rho_{0B}$，则 A 材料的保温效果比 B 材料 ＿＿＿＿＿＿＿＿＿＿。

(4) 表观密度根据其含水状态可分为 ＿＿＿＿＿＿＿＿＿＿＿＿。

(5) 材料比强度的定义是指 ＿＿＿＿＿＿＿＿＿＿＿。

(6) 经常作为无机非金属材料抵抗大气物理作用的耐久性指标是 ＿＿＿＿＿＿＿＿＿＿。

(7) 材料在外力作用下产生变形，外力撤消后变形能完全恢复的性质称为 ＿＿＿＿＿＿＿＿ ＿＿＿＿。

(8) 对保温隔热性要求较高的材料应选择 ＿＿＿＿＿＿＿＿＿＿＿。

(9) 当材料的孔隙率一定时，孔含量越多的材料的绝热性越好的孔形态一定是 ＿＿＿＿＿ ＿＿＿＿＿。

2. 判断题

(1) 相同种类的材料，孔隙率大的比孔隙率小的密度大。　　　　　　　　　（　　）

(2) 材料受潮或冰冻后，其导热系数将降低。　　　　　　　　　　　　　　（　　）

(3) 材料的空隙率越大，则其吸水率也越大。　　　　　　　　　　　　　　（　　）

(4) 材料的表观密度与密度越接近，则材料越密实。　　　　　　　　　　　（　　）

(5) 脆性材料在破坏前有明显的变形，而韧性材料在破坏前无显著的变形。　（　　）

(6) 一般而言，密实的、具有闭合孔隙体积的且具有一定强度的材料，有较强的抗冻性。　　　　　　　　　　　　　　　　　　　　　　　　　　　　　　　（　　）

(7) 具有粗大孔隙体积的材料因其水分不易留存，吸水率一般小于孔隙率。　（　　）

(8) 具有较大孔隙率，且为较大孔径、开口连通孔隙的亲水材料往往抗渗性差。
　　　　　　　　　　　　　　　　　　　　　　　　　　　　　　　　　（　　）

(9) 在建筑工程中，通常将不吸收水分的材料定义为憎水性材料。　　　　　（　　）

(10) 材料的抗冻性仅与材料的孔隙率有关，与孔隙中的水饱和程度无关。　（　　）

(11) 材料进行强度试验时，加荷速度的快慢对试验结果没有影响。　　　　（　　）

3. 问答题

(1) 土木工程材料应具备哪些基本性质？为什么？

(2) 材料的密度、表现密度和堆积密度有何差别？

(3) 材料的密实度和孔隙率与散粒材料的填充率和空隙率有何差别？

(4) 材料的亲水性、憎水性、吸水性、吸湿性、耐水性、抗渗性及抗冻性的定义、表示方法及其影响因素是什么？

（5）什么是材料的导热性？导热性的大小如何表示？影响材料导热性的因素有哪些？

（6）什么是材料的弹性与塑性？弹性变形与塑性变形相同吗？

（7）材料在荷载（外力）作用下的强度有几种？

（8）试验条件对材料强度有无影响？为什么？

（9）什么是材料的强度等级和比强度？强度等级与比强度有何关系与区别？

（10）说明材料的脆性与韧性的区别。

（11）说明材料的疲劳极限、硬度、磨损及磨耗的概念。

（12）什么是材料的耐久性？材料为什么必须具有一定的耐久性？

（13）建筑物的屋面、外墙、基础所使用的材料各应具备哪些性质？

（14）当某种材料的孔隙率增大时，表1-4内所示内容如何变化？（用符号表示：↑增大、↓下降、—不变、？不定）

表1-4 题14

孔隙率	密度	表观密度	强度	吸水率	抗冻性	导热性
↑						

4. 计算题

（1）某岩石试样经烘干至恒重后其质量为482g，将其投入盛水的量筒中，当试样吸水饱和后水的液面高度由452cm³增为630cm³。饱和面干时取出试件称量，质量为487g。试问该岩石的开口孔隙率为多少？表现密度是多少？

（2）一种木材的密度为1.5g/cm³，其绝干表现密度为540kg/cm³，试估算其孔隙率。

第2章

建筑石料

本章教学要点

知识要点	掌握程度	相关知识
主要造岩矿物	了解	石英、云母、白云石、石膏等
石料的分类	熟悉	火成岩、变质岩、水成岩
主要石料的技术性质与要求	熟悉	物理性质、力学性质和耐久性
石料的选用原则	熟悉	适用性和经济性

本章技能要点

技能要点	掌握程度	应用方向
如何选用石料	重点掌握	砌筑、路用、装饰石料的选用
如何鉴别石料品质	掌握	建筑石料的质量管理、造价控制

建筑石料是指将天然石料按照建筑工程的需要经过特别加工后的石料制品。

天然石料不仅可以直接用作土木工程材料，而且它还是许多材料及其制品的原材料。如石灰、水泥及玻璃的主要原料就是石料，而天然砂、卵石以及人工碎石又是配制砂浆和混凝土等的原材料。

天然石料一般具有强度高、莫氏硬度大、耐磨性好、美观、经久耐用等优点。所以自古以来石料就被用作各种土木工程的材料。随着生产的发展和科学技术的进步，虽然出现了钢材、钢筋混凝土、高分子材料等现代化材料，但石料的开采和应用仍方兴未艾。

我国天然石料资源丰富，品种齐全，且分布广，便于就地取材，有很好的开采利用价值。正确地开采和使用天然石料，对于控制耕地面积的减少和节省能源具有现实意义。当然石料的质量较大且坚硬，这给开采、加工和运输带来许多困难，这也是天然石料利用中值得注意的问题。

2.1 石料的组成与分类

地壳中的化学元素，除极少数呈单质存在外，绝大多数元素都以化合物的形态存在。这些存在于地壳中的具有一定化学成分和物理性质的自然元素和化合物叫做矿物。

组成地壳的石料，都是在一定地质条件下由一种或几种矿物自然组成的集合体。简单地说，矿物的集合体就是石料，而组成石料的矿物称为造岩矿物。矿物的成分、性质及其在各种因素影响下的变化，都会对石料的性质产生直接的影响。所以，要认识石料，分析石料在各种条件作用下的变化，并对石料的土木工程性质进行评价，就必须认识和了解矿物。

2.1.1 常见的主要造岩矿物

1. 石英

石英的化学成分是 SiO_2，为结晶体。晶形为两端突出的六方柱状，柱面上有横纹，颜色很多，常见者为白色、乳白色和浅灰色。其中无色透明者称为"水晶"。其莫氏硬度为7，密度为 $2.60\sim2.70g/cm^3$；无解理，断口呈贝壳状。石英硬度大、强度高、化学稳定性好、耐久性高，但受热时（573℃）因晶型转变会发生体积膨胀。

2. 正长石

正长石的化学成分是 $KAlSi_2O_8$。晶体呈短柱状和厚板状，常见的为粒状或块状；颜色呈肉红色、褐黄色。莫氏硬度为6，密度为 $2.50\sim2.60g/cm^3$；有玻璃光泽和两组解理。

3. 云母

云母晶体呈片状或板状集合体。其莫氏硬度为 $2\sim3$，密度为 $2.76\sim3.2g/cm^3$。有一组完全解理（矿物在外力等作用下，沿一定的结晶方向易裂成光滑平面的性质称为解理，

裂成的平面称为解理面），易裂成薄片，薄片有弹性，耐久性差。根据颜色可分为黑云母及白云母两种。

白云母 $[KAl(Si_2AlO_{10})(OH)_2]$，无色或白色。常见者为浅绿色、浅黄色等，呈玻璃光泽。

黑云母 $[K(Mg，Fe)_3(Si_3AlO_{10})(OH)_2]$，黑色或褐色，呈珍珠光泽。

4. 白云石

白云石晶体呈菱面体，常是致密块状。其颜色为灰白色，有时带浅黄色。莫氏硬度为 $3.5\sim4.0$，密度为 $2.8\sim2.9g/cm^3$。呈玻璃光泽，有菱面体解理，解理面大部分弯曲。它与稀冷盐酸作用极缓慢，以此作为与方解石的区别。强度、耐酸腐蚀性及耐久性略高于方解石，遇酸时分解。

5. 石膏

石膏 $(CaSO_4 \cdot 2H_2O)$ 晶体呈板状，集合体为纤维状，块状。其颜色为无色或白色。莫氏硬度为 2，密度为 $2.30\sim2.40g/cm^3$。呈玻璃光泽，有解理，解理面呈珍珠光泽。它是透明或半透明的，可直接用作土木工程材料，也可作为其他材料的原材料。

2.1.2 石料的分类

地壳是由各种不同的石料组成的。石料按其地质成因的不同可分为火成岩、水成岩及变质岩三大类。

1. 火成岩

1）火成岩的一般特征

火成岩是岩浆在活动过程中，经过冷却凝固而成的。岩浆是存在于地下深处的成分复杂的高温硅酸盐熔融体。绝大多数火成岩的主要矿物组成是石英、长石、云母、角闪石、辉石及橄榄石等六种。

2）火成岩根据形成条件的不同，分以下两类。

（1）侵入岩。

① 深成岩。岩浆在地壳深处受上部覆盖层压力的作用，缓慢而均匀地冷却所形成的石料称为深成岩。其特点是矿物全部结晶，晶粒较粗、块状构造、结构致密。因而具有表观密度大、强度高、抗冻性好等优点。土木工程中常用的深成岩有花岗岩、正长岩、闪长岩等。

② 浅成岩。岩浆在地表浅处冷却结晶成岩。结构致密，由于冷却较快，因此晶粒较小，如辉绿岩。

侵入岩为全晶质结构（石料全部由结晶的矿物颗粒组成），且没有解理。侵入岩的表观密度大、抗压强度高、吸水率低、抗冻性好。

（2）喷出岩。岩浆冲破覆盖层喷出地表冷凝而成的石料。

当喷出岩形成较厚的岩层时，其结构致密，性能接近于深成岩，但因冷却迅速，大部分结晶不完全，多呈隐晶质（矿物晶粒细小，肉眼不能识别）或玻璃质，如建筑上常用的玄武岩、安山岩等；当岩层形成较薄时，常呈多孔构造，近于火山岩。

当岩浆被喷到空气中，急速冷却而形成的石料又称火山碎屑、火山碎屑岩等。因喷到空气中急速冷却而成，故内部含有大量的气孔，并多呈玻璃质，有较高的化学活性。常用作混凝土骨料、水泥混合材料，如火山灰、火山渣、浮石等。

2．水成岩

在地表常温常压的条件下，原岩(火成岩、变质岩或已成水成岩)经风化、剥蚀、搬运、沉积和压密胶结而形成的石料称为水成岩。

1) 水成岩的一般特点

在水成岩的形成过程中，由于物质是一层一层沉积下来的，所以其构造是层状的。这种层状构造称为水成岩的层理，每一层都具有一个面，称为层面。层面与层面间距离称为层的厚度。有的水成岩可以形成一系列斜交的层称为交错层。因此，水成岩的表观密度较小、孔隙率较大、强度较低、耐久性也较差。水成岩的主要造岩矿物有石英、白云石及方解石等。

2) 水成岩的分类

按沉积形成条件分为以下三类。

(1) 机械水成岩。原岩经自然风化作用而破碎松散，再经风、水及冰川等的搬运、沉积，重新压实或胶结而成的石料称为机械水成岩，如页岩、砂岩等。

(2) 化学水成岩。原岩中的矿物溶于水中，经聚积沉积而成的石料称为化学水成岩，如石膏、白云岩及菱镁石等。

(3) 有机水成岩。各种有机体死亡后的残骸经沉积而成的石料称为有机水成岩，如石灰岩等。

土木工程中常用的水成岩有石灰岩、砂岩和碎屑岩等。

3．变质岩

地壳中原有的石料(火成岩、水成岩及已经生成的变质岩)，由于岩浆活动及构造运动的影响(主要是温度和压力)，在固体状态下发生再结晶作用，而使它们的矿物成分和结构构造以至化学成分发生部分或全部的改变所形成的新石料称为变质岩。

1) 变质岩的一般特征

变质岩的矿物成分，除保留原来石料的矿物成分如石英、长石、云母、角闪石、辉石、方解石和白云石外，还产生了新的变质矿物，如绿泥石、滑石、石榴子石和蛇纹石等。这些矿物一般称为高温矿物。根据变质岩的特有矿物，可以把变质岩与其他石料区别开来。

变质岩的结构和构造几乎和火成岩类似，一般均是晶体结构。变质岩的构造，主要是片状构造和块状构造。片状构造根据片状的成因特点及厚薄，又可分成板状构造(厚片)、千层状构造(薄片)、片状构造(片很薄)及片麻状构造(片状不规则)等。

2) 变质岩的分类

一般由火成岩变质而成的称为正变质岩，而由水成岩变质而成的则称为副变质岩。按变质程度的不同，又分为深变质岩和浅变质岩。一般浅变质岩，由于受到高压重结晶作用，形成的变质岩较原岩更密实，其物理力学性质有所提高。比如由砂岩变质而成的

石英岩就较原来的石料坚实耐久。反之，原为深成岩的石料，经过变质作用，产生了片状构造，其性能还不如原深成岩。比如由花岗岩变质而成的片麻岩，就较原花岗岩易于分层剥落，耐久性降低。土木工程中常用的变质岩有大理岩、石英岩、片麻岩和板岩等。

2.2　石料的力学性能

石料由于其矿物成分、形成条件和环境的不同，因而产生了各种不同结构和构造，同时表现了各种各样的物理力学性能和土木工程特性。因此，必须了解石料的结构和构造及它们与性能之间的关系。

2.2.1　石料的结构与构造

石料的结构是指石料(矿石)中矿物的结晶程度、颗粒大小、形态及结合方式的特征。石料构造是指石料(矿石)中不同矿物集合体之间的排列方式和填充方式，或矿物集合体的形状、大小及空间的组合方式。它可通过肉眼或显微镜进行观察确定。

1. 块状构造

石料中的矿物质比较均匀且无定向排列所组成的构造称为块状构造。火成岩中的深成岩即具有块状构造；变质岩中的一部分也呈块状构造，但变质岩的结晶一般都经过了重结晶作用，所以在描述其结构构造时，一般加"变晶"二字以示与火成岩和水成岩的晶体结构构造相区别。

块状构造的特点是成分均匀、结构致密、整体性好。具有块状构造的石料的抗压强度高、表观密度大、吸水性小，抗冻性及耐久性好，具有良好的使用价值。花岗岩、正长岩、大理岩和石英岩均属于块状构造。

2. 层片状构造

石料由于其组成矿物的成分、颜色和结构不同，沿垂直方向变化而形成的一层一层的构造称为层状构造。层理是水成岩所具有的特殊构造。变质岩中的一部分，因受变质作用的影响而形成了厚薄不等的片状构造。

具有层片状构造的石料，在水平和垂直方向表现了不同的物理力学性质。垂直于层理方向的抗压强度高于平行层理方向的抗压强度。各层之间的连接处易被水分和其他侵蚀性介质所进入，从而导致片层间的风化和破坏。因此，除片状较厚的板状构造石料外，片状较薄的片状构造的石料，比如砂岩、页岩和片麻岩等只能用作人行道板和踏步等。

3. 气孔状构造

地层深处的岩浆压力很大，且含有一些气体，当岩浆活动喷出地表时，由于温度和压力急剧降低，岩浆在冷却凝固后便可形成气孔状构造。火山喷出岩具有典型的气孔构造。

具有气孔构造的石料，因为其孔隙率较大，所以吸水性较强而表观密度较低；当受到外力作用时，因其受力面较小且在孔隙周围形成应力集中而使其强度大大降低。气孔状构造的石料的耐久性与它的孔隙构造有关，封闭孔隙者较开口孔隙者耐久性好。此类石料因质轻、多孔、保温隔热性良好，宜做墙体材料，也可做混凝土的轻集料。常见的气孔状构造石料有浮石、火山凝灰岩等。

2.2.2 石料的主要技术性质与要求

1. 物理性质与要求

土木工程中一般主要对石料的表观密度、吸水率和耐久性等有要求。

大多数石料的表观密度均较大，且主要与其矿物组成、结构的致密程度等有关。致密石料的表观密度一般为 $2400 \sim 3200 kg/m^3$，常用致密石料的表观密度为 $2400 \sim 2850 kg/m^3$。同种石料，表观密度越大，则孔隙率越低，强度和耐久性等越高。

石料的吸水率与石料的致密程度和石料的矿物组成有关。深成岩和多数变质岩的吸水率较小，一般不超过 1.00%。SiO_2 的亲水性较好，因而石料的 SiO_2 含量高则吸水率较高，即酸性石料（$SiO_2 \geqslant 63.00\%$）的吸水率相对较高。石料的吸水率越小，则石料的强度与耐久性越好。为保证石料的性能，有时限制石料的吸水率，比如饰面用大理岩和花岗岩的吸水率须分别小于 0.75% 和 1.00%。

大多数石料的耐久性较高。当石料中含有较多的粘土时，其耐久性较低，比如粘土质砂岩等。

2. 力学性质与要求

1) 抗压强度

（1）砌筑用石料的抗压强度与强度等级。石料的抗压强度由边长为 70mm 的立方体试件进行测试，并以三个试件破坏强度的平均值表示。石料的强度等级由抗压强度来划分，并用符号 MU 和抗压强度值来表示，划分有 MU100、MU80、MU60、MU50、MU40、MU30、MU20、MU15、MU10 九个等级。当试块为非标准尺寸时，按表 2-1 中的系数进行换算。

表 2-1 石料强度等级换算系数

立方体边长/mm	200	150	100	70	50
换算系数	1.43	1.28	1.14	1.00	0.86

（2）装饰用石料的抗压强度。石料的抗压强度采用边长为 50mm 的立方体试件来测试。

（3）公路工程用石料的抗压强度。石料的抗压强度采用边长为 $(50\pm0.5)mm$ 的正立方体或直径和高均为 $(50\pm0.5)mm$ 的圆柱体试件来测试。

2) 耐磨耗性

石料抵抗撞击、剪切和摩擦等综合作用的性能称为耐磨耗性。石料耐磨耗性的大小用磨耗率表示，磨耗率按式(2.1)计算：

$$Q=\frac{m_1-m_2}{m_1}\times100\%$$ (2.1)

式中　Q——石料的磨耗率，%；

　　　m_1——试验前石料试样烘干至恒重质量，g；

　　　m_2——试验后留在 2mm 筛上的石料试样洗净烘干至恒重后的质量，g。

磨耗率是路用石料的一个综合指标，也是评定石料等级的依据之一。

3）其他力学性质

根据石料的用途，对石料的技术要求还有抗折强度（一般为抗压强度的 1/20）、硬度、耐磨性、抗冲击性等。由石英、长石组成的石料，其莫氏硬度和耐磨性大，如花岗岩、石英岩等。由白云石、方解石组成的石料，其莫氏硬度和耐磨性较差，比如石灰岩、白云岩等。石料的硬度常用莫氏硬度来表示，耐磨性常用磨损率来表示。

3. 耐久性

石料的耐久性主要包括抗冻性、抗风化性、耐火性和耐酸性等。

水、冰、化学等因素造成石料开裂或剥落，称为石料的风化。孔隙率的大小对风化有很大的影响。吸水率较小时石料的抗冻性和抗风化能力较强。一般认为当石料的吸水率<0.5%时，石料的抗冻性合格。当石料内含有较多的黄铁矿、云母时，风化速度快，此外，由方解石、白云石组成的石料在含有酸性气体的环境中也易风化。

防风化的措施主要有磨光石料的表面，防止表面积水；采用有机硅喷涂表面；对碳酸盐类石料可采用氟硅酸镁溶液处理石料的表面。

4. 石料的技术性能与要求

1）路用石料的技术分级

在公路工程中对不同组成和不同结构的石料，在不同的使用条件下对其技术性质的要求也不同。所以在石料分级之前先按其矿物组成、含量以及结构构造确定石料的名称，然后划分出石料类别，再确定等级。按路用石料的技术要求，分为四大岩类，各岩类均有代表性石料。

（1）火成岩类如花岗岩、正长岩、辉长岩、闪长岩、橄榄岩、辉绿岩、玄武岩、安山岩等。

（2）石灰岩类如石灰岩、白云岩、泥灰岩、凝灰岩等。

（3）砂岩和片麻岩类如石英岩、砂岩、片麻岩和花岗片麻岩等。

（4）砾石类各种天然卵石。

以上各岩类按其物理力学性质（主要是饱和水抗压强度和磨耗率）划分为下列四个等级。

1级——最坚强的石料；2级——坚强的石料；3级——中等强度的石料；4级——软弱的石料。

2）路用石料的技术标准

道路工程用石料按上述分类和分级方法，各岩类各等级石料的技术指标见表 2-2。

表 2－2 道路建筑用石料技术分级标准

石料类别	主要石料名称	石料等级	技术标准		
			极限抗压强度(饱水状态)/MPa	磨耗率/%	
				搁板式磨耗机试验法	双筒式磨耗机试验法
火成岩类	花岗岩、玄武岩、安山岩、辉绿岩等	1	＞120	＜25	＜4
		2	100～120	25～30	4～5
		3	80～100	30～45	5～7
		4	—	45～60	7～10
石灰岩	石灰岩、白云岩	1	＞100	＜30	＜5
		2	80～100	30～35	5～6
		3	60～80	35～50	6～12
		4	30～60	50～80	12～20
砂岩和片麻岩类	石英岩、砂岩、片麻岩和花岗片麻岩等	1	＞100	＜30	＜5
		2	80～100	30～35	5～7
		3	50～80	35～45	7～10
		4	30～50	45～60	10～15
砾石		1	—	＜20	＜5
		2	—	20～30	5～7
		3	—	30～50	7～12
		4	—	50～60	12～20

3）建筑用天然石料

天然石料品种繁多,在火成岩、水成岩、变质岩三大岩类中,常用的有以下几种,现分别介绍如下。

(1)花岗岩。花岗岩是火成岩中分布较广的一种石料,主要由石英、长石及少量暗色矿物和云母(或角闪石)组成。花岗岩呈全晶质结构,按结晶颗粒大小,分为细粒、中粒、粗粒、斑状等多种。其颜色与光泽由长石、云母及暗色矿物而定,通常呈灰白、微黄、淡红等色。

花岗岩的技术特性是表观密度可达 $2700kg/m^3$;抗压强度高为 $120～250MPa$;抗冻性好,其冻隔循环次数可达 $100～200$ 次;吸水率小;耐磨性好;耐久性高,使用年限为 $75～200$ 年。花岗岩中所含石英在 $573～870℃$ 时会发生晶型转变,因体积膨胀而引起破坏,因此,其耐火性不好。

在土木工程中,花岗岩常用于作基础、闸坝、桥墩、台阶、路面、墙石和勒脚及纪念性建筑物等。

花岗岩的主要成分为由石英、长石和云母等，不易被酸侵蚀，所以可用做室外装饰。

（2）玄武岩。玄武岩是分布最广的喷出岩，由斜长石、辉石和橄榄石组成。颜色较深，常呈玻璃质或隐晶质结构，有时也呈多孔状或斑状构造。硬度高，脆性大，抗风化能力强，表观密度为 $2900\sim3500kg/m^3$，抗压强度为 $100\sim500MPa$。常用做高强混凝土的骨料，也用其铺筑道路的路面。

（3）石灰岩。俗称灰石或青石，是分布极广的水成岩。主要化学成分为 $CaCO_3$，主要矿物成分为方解石。但常含有白云石、菱镁矿、石英、蛋白石、含铁矿物及粘土等。因此，石灰岩的化学成分、矿物组成、致密程度以及物理性质等差别甚大。

石灰岩通常为灰白色、浅灰色，常因含有杂质而呈深灰、灰黑、浅黄、浅红等颜色，表观密度为 $2600\sim2800kg/m^3$，抗压强度为 $20\sim160MPa$，吸水率为 $2\%\sim10\%$，石料中粘土含量不超过 $3\%\sim4\%$，也有较好的耐水性和抗冻性。

石灰岩来源广，硬度低，易劈裂，便于开采，具有一定的强度和耐久性，因而广泛用于土木工程中。其块石可作基础、墙身、阶石及路面等，其碎石是常用的混凝土骨料。此外，它也是生产水泥和石灰的主要原料。

（4）砂岩。砂岩主要是由石英砂或石灰岩等细小碎屑经沉积并重新胶结而成的石料。它的性质决定于胶结物的种类及胶结的致密程度。以 SiO_2 胶结而成的砂岩称硅质砂岩；以 $CaCO_3$ 胶结的砂岩称钙质砂岩；还有铁质砂岩和粘土质砂岩。砂岩的主要矿物为石英，次要矿物有长石、云母及粘土等。致密的硅质砂岩的性能接近于花岗岩，其密度大、强度高、硬度大、加工较困难，可用于纪念性建筑及耐酸工程等；钙质砂岩的性质类似于石灰岩，抗压强度为 $60\sim80MPa$，较易加工，应用较广，可作基础、踏步、人行道等，但不耐酸的侵蚀；铁质砂岩的性能比钙质砂岩差，其可用于一般建筑工程；粘土质砂岩浸水易软化，土木工程中一般不使用。

（5）大理岩。大理岩又称大理石，是由石灰岩或白云石经高温高压作用重新结晶变质而成。其表观密度为 $2500\sim2700kg/m^3$，抗压强度为 $50\sim140MPa$，耐用年限为 $30\sim100$ 年。

大理石构造致密，密度大，但硬度不高，易于分割。纯大理石常呈雪白色，含有杂质时，呈现黑、红、黄、绿等各种色彩。大理石锯切、雕刻性能好，磨光后非常美观，可用于高级建筑物的装饰和饰面工程。但由于其主要成分为 $CaCO_3$，易被酸侵蚀，所以除个别品种（如汉白玉）外，一般不宜用做室外装饰。我国的汉白玉、丹东绿、雪花白、红奶油、墨玉等大理石均为世界著名的高级建筑装饰材料。

特别要注意大理岩的主要成分为 $CaCO_3$，易被酸侵蚀，所以除个别品种（如汉白玉）外，一般不宜用做室外装饰。

（6）石英岩。石英岩是由硅质砂岩变质而成，晶体结构，岩体均匀致密，抗压强度为

250～400MPa，耐久性好，但硬度高，加工困难。常用做重要建筑物的贴面石，耐磨耐酸的贴面材料，其碎块可用于铺路或作混凝土的骨料。

（7）片麻岩。片麻岩是由花岗岩变质而成。其矿物成分与花岗岩相似，呈片状构造，因而各个方向的物理力学性质不同。在垂直于解理（片层）方向有较高的抗压强度，可达120～200MPa。沿解理方向易于开采加工，但在冻融循环过程中易剥落分离成片状，故抗冻性差，易于风化。常用做碎石、块石及人行道石板等。

2.3 常用石料制品

土木工程中常用的石料制品有毛石、片石、料石和石板等。

2.3.1 石料的品种

1. 毛石

石料被爆破后直接得到的形状不规则的石块称为毛石。根据表面平整度，毛石有乱毛石和平毛石之分。乱毛石形状不规则，平毛石形状虽不规则，但它有大致平行的两个面。土木工程中使用的毛石，一般高度>15cm，一个方向的尺寸可达 30～40cm。毛石的抗压强度>10MPa，软化系数<0.75。毛石常用来砌筑基础、勒脚、墙身、挡土墙等。

2. 片石

片石也是由爆破而得到的，形状不受限制，但薄片者不得使用。一般片石的尺寸应>15cm，体积>0.01m³，每块质量一般在 30kg 以上。用于圬工工程主体的片石，其抗压强度>30MPa。用于其他圬工工程的片石，其抗压强度>20MPa。片石主要用来砌筑圬工工程、护坡、护岸等。

3. 料石

料石是由人工或机械开采出较规则的六面体块石，再经人工略加凿琢而成。依其表面加工的平整程度可分为毛料石、粗料石、半细料石和细料石四种。制成长方形的称作条石，长、宽、高大致相等的称为方石，楔形的称为拱石。料石一般由致密的砂岩、石灰岩、花岗岩加工而成，用于土木工程结构物的基础、勒脚、墙体等部位。

4. 石板

石板是用致密石料凿平或锯解而成的厚度不大的石料。对饰面用的石板或地面板，要求耐磨、耐久、无裂缝或水纹、色彩美观，一般采用花岗岩和大理岩制成。花岗岩板材主要用于土木工程的室外饰面；大理石板材可用于室内装饰，当空气中含有 SO_2 时遇水会生成 H_2SO_3，以后变成 H_2SO_4，与大理岩中的 $CaCO_3$ 反应，生成易溶于水的石膏，使表面失去光泽，变得粗糙多孔而降低其使用价值。

2.3.2 石料的选用

在建筑设计和施工中，应根据适用性和经济性的原则选用石料。

适用性主要考虑石料的技术性能是否能满足使用要求。可根据石料在建筑物中的用途和部位，选择其主要技术性质能满足要求的石料。如承重用的石料(基础、勒脚、柱、墙等)主要应考虑其强度等级、耐久性、抗冻性等技术性能；围护结构用的石料应考虑是否具有良好的绝热性能；用做地面、台阶等的石料应坚硬耐磨；装饰用的构件(饰面板、栏杆、扶手等)，需考虑石料本身的色彩与环境的协调及可加工性等；对处在高温、高湿、严寒等特殊条件下的构件，还要分别考虑所用石料的耐久性、耐水性、抗冻性及耐化学侵蚀性等。

经济性主要考虑天然石料的密度大，不宜长途运输，应综合考虑地方资源，尽可能做到就地取材。

2.4 天然石料的破坏与防护

天然石料在使用过程中受周围环境的影响，如水分的浸渍与渗透，空气中有害气体的侵蚀，以及光、热、生物、外力的作用等，会发生风化而逐渐破坏。

水是石料发生破坏的主要原因，它能软化石料并加剧其冻害，且能与有害气体结合成酸，使石料发生分解与溶蚀。大量的水流还能对石料起冲刷与冲击作用，从而加速石料的破坏。因此，使用石料时应特别注意水的影响。

为了减轻与防止石料的风化与破坏，可以采取以下防护措施。

1) 合理选材

石料的风化与破坏速度，主要决定于石料抵抗破坏因素的能力，因此，合理选用石料品种，是防止破坏的关键。对于重要的结构工程，应该选用结构致密、耐风化能力强的石料，而且，其外露的表面应光滑，以便使水分能迅速排掉。

2) 表面处理

可在石料表面涂刷憎水性涂料(如各种金属皂、石蜡等)，使石料表面由亲水性变为憎水性，并与大气隔绝，以延缓石料的风化。

本 章 小 结

本章根据目前我国对建筑石料的相关要求，对石料按地质成因、土木工程中常用石料的主要技术性质、品种、特点和应用等进行了系统的讨论；明确了不同石料具有不同的特点。对石料相关知识点的学习，为掌握后续章节内容打下必要的基础。

习 题

1. 填空题

(1) 常见的主要造岩矿物有 _____。

(2) 土木工程中常用的深成岩有 _____。

(3) 喷出岩在土木工程中常用于 _____。

(4) 土木工程中常用的水成岩有 _____。

(5) 土木工程中常用的变质岩有 _____。

(6) 在土木工程中一般对主要石料的要求有 _____。

(7) 路用石料的耐磨耗性能是指 _____。

(8) 石料的耐久性主要包括 _____。

(9) 土木工程中常用的石料制品有 _____。

2. 判断题

(1) 砌筑石料的抗压强度由边长为 50mm 的立方体试件进行测试，并以三个试件破坏强度的平均值表示。 （ ）

(2) 装饰用石料的抗压强度采用边长为 70mm 的立方体试件来测试。 （ ）

(3) 路用石料的技术分级主要是根据石料的抗压强度和耐久性。 （ ）

(4) 粘土质砂岩可用于一般建筑工程中的基础、踏步、人行道等。 （ ）

(5) 大理岩的主要成分为石英和长石，不易被酸侵蚀。所以，一般可用做室外装饰。 （ ）

(6) 石英岩是由硅质砂岩变质而成，其碎块可用于道路或作混凝土的骨料。 （ ）

3. 问答题

(1) 石料按地质成因可分为哪几类？各类石料的一般特征是什么？

(2) 一般石料具有哪些主要技术性质？其技术指标是什么？

(3) 路用石料是根据什么指标划分等级的？分几个等级？

(4) 土木工程中常用的天然石料有哪几种？它们各有何特点？

(5) 土木工程中常用的石料制品有几种？它们多用在土木工程中哪些部位？

第 **3** 章

无机胶凝材料

本章教学要点

知识要点	掌握程度	相关知识
石膏、石灰主要技术性质	掌握	收缩性、膨胀性、耐水性、防火性等
硅酸盐水泥熟料	掌握	组成成分和水化反应
硅酸盐水泥石结构	熟悉	各组成对水泥石性能的影响
硅酸盐水泥主要技术性质	重点掌握	细度、凝结时间、安定性、强度、水化热
硅酸盐水泥的腐蚀	掌握	腐蚀类型和防腐蚀措施
硅酸盐水泥的储存和运输	了解	水泥储存和运输中的注意事项

本章技能要点

技能要点	掌握程度	应用方向
石膏的应用	掌握	配制涂料、生产墙材、砌块和装饰板材等
石灰的应用	掌握	配制砂浆、生产装饰板材、硅酸盐制品等
水玻璃的应用	熟悉	加固地基基础、配制耐酸混凝土和砂浆、涂刷无机非金属表面、配制耐热混凝土和砂浆
硅酸盐水泥的应用	重点掌握	配制满足不同要求的混凝土

土木工程中将散粒材料(如砂、石等)或块状材料(如砖、砌块、石材等)粘结为坚固整体的材料,统称为胶凝材料。

胶凝材料按其化学组成可分为有机胶凝材料和无机胶凝材料。有机胶凝材料以天然的(或合成的)有机高分子化合物为基本成分,土木工程中常用的有机胶凝材料有沥青、树脂、橡胶等;无机胶凝材料分为气硬性胶凝材料和水硬性胶凝材料。气硬性胶凝材料是指只能在空气中凝结硬化,也只能在空气中保持或发展强度的材料,常用的气硬性胶凝材料有石灰、石膏和水玻璃等;水硬性胶凝材料是指不仅能在空气中凝结硬化,而且能更好地在水中保持和发展强度,常用的水硬性胶凝材料为各种水泥。气硬性胶凝材料的耐水性很差,只适用于地上或干燥环境。水硬性胶凝材料的耐水性很好,可适用于各种大气环境、潮湿环境或水中工程。

3.1 气硬性胶凝材料

3.1.1 石膏

石膏是以硫酸钙($CaSO_4$)为主要成分的气硬性胶凝材料。通常所指石膏是指半水石膏($CaSO_4 \cdot \frac{1}{2}H_2O$)。石膏具有质量轻、凝结快、耐火性好、隔热隔声、装饰性强等优点,在土木工程中广泛应用。石膏可以用于制作石膏制品,还可用作通用水泥(硅酸盐水泥系列)的调凝剂,也是生产膨胀水泥和配制膨胀剂的组成材料。

1. 原料与生产

天然二水石膏是由两个结晶水的硫酸钙($CaSO_4 \cdot 2H_2O$)所组成的水成岩,因质地较软,又称为软石膏或生石膏。二水石膏晶体无色透明,其密度为 $2.2 \sim 2.4g/cm^3$,难溶于水,它是生产建筑石膏的主要原料。天然二水石膏常被用作通用水泥的调凝剂,也用于配制自应力水泥。

工业废石膏是指工业生产过程中产生的富含 $CaSO_4 \cdot 2H_2O$ 的副产品。综合利用工业废石膏,不仅可以节能减排,而且也满足了建筑工程的需求。

天然二水石膏经不同处理方法可得到不同的石膏产品。

1) 建筑石膏

建筑石膏是由天然石膏或工业废石膏经脱水处理制得,以 β 型半水石膏($\beta-CaSO_4 \cdot \frac{1}{2}H_2O$)为主要成分,不添加任何外加剂或添加物的粉状胶凝材料。按原材料种类分为 3 类:天然石膏(N)、脱硫石膏(S)、磷石膏(P)。其密度为 $2.62 \sim 2.64g/cm^3$,堆积密度为 $800 \sim 1000kg/m^3$,可用作粉刷石膏、石膏板、石膏砌块、石膏装饰品等,是建筑工程中应用最多的石膏材料。

2) 高强石膏

高强石膏是将天然二水石膏经 $0.13MPa$、$125℃$ 蒸炼脱水而得的 α 型半水石膏

$(\alpha-CaSO_4 \cdot \frac{1}{2}H_2O)$经磨细制得的白色粉末，其密度为 $2.73\sim2.75g/cm^3$，堆积密度为 $1000\sim1200kg/m^3$。由于高强石膏具有较高的强度和粘结能力，多用于要求较高的抹灰工程、装饰制品和制作石膏板；加入防水剂，还可制成高强防水石膏；加入少量有机胶结材料，可使其成为无收缩的胶结剂。α 型半水石膏和 β 型半水石膏性能比较见表3－1。

表 3－1　α 型半水石膏和 β 型半水石膏性能比较

类别	标准稠度需水量	抗压强度/MPa	密度/(g/cm³)	水化热/(J/mol)
α 型半水石膏	$0.40\sim0.45$	$24\sim40$	$2.73\sim2.75$	17200 ± 85
β 型半水石膏	$0.70\sim0.85$	$7\sim10$	$2.62\sim2.64$	19300 ± 85

2. 凝结硬化

建筑石膏加水后，可调制成具有可塑性的浆体，但很快就失去塑性而凝结，并硬化成为具有一定强度的固体材料。建筑石膏凝结硬化过程的化学反应式为：

$$\beta-CaSO_4 \cdot \frac{1}{2}H_2O + 1\frac{1}{2}H_2O \rightarrow CaSO_4 \cdot 2H_2O$$

（溶解度 8.16g/L）　　　　　　　（溶解度 2.05g/L）

由于 $CaSO_4 \cdot 2H_2O$ 比 $CaSO_4 \cdot \frac{1}{2}H_2O$ 的溶解度要低，所以 $CaSO_4 \cdot 2H_2O$ 在溶液中处于高度过饱和状态，从而导致 $CaSO_4 \cdot 2H_2O$ 晶体很快析出。$CaSO_4 \cdot 2H_2O$ 晶体的析出，破坏了原有 $\beta-CaSO_4 \cdot \frac{1}{2}H_2O$ 溶液的平衡状态，使其进一步溶解。如此不断地进行，直到 $CaSO_4 \cdot \frac{1}{2}H_2O$ 全部水化为止。在石膏水化进行的同时，浆体中的自由水分也因水化和蒸发而逐渐减少，从而使得浆体逐渐变稠，结晶颗粒之间的距离减小。此外，由于 $CaSO_4 \cdot 2H_2O$ 晶粒之间通过结晶接触点形成结晶结构，浆体开始失去可塑性（即达到初凝）。之后，浆体继续变稠，晶体开始生长，晶体之间的摩擦力、粘结力增加，并相互搭接交错，形成结晶网状结构产生强度，浆体失去可塑性（即为终凝）。此后，晶体颗粒继续长大并交错共生，直至水分完全蒸发，结构强度得以充分增长，这个过程即为硬化过程，如图 3.1 所示。

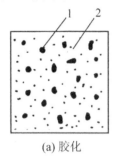

(a) 胶化　　　　　　　　(b) 结晶开始　　　　　　　(c) 结晶长大与交错

1—半水石膏；2—二水石膏胶体微料；3—二水石膏晶体；4—交错的晶体

图 3.1　建筑石膏凝结硬化示意图

3. 技术性质与要求

1) 技术性质

(1) 凝结硬化快。建筑石膏在加水拌和后，浆体在几分钟内便开始失去可塑性，30min 内完全失去可塑性而产生强度，大约 7d 左右完全硬化。为满足施工要求，需要加入缓凝剂，如硼砂、酒石酸钾钠、柠檬酸、聚乙烯醇、石灰活化骨胶或皮胶等。

(2) 凝结硬化时体积微膨胀。石膏浆体在凝结硬化初期会产生微膨胀。因此石膏制品表面光滑、细腻、尺寸精确、形体饱满、装饰性好。

(3) 孔隙率大。建筑石膏在拌和时，为使浆体具有施工要求的可塑性，通常 β 型半水石膏加水量达到 $60\%\sim80\%$，其理论需水量为 18.6%。所以当自由水分蒸发后，在建筑石膏制品内部会形成大量的毛细孔隙，孔隙率可达 $50\%\sim60\%$。因此，建筑石膏制品具有良好的绝热和吸声性，并具有表观密度小、强度低的特点。

(4) 具有一定的调湿性。由于石膏制品内部大量毛细孔隙对空气中的水蒸气具有较强的吸附能力，所以对室内的空气湿度有一定的调节作用。

(5) 防火性好。石膏制品在遇火灾时，$CaSO_4 \cdot 2H_2O$ 将脱出结晶水，吸热蒸发，并在制品表面形成蒸汽幕和脱水物隔热层，可有效减少火焰对内部结构的危害。建筑石膏制品在防火的同时自身也会遭到损坏，所以石膏制品不宜长期用于靠近 $65℃$ 以上高温的部位，以免 $CaSO_4 \cdot 2H_2O$ 在此温度下失去结晶水，从而失去强度。

(6) 耐水性、抗冻性差。建筑石膏硬化体的吸湿性强，吸收的水分会减弱石膏晶粒间的结合力，使强度显著降低；若长期浸水，还会因 $CaSO_4 \cdot 2H_2O$ 晶体逐渐溶解而导致破坏。石膏制品吸水饱和后受冻，会因孔隙中水分结晶膨胀而破坏。因此，石膏制品的耐水性和抗冻性较差，不宜用于潮湿部位。为提高其耐水性，可加入适量的水泥等水硬性胶凝材料，也可加入有机防水剂等，这些材料可改善石膏制品的孔隙状态或使孔壁具有憎水性。

2) 技术要求

建筑石膏是以 β 型半水硫酸钙（$\beta-CaSO_4 \cdot \frac{1}{2}H_2O$）为主要成分。其产品标记顺序为：产品名称、代号、等级及标准编号。例如，等级为 2.0 的天然建筑石膏标记为：建筑石膏 N2.0 GB/T 9776—2008。

根据《建筑石膏》（GB/T 9776—2008）的规定，建筑石膏根据抗折强度分为 3 个等级：3.0、2.0、1.6，建筑石膏组成中 $\beta-CaSO_4 \cdot \frac{1}{2}H_2O$ 的含量（质量分数）$>60\%$，其物理力学性能应满足规定要求见表 3-2。

表 3-2 建筑石膏物理力学性能

等级	细度(0.2mm 方孔筛筛余量)/%	凝结时间/min		2h 强度/MPa	
		初凝	终凝	抗折	抗压
3.0				≥3.0	≥6.0
2.0	≤10	≥3.0	≤30	≥2.0	≥4.0
1.6				≥1.6	≥3.0

建筑石膏在运输及储存时应注意防潮，一般储存 3 个月后，强度将降低约 30%。因此，储存期超过 3 个月应重新进行质量检验，以确定其等级。

4. 应用

在房屋建筑工程中，建筑石膏主要用于配制石膏抹面灰浆、石膏砂浆，以及制作各种石膏制品(如石膏墙板、吊顶板、装饰板等)。

1) 粉刷石膏

粉刷石膏是由建筑石膏或建筑石膏与无水石膏两者混合后，再加入外加剂、填料等制成。按其用途不同可分为 3 类：面层粉刷石膏(F)、底层粉刷石膏(B)和保温层粉刷石膏(T)。

粉刷石膏既具有建筑石膏凝结硬化快、尺寸稳定、吸湿、防火、轻质等优点，又克服了建筑石膏现场施工中粘性大、不易抹压等缺点，具有良好的施工性能。其面层致密光滑，不开裂、不起灰、硬度高。粉刷石膏还可用于生产石膏制品，其板材的强度可比普通石膏板提高 1.2~2.5 倍，可直接贴于墙面上。

根据《粉刷石膏》(JC/T 517—2004)规定，面层粉刷石膏的细度要求其 0.2mm 方孔筛筛余量应≤40%；粉刷石膏的初凝时间应＞60min，终凝时间应＜8h，粉刷石膏的可操作时间应＞30min；其保水率应满足表 3-3 要求，强度值应不小于表 3-4 中所示值。

表 3-3　保水率(%)

产品类别	面层粉刷石膏	底层粉刷石膏	保温层粉刷石膏
保水率	90	75	60

表 3-4　强度值(MPa)

产品类别	面层粉刷石膏	底层粉刷石膏	保温层粉刷石膏
抗折强度	3.0	2.0	—
抗压强度	6.0	4.0	0.6
剪切粘结强度	0.4	0.3	—

2) 石膏板

(1) 纸面石膏板。以建筑石膏为主要原料，掺入适量的纤维材料、缓凝剂等作为芯材，以纸板作为增强保护材料，经搅拌、成型(辊压)、切割、烘干等工序制得。纸面石膏板的长度为 1800~3600mm，宽度为 900~1200mm，厚度为 9mm、12mm、15mm、18mm；其纵向抗折荷载可达 400~850N。纸面石膏板主要用于隔墙、内墙等，其自重仅为砖墙的 1/5。耐水纸面石膏板主要用于厨房、卫生间等潮湿环境。耐火纸面石膏板主要用于耐火要求高的室内隔墙、吊顶等。

(2) 纤维石膏板。以纤维材料(多使用玻璃纤维)为增强材料，与建筑石膏、缓凝剂、水等经特殊工艺制成的石膏板。纤维石膏板的强度高于纸面石膏板，规格与纸面石膏板基本相同。纤维石膏板除用于隔墙、内墙外，还可用来代替木材制作家具。石膏板墙模型如图 3.2 所示。

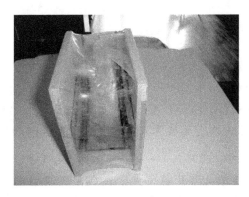

图 3.2　石膏板墙模型

（3）装饰石膏板。由建筑石膏、适量纤维材料和水等经搅拌、浇注、修边、干燥等工艺制成。装饰石膏板造型美观，装饰性强，且具有良好的吸声、防火等功能，主要用于公共建筑的内墙、吊顶等。

（4）空心石膏板。以建筑石膏为主，加入适量的轻质多孔材料、纤维材料和水经搅拌、浇注、振捣成型、抽芯、脱模、干燥而成。主要用于隔墙、内墙等，使用时不需龙骨。一般规格尺寸为长 2700～3300mm，宽 450～600mm，厚 60～100mm，孔洞率 30%～40%，板材表观密度 1000～1100kg/m³。

（5）石膏砌块。石膏砌块是利用石膏为主要原料制作的实心、空心或夹心的砌块。其空心砌块有单排孔和双排孔之分；夹心砌块主要以聚苯乙烯泡沫塑料等轻质材料为芯材，以减轻其质量，提高绝热性能。石膏砌块具有石膏制品的各种优点，另外还具有砌筑方便、不用龙骨、墙面平整、保温性好等优点。

3）石膏装饰制品

石膏装饰制品包括浮雕石膏墙角线、罗马柱、灯座和雕塑等。它是以建筑石膏为主要原材料，掺入适量外加剂和增强纤维，并加水拌和成料浆，再经浇注成型和干燥硬化模制而成的石膏制品。其产品形状与花色丰富，仿真效果好，成本低且制作安装方便，可满足建筑物对室内装饰部件的各种外观要求。经过适当的防水处理后，还可制成满足室外装饰要求的各种艺术装饰品，如图 3.3 所示。

图 3.3　石膏装饰制品

3.1.2　石灰

1. 原料与生产

石灰的原料主要是石灰石或白云石质石灰石、白垩土等天然岩石。其主要成分为碳酸钙（$CaCO_3$），经过煅烧，$CaCO_3$分解成为CaO（生石灰），同时产生CO_2气体。

$$CaCO_3 \xrightarrow{900\sim1000℃} CaO + CO_2 \uparrow$$

正常煅烧温度所得生石灰具有孔隙率大、表观密度较小、晶粒细小与水反应快的特点，这种石灰称为正火石灰。煅烧温度低或煅烧时间短所得的石灰为欠火石灰。含有欠火石灰的石灰块与水反应时仅表面水化，而其石灰石核心不能水化，从而降低了石灰的利用率，属于废品。煅烧温度过高或高温持续时间过长所得的石灰称为过火石灰。过火石灰的结构较致密，其表面常被粘土杂质融熔形成的玻璃釉状物所覆盖，它与水反应时速度很慢，往往需要很长的时间才能产生明显的水化反应。

原料纯净、煅烧良好的块状石灰，质轻色白，呈疏松多孔结构，密度为$3.1\sim3.4g/cm^3$，堆积密度为$800\sim1000kg/m^3$。

由于石灰石中常含有一定量的碳酸镁（$MgCO_3$），在煅烧过程中$MgCO_3$分解为氧化镁（MgO），其反应式为：

$$MgCO_3 \xrightarrow{600\sim700℃} MgO + CO_2$$

由于MgO的烧成温度比CaO低，当石灰烧成时，MgO已达到过火状态，结构致密，水化速度很慢。因此，当其含量过多时，对于石灰的使用也会产生不利影响。生石灰中MgO含量$\leqslant5\%$的称为钙质生石灰；$>5\%$的称为镁质生石灰。镁质生石灰熟化较慢，但硬化后强度稍高。

2. 熟化硬化

1）熟化

石灰的熟化是指生石灰加水后产生水化反应的过程，经过熟化的石灰称为熟石灰[$Ca(OH)_2$]。其反应式如下：

$$CaO + H_2O \rightarrow Ca(OH)_2 + 64.9kJ$$

生石灰的熟化反应为放热反应。由于生石灰结构多孔、CaO晶粒细小、比表面积大，所以生石灰熟化时不但水化热大，而且放热速度也快。1kg生石灰熟化放热1160kJ，它在最初1h放出的热量几乎是硅酸盐水泥1d放热量的9倍，28d放热量的3倍。过火石灰的结构致密、晶粒大、水化速度慢。

块状生石灰熟化后其体积增大$1\sim2.5$倍。石灰熟化的化灰池如图3.4所示，将生石灰放入化灰池后，生石灰迅速熟化，并放出大量的热。

由于过火石灰熟化很慢，当石灰浆体已经硬化后，其中过火石灰才开始熟化，体积膨胀，引起硬化后的石灰浆体隆起和开裂。为了消除过火石灰的危害，石灰浆应在储灰坑中"陈伏"14d以上。石灰在熟化过程中，为了避免熟石灰与空气接触而被碳化，应在其浆体表面保持2cm以上的隔水层。

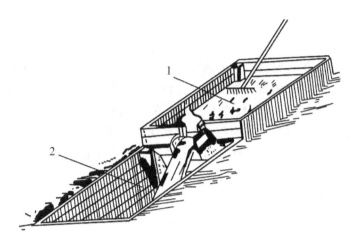

1—化灰池；2—储灰坑

图3.4 化灰池

对于拌制灰土和三合土的生石灰，应将生石灰熟化成消石灰粉。在熟化时，应注意其加水量，通常为生石灰质量的60%～80%，以能使生石灰充分熟化而又不会成团为度。

 知识要点提醒

消除过火石灰的危害，一般通过将石灰浆体在化灰池中"陈伏"14d以上。

2）凝结硬化

石灰浆体在空气中逐渐硬化，它包括了同时进行的两个过程：结晶过程和碳化过程。

（1）结晶过程。随着石灰熟化过程的进行，石灰浆体溶液中$Ca(OH)_2$不断从溶液中结晶析出。晶体逐渐发育长大，相互交叉搭接形成结晶网状结构，晶体不断长大逐渐趋于致密，结构强度提高。由于$Ca(OH)_2$是可溶于水的晶体，其晶体网格的接触点溶解度较高，当再次遇水时，会引起强度下降。

（2）碳化过程。$Ca(OH)_2$与空气中的CO_2反应生成$CaCO_3$晶体，释放出水分并被蒸发。其反应式为：

$$Ca(OH)_2 + CO_2 + nH_2O = CaCO_3 + (n+1)H_2O$$

这个反应不能在没有水分的状态下进行，而且碳化作用在长时间内只限于表层，随时间的增长，表层$CaCO_3$的厚度逐渐增加。因此，当材料表面形成$CaCO_3$达到一定厚度时，碳化作用极为缓慢。

 **小思考3-1**

某施工工地在配制混合砂浆过程中，发现生石灰短缺，便派相关人员去石灰场购买。当被派往购置生石灰的负责人看到石灰场有块状和粉状的石灰时，考虑到工期紧等原因，就让工人将粉状石灰运回工地，但事与愿违，经施工后发现该石灰粉不能满足相关要求，试问是何原因？

3. 建筑石灰的分类

1）按加工方法分

（1）生石灰。由石灰石原料煅烧得到的块状石灰，也是生产其他石灰产品的原料。

（2）生石灰粉。以建筑生石灰为原料，经研磨所得的石灰为生石灰粉。细度一般达到 $80\mu m$ 筛筛余量≤15%。由于其颗粒细小，遇水后可直接熟化，多用于石灰制品的生产。

（3）消石灰粉。以建筑生石灰为原料，经熟化所制得的石灰为消石灰粉。

（4）石灰浆。将生石灰加石灰体积 3～4 倍的水熟化而得的可塑性浆体，也称为石灰膏，如果水分加得较多，则呈白色悬浮液，称为石灰乳。

2）按化学成分分

（1）钙质石灰。MgO 含量≤5% 的生石灰，或 MgO 含量≤4% 的消石灰粉。

（2）镁质石灰。MgO 含量>5% 的生石灰，或 MgO 含量为 4%～24% 的消石灰粉。

（3）白云石消石灰粉。MgO 含量为 24%～30% 的消石灰粉。

3）按熟化速度分

（1）快熟石灰。在 10min 以内完成熟化过程的石灰。

（2）中熟石灰。完成熟化过程需要 10～30min 的石灰。

（3）慢熟石灰。完成熟化过程需要 30min 以上的石灰。

4. 技术性质与标准

1）技术性质

（1）良好的可塑性和保水性。生石灰熟化成石灰浆时，能形成粒径约为 $1\mu m$ 的分散状态的 $Ca(OH)_2$，其表面吸附一层较厚的水膜，使颗粒间的摩擦力减小。由于颗粒数量多、比表面积大，可吸附大量的水，因此石灰浆具有良好的保水性和可塑性。因此，将其配制水泥混合砂浆，可显著改善砂浆的保水性，提高其可塑性。

（2）凝结硬化慢、强度低。石灰浆的凝结硬化过程包括结晶过程和碳化过程，即使在较干燥环境中，其达到终凝也需要一天以上，基本硬化则需要数天。另由于实际工程中为了满足施工性能而加大水量，多余的水分在硬化后蒸发，留下大量的孔隙，使硬化石灰体密度小、强度低。

（3）耐水性差。石灰浆体硬化后，结构主要是 $Ca(OH)_2$ 晶体和少量的 $CaCO_3$ 晶体。因为 $Ca(OH)_2$ 易溶于水，在潮湿环境中其硬化结构容易被水溶解而破坏，甚至产生溃散，所以石灰制品的耐水性很差，其软化系数很低。

（4）硬化时体积收缩大。在石灰浆体中，由于 $Ca(OH)_2$ 吸附较厚的水膜，当石灰浆体干燥硬化时，大量的水分蒸发所产生的毛细管张力会引起石灰硬化体产生显著的体积收缩，由于其收缩的不均匀性，必然造成其硬化体开裂。因此，石灰浆不宜单独使用，施工时常掺入一定量的细骨料（砂）或纤维材料（麻刀、纸筋等）控制其收缩。

知识要点提醒

石灰浆体不宜单独使用，控制石灰浆体的收缩可在石灰浆内掺加细砂、纸筋和麻刀。

2）技术标准

（1）生石灰的技术标准。根据《建筑生石灰》（JC/T 479—92)规定，钙质生石灰和镁质生石灰根据其主要技术指标，分为优等品、一等品和合格品三个等级，其技术指标见表 3-5。

表 3-5　建筑生石灰的技术指标

项目	钙质生石灰			镁质生石灰		
	优等品	一等品	合格品	优等品	一等品	合格品
$(CaO+MgO)$含量($\geqslant$)/%	90	85	80	85	80	75
未消化残渣含量（5mm 圆孔筛余）($\leqslant$)/%	5	10	15	5	10	15
CO_2含量($\leqslant$)/%	5	7	9	6	8	10
产浆量($\geqslant$)/(L/kg)	2.8	2.3	2.0	2.8	2.3	2.0

（2）生石灰粉的技术要求。生石灰粉由块状生石灰磨细而成，根据《建筑生石灰粉》（JC/T 480—92)的规定，其主要技术指标见表 3-6。

表 3-6　建筑生石灰粉的技术指标

项目		钙质生石灰			镁质生石灰		
		优等品	一等品	合格品	优等品	一等品	合格品
$(CaO+MgO)$含量($\geqslant$)/%		85	80	75	85	75	75
CO_2含量($\leqslant$)/%		7	9	11	8	10	12
细度	90μm 筛余量($\leqslant$)/%	0.2	0.5	1.5	0.2	0.5	1.5
	0.125mm 筛余量($\leqslant$)/%	7.0	12.0	18.0	7.0	12.0	18.0

（3）消石灰粉的技术要求。建筑消石灰粉按化学成分可分为钙质消石灰粉、镁质消石灰粉和白云石消石灰粉。根据《建筑消石灰粉》（JC/T 481—92)规定，其主要技术指标见表 3-7。

表 3-7　建筑消石灰粉的技术指标

项目		钙质消石灰粉			镁质消石灰粉			白云石消石灰粉		
		优等品	一等品	合格品	优等品	一等品	合格品	优等品	一等品	合格品
$(CaO+MgO)$含量($\geqslant$)/%		70	65	60	65	60	55	65	60	55
游离水/%		0.4～2								
体积安定性		合格	合格	—	合格	合格	—	合格	合格	—
细度	90μm 筛余量($\leqslant$)/%	0	0	0.5	0	0	0.5	0	0	0.5
	0.125mm 筛余量($\leqslant$)/%	3	10	15	3	10	15	3	10	15

5. 应用

(1) 石灰乳涂料。石灰加入大量的水所得的稀浆，即为石灰乳。主要用于要求不高的室内粉刷。

(2) 砂浆。利用石灰膏或消石灰粉可配制成石灰砂浆或水泥石灰混合砂浆，用于抹灰和砌筑。

(3) 灰土和三合土。消石灰粉与粘土拌和后称为灰土，再加砂或石屑、炉渣等即成三合土。灰土和三合土广泛用于建筑物的基础和道路的垫层。

(4) 硅酸盐混凝土及其制品。以石灰与硅质材料(如石英砂、粉煤灰、矿渣等)为主要原料，经磨细、配料、拌和、成型、养护(蒸汽养护或蒸压养护)等工序可得到各种粉煤灰砖、灰砂砖、砌块及加气混凝土等。

(5) 碳化石灰板。将磨细生石灰、纤维状填料(如玻璃纤维)或轻质骨料加水搅拌成型为坯体，然后再通入 CO_2 进行人工碳化(约 12～24h)而成的一种轻质板材。碳化石灰板表观密度约为 700～800kg/m³(当孔洞率为 34%～39% 时)，抗弯强度为 3～4MPa，抗压强度为 5～15MPa，导热系数<0.2 W/(m·K)，这种板适宜作非承重内隔墙板、天花板等。

(6) 石灰稳定土。将消石灰粉或生石灰粉掺入各种粉碎或原来松散的土中，经拌和、压实及养护后得到的混合料，称为石灰稳定土。它包括石灰土、石灰稳定砂砾土、石灰碎石土等。粘土颗粒表面的少量活性 SiO_2 和活性 Al_2O_3 与 $Ca(OH)_2$ 发生反应，生成水硬性的水化硅酸钙和水化铝酸钙，使粘土的抗渗能力、抗压强度、耐水性得到改善。石灰稳定土广泛用作建筑物的基础、地面的垫层及道路的路面基层。

(7) 加固含水的软土地基。生石灰块可直接用来加固含水的软土地基(称为石灰桩)。在桩孔内灌入生石灰块，利用生石灰吸水熟化时体积膨胀的性能产生膨胀压力，从而使地基加固。

石灰在建筑上除以上用途外，还可以用来配制无熟料水泥(如石灰矿渣水泥、石灰粉煤灰水泥、石灰火山灰水泥等)。

石灰在运输时要采取防水措施，储运中的石灰如遇水，不仅自行熟化，还会因放热导致易燃物燃烧。生石灰存放时间过长会从空气中吸收水分而熟化进而碳化，失去胶凝能力。熟化好的石灰膏不宜长期暴露在空气中，以防碳化。

3.1.3 水玻璃

水玻璃俗称泡花碱，是一种能溶于水的碱金属硅酸盐，呈淡黄色或无色的透明或半透明的粘稠液体，由不同比例的碱金属和 SiO_2 所组成。其化学组成通式可表示为：$R_2O \cdot nSiO_2$。式中 R_2O 指碱金属氧化物 Na_2O 或 K_2O，n 称为水玻璃模数，以 SiO_2 与碱金属的物质的量之比表示。固体水玻璃在水中溶解的难易随水玻璃模数而定，当 n 为 1 时能溶于常温的水中；当 $n>3$ 时，要在 4.0MPa 以上的蒸汽中才能溶解。低模数水玻璃的晶体组分较多，粘结能力较差；模数提高，胶体组分相对增多，粘结能力随之增大。

1. 原料与生产

水玻璃原料有石英砂和纯碱(Na_2CO_3)等。生产水玻璃时，将石英砂和纯碱溶液在蒸压锅(0.2～0.3MPa)内用蒸汽加热,并加以搅拌制成水玻璃。

水玻璃可以与水按任意比例混合成不同浓度的溶液。同一模数的水玻璃,其浓度越稠,则密度越大,粘结力越强。当水玻璃浓度太小或太大时,可用加热、加水稀释或加 NaOH 溶液来调整,建筑工程中常用的水玻璃模数为 2.5～2.8,密度为 1.36～1.50g/cm^3。

2. 凝结硬化

水玻璃在空气中吸收 CO_2,生成 $nSiO_2 \cdot mH_2O$ 凝胶。

$$Na_2O \cdot nSiO_2 + CO_2 + mH_2O \rightarrow Na_2CO_3 + nSiO_2 \cdot mH_2O$$

这个过程进行得很慢,为了加速硬化,可将水玻璃加热或加入氟硅酸钠(Na_2SiF_6)作为促硬剂,促使硅酸钠凝胶加速析出。Na_2SiF_6 适宜掺量为水玻璃用量的 12%～15%,如果用量太少,不但硬化速度缓慢,强度低,而且未经反应的水玻璃易溶于水,耐水性差;但用量过多,又会引起凝结过快,造成施工困难。

3. 性质与应用

水玻璃有良好的粘结能力,硬化时析出的 $Na_2O \cdot nSiO_2$ 凝胶有堵塞毛细孔隙而防止水渗透的作用,硬化后具有较高的粘结力。水玻璃不燃烧,在高温下 $Na_2O \cdot nSiO_2$ 凝胶形成 SiO_2 空间网状骨架,强度有所增加,且具有良好的耐热性能。水玻璃具有较高的耐酸性能,由于硬化后的水玻璃的主要成分为 SiO_2,在强酸中具有较高的稳定性,因此能抵抗大多数无机酸和有机酸的作用。

1) 水玻璃的用途

(1) 涂刷在无机非金属材料表面,提高材料的耐候性。用水玻璃涂刷在无机非金属材料表面上,可提高材料的密实度、强度和抗风化能力,增加材料的耐久性。用水玻璃浸渍或涂刷粘土砖或硅酸盐制品时,水玻璃与 CO_2 作用生成硅胶,再与材料中的 $Ca(OH)_2$ 作用生成硅酸钙胶体,填充在孔隙中,使材料致密。但水玻璃不能涂刷或浸渍石膏制品,因为硅酸钠与 $CaSO_4$ 反应生成 Na_2SO_4,在制品孔隙中结晶,体积显著膨胀,导致制品破坏。

(2) 加固地基基础。将水玻璃模数为 2.5～3.0 的水玻璃和氯化钙($CaCl_2$)溶液交替灌入土壤中,两种溶液会发生化学反应,析出硅酸胶体,将土壤颗粒包裹并填实其空隙。硅酸胶体为一种吸水膨胀的凝胶,因吸收地下水而经常处于膨胀状态,阻止水分的渗透和使土壤固结。用这种方法加固的砂土,抗压强度可达 3～6MPa。

(3) 配制耐酸砂浆及耐酸混凝土。水玻璃可用于配制化工、造纸、钢铁工业中与酸性介质接触的各种塔、池、槽、罐及设备衬里的耐酸胶泥、耐酸砂浆、耐酸混凝土。另外,还用于车间的耐酸地坪、排酸沟等。

(4) 配制耐热砂浆和耐热混凝土。以水玻璃为胶结材料,膨胀珍珠岩或膨胀蛭石为骨料,加入一定量的赤泥或 $Na_2O \cdot nSiO_2$,可制成耐热砂浆和耐热混凝土。

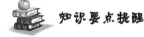
知识要点提醒

水玻璃不能涂刷在石膏制品表面上或浸渍石膏制品。

2）运输与储存

水玻璃在运输途中必须注意密封，防止水玻璃与空气中的 CO_2 反应而分解。储存水玻璃的库房温度一般应≥10℃，以防止冬天水玻璃结冻。

水玻璃中的 $Na_2O \cdot nSiO_2$ 为白色结晶，有毒，千万不得与生活用品及食物放置在一起，以防中毒致命。

$Na_2O \cdot nSiO_2$ 在水中水解，并同时放出 HF 气体。因此，在操作时应采取防毒措施。

小思考 3-2

某工厂在修筑酸洗池时用普通硅酸盐水泥作为胶凝材料，工程完工后，经验收各项施工质量指标均满足相关要求。但事后不久便发现酸洗池开始疏松剥落，直至破坏。试分析该酸洗池被破坏的原因。

3.2 水硬性胶凝材料

水泥是水硬性胶凝材料，它不但能在空气中凝结硬化，而且还能更好地在水中保持和发展强度。水泥被广泛应用于房屋建筑、水利工程、市政工程和国防建设中。

3.2.1 水泥的分类

1）按化学成分分

按化学成分水泥分为硅酸盐系水泥、铝酸盐系水泥、硫铝酸盐系水泥、铁铝酸盐系水泥。

2）按性能和用途分

按性能和用途水泥分为通用硅酸盐水泥、专用水泥和特性水泥。

通用硅酸盐水泥是土木工程中用量最大的水泥，它包括硅酸盐水泥、普通硅酸盐水泥、矿渣硅酸盐水泥、火山灰质硅酸盐水泥、粉煤灰硅酸盐水泥和复合硅酸盐水泥。

专用水泥是指适应专门用途的水泥，如中低热硅酸盐水泥、道路硅酸盐水泥、砌筑水泥等。

特性水泥是指具有比较突出的某种性能的水泥，如快硬硅酸盐水泥、白色硅酸盐水泥、抗硫酸盐水泥、膨胀水泥和自应力水泥等。

本节重点介绍通用硅酸盐水泥的组成、水化硬化特点、技术性质、使用与检验方法、交货与验收规定、储存与运输注意事项等内容。

3.2.2 通用硅酸盐水泥

按混合材料的品种和掺量不同，通用硅酸盐水泥分为硅酸盐水泥、普通硅酸盐水泥、矿渣硅酸盐水泥、火山灰质硅酸盐水泥、粉煤灰硅酸盐水泥和复合硅酸盐水泥。

1. 硅酸盐水泥

硅酸盐水泥是通用硅酸盐水泥的基本品种。硅酸盐水泥是指在硅酸盐水泥熟料中不掺或掺入少量矿物外掺料，再加入适量石膏。硅酸盐水泥分为两个类型，未掺混合材料的为Ⅰ型硅酸盐水泥，代号为 P·Ⅰ；掺入不超过水泥质量5%的石灰石或粒化高炉矿渣混合材料的称Ⅱ型硅酸盐水泥，代号为 P·Ⅱ。《通用硅酸盐水泥》（GB 175—2007）对硅酸盐水泥组分的规定见表3-8。

表3-8 硅酸盐水泥组分

品 种	代号	组分(质量分数)/%				
		熟料＋石膏	粒化高炉矿渣	火山灰质混合材料	粉煤灰	石灰石
硅酸盐水泥	P·Ⅰ	100	—	—	—	—
	P·Ⅱ	≥95	≤5	—	—	—
		≥95	—	—	—	≤5

1) 原料与生产

硅酸盐水泥熟料的原料一般为石灰石、粘土、铁矿粉和矿化剂。石灰质原料主要提供 CaO，粘土质原料主要提供 SiO_2、Al_2O_3，铁矿粉主要提供 Fe_2O_3。此外，为了改善煅烧条件，还加入少量的矿化剂（如萤石 CaF_2）等。

其生产过程包括生料的配制、磨细，熟料的煅烧和粉磨，可简单地概括为"两磨一烧"，如图3.5所示。

图3.5 硅酸盐水泥生产工艺流程图

2) 矿物组成及特性

(1) 矿物组成。根据《通用硅酸盐水泥》（GB 175—2007）的规定，硅酸盐水泥熟料是指主要由含 CaO、SiO_2、Al_2O_3、Fe_2O_3 的原料，按适当比例磨成细粉烧至部分熔融得到的以硅酸钙为主要矿物成分的水硬性胶凝物质。其中硅酸钙矿物含量（质量分数）≥66%，CaO 和 SiO_2 质量比≥2.0。

熟料中主要由硅酸三钙、硅酸二钙、铝酸三钙、铁铝酸四钙4种矿物组成，其成分、化学式缩写、含量见表3-9。

表3-9 硅酸盐水泥熟料组分

矿物名称	化学成分	缩写符号	含量
硅酸三钙	$3CaO \cdot SiO_2$	C_3S	37%～60%
硅酸二钙	$2CaO \cdot SiO_2$	C_2S	15%～37%
铝酸三钙	$3CaO \cdot Al_2O_3$	C_3A	7%～15%
铁铝酸四钙	$4CaO \cdot Al_2O_3 \cdot Fe_2O_3$	C_4AF	10%～18%

另外，硅酸盐水泥熟料中除了上述主要矿物外，还含有少量的游离氧化钙（$f-CaO$）、游离氧化镁（$f-MgO$）、碱性氧化物（Na_2O、K_2O）等。

（2）矿物特性。硅酸盐水泥熟料的4种主要矿物单独与水作用时表现出不同的特性如表3-10和图3.6所示。

表3-10　硅酸盐水泥熟料的主要矿物特征

矿物组成	硅酸三钙（C_3S）	硅酸二钙（C_2S）	铝酸三钙（C_3A）	铁铝酸四钙（C_4AF）
与水反应速度	快	慢	最快	中
28d水化放热量	多	少	最多	中
早期强度	高	低	低	低
后期强度	较高	高	低	低
耐腐蚀性	中	良	差	好
干缩性	中	小	大	小

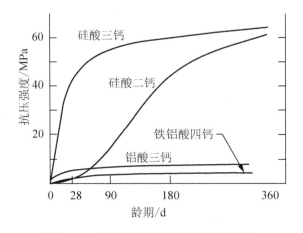

图3.6　硅酸盐水泥熟料的主要矿物特征

从表3-10和图3.6中可看到，C_3S水化速度较快，水化热较大，其水化产物主要在早期产生，早期强度最高，且能得到不断增长，因而是决定水泥强度等级的最主要矿物；C_2S水化速度最慢，水化热最小，其水化产物和水化热主要在后期产生，对水泥早期强度贡献很小，但对后期强度增长贡献较大；C_3A水化速度最快，水化热最高，但后期强度较低，硬化时体积收缩也较大，耐腐蚀性能较差；C_4AF水化速度介于C_3A和C_3S之间，强度发展主要在早期，强度偏低，它的突出特点是抗冲击性和抗腐蚀性好。

硅酸盐水泥强度主要取决于这4种熟料单矿物的性质。适当地调整它们的相对含量，可以制得不同品种的水泥。例如，当提高C_3S和C_3A的含量时，可以生产快硬硅酸盐水泥；提高C_2S和C_4AF的含量，降低C_3S、C_3A的含量，可以生产低热大坝水泥；提高C_4AF的含量，则可制得耐磨性较高的道路水泥。

3）水化硬化

硅酸盐水泥加水后，生成一系列的水化产物并放出一定的热量。C_3S和C_2S的水化反应式如下：

$$2(3CaO \cdot SiO_2) + 6H_2O = 3CaO \cdot 2SiO_2 \cdot 3H_2O + 3Ca(OH)_2$$

$$2(2CaO \cdot SiO_2) + 4H_2O = 3CaO \cdot 2SiO_2 \cdot 3H_2O + Ca(OH)_2$$

C_3S 的反应速度较快，生成的水化硅酸钙(简写为 C-S-H)不溶于水，以胶体微粒析出，并逐渐凝聚成凝胶，构成具有很高强度的空间网状结构。与此同时，生成的 $Ca(OH)_2$ 在溶液中以晶体形态析出，如图 3.7 所示。$Ca(OH)_2$ 晶体具有层状结构，生成的数量较少，通常只起填充作用。C_2S 的水化反应产物与 C_3S 相同，但由于其反应速度较慢，早期生成的 C-S-H 凝胶较少，因此早期强度低。

图 3.7 硅酸盐水泥水化物照片(一)

C_3A 和 C_4AF 水化反应如下：

$$3CaO \cdot Al_2O_3 + 6H_2O = 3CaO \cdot Al_2O_3 \cdot 6H_2O$$

$$4CaO \cdot Al_2O_3 \cdot Fe_2O_3 + 7H_2O = 3CaO \cdot Al_2O_3 \cdot 6H_2O + CaO \cdot Fe_2O_3 \cdot H_2O$$

$$3CaO \cdot Al_2O_3 \cdot 6H_2O + 3(CaSO_4 \cdot 2H_2O) + 19H_2O = 3CaO \cdot Al_2O_3 \cdot 3CaSO_4 \cdot 31H_2O$$

$$3CaO \cdot Al_2O_3 \cdot 6H_2O + CaSO_4 \cdot 2H_2O + 4H_2O = 3CaO \cdot Al_2O_3 \cdot CaSO_4 \cdot 12H_2O$$

C_3A 与水反应迅速，很快就生成水化铝酸三钙晶体(C-A-H)。该晶体稳定存在于水泥浆体的碱性介质中，致使水泥浆体产生闪凝。因此在水泥粉磨时，需掺入适量石膏调节水泥的凝结时间。由于水泥中石膏的存在，水化生成的 C-A-H 晶体与石膏反应，生成高硫型水化硫铝酸钙(钙矾石)，如图 3.8 所示，用"AFt"表示。当进入反应后期，由于石膏

图 3.8 硅酸盐水泥水化物照片(二)

耗尽，C-A-H 又与钙钒石反应生成单硫型水化硫铝酸钙，用"AFm"表示。石膏掺量过多可使水泥浆体产生假凝，同时还会引起水泥体积安定性不良。合理的石膏掺量应根据水泥中 C_3A 的含量、石膏的品种及质量等因素通过试验确定。一般生产硅酸盐水泥时，石膏掺量占水泥质量的 $3\%\sim5\%$。

 知识要点提醒

在硅酸盐水泥熟料中不掺石膏或石膏掺量不够，则致使水泥浆体产生闪凝；但石膏掺量过多则会使水泥浆体产生假凝。

C_4AF 反应速度介于 C_3S 和 C_2S 之间，与水反应生成 C-A-H 和水化铁酸一钙凝胶（C—F—H）。

在充分水化的水泥浆中，C-S-H 的含量占 65%，$Ca(OH)_2$ 的含量约占 25%，钙钒石和单硫型水化硫铝酸钙约占 7%，其他占 3%。C-S-H 凝胶对水泥石的强度和其他主要性质起着决定性作用。硬化后的水泥石是由凝胶、晶体、未水化的水泥颗粒内核、毛细孔、凝胶孔等组成，如图 3.9 所示。

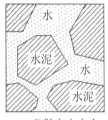
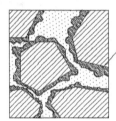
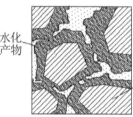

(a) 分散在水中未水化的水泥颗粒　(b) 水泥颗粒表面形成的水化产物膜层　(c) 膜层长大并互相连接(凝结)　(d) 水化产物进一步发展，填充毛细孔(硬化)

图 3.9　水泥凝结硬化过程示意图

水泥的水化反应过程可持续很长时间，在适当的环境温度和湿度下，水泥石强度可在十几年甚至几十年内继续增长。

硅酸盐水泥的细度、拌和用水量和养护温湿度等对水泥的凝结硬化影响很大。水泥颗粒越细，与水反应越充分，水泥浆凝结硬化越快。加水量越大，水泥浆越稀，颗粒间的间隙越大，凝结硬化越慢，多余水蒸发后在水泥石内形成的毛细孔越多。养护水泥的温度在 $20℃$ 左右时有利于水泥石强度增长，但如果温度太高，反应速度太快，所生成的水化产物分布不均匀，形成的结构不密实，反而会导致后期强度下降，如当温度达到 $70℃$ 以上时，其 28d 的强度会下降 $10\%\sim20\%$；养护温度过低，水泥水化反应速度慢，强度增长缓慢，早期强度较低，当温度接近 $0℃$ 或 $<0℃$ 时，水泥停止水化，并有可能在冻结膨胀作用下，造成已硬化的水泥石破坏。因此，冬季施工时，要采取一定的保温措施。

 知识要点提醒

在水泥石中，毛细孔的数量将随着加水量的变化而变化；而凝胶孔的数量则不随加水量而变化。

4）技术性质

根据《通用硅酸盐水泥》(GB 175—2007)的规定，对硅酸盐水泥技术性质有如下要求。

（1）细度。水泥细度是指水泥颗粒平均粗细的程度。硅酸盐水泥的细度采用比表面测定仪检验或筛析法检验，如图 3.10、图 3.11 所示分别为比表面测定仪和筛析测定仪。根据国标规定水泥的比表面积应＞300m²/kg 或筛余量应＜10％。细度不合格的水泥为次品。

水泥颗粒也不宜过细，过细的水泥颗粒易与空气中的 H_2O 及 CO_2 反应，使水泥不能久存；同时水泥加工过细，意味着生产水泥时能耗大、成本高。

图 3.10　比表面测定仪　　　　图 3.11　筛析测定仪

（2）标准稠度用水量。水泥的标准稠度用量是指水泥加水调制到某一规定净浆稠度时所需拌和用水量占水泥质量的百分数。由于用水量的多少直接影响凝结时间和强度等性质的测定，因此必须在标准稠度下进行试验。硅酸盐水泥的标准稠度用水量一般为 24％～30％。水泥熟料矿物的成分和细度不相同时，其标准稠度用水量也不相同。

（3）凝结时间。水泥的凝结时间有初凝与终凝之分，其试验设备如图 3.12 所示。初凝是指自加水起至水泥浆开始失去塑性所需的时间；终凝是指自加水起至水泥浆开始产生强度所需的时间。为使水泥浆在较长时间内保持流动性，以满足施工中各项操作(搅拌、运输、振捣、成型等)所需时间的要求，国标规定硅酸盐水泥的初凝时间不得早于 45min，终凝时间不得迟于390min。初凝不合格的水泥为废品，终凝不合格的水泥为次品。

（4）体积安定性。水泥的体积安定性是指水泥在凝结硬化过程中体积变化是否均匀的性能，如图 3.13 所示。体积变化不均匀，即认为水泥体积安定性不良。体积安定性不良的水泥会使混凝土结构产生膨胀性裂缝造成工程事故，因此安定性不良的水泥为废品。引起水泥安定性不良的原因主要是熟料中含有过量的 $f-CaO$、$f-MgO$ 和石膏。

图 3.12　水泥凝结时间测定仪

图 3.13　体积安定性良好的试饼

沸煮可加速 $f-CaO$ 的水化，《水泥标准稠度用水量、凝结时间、体积安定性检验方法》（GB 1346—2001）规定用沸煮法或雷氏法检验 $f-CaO$ 引起的水泥安定性不良。测试时当两种方法发生争议时，以雷氏法为准。

$f-MgO$ 引起的水泥体积安定性不良只有用压蒸法才能检验出来，不便于快速检验。因此，国标规定硅酸盐水泥中 $f-MgO$ 的含量 $<5.0\%$，当压蒸试验合格时可放宽到 6.0%。

由于石膏造成的体积安定性不良不便于快速检验，因此在硅酸盐水泥生产时必须严格控制石膏掺量。国标规定硅酸盐水泥中的石膏掺量以 SO_3 计，其含量 $<3.5\%$。

　知识要点挑疑

雷氏法或沸煮法只能检测出 $f-CaO$ 对硅酸盐水泥安定性的影响，而不能检测出过量 $f-MgO$ 和石膏对硅酸盐水泥安定性的影响。所以，只根据雷氏法或沸煮法还不能判定水泥是否安定性良好，还应关注 $f-MgO$ 和石膏的含量。

（5）强度等级。硅酸盐水泥强度等级是根据《水泥胶砂强度检验法》（ISO 法）（GB/T 17671—1999）的规定测定其强度的。该法是将水泥、标准砂和水以规定的质量比（水泥∶标准砂∶水＝1∶3∶0.5）按规定的方法搅拌均匀并成型为 40mm×40mm×160mm 的试件。如图 3.14 所示为水泥胶砂强度检验试模，如图 3.15 所示为水泥胶砂强度检验试件。在温度（20±1）℃的水中，分别养护 3d、28d 后，测其抗折强度和抗压强度。根据所测的强度值将硅酸盐水泥分为 42.5、42.5R、52.5、52.5R、62.5、62.5R 六个强度等级（符号 R 表示早强型）。各龄期的强度不能低于国标规定（表 3-11），强度不满足要求的应降级使用。

图 3.14　水泥胶砂强度检验试模

图 3.15　水泥胶砂强度检验试件

表 3-11 硅酸盐水泥各龄期的强度要求(MPa)

品 种	强度等级	抗压强度		抗折强度	
		3d	28d	3d	28d
硅酸盐水泥	42.5	≥17.0	≥42.5	≥3.5	≥6.5
	42.5R	≥22.0		≥4.0	
	52.5	≥23.0	≥52.5	≥4.0	≥7.0
	52.5R	≥27.0		≥5.0	
	62.5	≥28.0	≥62.5	≥5.0	≥8.0
	62.5R	≥32.0		≥5.5	

(6) 水化热。水化热是指水泥水化过程中放出的热量。水泥水化热的多少不仅取决于水泥的矿物组成,而且还与细度、混合材料掺量等有关。一般情况下,硅酸盐水泥 3d 龄期内放热量为总量的 50%,7d 龄期内放出的热量为总量的 75%,3 个月内放出的热量可达总热量的 90%。水化热不仅影响水泥的凝结硬化速度,而且由于热量的蓄积还会对大体积结构工程产生不利影响,如图 3.16、图 3.17 所示。

图 3.16 水化热造成混凝土破坏照片(一)

图 3.17 水化热造成混凝土破坏照片(二)

(7) 碱含量。如果配制混凝土的骨料中含有活性 SiO_2 和活性 Al_2O_3 时,若水泥中的碱含量也高,在有水的条件下就会产生碱-骨料反应,致使混凝土产生膨胀性破坏。水泥中的碱含量按 $Na_2O + 0.658K_2O$ 算值表示。使用活性骨料或用户要求提供低碱水泥时,水泥中的碱含量<0.6,由供需双方商定。

(8) Cl^- 含量。新拌混凝土的 pH 值为 12.5 或更高,钢筋在碱性环境下由于其表面氧化膜的作用,一般不致锈蚀。但如果水泥中 Cl^- 含量较高,Cl^- 会强烈促进钢筋锈蚀反应,破坏氧化膜,加速钢筋锈蚀。因此,国标规定硅酸盐水泥中 Cl^- 含量应≤0.06%,Cl^- 含量不满足要求的水泥为废品。

 知识要点提醒

对于硅酸盐水泥当其初凝时间不合格、体积安定性不良、Cl^- 含量不满足要求时,均被视为废品;当其细度、终凝时间、强度等不满足要求时,均被视为次品。

硅酸盐水泥除了上述技术要求外,国标对硅酸盐水泥还有不溶物、烧失量等要求。

5) 水泥石的腐蚀

硅酸盐水泥硬化后,在通常使用条件下,一般有较好的耐久性。但当水泥石所处环境中含有腐蚀性液体或气体介质时,水泥石会逐渐受到侵蚀而破坏,如图 3.18、图 3.19 所示。

图 3.18 装饰性水泥混凝土受到破坏照片

图 3.19 水泥混凝土膨胀性破坏照片

硅酸盐水泥腐蚀的类型主要有以下几种。

(1) 软水腐蚀。当水泥石与软水(缺少 Ca^{2+}、Mg^{2+} 的水)长期接触,水泥石中的 $Ca(OH)_2$ 会溶于水中,在静水及无压水的情况下,由于水泥石周围的水易被溶出的 $Ca(OH)_2$ 所饱和,使溶解作用终止,所以溶出仅限于水泥石表层,对水泥石内部结构影响不大。但在流水及压力水的作用下,$Ca(OH)_2$ 会被不断溶解流失,使水泥石的碱度降低。同时,由于水泥石中的其他水化产物必须在一定的碱性环境中才能稳定存在,$Ca(OH)_2$ 的溶出将导致其他水化产物的分解,最终使水泥石破坏,也称为溶出性腐蚀。

假如水中重碳酸盐含量较高时,重碳酸盐会与水泥石中的 $Ca(OH)_2$ 反应,生成不溶于水的 $CaCO_3$,其反应如下:

$$Ca(OH)_2 + Ca(HCO_3)_2 = 2CaCO_3 + 2H_2O$$

生成的 $CaCO_3$ 填充于已硬化水泥石的孔隙内,形成密实保护层,从而阻止外界水分的继续侵入和内部 $Ca(OH)_2$ 的扩散析出。因此,含有较多重碳酸盐的水,一般不会对水泥石造成溶出性腐蚀。

(2) 盐类腐蚀。

① 硫酸盐的腐蚀。在海水、湖水、地下水、某些工业污水中,常含钾、钠、氨的硫酸盐,它们与水泥石中的 $Ca(OH)_2$ 发生化学反应生成 $CaSO_4 \cdot 2H_2O$,而生成的 $CaSO_4 \cdot 2H_2O$ 又会与水泥石中的 C-A-H 反应生成高硫型水化硫铝酸钙,即钙矾石(AFt),其反应式为:

$$3(CaSO_4 \cdot 2H_2O) + 3CaO \cdot Al_2O_3 \cdot 6H_2O + 19H_2O = 3CaO \cdot Al_2O_3 \cdot 3CaSO_4 \cdot 31H_2O$$
(体积膨胀)

高硫型水化硫铝酸钙为针状晶体,也称为"水泥杆菌",如图3.7所示,内部含有大量结晶水,其晶体比原有晶体体积增大约1.5倍,会对水泥石造成膨胀性破坏。

② 镁盐的腐蚀。在海水、地下水中常含有大量镁盐,主要是 $MgCl_2$ 和 $MgSO_4$,它们均可以与水泥石中的 $Ca(OH)_2$ 发生如下反应:

$$MgCl_2 + Ca(OH)_2 = CaCl_2 + Mg(OH)_2$$
(易溶)(无胶结力)

$$MgSO_4 + Ca(OH)_2 + 2H_2O = Mg(OH)_2 + CaSO_4 \cdot 2H_2O$$
(无胶结力)

$MgCl_2$ 与 $Ca(OH)_2$ 反应所生成的 $CaCl_2$ 易溶于水,$Mg(OH)_2$ 松散而无胶结力,从而导致水泥石结构破坏。$MgSO_4$ 与 $Ca(OH)_2$ 反应不仅生成松散而无胶结力的 $Mg(OH)_2$,且生成的 $CaSO_4 \cdot 2H_2O$ 又会进一步对水泥石产生硫酸盐腐蚀,因此又称硫酸镁腐蚀为双重腐蚀。

(3) 酸类腐蚀。

① 碳酸的腐蚀。当水泥石与含有较多 CO_2 的水接触时,将发生如下化学反应:

$$Ca(OH)_2 + CO_2 + H_2O = CaCO_3 + 2H_2O$$

$$CaCO_3 + CO_2 + H_2O = Ca(HCO_3)_2$$

反应生成的 $Ca(HCO_3)_2$ 易溶于水,CO_2 浓度高时,上述反应向右进行,从而导致水泥石中的微溶于水的 $Ca(OH)_2$ 转变为易溶于水的 $Ca(HCO_3)_2$ 而溶失。$Ca(OH)_2$ 浓度的降低又将导致水泥石中其他水化产物的分解,使腐蚀作用进一步加剧。

② 一般酸的腐蚀。在工业废水、地下水中常含有无机酸或有机酸。比如在有盐酸、硫酸的环境中，水泥石会与它们发生如下化学反应：

$$2HCl + Ca(OH)_2 = CaCl_2 + 2H_2O$$
（易溶）

$$H_2SO_4 + Ca(OH)_2 = CaSO_4 \cdot 2H_2O + H_2O$$

HCl 与 $Ca(OH)_2$ 反应生成易溶于水的 $CaCl_2$，使水泥石结构破坏。H_2SO_4 与 $Ca(OH)_2$ 反应生成 $CaSO_4 \cdot 2H_2O$，$CaSO_4 \cdot 2H_2O$ 再与 C-A-H 反应生成水化硫铝酸钙，从而导致水泥石的膨胀性破坏。

（4）碱的腐蚀。一般情况下，碱对水泥石的腐蚀作用很小，但当水泥中铝酸盐含量较高时，且遇到强碱溶液作用后，水泥石也会遭受腐蚀。其反应如下：

$$3CaO \cdot Al_2O_3 + 6NaOH = 3Na_2O \cdot Al_2O_3 + 3Ca(OH)_2$$
（易溶于水）

另一方面，当水泥石被 NaOH 溶液浸透后，在空气中水泥石中的 NaOH 会与 CO_2 作用，生成 Na_2CO_3，在水泥石毛细孔中结晶沉积，导致水泥石体积膨胀性破坏。

除上述腐蚀类型外，其他物质（如糖类、氨盐、酒精、动物脂肪等）对水泥石也可产生腐蚀作用。

水泥石在遭受腐蚀时很少为单一的侵蚀作用，往往是几种腐蚀同时存在，互相影响，因而是一个极为复杂的物理化学过程。但从水泥石结构本身来说，造成水泥石腐蚀的原因主要有 3 方面：一是水泥石中存在着 $Ca(OH)_2$ 和 C-A-H 等；二是水泥石本身不密实，大量毛细孔使腐蚀性介质容易进入其内部；三是水泥石存在的环境中有易引起腐蚀的介质。此外，较高的环境温度、较快的介质流速、频繁的干湿交替等也都会促进水泥石腐蚀。

6）防止水泥石腐蚀的措施

（1）合理选用水泥品种。根据水泥石所处环境，合理选用水泥品种或掺入活性混合材料，减少水泥石中易被腐蚀的 $Ca(OH)_2$ 和 C-A-H 含量，以提高水泥石的抗腐蚀能力。

（2）提高水泥石的密实度。通过降低水灰比、掺加外加剂等方法，提高水泥石的密实度，提高水泥石的抗腐蚀能力。

小思考 3-3

在某工业区发现一些工业厂房外部混凝土梁柱上部均出现不同程度的"疑似钟乳石"悬挂物，且混凝土均有不同程度的破坏致使钢筋裸露，试分析出现悬挂物可能的原因。

7）硅酸盐水泥的性能及应用

（1）早期强度和后期强度高。硅酸盐水泥因不掺混合材或掺入很少的混合材，C_3S 含量高，凝结硬化快，所以早期强度和强度等级都较高，可用于对早期强度要求较高的工程，如预应力混凝土工程。

（2）水化热大。由于硅酸盐水泥中 C_3S 和 C_3A 含量高，因此水化热较大，有利于冬季施工。但较大的水化热，对于大体积混凝土工程容易在混凝土内部聚集较多的热量，产生温度应力，造成混凝土的破坏。因此，硅酸盐水泥不宜用于大体积混凝土工程。

（3）抗冻性好。硅酸盐水泥石结构密实且早期强度高、抗冻性好，适合用于严寒地区遭受反复冻融的工程及抗冻性要求较高的工程，如大坝的溢流面等。

（4）干缩小、耐磨性较好。硅酸盐水泥硬化时干缩小，不易产生干缩裂缝，一般可用于干燥环境工程。由于干缩小、表面不易起粉，因此耐磨性较好，可用于道路工程中。但 R 型水泥由于水化热大，凝结时间短，不利于混凝土远距离输送或高温季节施工，只适用于快速抢修工程和冬季施工。

（5）抗碳化性较好。混凝土的碳化是指水泥石中的 $Ca(OH)_2$ 与空气中的 CO_2 和 H_2O 作用生成 $CaCO_3$ 的过程。碳化会引起水泥石碱度降低，致使钢筋混凝土中的钢筋失去保护膜而锈蚀。硅酸盐水泥在水化后，水泥石中含有较多的 $Ca(OH)_2$，对钢筋的保护作用强。一般可用于空气中 CO_2 浓度较高的环境中，如热处理车间等。

（6）不耐高温。当水泥石处于 250～300℃高温环境时，其中的水化硅酸钙开始脱水，体积收缩，强度下降。$Ca(OH)_2$ 在 600℃以上会分解成 CaO 与 H_2O，高温后的水泥石受潮时，生成的 CaO 与 H_2O 作用导致体积膨胀，造成水泥石的破坏。因此，硅酸盐水泥不宜用于温度高于 250℃的耐热混凝土工程，如工业窑炉和高炉基础。

（7）耐腐蚀性差。硅酸盐水泥水化后，含有大量的 $Ca(OH)_2$ 和 C-A-H，其耐软水和耐化学腐蚀性差，不能用于海港工程、抗硫酸盐工程等。

2. 其他通用硅酸盐水泥

1）活性混合材料和非活性混合材料

为了能有效地改善硅酸盐水泥性能、调节水泥强度等级、增加水泥产量、降低水泥生产成本，在生产其他通用硅酸盐水泥时必须掺入适量的矿物外掺料。一般将这些矿物外掺料称为水泥混合材料，混合材料按其性能分为活性混合材料和非活性混合材料。

（1）活性混合材料。活性混合材料是指能够与硅酸盐水泥水化后的 $Ca(OH)_2$ 起反应，生成新的水硬性胶凝材料的矿物质，反之则称为非活性混合材料。在生产通用硅酸盐水泥时常用的活性混合材料有以下几种。

① 粒化高炉矿渣。在高炉冶炼生铁时，得到以硅铝酸盐为主要成分的熔融物，经淬冷成粒后，具有潜在水硬性的矿物质，称为粒化高炉矿渣(简称矿渣)。根据《用于水泥中的粒化高炉矿渣》(GB/T 203—2008)的规定，粒化高炉矿渣的堆积密度≤1200kg/m^3。

② 火山灰质混合材料。火山灰质混合材料是指主要化学成分为活性 SiO_2 和活性 Al_2O_3，并具有潜在水硬性的矿物质。按其成因可分为天然和人工两大类。天然火山灰质混合材料包括火山灰、凝灰岩、浮石、沸石、硅藻土、蛋白石等。人工火山灰质混合材包括烧粘土、烧页岩、煤矸石、煤渣、硅质渣等。

根据《用于水泥中的火山灰质混合材料》(GB/T 2847—2005)规定，用于硅酸盐水泥中的火山灰混合材的 SO_3 含量<3.5%，火山灰活性试验必须合格；掺 30%的火山灰质混合材水泥胶砂 28d 抗压强度比>65%。

③ 粉煤灰。粉煤灰是电厂煤粉炉烟道气体中收集的粉末，为玻璃态实心或空心球状颗粒，表面光滑、色灰。化学成分中活性 SiO_2 和活性 Al_2O_3 两者占 60%以上。根据《用于水泥和混凝土中的粉煤灰》(GB 1596—2005)规定，其分级及其品质指标见表 3-12。

表 3-12　水泥活性混合材料用粉煤灰技术要求

项目		技术要求
烧失量/%	F 类粉煤灰	≤8.0
	C 类粉煤灰	
含水量/%	F 类粉煤灰	≤1.0
	C 类粉煤灰	
SO$_3$/%	F 类粉煤灰	≤3.5
	C 类粉煤灰	
f-CaO/%	F 类粉煤灰	≤1.0
	C 类粉煤灰	≤4.0
安定性雷氏夹沸煮后增加距离/mm	C 类粉煤灰	≤5.0
强度活性指数/%	F 类粉煤灰	≥7.0
	C 类粉煤灰	

注：F 类粉煤灰是指由无烟煤或烟煤煅烧收集的粉煤灰；C 类粉煤灰是指由褐煤或次烟煤煅烧收集的粉煤灰，其 CaO 含量一般大于 10%。

 知识要点提醒

在通用硅酸盐水泥中，活性混合材料一定是指能够与硅酸盐水泥水化后的 Ca(OH)$_2$ 起反应，生成新的水硬性胶凝材料的矿物质。

（2）非活性混合材料。非活性混合材料是指活性指标分别低于 GB/T 203、GB/T 18046、GB/T 1596、GB/T 2847 标准要求的粒化高炉矿渣、粒化高炉矿渣粉、粉煤灰、火山灰质混合材料，石灰石和砂岩，其中石灰石中的 Al$_2$O$_3$ 含量（质量分数）应 <2.5%。

非活性混合材料不与水泥中的任何成分产生化学反应，将其加入水泥的目的仅是为了降低水泥强度等级、提高产量、降低成本、减小水化热。

2）普通硅酸盐水泥

普通硅酸盐水泥是指在硅酸盐水泥熟料中掺入掺加量为 >5% 且 ≤20% 水泥质量的活性混合材料，其中允许用不超过水泥质量 8% 的非活性混合材料，再加适量石膏，其代号为 P·O。

（1）技术指标。根据《通用硅酸盐水泥》（GB 175—2007）规定，普通硅酸盐水泥的主要技术性质如下。

① 凝结时间。要求初凝时间 ≥45min，终凝时间 ≤600min。

② 强度等级。根据国家标准规定，将普通硅酸盐水泥按 3d 和 28d 的抗折强度和抗压强度分为 42.5、42.5R、52.5、52.5R 四个强度等级。各龄期的强度应满足表 3-13 的要求。

表 3-13 普通硅酸盐水泥各龄期的强度要求(MPa)

品 种	强度等级	抗压强度		抗折强度	
		3d	28d	3d	28d
普通硅酸盐水泥	42.5	≥17.0	≥42.5	≥3.5	≥6.5
	42.5R	≥22.0		≥4.0	
	52.5	≥23.0	≥52.5	≥4.0	≥7.0
	52.5R	≥27.0		≥5.0	

③ 细度，体积安定性，MgO、SO_3、Cl^- 等含量要求与硅酸盐水泥完全相同。

（2）性能及应用。普通硅酸盐水泥由于掺入的混合材料较少，因此其性能与硅酸盐水泥基本相同，只是强度等级、水化热、抗冻性、抗碳化性等较硅酸盐水泥略有降低，耐热性、耐腐蚀性略有提高。其应用范围与硅酸盐水泥大致相同。

3）矿渣硅酸盐水泥

矿渣硅酸盐水泥是指在硅酸盐水泥熟料中掺入掺加量>20％且≤70％水泥质量的粒化高炉矿渣，再加适量石膏。矿渣硅酸盐水泥分为两个类型：加入>20％且≤50％的粒化高炉矿渣的为 A 型，代号为 P·S·A；加入>50％且≤70％的粒化高炉矿渣的为 B 型，代号为 P·S·B。其中允许不超过水泥质量8％的活性混合材料、非活性混合材料和窑灰中的任一种材料代替部分矿渣。

（1）技术指标。根据《通用硅酸盐水泥》（GB 175—2007)规定，矿渣硅酸盐水泥的主要技术性质如下。

① 细度。要求 80μm 方孔筛筛余<10％或 45μm 方孔筛筛余<30％。

② MgO 的含量。对于 P·S·A 型，要求 MgO 的含量<6.0％，如果含量>6.0％时，需进行压蒸安定性试验并合格。对于 P·S·B 型，不作要求。

③ SO_3 的含量。要求 SO_3 含量<4.0％。

④ 强度等级。根据国家标准规定，将矿渣硅酸盐水泥按 3d 和 28d 的抗折强度和抗压强度分为 32.5、32.5R、42.5、42.5R、52.5、52.5R 六个强度等级。各龄期的强度不能低于表 3-14 中的规定。

表 3-14 各种硅酸盐水泥的强度要求(MPa)

品种	强度等级	抗压强度		抗折强度	
		3d	28d	3d	28d
矿渣硅酸盐水泥 粉煤灰硅酸盐水泥 火山灰质硅酸盐水泥 复合硅酸盐水泥	32.5	≥10.0	≥32.5	≥2.5	≥5.5
	32.5R	≥15.0		≥3.5	
	42.5	≥15.0	≥42.5	≥3.5	≥6.5
	42.5R	≥19.0		≥4.0	
	52.5	≥21.0	≥52.5	≥4.0	≥7.0
	52.5R	≥23.0		≥4.5	

⑤ 凝结时间、体积安定性、Cl⁻含量要求均与普通硅酸盐水泥相同。

（2）性能及应用。矿渣硅酸盐水泥的水化分两步进行。首先是水泥熟料与水反应水化出 $Ca(OH)_2$，然后粒化高炉矿渣再与 $Ca(OH)_2$（碱性激发剂）起反应，生成新的水硬性胶凝材料。

矿渣硅酸盐水泥的主要特点如下。

① 早期强度发展慢，后期强度增长快。由于矿渣硅酸盐水泥的两步反应，因而早期强度发展慢，后期强度增长快，甚至可以超过同强度等级的普通硅酸盐水泥。该水泥不能用于早期强度要求较高的工程，如现浇混凝土的板、梁、柱等。

② 水化热低。由于水泥熟料较少，因此水泥放热量小，可用于大体积混凝土工程。

③ 耐热性好。因为矿渣本身有一定的耐高温性，且硬化后水泥石中的 $Ca(OH)_2$ 含量少，所以矿渣硅酸盐水泥适用于高温环境。如轧钢、铸造等高温车间的高温窑炉基础及 $300\sim400℃$ 的热气体通道等耐热工程。

④ 抗腐蚀性好。由于矿渣硅酸盐水泥的两步反应消耗了大量的 $Ca(OH)_2$，因此该水泥抗腐蚀能力强。可用于有腐蚀的混凝土工程。

⑤ 适宜于湿热养护。湿热条件下可加速矿渣硅酸盐水泥的两步反应，28d 的强度可以提高 $10\%\sim20\%$。特别适用于蒸汽和蒸压养护的混凝土预制构件。

⑥ 抗碳化能力差。由于矿渣硅酸盐水泥的两步反应，致使水泥石中 $Ca(OH)_2$ 含量少，碱度降低，在相同的 CO_2 的含量中，碳化深度较大。因此其抗碳化能力差，一般不用于热处理车间的修建。

⑦ 抗冻性差。由于矿渣硅酸盐水泥中掺入了大量多棱角的矿渣颗粒，在配制混凝土时，为保证混凝土的流动性，需增加水量，当水分蒸发后，遗留的毛细孔较多，因此该水泥干缩较大，抗渗性和抗冻性差。所以不宜用于严寒地区，特别是严寒地区水位经常变动的部位。

小思考 3-4

某给水厂在修建二沉池过程中，由于部分粉煤灰硅酸盐水泥被雨水淋湿，施工单位擅自选用矿渣硅酸盐水泥配制混凝土继续施工，工程完工后，经验收各项施工质量指标均满足相关要求。但一年后发现该二沉池出现不同程度的渗漏，试分析出现渗漏可能的原因。

4）粉煤灰硅酸盐水泥、火山灰质硅酸盐水泥、复合硅酸盐水泥

粉煤灰硅酸盐水泥是指在硅酸盐水泥熟料中掺入掺加量>20%且≤40%水泥质量的粉煤灰，再加适量石膏，水泥代号为 P·F。

火山灰质硅酸盐水泥是指在硅酸盐水泥熟料中掺入掺加量>20%且≤40%水泥质量的火山灰质，再加适量石膏，水泥代号为 P·P。

复合硅酸盐水泥是指在硅酸盐水泥熟料中掺入两种及两种以上掺加量>20%且≤50%水泥质量的混合材料，并允许用不超过水泥质量8%的窑灰代替部分混合材料，再加适量石膏，水泥代号为 P·C。

（1）技术指标。根据《通用硅酸盐水泥》（GB 175—2007）规定，这3种水泥的细度、凝结时间、体积安定性、强度等级、Cl⁻含量要求与矿渣硅酸盐水泥相同。SO_3 含

量要求<3.5%，MgO 的含量要求<6.0%，如果含量>6.0%时，需进行压蒸安定性试验并达到合格。

（2）性能及应用。与矿渣硅酸盐水泥比较，这 3 种水泥同样具有早期强度发展慢、后期强度增长快、水化热小、耐腐蚀性好、适宜于湿热养护、抗碳化能力差、抗冻性差等特点。但由于水泥中所加入混合材料的种类和数量不同，也有其各自的特点。

① 粉煤灰硅酸盐水泥。粉煤灰硅酸盐水泥干缩较小、抗裂性高，粉煤灰颗粒多呈球形玻璃体结构，表面致密，吸水性小。因而粉煤灰硅酸盐水泥干缩较小，抗裂性高，用其配制的混凝土和易性好，但其早期强度较其他水泥低。粉煤灰硅酸盐水泥适用于承受荷载较迟的工程，尤其适用于大体积水利工程。

② 火山灰质硅酸盐水泥。火山灰质硅酸盐水泥抗渗性好。由于火山灰颗粒较细，比表面积大，在潮湿环境下使用时水化产生较多的 C-S-H 可增加结构的致密程度。因此，火山灰质硅酸盐水泥抗渗性好，适用于有抗渗要求的混凝土工程。但在干燥、高温的环境中，水泥石中的 C-S-H 会分解成 CaO 和 SiO_2，易产生"起尘"现象。因此，火山灰质硅酸盐水泥不宜用于干燥环境的工程，也不宜用于有抗冻和耐磨要求的混凝土工程。

③ 复合硅酸盐水泥。复合硅酸盐水泥综合性质较好。由于复合硅酸盐水泥使用了两种或两种以上混合材料，弥补了掺入单一混合材料的缺陷，改变了水泥石的微观结构，促进水泥熟料的水化。因此，其早期强度大于同强度等级的矿渣硅酸盐水泥、粉煤灰硅酸盐水泥、火山灰质硅酸盐水泥。复合硅酸盐水泥是目前大力发展的水泥品种。

5）水泥的检验报告

检验报告内容应包括出厂检验项目、细度、混合材料品种和掺加量，石膏和助磨剂的品种和掺加量。当用户需要时，生产者应在水泥发出之日起 7d 内寄发除 28d 强度以外的各项检验结果，32d 内补报 28d 强度的检验结果。

6）水泥的交货与验收

交货时水泥的质量验收可抽取实物试样以其检验结果为依据，也可以生产者同编号水泥的检验报告为依据。采用何种方法验收由买卖双方商定，并在合同和协议中注明。卖方有告知买方验收方法的责任。当无书面合同或协议，或未在合同、协议中注明验收方法的，卖方应在发货票上注明，"以本厂同编号水泥的检验报告为验收依据"字样。

以抽取实物试样的检验结果为验收依据时，买卖双方应在发货或交货地共同取样和签封。取样方法按 GB 12573 进行，取样数量为 20kg，缩分为二等份。一份由卖方保存 40d，一份由买方按《通用硅酸盐水泥》（GB 175—2007)规定的项目和方法进行检验。

在 40d 以内，买方检验认为产品质量不符合《通用硅酸盐水泥》（GB 175—2007)要求，而卖方又有异议时，则双方应将卖方保存的另一份试样送省级或省级以上国家认可的水泥质量监督检验机构进行仲裁检验。水泥安定性仲裁检验时，应在取样之日起 10d 以内完成。

以生产者同编号水泥的检验报告为验收依据时，在发货前或交货时买方在同编号水泥中取样，双方共同签封后由卖方保存 90d，或认可卖方自行取样，签封并保存 90d 的同编号水泥的封存样。

在 90d 内，买方对水泥质量有疑问时，则买卖双方应将共同认可的试样送省级或省级以上国家认可的水泥质量监督检验机构进行仲裁检验。

7) 水泥的包装、标志、运输与储运

(1) 包装。水泥可以袋装和散装，袋装水泥每袋净含量为50kg，且应不少于标志质量的99%，随机抽取20袋总质量（含包装袋）应不少于1000kg，其他包装形式由供需双方协商确定，但有关袋装质量要求，应符合上述规定。水泥包装袋应符合GB 9774的规定。

(2) 标志。水泥包装袋上应清楚标明：执行标准、水泥品种、代号、强度等级、生产者名称、生产许可证标志（QS）及编号、出厂编号、包装日期、净含量等。包装袋两侧应根据水泥的品种采用不同的颜色印刷水泥名称和强度等级，硅酸盐水泥和普通硅酸盐水泥采用红色，矿渣硅酸盐水泥采用绿色，火山灰质硅酸盐水泥、粉煤灰硅酸盐水泥和复合硅酸盐水泥采用黑色或蓝色。散装发运时应提交与袋装标志相同内容的卡片。

(3) 运输与储存。水泥在储存和运输中不得受潮和混入杂物。不同品种和强度等级的水泥在储运中避免混杂。水泥在储运过程中受潮结块，颗粒表面将产生水化和碳化，从而丧失胶凝能力，并降低其强度。一般情况下，储存3个月的水泥强度下降10%～20%；储存6个月的水泥强度下降15%～30%；储存一年的水泥强度下降25%～40%。水泥有效存放期规定自水泥出厂之日起不得超过3个月，超过3个月的水泥使用时应重新检验，以实测强度为准。对于受潮水泥，可以进行处理，然后再使用。

小思考 3-5

某施工工地由于管理不善，以及经历了近一个月的雨季，致使部分矿渣硅酸盐水泥受潮或过期，试问该批水泥是否还能按原混凝土配合比继续配制混凝土？

本 章 小 结

本章根据目前我国最新颁布的石灰、石膏、水玻璃和硅酸盐水泥的相关规范、规程和标准，对无机胶凝材料进行了系统的讨论对气硬性胶凝材料（石膏、石灰和水玻璃）的原料、生产、熟化硬化、主要技术性质及应用，以及水硬性主要胶凝材料（通用硅酸盐水泥）的原料、生产、熟料组成、水化硬化、主要技术性质及应用、腐蚀类型等进行了系统的讨论；值得注意的是新规范《通用硅酸盐水泥》（GB 175—2007）与旧规范相比有较大改动，如复合硅酸盐水泥的强度要求已不再单列。这些知识点的更新对学生后续课程的学习，以及合理选用水泥品种奠定了必要的基础。

另一方面，为了突出水硬性胶凝材料的重点、难点，使学生在有限的学时内更好地掌握水硬性胶凝材料的基本知识，本章以通用硅酸盐水泥为核心展开详细的讨论，其他水硬性胶凝材料被放在"附录A 水泥扩展知识"中，以便教师和学生根据教学情况进行选用。

习　　题

1. 填空题

(1) 胶凝材料按其化学组成可分为 _____。

(2) 土木工程中常用的有机胶凝材料有 _____。

(3) 无机胶凝材料分为 _____。

(4) 土木工程中常用的气硬性胶凝材料有 _____。

(5) 硬化后体积发生膨胀的胶凝材料是 _____。

(6) 加水调浆后会产生大量热的胶凝材料是 _____。

(7) 生石灰的主要技术性质包括 _____。

(8) 建筑石膏的主要技术性质包括 _____。

(9) 建筑石膏产品标记顺序为 _____。

(10) 水玻璃中常掺入的硬化剂是 _____。

(11) 具有良好保水性及可塑性的气硬性胶凝材料是 _____。

(12) 熟石灰在硬化过程中体积产生 _____。

(13) 可配制耐酸砂浆、耐酸混凝土的胶凝材料是 _____。

(14) 石灰浆体硬化的两个过程是 _____。

(15) 三合土的成分一般包括 _____。

(16) 为了消除过火石灰的危害,可采取的措施是 _____。

(17) 建筑石膏一般储存期为 _____。

(18) 用沸煮法检验水泥安定性,只能检测出 _____的影响。

(19) 安定性不良的水泥在工程中 _____。

(20) 硅酸盐水泥熟料主要矿物组成的简写式是 _____。

(21) 通用水泥一般是指 _____。

(22) 生产硅酸盐水泥时,加入适量石膏是为了 _____。

(23) 水泥石结构主要组成是 _____。

(24) 大体积混凝土工程应优先选用的水泥是 _____。

(25) 引起水泥安定性不良的原因是因为水泥中含有过量的 _____。

(26) 水泥的检验报告内容一般应包括 _____。

(27) 水泥有效存放期规定超过 3 个月的水泥使用时应 _____。

2. 判断题

(1) 为了加速水玻璃的硬化,氟硅酸钠的掺量越多越好。　　　　　　　(　　)

(2) 熟石灰陈伏是为了降低石灰熟化时的放热量。　　　　　　　　　(　　)

(3) 石灰砂浆中掺入砂主要是为了节约石灰膏用量。　　　　　　　　(　　)

(4) 水玻璃模数值越大,则其在水中的溶解度越大。　　　　　　　　(　　)

(5) 水玻璃可直接涂刷在石膏制品表面,以提高其抗风化能力和耐久性。(　　)

（6）在水泥砂浆中掺入石灰膏主要是为了节约水泥。 （　　）

（7）建筑石膏最突出的技术性质是凝结硬化快，且硬化时体积略有膨胀。 （　　）

（8）由熟石灰配制的灰土和三合土均不能用于潮湿环境中。 （　　）

（9）硅酸盐水泥的颗粒越细越好。 （　　）

（10）当水泥的凝结时间不符合国家规定时，应作废品处理。 （　　）

（11）硅酸盐水泥中 $f-CaO$、$f-MgO$ 和过量的石膏，都会造成水泥体积安定性不良。 （　　）

（12）用沸煮法可全面检验硅酸盐水泥的体积安定性是否良好。 （　　）

（13）因水泥是水硬性胶凝材料，所以运输和储存过程中不怕受潮。 （　　）

（14）国家标准规定，硅酸盐水泥的初凝时间应不迟于 45min。 （　　）

（15）因硅酸盐水泥水化后碱度较高，故硅酸盐水泥可用于各种碱环境。 （　　）

（16）当进行水泥安定性仲裁检验时，应在取样之日起 20d 以内完成。 （　　）

（17）当买方对水泥质量有疑问时，应将试样送县级或县级以上国家认可的水泥质量监督检验机构进行仲裁检验。 （　　）

（18）水泥可以袋装和散装，袋装水泥每袋净含量为 25kg。 （　　）

（19）在水泥供应中，不同水泥品种采用不同颜色的印刷符，矿渣硅酸盐水泥采用蓝色标志。 （　　）

3．问答题

（1）什么是气硬性胶凝材料，什么是水硬性胶凝材料？

（2）为什么建筑石膏强度较低、耐水性差，而绝热性和吸声性较好？

（3）什么是欠火石灰？什么是过火石灰？各有何特点？

（4）石灰熟化时，一般应在储灰坑中"陈伏"14d 以上，为什么？

（5）使用未经处理，且含有较多过火石灰的石灰浆体和消石灰粉，在使用中会给工程质量带来什么危害？

（6）什么是水玻璃模数？建筑工程中常用的水玻璃模数是多少？

（7）硅酸盐水泥熟料的主要矿物成分有哪些？各有何特性？

（8）硅酸盐水泥水化后有哪些水化产物？

（9）测定水泥强度等级、凝结时间、体积安定性时，为什么必须采用标准稠度的浆体？

（10）影响硅酸盐水泥强度发展的主要因素有哪些？

（11）简述水泥石腐蚀的类型及原因。

（12）掺混合材料的水泥和硅酸盐水泥在性能上有何差异？为什么？

（13）某工地材料仓库存放有白色胶凝材料，可能是磨细生石灰、建筑石膏、白色水泥，试用简便方法加以鉴别？

（14）现有下列混凝土工程，请分别选用合适的水泥品种，并说明理由。

① 大体积混凝土工程；②采用湿热养护的混凝土构件；③高强度混凝土工程；④严寒地区受到反复冻融的混凝土工程；⑤与硫酸盐介质接触的混凝土工程；⑥有耐磨要求的混凝土工程；⑦高炉基础；⑧道路工程。

第4章

普通混凝土与建筑砂浆

本章教学要点

知识要点	掌握程度	相关知识
混凝土的分类	了解	根据表观密度、施工方法、强度等级、用途等不同的分类结果
普通混凝土的组成材料	掌握	水泥、细骨料、粗骨料、水、外加剂、矿物掺合料的技术性能
新拌普通混凝土性能	重点掌握	和易性定义、测定方法、影响因素
硬化后普通混凝土性能	重点掌握	各强度测试、配合比设计原理、质量控制、变形性、耐久性
砌筑砂浆的组成	掌握	水泥、细骨料、水、外掺料的技术性质
新拌砌筑砂浆性能	重点掌握	和易性定义、测定方法、影响因素
硬化后砌筑砂浆性能	掌握	强度测试、配合比设计原理等

本章技能要点

技能要点	掌握程度	应用方向
如何选用普通混凝土的组成材料	重点掌握	混凝土的配制、管理、成本控制等
如何调整混凝土和砂浆的和易性	重点掌握	

续表

技能要点	掌握程度	应用方向
如何进行混凝土和砂浆的配合比设计、如何进行混凝土的质量控制	重点掌握	混凝土的配制、管理、造价控制等
如何控制或减少混凝土的变形	熟悉	混凝土的质量管理
如何提高混凝土的耐久性	掌握	混凝土的质量管理

4.1 概　　述

混凝土和砂浆是一种低能耗的土木工程材料,其主要材料砂、石来源广泛,价格低廉。根据不同要求可配制出满足各种要求的混凝土和砂浆。拌和物在凝结硬化前具有良好的流动性和可塑性,能按所要求的形状和轮廓进行施工,硬化后具有较高的耐久性,几乎无需维修保养。

然而,混凝土也有其不足之处,具体如下。

(1) 混凝土为弹塑性体,其抗拉强度低,仅为其抗压强度值的 $1/10 \sim 1/20$。随着抗压强度的提高,其脆性增大,因此不能要求混凝土承受拉应力。干缩产生的内部拉应力会引起混凝土开裂。混凝土延性很低,也意味着它的抗冲击性和韧性比金属以及某些高分子材料差。

(2) 混凝土构件自重大,比强度低。混凝土结构与钢结构相比,截面积大、自重大。

(3) 混凝土的体积稳定性较差,在高温下,由于水分的失去,混凝土不可逆收缩较大。在承受荷载时,即使在正常使用条件下,也有较大的徐变。

4.2 混凝土的定义与分类

混凝土是由胶凝材料、水(对于水泥混凝土)、粗细骨料以及外加剂和矿物掺合料按适当比例经混合而成的人造石材,它具有强度高、耐久性好、原料丰富、制作工艺简单、成本低、适用于各种环境等优点,是当今土木工程中用量最大的材料之一。

混凝土具有组成材料多样性及其性能不同的特点,其分类和命名并没有明确的规定,可根据需要按不同的方式进行分类。

1) 按表观密度分

混凝土按干表观密度的大小分为三大类:重混凝土、普通混凝土和轻混凝土。

(1) 重混凝土。干表观密度大于 $2800kg/m^3$,其骨料由重晶石、铁矿石、钢屑等材料组成。这类混凝土具有不透 X 射线和 γ 射线的性能,一般用于核电站等工程的屏蔽结构。

(2) 普通混凝土。干表观密度在 $2000 \sim 2800kg/m^3$,其骨料一般由天然砂、石等材料组成。这类混凝土在土木工程中广泛应用于各种承重结构,如房屋建筑(墙、梁、柱、基础等)、桥梁(主体、桥墩等)和道路工程的路面等。

（3）轻混凝土。干表观密度小于2000kg/m³，可分为轻骨料混凝土、多孔混凝土、加气混凝土、泡沫混凝土和大孔混凝土（无细骨料），可用作承重隔热或保温隔热材料。

2）按胶凝材料分

混凝土按胶凝材料可分为水泥混凝土、沥青混凝土、聚合物混凝土等。

3）按强度等级分

（1）普通混凝土：强度等级为C10～C60。

（2）高强混凝土：强度等级为C60～C100。

（3）超高强混凝土：强度等级大于C100。

4）按用途分

混凝土按用途可分为结构混凝土、装饰混凝土、防水混凝土、防辐射混凝土、耐酸混凝土、防水混凝土、道路混凝土等。

5）按生产及施工工艺分

混凝土按生产及施工工艺可分为泵送混凝土、喷射混凝土、碾压混凝土、自密实混凝土、离心混凝土、真空脱水混凝土等，如图4.1、图4.2所示。

图 4.1　自密实混凝土

图 4.2　泵送混凝土

6）按拌和物的流动性分

混凝土按拌和物的流动性可分为干硬性混凝土（坍落度小于 10mm）、塑性混凝土（坍落度为 10～90mm）、流动性混凝土（坍落度为 100～150mm）、大流动性混凝土（坍落度≥160mm）等。

4.3 普通混凝土的组成材料

普通混凝土是由水泥、细骨料、粗骨料、水、外加剂、矿物掺合料等组成。在混凝土中，砂、石称为骨料，起骨架作用，砂、石的体积占混凝土总体积的 70%以上，对混凝土的力学性质、耐磨性、抗渗性及耐久性等均有重要影响；水泥与水组成的胶凝材料浆料包覆在砂石颗粒表面并填充在颗粒空隙间，使凝固前的混凝土具有流动性和可塑性，便于施工操作。胶凝材料浆料凝结硬化可将砂、石胶结成坚固的整体；外加剂和矿物掺合料能够改善混凝土性能，降低造价，提高混凝土耐久性。

4.3.1 水泥

1. 水泥品种的选择

水泥是胶凝材料，其性能对混凝土的性质有重要影响。水泥品种的选择应根据工程性质和工程所处环境的要求进行。常用水泥品种的选用见表 4-1。

表 4-1 常用水泥品种选用参考表

混凝土工程特点及所处环境条件		优先使用	可以使用	不宜使用
普通混凝土	在普通气候环境中的混凝土	矿渣水泥 火山灰水泥 粉煤灰水泥 复合水泥	普通水泥	
	在干燥环境中的混凝土	矿渣水泥 复合水泥	普通水泥	火山灰水泥 粉煤灰水泥
	在高湿环境中或长期处于水下的混凝土	火山灰水泥 粉煤灰水泥 复合水泥	普通水泥	矿渣水泥
	厚大体积的混凝土	矿渣水泥 火山灰水泥 粉煤灰水泥 复合水泥	普通水泥	硅酸盐水泥

续表

混凝土工程特点及所处环境条件		优先使用	可以使用	不宜使用
有特殊要求的混凝土	要求快硬高强(≥C30)	硅酸盐水泥 快硬硅酸盐水泥		
	严寒地区的露天混凝土及处于水位升降范围内的混凝土	普通水泥(≥32.5)	硅酸盐水泥	矿渣水泥
	有抗渗要求的混凝土	普通水泥 火山灰水泥	硅酸盐水泥 粉煤灰水泥 复合水泥	矿渣水泥
	有耐磨要求的混凝土	普通水泥(≥32.5)	矿渣水泥(≥32.5) 复合水泥	火山灰水泥
	受侵蚀性环境水或气体作用的混凝土	根据介质的种类、浓度具体情况，按专门规定选用		

2. 水泥强度等级的选择

水泥强度等级应与混凝土强度相适应，对于普通混凝土一般以水泥强度等级为混凝土强度等级的 1.5～2.0 倍较为适宜，高强混凝土一般以水泥强度等级为混凝土强度等级的 0.9～1.0 倍较为适宜。若选用低强度等级的水泥配制高强度混凝土，会造成水泥用量增加，从而提高混凝土工程造价，同时将增加硬化后混凝土变形和降低混凝土的耐久性；水泥强度等级过高，会导致水泥用量过少，可能出现新拌混凝土和易性差以及胶凝材料浆料不足以填满骨料的空隙，致使混凝土密实性下降等现象。

通常，在实际工程中混凝土强度等级<C30 以下时，可采用强度等级为 32.5 的水泥；混凝土强度等级≥C30 时，可采用强度等级为 42.5 以上的水泥。

4.3.2 拌和及养护用水

混凝土拌和用水可为饮用水、地表水、地下水以及经适当处理后的中水。凡是生活饮用水和清洁的天然水都能用于拌制混凝土；若用其他水时，其水不得影响混凝土的凝结硬化；不得降低混凝土的强度和耐久性；不得引起钢筋锈蚀及引起预应力钢筋脆断；不得污染混凝土表面。水质要求必须符合《混凝土拌和用水标准》(JGJ 63—2006)的规定，各种杂质含量应符合表 4-2 的规定。

表 4-2 水中物质含量限制值

项目	预应力混凝土	钢筋混凝土	素混凝土
pH 值	≥5.0	≥4.5	≥4.5
不溶物/(mg/L)	≤2000	≤2000	≤5000
可溶物/(mg/L)	≤2000	≤5000	≤10000

续表

项目	预应力混凝土	钢筋混凝土	素混凝土
$Cl^-/(mg/L)$	≤500	≤1000	≤3500
$SO_4^{2-}/(mg/L)$	≤600	≤2000	≤2700
碱含量/(mg/L)	≤1500	≤1500	≤1500

注：碱含量按 $Na_2O+0.658K_2O$ 的计算值来表示。采用非碱活性骨料时，可不检验碱含量。

4.3.3 细骨料——砂

根据《建设用砂》（GB/T 14684—2011）规定，天然砂是指自然生成的，经人工开采和筛分的粒径＜4.75mm 的岩石颗粒，包括河砂、湖砂、山砂、淡化海砂，但不包括软质、风化的岩石颗粒。

机制砂是指经除土处理，由机械破碎、筛分制成的粒径＜4.75mm 的岩石、矿山尾矿或工业废渣颗粒，但不包括软质、风化的颗粒，俗称人工砂。

用于拌制普通混凝土的砂应满足以下主要技术性质要求。

1. 粗细程度及颗粒级配

砂的粗细程度是指不同粒径的砂粒平均粗细的程度，用细度模数表示 M_x。砂通常有粗砂、中砂、细砂和特细砂之分。在相同质量条件下，颗粒越细，其比表面积越大，则在混凝土中需要包裹砂粒表面的胶凝材料浆料就越多。当新拌混凝土的流动性要求一定时，用粗砂拌制的混凝土可节约胶凝材料浆料量，但若砂过粗，虽能减少胶凝材料用量，但拌和物的粘聚性较差，容易产生离析。因此，用于拌制混凝土的砂既不能过粗，也不能过细。

颗粒级配是指砂的颗粒大小搭配的情况，如图 4.3 所示。当砂中含有较多大颗粒的砂，并以适当中颗粒的砂及少量细颗粒的砂填充其空隙时，可达到空隙率及总表面积均较小的效果，这样的砂不仅胶凝材料浆料用量较少，还可提高混凝土的密实性与强度。

因此，在拌制混凝土时，应同时考虑砂的粗细程度和颗粒级配，不能仅用粗细程度作为评判依据。控制砂的颗粒级配和粗细程度有重要的技术及经济意义。

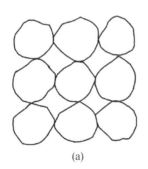 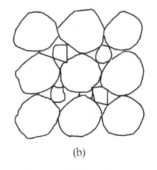 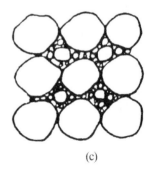

(a)   (b)   (c)

图 4.3 骨料颗粒级配

砂的颗粒级配和粗细程度常用筛分试验进行测定，并用级配区表示砂的颗粒级配，用细度模数表示砂的粗细。细度模数越大，表示砂子越粗，反之越细。筛分试验是用一套孔径(净尺寸)为 4.75mm、2.36mm、1.18mm、$600\mu m$、$300\mu m$ 及 $150\mu m$ 的标准筛将 500g 的绝干净砂试样由粗到细依次过筛，然后称得余留在各个筛上的筛余量，然后计算出各筛上的分计筛余量 a_1、a_2、a_3、a_4、a_5 和 a_6(各筛上的筛余量占砂样总量的百分率)及累计筛余量 A_1、A_2、A_3、A_4、A_5 和 A_6。如图 4.4 所示为砂筛分试验标准筛。累计筛余量与分计筛余量的关系见表 4-3。

图 4.4 砂筛分试验标准筛

表 4-3 累计筛余量与分计筛余量的关系

筛孔尺寸	筛余量/g	分计筛余量/%	累计筛余量/%
4.75mm	m_1	a_1	$A_1 = a_1$
2.36mm	m_2	a_2	$A_2 = a_1 + a_2$
1.18mm	m_3	a_3	$A_3 = a_1 + a_2 + a_3$
$600\mu m$	m_4	a_4	$A_4 = a_1 + a_2 + a_3 + a_4$
$300\mu m$	m_5	a_5	$A_5 = a_1 + a_2 + a_3 + a_4 + a_5$
$150\mu m$	m_6	a_6	$A_6 = a_1 + a_2 + a_3 + a_4 + a_5 + a_6$
$<150\mu m$	$m_底$		

注：$a_i = m_i / 500$。

细度模数 M_x 按式(4.1)计算：

$$M_x = \frac{(A_2 + A_3 + A_4 + A_5 + A_6) - 5A_1}{100 - A_1} \qquad (4.1)$$

细度模数 M_x 越大，表示砂越粗；按细度模数 M_x 将砂子分成粗砂、中砂、细砂 3 种规

格：$M_x = 3.7 \sim 3.1$ 为粗砂；$M_x = 3.0 \sim 2.3$ 为中砂；$M_x = 2.2 \sim 1.6$ 为细砂。

砂的细度模数并不能反映级配优劣。细度模数相同的砂，其级配可能相差很大。因此，评定砂的质量时应同时考虑砂的级配。

 知识要点提醒

在拌制混凝土时，应同时考虑砂的粗细程度和颗粒级配，不能仅用粗细程度作为评判依据。

根据《建设用砂》(GB/T 14684—2011)对细度模数为 $3.7 \sim 1.6$ 的普通混凝土用砂，砂子的颗粒级配应符合表 4-4 中的任何一个级配区内，除 4.75mm 和 $600\mu m$ 筛号外，其余各筛的累计筛余量允许有少量超出分区界线，但超出总量应≤5%。

如果砂的天然级配不符合级配区的要求，就要采用人工试配的方法来改善，最简单的措施是将粗、细砂按适当比例进行试配掺和使用。

拌制混凝土用砂一般选用级配符合要求的粗砂和中砂较理想。配制混凝土时，应优先采用 2 区砂；当采用 1 区砂时，应提高砂率，并保持足够的水泥用量，以满足混凝土和易性的要求；当采用 3 区砂时，应适当降低砂率，以保证混凝土的强度。对于泵送混凝土和高性能混凝土宜选用中砂。

表 4-4 砂的颗粒级配

砂的分类	天然砂			机制砂		
级配区	1 区	2 区	3 区	1 区	2 区	3 区
方筛孔	累计筛余量/%					
4.75mm	10~0	10~0	10~0	10~0	10~0	10~0
2.36mm	35~5	25~0	15~0	35~5	25~0	15~0
1.18mm	65~35	50~10	25~0	65~35	50~10	25~0
$600\mu m$	85~71	70~41	40~16	85~71	70~41	40~16
$300\mu m$	95~80	92~70	85~55	95~80	92~70	85~55
$150\mu m$	100~90	100~90	100~90	97~85	94~80	94~75

【应用实例 4-1】

某工地在浇筑混凝土梁时，需选用质量符合相关技术标准的中砂。施工现场有甲、乙两种天然砂，经筛分获得甲、乙两种砂的筛余量见表 4-5。

表 4-5 甲乙两种砂的筛余量(g)

筛孔尺寸		4.75mm	2.36mm	1.18mm	$600\mu m$	$300\mu m$	$150\mu m$	$<150\mu m$
筛余量/%	甲	5	23	56	150	86	100	80
	乙	21	142	83	80	104	30	40

试问甲、乙两种砂能否分别直接用于配制混凝土？若将甲砂 30% 与乙砂 70% 搭配后，情况如何？

【解】首先分别计算甲、乙两种砂的分计筛余量与累计筛余量见表 4-6。

表 4-6 甲乙两种砂的分计筛余量与累计筛余量(%)

筛孔尺寸/mm		4.75mm	2.36mm	1.18mm	600μm	300μm	150μm	<150μm
分计筛余量/%	甲	1	4.6	11.2	30	17.2	20	16
	乙	4.2	28.4	16.6	16	20.8	6	8
累计筛余量/%	甲	1	5.6	16.8	46.8	64	84	100
	乙	4.2	32.6	49.2	65.2	86	92	100

然后计算甲、乙两种砂的细度模数，由细度模数可知甲砂为细砂，乙砂为粗砂。

$$M_{甲}=\frac{(A_2+A_3+A_4+A_5+A_6)-5A_1}{100-A_1}=\frac{5.6+16.8+46.8+64+84-5\times 1}{100-1}=2.14$$

$$M_{乙}=\frac{(A_2+A_3+A_4+A_5+A_6)-5A_1}{100-A_1}=\frac{32.6+49.2+65.2+86+92-5\times 4.2}{100-4.2}=3.17$$

最后将甲、乙两种砂的累计筛余量与表 4-4 比对，通过比对可知甲砂属 3 区砂，但在 600μm 筛上的累计筛余量超出级配区 6.8%，以及 150μm 筛上的累计筛余量超出级配区 6.0%，级配不合格；乙砂属于 1 区砂，但在 600μm 筛上的累计筛余量超出级配区 5.8%，级配不合格。因此，甲砂和乙砂均不能单独直接用于拌制混凝土。

若将甲砂 30% 与乙砂 70% 搭配后，累计筛余量见表 4-7，新砂细度模数为 2.86，故该砂为中砂。与表 4-4 比对可知，该混合砂属 2 区砂，在 150μm 筛上的累计筛余量超出级配区 0.4%，根据《建设用砂》(GB/T 14684—2011)规定，该砂级配合格，可以用于配制混凝土。

表 4-7 甲砂 30% 与乙砂 70% 搭配后累计筛余量

筛孔尺寸		4.75mm	2.36mm	1.18mm	600μm	300μm	150μm	<150μm
累计筛余量/%	新配砂	3.2	24.5	39.5	59.7	79.4	89.6	100

$$M_{新}=\frac{(A_2+A_3+A_4+A_5+A_6)-5A_1}{100-A_1}=\frac{24.5+39.5+59.7+79.4+89.6-5\times 3.2}{100-3.2}=2.86$$

2. 有害杂质

配制混凝土的砂要求清洁不含杂质，砂中有害物质一般是指妨害水泥水化、凝结硬化、削弱胶凝材料浆料与砂的粘结、影响混凝土体积稳定性的物质，包括粘土淤泥、有机杂质、硫化物及硫酸盐、氯化物、云母、贝壳等。

粘土淤泥和云母粘附于砂粒表面或夹杂其中，会严重降低胶凝材料浆料与砂粒的粘结强度，从而降低混凝土的强度、抗渗性和抗冻性，增大混凝土的收缩。有机杂质、硫化物及硫酸盐等对硬化胶凝材料有腐蚀作用，从而影响混凝土的性能，氯盐会引起钢筋锈蚀。因此，根据《建设用砂》(GB/T 14684—2011)的规定要求，砂中杂质含量一般应符合表 4-8 和表 4-9 中的规定。Ⅰ类砂是指宜用于强度等级＞C60 的混凝土；Ⅱ类砂是指宜用于强度等级为 C30～C60 及抗冻、抗渗或其他要求的混凝土；Ⅲ类砂是指宜用于强度等级＜C30 的混凝土和建筑砂浆。

表 4 - 8　砂中含泥量和泥块含量

类别	Ⅰ	Ⅱ	Ⅲ
含泥量(按质量计)/%	≤1.0	≤3.0	≤5.0
泥块含量(按质量计)/%	0	≤1.0	≤2.0

表 4 - 9　砂中有害物质限量

类 别	Ⅰ	Ⅱ	Ⅲ
云母(按质量计)/%	≤1.0	≤2.0	
轻物质(按质量计)/%	≤1.0		
有机物	合格		
硫化物及硫酸盐(按 SO₃ 质量计)/%	≤0.5		
氯化物(以 Cl⁻ 质量计)/%	≤0.01	≤0.02	≤0.06
贝壳(按质量计)/%[①]	≤3.0	≤5.0	≤8.0

注:该指标仅适用于海砂,其他砂种不作要求。

知识要点提醒

掌握砂的分类,以及不同类别的砂用于不同强度等级混凝土的概念。

3.颗粒形状及表面特征

细骨料的颗粒形状及表面特征会影响其与胶凝材料的粘结及新拌混凝土的流动性。山砂颗粒多棱角,表面粗糙,与胶凝材料粘结较好,用它拌制的混凝土强度较高,但拌和物的流动性较差;河砂、海砂其颗粒多呈圆形,表面光滑,与胶凝材料的粘结较差,所拌制的混凝土的强度较低,但拌和物的流动性较好。

4.砂的坚固性

按《建设用砂》(GB/T 14684—2011)规定,砂的坚固性是指在自然风化和其他外界物理化学因素作用下抵抗破裂的能力,采用 Na₂SO₄ 溶液法进行试验,砂样经五次循环后质量损失应符合表 4 - 10 的规定。

表 4 - 10　砂的坚固性指标

类别	Ⅰ	Ⅱ	Ⅲ
质量损失/%	≤8		≤10

机制砂除了要满足表 4 - 10 的规定外,压碎指标还应满足表 4 - 11 的规定。

表 4 - 11　砂的压碎指标

类别	Ⅰ	Ⅱ	Ⅲ
单级最大压碎指标	≤20	≤25	≤30

4.3.4 粗骨料——卵石、碎石

普通混凝土常用的粗骨料有碎石和卵石，如图 4.5、图 4.6 所示。根据《建设用卵石、碎石》(GB/T 14685—2011)的规定，卵石是指由自然风化、水流搬运和分选、堆积形成的粒径＞4.75mm 的岩石颗粒；碎石是指天然岩石、卵石或矿山废石经机械破碎、筛分制成的粒径＞4.75mm 的岩石颗粒。

图 4.5 普通混凝土用卵石

图 4.6 普通混凝土用碎石

配制混凝土选用碎石还是卵石，需根据工程性质、成本等条件作全面比较和衡量，并尽可能就地取材。根据《建设用卵石、碎石》(GB/T 14685—2011)，按卵石、碎石的技术要求将卵石、碎石分为Ⅰ类、Ⅱ类、Ⅲ类。Ⅰ类宜用于强度等级＞C60 的混凝土，Ⅱ类宜用于强度等级为 C30～C60 及抗冻、抗渗或其他要求的混凝土，Ⅲ类宜用于强度等级＜C30 的混凝土。配制混凝土的卵石、碎石的质量要求有以下几个方面。

1. 表观密度、连续粒级松散堆积空隙率、吸水率

根据《建设用卵石、碎石》(GB/T 14685—2011)的规定，卵石、碎石表观密度≥2600kg/m³；连续粒级松散堆积空隙率见表 4－12，吸水率见表 4－13。

表 4-12 连续粒级松散堆积空隙率

类别	Ⅰ	Ⅱ	Ⅲ
空隙率/%	≤43	≤45	≤47

表 4-13 吸水率

类别	Ⅰ	Ⅱ	Ⅲ
吸水率/%	≤1.0	≤2.0	≤2.0

2. 颗粒级配

卵石、碎石的颗粒级配也是通过筛分试验来确定的。计算分计筛余量和累计筛余量时，要求各筛上的累计筛余量应符合表 4-14 的规定。《建设用卵石、碎石》（GB/T 14685—2011)将卵石、碎石的颗粒级配分为连续粒级和单粒粒级两种情况。

表 4-14 碎石、卵石的颗粒级配

公称粒级 /mm		累计筛余量/%											
		方孔筛/mm											
		2.36	4.75	9.50	16.0	19.0	26.5	31.5	37.5	53.0	63.0	75.0	90
连续粒级	5~16	95~100	85~100	30~60	0~10	0	—	—	—	—	—	—	—
	5~20	95~100	90~100	40~80	—	0~10	0	—	—	—	—	—	—
	5~25	95~100	90~100	—	30~70	—	0~5	0	—	—	—	—	—
	5~31.5	95~100	90~100	70~90	—	15~45	—	0~5	0	—	—	—	—
	5~40	—	95~100	70~90	—	30~65	—	—	0~5	0	—	—	—
单粒粒级	5~10	95~100	80~100	0~15	0	—	—	—	—	—	—	—	—
	10~16	—	95~100	80~100	0~15	—	—	—	—	—	—	—	—
	10~20	—	95~100	85~100	0~15	—	—	—	—	—	—	—	—
	16~25	—	—	95~100	55~70	25~40	0~10	—	—	—	—	—	—
	16~31.5	—	95~100	—	85~100	—	—	0~10	0	—	—	—	—
	20~40	—	—	95~100	80~100	—	—	—	0~10	0	—	—	—
	40~80	—	—	—	95~100	—	—	—	70~100	30~60	0~10	0	—

石子的颗粒级配是指石子大小颗粒相互配搭的情况。级配好坏对节约水泥和保证混凝土具有良好的和易性有很大的关系，特别是拌制高强混凝土时，石子级配更为重要。石子的级配有连续粒级和单粒粒级两种，目前各国主要采用连续粒级。

连续粒级表示石子的颗粒尺寸由大到小连续分级，每一级都占有适当比例。选用连续粒级的石子拌制混凝土，其拌和物不易离析，和易性较好。为了保证粗骨料具有均匀而稳定的级配，工程中常按颗粒大小分级过筛，分别堆放，需要时按要求的比例配合，对这种预先分级筛分的粗骨料称为单粒粒级。单粒粒级一般不单独使用，可组成间断级配。

间断级配是指人为剔除某些骨料的粒级颗粒，使粗骨料尺寸不连续。大粒径骨料之间的空隙，由小许多的小颗粒填充，使空隙率达到最小，密实度增加，节约水泥，提高强度和耐久性，减小变形。但因其不同粒级的颗粒粒径相差较大，拌和物容易产生分层离析，一般工程中很少使用。

3. 有害物质

卵石、碎石中常含有粘土、淤泥、硫酸盐、硫化物、有机杂质及针、片状颗粒等有害物质。如图 4.7 所示为针、片状颗粒测定仪。它们的危害作用与在砂中相同，其含量一般应符合表 4-15、表 4-16、表 4-17 的规定。

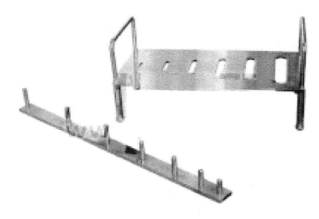

图 4.7　针、片状颗粒测定仪

表 4-15　卵石、碎石中含泥量和泥块含量

类别	Ⅰ	Ⅱ	Ⅲ
含泥量（按质量计）/%	≤0.5	≤1.0	≤1.5
泥块含量（按质量计）/%	0	≤0.2	≤0.5

表 4-16　针、片状颗粒含量

类别	Ⅰ	Ⅱ	Ⅲ
针、片状颗粒总含量（按质量计）/%	≤5	≤10	≤15

注：针状颗粒——卵石、碎石颗粒的长度大于该颗粒所属相应粒级的平均粒径 2.4 倍；片状颗粒——卵石、碎石颗粒的厚度小于该颗粒所属相应粒级的平均粒径 0.4 倍。

表 4-17　卵石、碎石中有害物质限量

类别	Ⅰ	Ⅱ	Ⅲ
有机物	合格	合格	合格
硫化物及硫酸盐（按 SO_3 质量计）/%	≤0.5	≤1.0	≤1.0

知识要点提醒

掌握粗骨料针、片状颗粒的定义。

4. 卵石、碎石颗粒表面特征

卵石、碎石的颗粒表面特征同样会影响其与硬化胶凝材料的粘结及新拌混凝土的流动性。

针、片状卵石、碎石不仅增加混凝土的空隙率，还使新拌混凝土和易性变差，在混凝土成型密实过程中，针、片状卵石、碎石对混凝土硬化后的强度和耐久性也会造成不利影响。表 4-16 限制了针、片状卵石、碎石含量。卵石、碎石颗粒形状会影响卵石、碎石总表面积。在拌制混凝土时，越接近球形的卵石、碎石其比表面积越小，水泥用量越少，新拌混凝土和易性越好；而多棱角、扁平、细长卵石和碎石颗粒其比表面积大，水泥用量大，新拌混凝土和易性较差。

另外，在同等条件下，卵石配制的混凝土强度比碎石混凝土低，但新拌混凝土的流动性好。与此相反，碎石配制的混凝土强度比卵石混凝土高，但新拌混凝土的流动性差。一般情况下，碎石混凝土较卵石混凝土强度可提高 10% 以上。

5. 最大粒径

卵石、碎石中公称粒级的上限称为该粒级的最大公称粒径。对不同公称粒级的石子，一般情况下，最大粒径越大，则总表面积越小，水泥用量越少。因此，配制混凝土时，在许可的情况下，应尽量选用较大粒径的石子。但选用过大的石子，会给运输、搅拌、振捣都带来困难。因此，确定石子的最大粒径时应进行综合考虑。

《混凝土质量标准控制》（GB 50164—2011）规定，对于混凝土结构，粗骨料最大公称粒径不得大于构件截面最小尺寸的 1/4，且不得大于钢筋最小净间距的 3/4，如图 4.8 所示为钢筋间距照片；对混凝土实心板，骨料的最大公称粒径不宜大于板厚的 1/3，且不得大于 40mm；对于大体积混凝土，粗骨料最大公称粒径不宜小于 31.5mm。

另外，对于泵送混凝土，碎石最大粒径与输送管内径之比宜≤1∶3，卵石宜≤1∶2.5。

图 4.8　钢筋间距照片

6. 强度

卵石、碎石在混凝土中的重要作用是减少因荷载、干缩或其他原因引起的混凝土变形，使混凝土具有较好的体积稳定性。用高强卵石、碎石构成的刚性骨架可提高混凝土的强度和弹性模量，从而减少在荷载作用下的变形(包括徐变)。用于混凝土中的卵石、碎石要求质地致密，具有足够的强度。碎石、卵石的强度可用岩石立方体抗压强度和压碎指标两种方法表示。在选择采石场或对卵石、碎石强度有严格要求或对质量有疑问时，宜用岩石立方体抗压强度检验。对于经常性的生产质量控制，则用压碎指标值检验较为简便，如图 4.9 所示为卵石、碎石压碎指标测定容器。

图 4.9　卵石、碎石压碎指标测定容器

岩石立方体抗压强度是将岩石加工成 50mm×50mm×50mm 的立方体试件(或直径与高均为 50mm 的圆柱体)，在饱和水状态下测定极限抗压强度值，此即岩石的立方体抗压强度。一般火成岩(如花岗岩)强度≥80MPa，变质岩(如石灰岩)强度≥60MPa，水成岩(大理岩)强度≥30MPa。

一般要求岩石抗压强度与混凝土强度之比应≥1.5；《混凝土质量控制标准》(GB 50164—2011)规定，对于高强高性能混凝土，粗骨料的岩石抗压强度应至少比混凝土设计强度高 30%。

压碎指标的测定是将一定质量气干状态下 9.50～19.0mm 的石子装入一标准圆筒内，在压力机上按照 1kN/s 的速度均匀加荷到 200 kN，并稳荷 5s，然后卸荷。卸荷后称试样质量 G_0，然后用孔径为 2.36mm 的筛筛除被压碎的细粒，称取试样的筛余量 G_1，则压碎指标按式(4.2)计算：

$$压碎指标 = \frac{G_0 - G_1}{G_0} \times 100\% \qquad (4.2)$$

压碎指标值越小，说明骨料抵抗压碎的能力越强，骨料的压碎指标值不应超过表 4-18 的规定。

表 4-18　压碎指标

类别	I	II	III
碎石压碎指标/%	≤10	≤20	≤30
卵石压碎指标/%	≤12	≤14	≤16

7. 坚固性

卵石、碎石的坚固性是指在自然风化和其他外界物理化学因素作用下抵抗破裂的能力。

通常用的卵石、碎石坚固性大多能满足要求，在对坚固性有怀疑时或选择采石场时，才做坚固性检验。卵石、碎石的坚固性常采用 Na_2SO_4 饱和溶液浸泡法试验测定，试样经 5 次循环后，其质量损失不超过表 4－19 的规定。

表 4－19　碎石、卵石的坚固性指标

类别	Ⅰ	Ⅱ	Ⅲ
质量损失/％	≤5	≤8	≤12

8. 碱-骨料反应

混凝土中所用骨料含有活性 SiO_2 和活性 Al_2O_3 的蛋白石、玉髓、鳞石英和白云石等，且胶凝材料中 K_2O、Na_2O 含量较多，在有水的条件下，就可能发生碱-骨料反应。这是因为胶凝材料中的 K_2O、Na_2O 可能与骨料中的活性 SiO_2 和活性 Al_2O_3 在有水的条件下，在骨料与胶凝材料浆料界面发生反应，从而改变了骨料与胶凝材料浆料原来的界面，又因为所生成的凝胶是无限膨胀性的，从而破坏了骨料与胶凝材料浆料原有的界面结构。

抑制碱-骨料反应可考虑以下措施。

（1）控制水泥碱含量，一般不超过 0.6％。

（2）根据工程条件选择非活性骨料。

（3）在水泥中加入某些磨细的活性混合材料，使其在水泥硬化前就比较充分地与水泥中的碱物质反应，或者能促使反应产物在胶凝材料浆料中均匀分散阻止过分膨胀。

（4）防止外界水分渗入混凝土，保持混凝土处于干燥状态，以减轻反应的危害程度。

还应指出的是：石子中不允许混进煅烧过的石灰石（或白云石）碎石，因为这种碎石在混凝土硬化过程中会慢慢地发生水化作用或吸水作用。使体积显著膨胀而导致混凝土破坏。这虽不属于碱-骨料反应，但会影响混凝土的耐久性。

知识要点拨琐

引起碱-骨料反应的必要条件如下。
（1）水泥超过安全碱量（以 Na_2O 计，为水泥质量的 0.6％）。
（2）使用了活性骨料。
（3）水。

4.3.5　外加剂

混凝土外加剂是一种在混凝土搅拌之前或拌制过程中加入的，用以改善新拌混凝土和（或）硬化混凝土性能的材料。因掺量较少（一般不超过胶凝材料质量的 5％），在配合比设计时，不考虑其对混凝土体积或质量的影响。

混凝土外加剂种类繁多，每种外加剂常常具有一种或多种功能，其化学成分可以是有机物、无机物或两者的复合产品，因而其分类方法也不同。

1. 外加剂的分类

根据《混凝土外加剂的定义、分类、命名与术语》（GB 8075—2005）的规定，混凝土外加剂按其主要功能分为4类。

(1) 改善新拌混凝土流变性能的外加剂，包括各种减水剂和泵送剂等。

(2) 调节混凝土凝结时间、硬化性能的外加剂，包括缓凝剂、促凝剂和速凝剂等。

(3) 改善混凝土耐久性的外加剂，包括引气剂、防水剂、阻锈剂和矿物外加剂等。

(4) 改善混凝土其他性能的外加剂，包括膨胀剂、防冻剂、着色剂等。

2. 常用混凝土外加剂

1) 减水剂

混凝土减水剂是指保持混凝土稠度不变的条件下，具有减水增强作用的外加剂。常用的减水剂是阴离子表面活性剂。阴离子表面活性剂能显著降低液体表面张力或相互间界面张力，故又称界面活性剂。

(1) 减水剂的作用机理。减水剂提高新拌混凝土和易性的原因可归纳为两方面：吸附-分散作用和润滑-塑化作用。

① 吸附-分散作用。水泥加水拌和后，由于水泥颗粒间分子引力的作用，产生许多絮状物而形成絮凝结构，使10%～30%的拌和水被包裹在其中，从而降低了新拌混凝土的流动性，如图4.10所示。当加入适量减水剂后，减水剂分子定向吸附于水泥颗粒表面，亲水基端指向水溶液。因亲水基团的电离作用，使水泥颗粒表面带上电性相同的电荷而相互排斥，如图4.10(a)所示。水泥颗粒相互分散，导致絮凝结构解体，释放出被束缚于其中的游离水，从而有效地增大了新拌混凝土的流动性，如图4.10(b)所示。

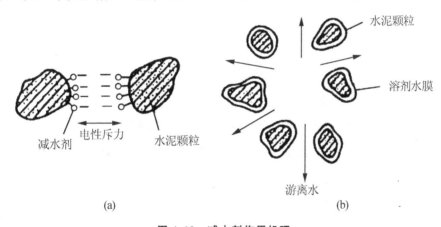

图4.10 减水剂作用机理

② 润滑-塑化作用。水泥加水后，水泥颗粒表面被水湿润，在具有相同和易性的情况下，湿润程度越高，所需的拌和水越多，同时水泥水化速度越快。当有表面活性剂存在时，降低了水的表面张力和水与水泥颗粒间的界面张力，使水泥颗粒更好地被水湿润，有利于水化。阴离子表面活性剂类减水剂，其亲水基团极性很强，易与水分子以氢键形式结合，在水泥颗粒表面形成一层稳定的溶剂化水膜。掺减水剂可以产生以下几个方面的效果：在保持流动性及水泥用量不变的条件下，可以减少用水量，降低水胶比，从而提高混凝土的强度及耐久性；在原配合比不变的条件下，可增大新拌混凝土的流动性，且不致降低混凝土的强度；在保持流动性及水胶比不变的条件下，可同时减少用水量及水泥用量，节约水泥。

（2）常用减水剂品种。目前，混凝土工程中常用的普通减水剂有木质素磺酸钙、木质素磺酸钠、木质素磺酸镁及丹宁；常用的高效减水剂有萘系减水剂、水溶性树脂减水剂、脂肪族类减水剂。根据《混凝土外加剂应用技术规范》（GB 50119—2003），目前常用的减水剂有以下几种。

① 木质素系减水剂。木质素系减水剂主要成分为木质素磺酸盐，是造纸厂的亚硫酸纸浆废液，经加工而成的淡黄色粉末。如木质素磺酸钙（木钙或 M 剂）是引气缓凝型减水剂，易溶于水，成本较低，其性能如表 4-20 所示。木钙减水剂对混凝土有缓凝作用，掺入水泥质量的 0.25%，可延缓新拌混凝土凝结时间 1~3h。凝结时间延长以及水化热释放速度延缓，对大体积混凝土及夏季施工有利。但掺量过多或在低温下使用可能会使混凝土硬化进程变慢，甚至降低混凝土的强度，造成工程事故。

② 萘系减水剂。萘系减水剂是用萘或萘的同系物的硫酸盐与甲醛缩合而成。目前国内萘系减水剂的品种多达几十种，如 NNO、FDN、MF、建 1、NF 等。尽管它们性能略有差异，但均属高效减水剂，其性能如表 4-20 所示。特别适合配制高强高性能混凝土及流态混凝土，对混凝土的其他力学性能以及抗渗性、耐久性等均有所改善，且对钢筋无锈蚀作用。

③ 水溶性树脂减水剂。这类减水剂以一些水溶性树脂为主要原料（如磺化三聚氰胺树脂、磺化古玛隆等）与甲醛缩合而成以三聚氰胺甲醛树脂硫酸钠为主要成分的减水剂（SM）。SM 属非引气型早强高效型减水剂，它的分散作用很强，其性能如表 4-20 所示。可用于配制高强高性能混凝土，并可提高混凝土的抗渗、抗冻性能，提高混凝土弹性模量。

④ 脂肪族类减水剂。这类减水剂主要有聚羧酸盐类、聚丙烯酸盐类等。它们的综合性能都高于萘系减水剂见表 4-20。

表 4-20　各种常用减水剂性能比较参考值

类别	掺量（按水泥质量比）/%	减水率/%	28d 强度提高/%	节约水泥量/%
木质素系减水剂	0.2%~0.3%	10%~15%	—	10%
萘系减水剂	0.2%~1.0%	10%~25%	20%	10%~25%
水溶性树脂减水剂	0.5%~2.0%	20%~27%	20%~30%	—
脂肪族类减水剂	0.6%~1.5%	25%~35%	100%~150%	—

普通减水剂及高效减水剂可用于素混凝土、钢筋混凝土、预应力混凝土，并可制备高强高性能混凝土；普通减水剂宜用于日最低温度 5℃ 以上施工的混凝土，不宜单独用于蒸养混凝土；高效减水剂宜用于日最低温度 0℃ 以上施工的混凝土；当掺用含有木质素磺酸盐类物质的外加剂时应先做水泥适应性试验，合格后方可使用。

 知识要点提醒

不可随意用缓凝减水剂替代普通减水剂，否则可能会造成工程事故。

2) 早强剂

早强剂是指能提高混凝土早期强度，并对后期强度无显著影响的外加剂。一般认为，早强剂增强机理是由于在水泥-水系统中，早强剂能促使水化初期较快地生成钙矾石，或能与 C_3A 作用生成难溶的复盐，促进水泥早期强度的提高；或能生成不溶于水的凝胶体填充在硬化胶凝材料的孔隙内，提高硬化胶凝材料的密实度，降低吸水率，既提高混凝土强度又改善抗渗性和抗冻性。

目前常用的早强剂有氯盐、硫酸盐、三乙醇胺和以它们为基础的复合早强剂。

(1) 硫酸盐早强剂。常用的硫酸钠 (Na_2SO_4) 早强剂（又称元明粉）易溶于水，掺入混凝土后能与 $Ca(OH)_2$ 作用，促使水化硫铝酸钙迅速生成，加快水泥硬化。Na_2SO_4 对钢筋无锈蚀作用，但掺入量过多会导致混凝土后期性能变差，且混凝土表面易析出"白霜"，如图 4.11 所示。

图 4.11　混凝土表面易析出"白霜"

(2) 三乙醇胺 $[N(C_2H_4OH)_3]$ 早强剂。它是一种有机化学物质，呈无色或淡黄色油状液体，对钢筋无锈蚀作用。单独使用早强效果不明显，若与其他盐类组成复合早强剂，早强效果较明显。三乙醇胺复合早强剂是由三乙醇胺、NaCl、亚硝酸钠和 $CaSO_4 \cdot 2H_2O$ 等复合而成。

早强剂对不同品种水泥有不同的使用效果。有的早强剂会影响混凝土后期强度，尤其在用氯盐或氯盐的复合早强剂及早强减水剂，以及有强电解质无机盐类的早强剂时，应遵照《混凝土外加剂应用技术规范》(GB 50119—2003) 的规定。

(3) 氯盐早强剂。常用的有氯化钙 $(CaCl_2)$ 和氯化钠 $(NaCl)$。$CaCl_2$ 能与水泥矿物成分或水化物反应，其生成物增加了硬化胶凝材料中的固相比例，有助于硬化胶凝材料结构形成，还能使混凝土中游离水减少，孔隙率降低。因而掺入 $CaCl_2$ 能缩短水泥的凝结时间，提高混凝土的密实度、强度和抗冻性。但氯盐掺量不得过多，否则会引起钢筋锈蚀。

早强剂及早强减水剂适用于蒸养混凝土及常温、低温和最低温度不低于 $-5℃$ 环境中施工的有早强要求的混凝土工程。炎热环境条件下不宜使用早强剂及早强减水剂。

对严禁采用含有氯盐配制的早强剂及早强减水剂的混凝土结构应严格遵循《混凝土外加剂应用技术规范》(GB 50119—2003) 的规定。

3) 引气剂

引气剂是在新拌混凝土搅拌过程中，能引入大量分布均匀、稳定而封闭的微小气泡，

以减少混凝土拌和物泌水离析，改善和易性，同时显著提高硬化混凝土抗冻性和耐久性的外加剂。

常用的引气剂有松香树脂类(如松香热聚物、松香皂)和烷基芳烃磺酸盐类(十二烷基磺酸盐、烷基苯磺酸盐、烷基苯酚聚氧乙烯醚等)；另外，还有脂肪醇磺酸盐类以及蛋白质盐、石油磺酸盐等。无论哪种引气剂，其掺量都十分少，一般为水泥质量的 $0.005\%\sim0.015\%$。

引气剂的作用机理主要是溶于水中的引气剂掺入拌和物后，能显著降低水的表面张力，使水在搅拌作用下引入空气，形成无数微小气泡。因引气剂分子定向排列在气泡表面，使气泡膜强度得以提高，并使气泡排开水分而吸附于水泥颗粒表面；能在搅拌过程中使拌和物内空气形成孔径为 $0.01\sim0.25$mm 的球状微泡，稳定均匀地分布在拌和物中，使颗粒间摩擦力减小，流动性提高。同时，由于大量微泡的存在，使水分均匀分布在气泡表面，从而改善拌和物的粘聚性和保水性。

混凝土硬化后，由于大量微孔封闭又均匀分布，堵塞或隔断了混凝土中毛细管渗水通道，改变了混凝土的孔结构，因而能显著提高混凝土的抗渗性、抗冻性和耐久性。但大量气泡的存在，减小了混凝土有效受压面积，导致强度有所下降。

引气剂及引气减水剂可用于抗冻混凝土、抗渗混凝土、抗硫酸盐混凝土、泌水严重的混凝土、贫混凝土、轻骨料混凝土、人工骨料配制的普通混凝土、高性能混凝土以及有饰面要求的混凝土。

4) 缓凝剂

缓凝剂是指能延缓混凝土凝结时间并对后期强度发展无不利影响的外加剂。

缓凝剂的品种及掺量应根据混凝土的凝结时间、运输距离、停放时间以及强度要求而确定。一般常用掺量为 $0.03\%\sim0.30\%$。主要品种有糖类、木质素磺酸盐类、羟基羧酸及盐类和无机盐类。

缓凝剂可用于大体积混凝土、碾压混凝土、炎热气候条件下施工的混凝土、大面积浇筑的混凝土、避免冷缝产生的混凝土、需较长时间停放或长距离运输的混凝土、自流平免振混凝土、滑模施工或拉模施工的混凝土。但不宜用于气温为 5℃ 以下施工的混凝土，也不宜用于有早强要求的混凝土和蒸养混凝土。

5) 泵送剂

泵送剂是指能改善新拌混凝土泵送性能的外加剂，主要适用于工业与民用建筑及其他构筑物的泵送施工的混凝土；特别适用于大体积混凝土、高层建筑和超高层建筑；适用于滑模施工等；也适用于水下灌注桩混凝土。

根据水泥用量的不同，泵送混凝土可分为 3 种类型，即贫混凝土(水泥用量<200kg/m³)、普通混凝土(水泥用量为 $280\sim450$kg/m³)和富混凝土(水泥用量>450kg/m³)，三者对泵送剂的要求也不同。贫混凝土中胶凝材料浆料不足以填充骨料间的空隙，在这种情况下，提高拌和物的粘聚性，有利于防止胶凝材料浆料从骨料孔隙中流失，泵送剂应起增稠作用；普通混凝土用量大，最容易泵送，泵送剂主要是提高混凝土保水性及改善混凝土泵送性；富混凝土即高强泵送混凝土，由于新拌混凝土浆体粘聚性大、摩擦阻力大而使泵送困难。因此，泵送剂主要是使混凝土具有较好的分散效果，从而使混凝土稀化。

混凝土工程中，可采用由减水剂、缓凝剂、引气剂等复合而成的外加剂。

知识要点提醒

新拌混凝土使用泵送时,应严格控制用水量,在施工过程中不得随意加水。另外,应尽量减少新拌混凝土的运输距离和减少出料到浇筑的时间,以减少坍落度的损失。若损失过大,可采用二次掺减水剂,不得加水以增大坍落度。

高强泵送混凝土水泥用量大,水胶比小,应注意浇水养护,特别应注意早期养护。

6) 防冻剂

防冻剂是指能使混凝土在负温下硬化并在规定的时间内达到足够强度的外加剂。防冻剂的作用机理是防冻剂的防冻组分能降低水的冰点,使水泥在负温下能继续水化;早强组分可提高混凝土的早期强度,从而提高了抵抗水结冰时产生膨胀应力破坏的能力;引气组分引入适量的封闭微气泡,减缓结冰应力。以上综合效果能显著提高混凝土的抗冻性。

常用的防冻剂有强电解质无机盐类(如 $NaCl$、$CaCl_2$、氯盐与亚硝酸钠的复合、亚硝酸盐等),水溶性有机化合物类(如乙二醇),有机化合物与无机盐复合类,复合型(防冻、早强、引气、减水等组分的复合)等。

7) 膨胀剂

膨胀剂是指在水泥凝结硬化过程中使混凝土(包括砂浆和水泥净浆)产生可控膨胀以减少收缩的外加剂。在水泥水化和硬化阶段,膨胀剂既可自身产生膨胀,也能与水泥混凝土中的其他成分反应产生膨胀,对混凝土的收缩起到补偿作用,防止混凝土产生开裂。

常用的膨胀剂有硫铝酸钙类(利用水泥水化过程中所生成的硫铝酸钙而产生体积膨胀),氧化钙类(利用 CaO 的水化反应使体积发生膨胀),硫铝酸钙-氧化钙类。

在使用膨胀剂时,应注意以下几点。

(1) 含硫铝酸钙类、硫铝酸钙-氧化钙类膨胀剂的混凝土(砂浆)不得用于长期环境温度为 80℃ 以上的工程。

(2) 含氧化钙类膨胀剂配制的混凝土(砂浆)不得用于海水或有侵蚀性水的工程。

(3) 掺膨胀剂的混凝土适用于钢筋混凝土工程和填充性混凝土工程。

(4) 掺膨胀剂的大体积混凝土,其内部最高温度应符合有关标准的规定,混凝土内外温差宜<25℃。

3. 外加剂质量控制

外加剂质量主要控制项目应包括掺加外加剂混凝土性能和外加剂匀质性两方面,混凝土性能方面的主要控制项目应包括减水率、凝结时间差和抗压强度比;外加剂匀质性方面主要控制项目应包括 pH 值、Cl^- 含量和碱含量;引气剂和引气减水剂主要控制项目还应包括含气量;防冻剂主要控制项目还应包括含气量和 50 次冻融循环强度损失率比;膨胀剂主要控制项目还应包括凝结时间、限制膨胀率和抗压强度。

在实际应用中,不同厂家生产的符合国家标准要求的水泥和外加剂在配制混凝土时,性能会有不同程度的差异,有时不但不能改善混凝土的性能,甚至出现负面影响(如混凝土和易性差、凝结不正常等),这种现象称为水泥与外加剂的相容性。因此,工程中选用外加剂时,应尽可能多地进行外加剂和水泥相容性试验,从中选择相容性最好的水泥和外加剂。混凝土外加剂的使用应符合《混凝土外加剂应用技术规范》(GB 50119—2003)中的要求。

4.3.6 矿物掺合料

混凝土矿物掺合料是指新拌混凝土中掺入量超过水泥质量的 5%，在配合比设计时，需要考虑体积或质量变化的外加材料。矿物掺合料的掺入，可改善新拌混凝土及硬化后混凝土的性能，同时节约水泥。

在我国混凝土矿物掺合料主要是指工业固体废弃物粉料，如粉煤灰、粒化高炉矿渣粉、硅灰、钢渣粉、磷渣粉等活性矿物掺合料。

混凝土中掺入活性矿物掺合料，可调节和改善混凝土的性质，它能改善新拌混凝土的和易性和抗离析性，且能提高硬化后混凝土的密实性、抗渗性、耐腐蚀性和强度，因而得到广泛应用。

1. 粉煤灰

1）粉煤灰成品的质量要求与等级

粉煤灰是由火力发电厂燃烧煤粉的锅炉烟气中收集到的细粉末，其颗粒多呈球形，表面光滑如图 4.12 所示。作为混凝土矿物掺合料的粉煤灰成品，按《用于水泥和混凝土的粉煤灰》（GB 1596—2005)的规定，应满足表 4-21 的要求。

图 4.12　粉煤灰球形玻璃珠的 SEM 扫描照片

表 4-21　拌制混凝土和砂浆用粉煤灰技术要求

项目		技术要求		
		Ⅰ 级	Ⅱ 级	Ⅲ 级
细度（45μm 方孔筛筛余)/%	F 类粉煤灰	≤12.0	≤25.0	≤45.0
	C 类粉煤灰			
需水量比/%	F 类粉煤灰	≤95	≤105	≤115
	C 类粉煤灰			
烧失量/%	F 类粉煤灰	≤5.0	≤8.0	≤15.0
	C 类粉煤灰			

续表

项目		技术要求		
		Ⅰ级	Ⅱ级	Ⅲ级
含水量/%	F 类粉煤灰	≤1.0		
	C 类粉煤灰			
SO_3/%	F 类粉煤灰	≤3.0		
	C 类粉煤灰			
$f-CaO$/%	F 类粉煤灰	≤1.0		
	C 类粉煤灰	≤4.0		
安定性(雷氏夹沸煮后增加距离)/mm	C 类粉煤灰	≤5.0		

2）粉煤灰矿物掺合料的工程应用

配制泵送混凝土、大体积混凝土、抗渗结构混凝土、抗硫酸盐和抗软水侵蚀混凝土、蒸养混凝土、轻骨料混凝土、地下工程和水下工程混凝土、压浆混凝土和碾压混凝土等，均可掺用粉煤灰。

粉煤灰用于混凝土工程可根据等级，按下列规定应用。

① Ⅰ级粉煤灰适用于钢筋混凝土和跨度<6m 的预应力钢筋混凝土。

② Ⅱ级粉煤灰适用于钢筋混凝土和无筋混凝土。

③ Ⅲ级粉煤灰主要用于无筋混凝土，对设计强度等级 C30 及以上的无筋粉煤灰混凝土，宜采用Ⅰ、Ⅱ级粉煤灰。

④ 用于预应力钢筋混凝土、钢筋混凝土及设计强度等级 C30 及以上的无筋混凝土的粉煤灰等级，经试验论证，可采用比上述规定低一级的粉煤灰。

粉煤灰在混凝土中取代水泥量（以质量计）应符合表 4-22 的限定。

表 4-22　粉煤灰取代水泥的最大限量(%)

混凝土种类	硅酸盐水泥	普通硅酸盐水泥	矿渣硅酸盐水泥	火山灰硅酸盐水泥
预应力钢筋混凝土	25	15	10	—
钢筋混凝土 高强度混凝土 高抗冻性混凝土 蒸养混凝土	30	25	20	15
中、低强度混凝土 泵送混凝土 大体积混凝土 水下混凝土 地下混凝土 压浆混凝土	50	40	30	20
碾压混凝土	65	55	45	35

注：当混凝土中钢筋保护层厚度小于50mm时，粉煤灰取代水泥的最大限量应比表中规定的相应减少5%。

2. 粒化高炉矿渣粉

根据《用于水泥和混凝土中的粒化高炉矿渣粉》(GB/T 18046—2008)规定，矿渣粉的技术要求应满足表4-23的要求。粒化高炉矿渣粉具有潜在水硬性，是水泥和混凝土的优质矿物掺合料。近十年来，随着粉磨工艺的发展及水泥预配送站和预拌混凝土的兴起，粒化高炉矿渣粉作为水泥、混凝土和砂浆的矿物掺合料，用于提高和改善水泥混凝土的性能，较大地提高了粒化高炉矿渣的利用价值。近几年国内开始对高炉矿渣粉及其配制的混凝土进行研究，相继对高炉矿渣粉在普通混凝土和高强高性能混凝土中的应用进行了研究和实际工程应用，并在实际工程中采用了高炉矿渣粉配制高强高性能混凝土，取代水泥用量30%～50%，使用效果良好。在一些大中型工程中掺40%的矿渣粉配制C35～C40混凝土，应用效果良好。

表4-23 矿渣粉技术要求

质量指标		级别		
		S105	S95	S75
密度/(g/cm³)		≥2.8		
比表面积/(m²/kg)		≥500	≥400	≥300
活性指数/%	7d	≥95	≥75	≥55
	28d	≥105	≥95	≥75
流动度比/%		≥95		
含水率(质量分数)/%		≤1.0		
SO₃(质量分数)/%		≤4.0		
Cl⁻(质量分数)/%		≤0.06		
烧失量(质量分数)/%		≤3.0		
玻璃体含量(质量分数)/%		≥85		
放射性		合格		

3. 硅灰

硅灰(又称硅粉)是从生产硅钢和硅铁等排放的烟气中收集到的颗粒极细的烟尘。硅灰的颗粒极细，其粒径为$0.1～1.0\mu m$，是水泥颗粒粒径的$1/50～1/100$。硅灰的主要成分为活性SiO_2(占90%以上)，是一种火山灰质活性极强的矿物掺合料。

1) 硅灰的主要性能

硅灰为灰白色粉末，其颜色因含铁量高低而不同，白度为40～50。硅灰与水拌和后呈浅灰到深灰，泥浆状时为黑色。

硅灰的主要性能为密度、细度及火山灰活性指标。硅灰的密度为$2.2g/cm^3$，堆积密度为$250～300kg/m^3$，是非常松散的细粉末，运输困难。因而多采用球团法制成2～3mm的小球运输，或用机械振动使之成为增密微粒，密度可增大3倍。

硅灰颗粒极细，其粒径多数＜0.3μm，最细的仅 0.01μm，其比表面积为 18000～30000m²/kg，是水泥比表面积(300m²/kg)的 50～100 倍。

硅灰的火山灰活性指标高达 110％，需水量比约为 134％，均高于美国材料试验协会标准(ASTM—C618)中的火山灰矿物掺合料极限指标。

2) 应用效果

(1) 能防止新拌混凝土的离析，提高其可泵性。由于硅灰为极细的球形颗粒，掺入混凝土后能明显增加拌和物的粘稠度，提高粘聚性，防止其离析，改善可泵性。但在掺入硅灰的同时必须掺入高效减水剂，才能保证新拌混凝土具有所需的和易性，否则将导致用水量的增大，影响混凝土的物理力学性能。

(2) 提高混凝土的抗压强度。当混凝土中掺入硅灰 5％～10％(水泥质量比)时，能明显提高混凝土的抗压强度，尤其是同时掺入高效减水剂时，强度提高更多。因此，常用硅灰配制抗压强度高于 100MPa 的高强高性能混凝土。

(3) 提高混凝土的密实性、抗渗性、抗冻性及耐久性。掺硅灰的混凝土，虽总孔隙率变化不大，但可使水泥石中的毛细孔变小，在 28d 龄期时，直径＞0.1μm 的大孔体积接近于零，而不掺硅灰的硅酸盐水泥石的大孔体积相应为 0.225cm³/g。主要原因如下。

① 由于 C_3S 的水化速率常因过饱和 Ca^{2+} 离子受到延缓，硅灰中的活性 SiO_2 可降低 Ca^{2+} 离子浓度，因而加快了水化进程；

② 在水泥石中 $Ca(OH)_2$ 粗大晶体的交错连生，也是水泥石中大孔的来源之一，由于硅灰的存在使 $Ca(OH)_2$ 量减少，从而使混凝土的密实性、抗冻性提高，抗渗等级可达 P_{20} 以上。

(4) 抑制碱-骨料反应。硅灰可抑制碱-骨料反应，防止因碱-骨料反应引起的混凝土膨胀性破坏，这是由于硅灰可与混凝土中的碱性物质发生反应，减少胶凝材料浆料中的碱含量。

4. 磷渣粉

磷渣是电炉法生产黄磷时所产生的一种工业废渣。磷渣粉可与硅酸盐水泥水化的 $Ca(OH)_2$ 起反应，生成新的水硬性胶凝材料。在施工过程中使用磷渣粉时，磷渣粉的比表面积、需水量比、SO_3 含量、含水量等技术标准应符合表 4-24 规定的参考值。

表 4-24 磷渣粉的比表面积、需水量比、SO_3 含量、含水量技术要求参考值

项目	比表面积 /(m²/kg)	需水量比 /％	SO_3/％	含水量 /％	安定性	P_2O_5/％	烧失量 /％	28d 活性指数/％	
								Ⅰ级	Ⅱ级
技术要求	≥300	≤95	≤3.5	≤1.0	合格	≤3.5	≤3.0	≥70	≥60

根据《普通混凝土配合比设计规程》(JGJ 55-2011)的规定，矿物掺合料在混凝土中的掺量应通过试验确定。采用硅酸盐水泥或普通硅酸盐水泥时钢筋混凝土中矿物掺合料最大掺量应符合表 4-25，预应力混凝土中矿物掺合料最大掺量应符合表 4-26。对于基础大体积混凝土，粉煤灰、粒化高炉矿渣和复合掺合料的最大掺量可增加 5％。采

用掺量大于30％的C类粉煤灰的混凝土应以实际使用的水泥和粉煤灰掺量进行安定性检验。

表4－25　钢筋混凝土中矿物掺合料最大掺量

矿物掺合料种类	水胶比	最大掺量/%	
		采用硅酸盐水泥时	采用普通硅酸盐水泥时
粉煤灰	≤0.40	45	35
	>0.40	40	30
粒化高炉矿渣	≤0.40	65	55
	>0.40	55	45
钢渣粉	—	30	20
磷渣粉	—	30	20
硅灰		10	10
复合掺合料	≤0.40	65	55
	>0.40	55	45

注：1. 采用其他通用硅酸盐水泥时，宜将水泥混合材料掺量20％以上的混合材料计入矿物掺合料。

2. 复合掺合料各组分的掺量不宜超过单掺时的最大掺量。

3. 在混合使用两种或两种以上矿物掺合料时矿物掺合料总掺量应符合表中复合掺合料的规定。

表4－26　预应力混凝土中矿物掺合料最大掺量

矿物掺合料种类	水胶比	最大掺量/%	
		采用硅酸盐水泥时	采用普通硅酸盐水泥时
粉煤灰	≤0.40	35	30
	>0.40	25	20
粒化高炉矿渣	≤0.40	55	45
	>0.40	45	35
钢渣粉	—	20	10
磷渣粉	—	20	10
硅灰	—	10	10
复合掺合料	≤0.40	55	45
	>0.40	45	35

注：同表4-26。

对于有预防混凝土碱-骨料反应设计要求的工程，宜掺用适量粉煤灰或其他矿物掺合料，混凝土中最大碱含量不应大于3.0kg/m³；对于矿物掺合料碱含量，粉煤灰碱含量可取实测值的1/6，粒化高炉矿渣粉碱含量可取实测值的1/2。

4.4 新拌混凝土性能

4.4.1 混凝土和易性

混凝土在凝结硬化以前称新拌混凝土。新拌混凝土的性质在很大程度上决定了混凝土结构和构件的质量，硬化后混凝土的性能如何，与混凝土拌制、浇注和密实成型过程密切相关。

新拌混凝土最重要的性能是和易性(或工作性)，和易性是指拌和物易于施工操作(如拌和、运输、浇灌、捣实)并能获得质量均匀、成型密实的性能，包括流动性、粘聚性和保水性3方面的含义。

(1) 流动性是指新拌混凝土在自重或施工机械振捣作用下，能产生流动，并均匀密实地填满模板的性能，用坍落度或维勃稠度值表示，流动性反映出拌和物的稀稠程度。若拌和物过干，会出现难以振捣密实的现象；若拌和物过稀，振捣后又容易出现水泥砂浆和水分上浮及石子下沉的分层离析现象，影响混凝土的质量。

(2) 粘聚性是指新拌混凝土在施工过程中其组成材料之间有一定的粘聚力，不致产生分层离析，使混凝土保持整体均匀的性能。粘聚性不好的新拌混凝土，砂浆与石子容易分离，振捣后容易出现蜂窝、麻面等现象。

(3) 保水性是指新拌混凝土在施工过程中具有一定的保水能力，不致产生严重的泌水现象。泌水会导致混凝土内部形成透水通路，从而影响混凝土的密实性，降低混凝土的强度和耐久性。

由此可见，新拌混凝土的流动性、粘聚性和保水性有其各自的内涵，而它们之间既相互联系，又存在矛盾。因此，和易性是这3方面性质在某种具体条件下的全面体现。

4.4.2 和易性的检测方法与指标

目前，还没有一种能全面测定混凝土和易性的方法，尽管国内外已经研究并提出了数十种测定方法，但都只能在特定和易性范围内适用。目前为各国广泛采用的测定方法有坍落度试验、维勃稠度试验和扩散度试验等方法。

根据《混凝土质量控制标准》(GB/T 50164—2011)规定，坍落度检验适用于坍落度>10mm的新拌混凝土，维勃稠度检验适用于维勃稠度为5~30s的新拌混凝土，扩展度检验适用于高强混凝土和自密实混凝土。

 知识要点提醒

注意新拌混凝土中坍落度检验、维勃稠度检验、扩展度检验的适用范围。

1. 坍落度与坍落度扩展度法

坍落度试验是最早使用的一种方法,主要设备是一个坍落度筒如图 4.13 所示,拌和物按规定装入筒内并捣实,装满刮平后将筒垂直提起,新拌混凝土在自重作用下将会产生坍落变形,测量筒高与坍落后新拌混凝土的最高点之间的高度差,即为坍落度值,作为流动性指标。坍落度值越大,其流动性越大。同时,轻轻敲击坍落后的新拌混凝土,观察其形态变化,用以判定拌和物的粘聚性和保水性如图 4.13 所示。当新拌混凝土的坍落度>220mm 时,用钢尺测量混凝土扩展度最终的最大直径和最小直径,在这两个直径之差<50mm 的条件下,用其算术平均值作为坍落度扩展度值。

选择新拌混凝土的坍落度要根据构件截面大小、钢筋疏密和捣实方法来确定(表 4-27)。当构件截面尺寸较小或钢筋较密或采用人工振捣时,坍落度可选择大一些;反之,若构件截面尺寸较大或钢筋较稀或采用机械振捣时,坍落度可选择小一些。泵送高强混凝土的扩展度不宜<500mm,自密实混凝土的扩展度不宜<600mm。

根据坍落度的不同,可将新拌混凝土分为低塑性混凝土(坍落度为 10~40mm)、塑性混凝土(坍落度为 50~90mm)、流动性混凝土(坍落度为 100~150mm)、大流动性混凝土(坍落度为>160mm)。按《普通混凝土拌合物性能试验方法标准》(GB/T 50080—2002)规定,坍落度适用于骨料最大粒径≤40mm,坍落度>10mm 的混凝土拌和物稠度测定。

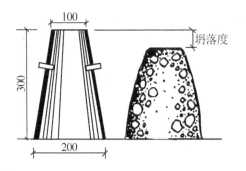

图 4.13　新拌混凝土坍落度的测定

表 4-27　混凝土浇注时的坍落度(mm)

结构种类	坍落度
基础或地面的垫层、无配筋的大体积结构(挡土墙、基础等)或配筋稀疏的结构	10~30
梁、板和大型及中型截面的柱子等	30~50
配筋密列的结构(薄壁、斗仓、筒仓、细柱等)	50~70
配筋特密的结构	70~90

2. 维勃稠度试验

维勃稠度仪是用于测量干硬性新拌混凝土和易性的。其具体试验方法在《普通混凝土拌合物性能试验方法标准》(GB/T 50080—2002)中有规定,其装置如图 4.14 所示。测定时,先将坍落筒置于圆形容器中,再将容器固定在规定的振动台上,按规定的方法在坍落筒内填满新拌混凝土后垂直提出坍落筒,在拌和物试件顶面放一透明圆盘,开启振动台,同时用秒表计时，到透明圆盘的底面完全为胶凝材料浆料所布满时，停止秒表，关闭振动台，此时可认为新拌混凝土已密实。所读秒数即为维勃稠度。该试验适用于粗骨料粒径≤40mm，维勃稠度为5～30s的新拌混凝土的稠度测定。

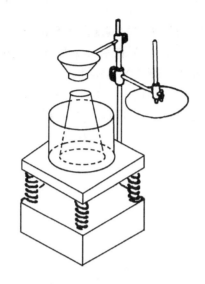

图4.14 维勃稠度仪

根据《混凝土质量控制标准》（GB/T 50164—2011）规定，新拌混凝土的坍落度、维勃稠度、扩展度等级划分见表4-28。

表4-28 混凝土拌和物的坍落度、维勃稠度、扩展度等级划分

等级	坍落度/mm	等级	维勃稠度/s	等级	扩展度/mm
S1	10～40	V0	≥31	F1	≤340
S2	50～90	V1	30～21	F2	350～410
S3	100～150	V2	20～11	F3	420～480
S4	160～210	V3	10～6	F4	490～550
S5	≥220	V4	5～3	F5	560～620
				F6	≥630

4.4.3 影响和易性的主要因素

影响新拌混凝土和易性的因素很多，其中主要因素是胶凝材料浆料量、水胶比、粗细骨料的数量和性质、环境及拌和物的温度和施工方法等。

1）胶凝材料浆料数量

新拌混凝土中的胶凝材料浆料赋予混凝土一定的流动性。在水胶比不变的情况下，若单位体积拌和物内胶凝材料浆料越多，则拌和物的流动性越大；但胶凝材料浆料过多，将会出现流浆现象，使拌和物的粘聚性变差，同时对混凝土的强度和耐久性产生负面影响；

若胶凝材料浆料过少，致使其不能填满骨料空隙或不能很好地包裹骨料表面时，将产生崩坍现象，粘性变差。因此，新拌混凝土中胶凝材料浆料的含量应以满足流动性要求为度，不宜过多或过少。

2）水胶比

胶凝材料（水泥和矿物掺合料）浆体的稠度由水胶比所决定。水胶比是指单位混凝土用水量与胶凝材料用量之比，用"W/B"表示。在胶凝材料用量不变的情况下，水胶比越小，胶凝材料浆料就越稠，新拌混凝土的流动性就越小。当水胶比过小时，胶凝材料浆料干稠，新拌混凝土的流动性过低，会使施工困难，不能保证混凝土的密实性。增加水胶比会使流动性加大，但水胶比过大，又会造成新拌混凝土的粘聚性和保水性不良，产生流浆、离析现象，从而严重影响混凝土的强度。因此，水胶比不能过大或过小，应根据混凝土设计强度等级和耐久性要求而定。

无论是胶凝材料浆料的多少，还是胶凝材料浆料的稀稠，对新拌混凝土流动性起决定作用的是用水量的多少。因为无论是提高水胶比或增加胶凝材料浆料用量，最终都表现为混凝土用水量的增加。

试验表明，对于常用水胶比（0.40～0.70），当单位用水量不变时，在一定范围内其他材料用量的波动对新拌混凝土流动性影响并不十分显著，因此，可以在单位用水量与拌和物流动性之间建立一个数量关系，即恒定用水量法则：一定条件下要使混凝土获得一定值的坍落度，所需的单位用水量是一个恒定值。根据《普通混凝土配合比设计规程》（JGJ 55—2011）规定，单位用水量与坍落度之间的数量关系见表 4-29、表 4-30。

表 4-29　干硬性混凝土用水量选用表（kg/m³）

拌和物稠度		卵石最大公称粒径/mm			碎石最大公称粒径/mm		
项目	指标	10.0	20.0	40.0	16.0	20.0	40.0
维勃稠度/s	16～20	175	160	145	180	170	155
	11～15	180	165	150	185	175	160
	5～10	185	170	155	190	180	165

表 4-30　塑性混凝土用水量选用表（kg/m³）

拌和物稠度		卵石最大公称粒径/mm				碎石最大公称粒径/mm			
项目	指标	10.0	20.0	31.5	40.0	16.0	20.0	31.5	40.0
坍落度/mm	10～30	190	170	160	150	200	185	175	165
	35～50	200	180	170	160	210	195	185	175
	55～70	210	190	180	170	220	205	195	185
	75～90	215	195	185	175	230	215	205	195

注：1. 本表用水量系采用中砂时的取值。采用细砂时，每立方米混凝土用水量可增加 5～10kg；采用粗砂时，则可减少 5～10kg。

2. 掺用矿物掺合料和外加剂时，用水量应相应调整。

由表 4-29、表 4-30 可知，用水量的多少还与骨料种类和最大公称粒径有关。当坍落度一定时，石子最大公称粒径增大，用水量则减少；当石子最大公称粒径不变时，增加坍落度，则用水量增加。利用此表可直接估计初步用水量，为混凝土配合比的设计提供方便。

3）砂率

砂率是指混凝土中砂的质量占砂、石总质量之比。砂率的变动会使骨料空隙率和总表面积发生改变，甚至是显著的改变，从而对新拌混凝土和易性产生明显的影响。在胶凝材料浆料数量不变的情况下，砂率增加时，胶凝材料浆料的数量相对显得不足，从而削弱了胶凝材料浆料对砂子的润滑作用，过大的砂率会使新拌混凝土流动性降低、和易性变差；但是，如果砂率过小，不能保证粗骨料之间有足够的砂浆层，也会削弱砂浆对粗骨料的润滑作用，降低新拌混凝土的流动性，从而影响拌和物的粘聚性和保水性，造成离析和胶凝材料浆料流淌等。因此，砂率过大或过小，都会降低拌和物的和易性。大小适宜的砂率称为合理砂率。当采用合理砂率时，在用水量和胶凝材料用量一定的情况下，新拌混凝土具有最大的流动性，同时具有良好的粘聚性和保水性，如图 4.15 所示。或者说，采用合理砂率时，能使新拌混凝土在满足所要求的流动性、粘聚性和保水性的情况下，胶凝材料用量最少，如图 4.16 所示。

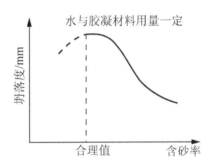

图 4.15 砂率与坍落度的关系曲线

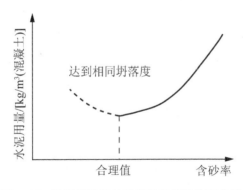

图 4.16 砂率与胶凝材料浆料用量的关系曲线

合理砂率数值随以下情况而变化：粒径大、级配好、表面光滑的粗骨料，合理砂率小；粒径小，合理砂率小；胶凝材料用量高，合理砂率小；当施工要求新拌混凝土流动性较大时，为了避免粗骨料离析，保证混凝土的粘聚性，可采用较大的砂率。

确定砂率的方法较多，可以根据本地区、本单位的经验累积数值选用，若无经验数据，可根据《普通混凝土配合比设计规程》（JGJ 55—2011）规定，查表 4‑31 计算确定。

表 4-31　混凝土的砂率(%)

水胶比(W/B)	卵石最大公称粒径/mm			碎石最大公称粒径/mm		
	10.0	**20.0**	**40.0**	**16.0**	**20.0**	**40.0**
0.40	26～32	25～31	24～30	30～35	29～34	27～32
0.50	30～35	29～34	28～33	33～38	32～37	30～35
0.60	33～38	32～37	31～36	36～41	35～40	33～38
0.70	36～41	35～40	34～39	39～44	38～43	36～41

注：1. 表中数值系中砂的选用砂率，对细砂或粗砂，可相应减少或增大砂率。

　　2. 采用人工砂配制混凝土时，砂率可适当增大。

　　3. 只用一个单粒级粗骨料配制混凝土时，砂率应适当增大。

砂率的计算公式如下：

$$S_P = \frac{\rho_{so} \cdot P_空}{\rho_{so} \cdot P_空 + \rho_{go}}\alpha \tag{4.3}$$

式中　ρ_{so}——砂子的堆积密度，kg/m³；

　　　ρ_{go}——石子的堆积密度，kg/m³；

　　　$P_空$——空隙率；

　　　α——砂子的富余系数(1.1～1.4)。

4) 骨料的性质

骨料的级配、粒形及表面形状等对新拌混凝土和易性也有很大影响。因为上述因素造成骨料空隙率和总表面积增大时，胶凝材料浆料量会显得相对不足，使新拌混凝土和易性变差。骨料中表面粗糙，针、片状的颗粒含量多时，则新拌混凝土的和易性差。因此，当采用碎石作骨料时，砂率应比卵石骨料增大2%～3%，单位用水量也相应增加，否则和易性将显著下降。

5) 外加剂和矿物掺合料

在拌制混凝土时，加入少量的外加剂(如减水剂、引气剂)和适量的矿物掺合料(如粉煤灰、粒化高炉矿渣粉等)，能使新拌混凝土在不增加胶凝材料用量(或减少胶凝材料用量)的条件下，获得很好的和易性，增大流动性和改善粘聚性，降低泌水性，并且还能提高混凝土的耐久性。

6) 环境的温湿度和时间的影响

随着环境温度的增加，新拌混凝土流动性下降，这是因为较高的温度不但增加拌和物中水分的蒸发速率，而且加快了胶凝材料的水化速度。因此，在炎热的天气，必须用更多的水保持同样的和易性。另外，新拌混凝土和易性还会随时间的延长而下降，这称为坍落度经时损失。

7) 施工工艺的影响

混凝土组成相同，但施工工艺不同时，其坍落度也不相同。采用机械搅拌的混凝土所获得的坍落度比用人工拌和的混凝土所获得的坍落度大，如图4.17所示。采用同一拌和方式，其坍落度随着有效拌和时间延长而增大。搅拌机型不同，获得的坍落度也不同。通常，浇注时的坍落度比测定的坍落度值小。

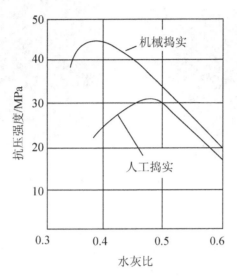

图 4.17　机械搅拌混凝土与人工拌和混凝土对比

 知识要点提醒

一般情况下，当新拌混凝土的坍落度大于设计要求值时，应保持砂率不变，增加砂石量；当新拌混凝土的坍落度小于设计要求值时，应保持水胶比不变，增加胶凝材料浆料量。

4.5　硬化后混凝土的性能

4.5.1　混凝土的强度

混凝土的强度包括立方体抗压强度、轴心抗压强度、劈裂抗拉强度、抗折强度及静力受压弹性模量试验，其中抗压强度最高，故混凝土主要用来承受压力作用。混凝土的抗压强度是结构设计的主要参数，也是混凝土质量评定的指标。

1. 标准立方体抗压强度及强度等级

根据《普通混凝土力学性能试验方法标准》(GB/T 50081—2002)规定，制作 150mm× 150mm×150mm 的立方体试件(图 4.18)，在标准条件下[温度为(20±2)℃，相对湿度为 95%以上，或在温度为(20±2)℃的不流动的 $Ca(OH)_2$ 饱和溶液中]，养护到 28d，按规定施加压力，直至破坏(图 4.19)，所测得的抗压强度值为混凝土立方体试件抗压强度(简称立方体抗压强度)，以"f_{cu}"表示。

图 4.18　混凝土立方体破坏前试件　　　图 4.19　混凝土立方体破坏后试件

测定混凝土立方体抗压强度时，也可采用非标准尺寸试件，然后将测定结果乘以换算系数，换算成相当于标准试件的强度值。根据《普通混凝土力学性能试验方法标准》(GB/T 50081—2002)规定，混凝土强度等级＜C60 时，用非标准试件测得的强度值均应乘以尺寸换算系数，其值为：对于 100mm×100mm×100mm 的立方体试件所测定强度试验结果应乘以换算系数 0.95；对于 200mm×200mm×200mm 的立方体试件所测定强度试验结果应乘以强度换算系数 1.05。当混凝土强度等级≥C60 时，宜采用标准试件；使用非标准试件时，尺寸换算系数由试验确定。

混凝土强度等级是根据混凝土立方体抗压强度标准值(MPa)来确定，用符号"C"表示，根据《混凝土质量控制标准》(GB 50164—2011)规定，混凝土强度等级有 C10、C15、C20、C25、C30、C35、C40、C45、C50、C55、C60、C65、C70、C75、C80、C85、C90、C95 和 C100 共 19 个等级。

不同工程或用于不同部位的混凝土对强度的要求也不同，一般情况下。

C10～C15 用于垫层、基础、地坪及受力不大的结构。

C15～C25 用于梁、板、柱、楼梯、屋架等普通钢筋混凝土结构。

C25～C30 用于大跨度结构、耐久性要求较高的结构、预制构件等。

C30 以上用于预应力钢筋混凝土构件、承受动荷载结构及特种结构等。

2. 轴心抗压强度

轴心抗压强度是混凝土结构设计的依据。在实际工程中，钢筋混凝土结构构件很少是立方体的，大部分为棱柱体或圆柱体。目前我国采用 150mm×150mm×300mm 的棱柱体作为轴心抗压强度的标准试件，如图 4.20 所示为混凝土轴心抗压强度试验。混凝土强度等级＜C60 时，用非标准试件测得的强度值均应乘以尺寸换算系数，其值为：对于 100mm×100mm×300mm 的立方体试件所测定强度试验结果应乘以换算系数 0.95；对于 200mm×200mm×400mm 的立方体试件所测定强度试验结果应乘以强度换算系数 1.05。当混凝土强度等级≥C60 时，宜采用标准试件；使用非标准试件时，尺寸换算系数由试验确定。

试验表明，轴心抗压强度是立方体抗压强度的 0.70～0.80 倍。

图 4.20 混凝土轴心抗压强度试验

3. 劈裂抗拉强度

混凝土抗拉强度一般为抗压强度的 $1/10\sim1/20$(即拉压比),且随抗压强度提高,拉压比下降。虽然在结构设计中通常不直接考虑抗拉强度,但是抗拉强度对减少混凝土裂缝有着重要意义,在结构设计中抗拉强度是确定混凝土抗裂度的主要指标。

劈裂抗拉强度(f_{st})是衡量混凝土抗拉性能的一个相对指标,劈裂法试验装置如图 4.21所示。劈裂抗拉强度 f_{st} 测定方法的原理是在立方体试件两个相对表面的中心线上作用均匀分布的压力后,便能在外力作用的竖向平面内产生均匀分布的拉应力,这个拉伸应力可以根据弹性理论计算得出:

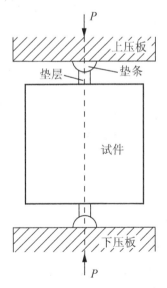

图 4.21 混凝土劈裂抗拉试验装置图

$$f_{st} = \frac{2F}{\pi A} = 0.637 \frac{F}{A} \qquad (4.4)$$

式中 f_{st}——混凝土劈裂抗拉强度，MPa；

F——破坏荷载，N；

A——试件劈裂面面积，mm^2。

目前，我国采用 150mm×150mm×150mm 的立方体试件作为混凝土劈裂抗拉强度的标准立方体试件。当混凝土强度等级＜C60 时，用非标准试件测得的强度值应乘以尺寸换算系数，若采用 100mm×100mm×100mm 的立方体非标准试件时，所得劈裂抗拉强度试验结果应乘以换算系数 0.85；当混凝土强度等级≥C60 时，宜采用标准试件；使用非标准试件时，尺寸换算系数由试验确定。

4. 抗折强度

混凝土抗折强度是对尺寸为 150mm×150mm×600mm 的棱柱体试件（标准试件）进行抗折试验获得的。混凝土强度等级＜C60 时，试件尺寸为 100mm×100mm×400mm 的非标准试件时其强度值应乘以换算系数 0.85；当混凝土强度等级≥C60 时，宜采用标准试件；使用非标准试件时，尺寸换算系数由试验确定。

 知识要点提醒

必须注意用非标准试件测得的强度值换算成标准试件测得的强度值所乘的各系数。

强度是混凝土材料最基本的性能，是其抵抗外力作用而不破坏的能力。混凝土在受外力作用时，其内部产生了拉应力，随着拉应力的逐渐增大，导致混凝土内部的微裂缝进一步延伸、汇合、扩大，最后形成可见的裂缝。研究表明：混凝土这类材料的应力-应变性质及其破坏，都是由裂缝扩展过程所控制的。混凝土的应力-应变关系和断裂破坏过程中裂缝的发展一般经历 3 个阶段：裂缝引发、裂缝缓慢扩展、裂缝快速扩展。而相应混凝土的破坏则分为 5 个阶段，如图 4.22 所示。

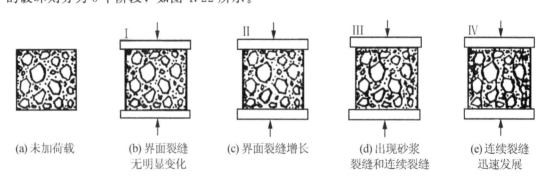

(a) 未加荷载　(b) 界面裂缝　(c) 界面裂缝增长　(d) 出现砂浆　(e) 连续裂缝
　　　　　　　无明显变化　　　　　　　　　　裂缝和连续裂缝　迅速发展

图 4.22　不同受力阶段裂缝示意图

在第一阶段，当所加应力约低于极限荷载的 30% 时，混凝土内部原来存在的裂缝和孔隙比较稳定，界面裂缝无明显变化[图 4.22(b)]；在第 2 阶段，当应力为极限应力的 30%～50% 时，裂缝开始扩展，但很缓慢，而且多半是界面处的裂缝扩展，应力-应变曲线的曲率开始增加。在此阶段，硬化的胶凝材料只有轻微的开裂，当应力超过极限应力的 50%

左右时，界面裂缝就开始延伸到硬化的胶凝材料之中，随着硬化的胶凝材料的开裂，原来孤立的界面裂缝也连接起来，开始发展成一个更为广泛和连续的裂缝体系[图 4.22(c)]；在第 3 阶段，在超过极限应力的 75％左右之后，硬化的胶凝材料中发生更为迅速的裂缝扩展延伸，在界面裂缝继续发展的同时，开始出现砂浆裂缝，并将邻近的界面裂缝连接起来，形成连续裂缝[图 4.22(d)]；而到了第 4 阶段，变形进一步加快，混凝土承载能力下降，使裂缝体系变得不稳定，混凝土的承载能力下降，变形迅速增大，以致完全破坏，受压变形曲线逐渐下降而最后结束[图 4.22(e)]。

 知识要点提醒

混凝土标准立方体抗压强度是确定混凝土强度等级的依据；混凝土标准轴心抗压强度是混凝土结构设计的依据；混凝土的抗拉强度是确定混凝土抗裂度的主要指标。

5. 影响混凝土强度的因素

1）胶凝材料的影响

胶凝材料的强度直接影响混凝土强度的大小。在配合比(主要是 W/B)相同的条件下，所用的胶凝材料强度越高，制成的混凝土的强度也越高。

2）骨料的影响

骨料对混凝土强度的影响主要与它的材质、颗粒形状、表面形状和粒径大小有关。在低水胶比的情况下，由于碎石与胶凝材料浆料有较好的咬合力而能提高混凝土的强度。随着水胶比的增大，骨料的影响减小，当水胶比达 0.65 时，用碎石或卵石配制的混凝土强度基本上无差异。粒径大的骨料在达到一定和易性时，所需的水量少，对强度有利。但是，骨料粒径过大对混凝土强度会有明显的负面效应。因此，在房屋建筑中，骨料粒径一般不超过 40mm，在此范围内，应尽量选用粒径粗大的骨料。

3）水胶比的影响

在影响混凝土强度的诸多因素中，影响最大的是水胶比。根据《普通混凝土配合比设计规程》(JGJ 55—2011)规定，当混凝土强度等级＜C60 时，混凝土水胶比宜按式(4.5)计算：

$$W/B = \frac{\alpha_a f_b}{f_{cu,0} + \alpha_a \alpha_b f_b} \tag{4.5}$$

式中 W/B——混凝土水胶比；

α_a、α_b——回归系数(表 4-32)；

f_b——胶凝材料 28d 胶砂抗压强度，MPa；

B——每立方米混凝土中胶凝材料用量，kg；

W——每立方米混凝土中用水量，kg；

表 4-32 回归系数取值表

系数	粗骨料品种	
	碎石	卵石
α_a	0.53	0.49
α_b	0.20	0.13

混凝土强度主要取决于水胶比,因为胶凝材料水化时所需的结合水只占胶凝材料质量的23%左右,在拌制混凝土时,为了获得必要的流动性,常需用较多的水(胶凝材料质量的40%～70%)。当混凝土硬化后,多余的水分残留在混凝土中会形成水泡,水分蒸发后便留下孔隙(称毛细孔),从而降低了硬化胶凝材料的密实性,实质是降低了混凝土抵抗荷载的有效截面积,而且孔隙处往往产生应力集中,使混凝土在较低应力下发生裂缝扩展以至断裂。由此也可以认为,在胶凝材料强度相同的情况下,水胶比越小,硬化的胶凝材料与骨料的粘结力也越强,混凝土的强度也就越高。

必须指出,在很低的水胶比情况下,新拌混凝土将难以充分拌和。因为水胶比过于小,会使新拌混凝土过于干硬,在一定捣实条件下,无法使混凝土流动,成型后的混凝土中将出现蜂窝、孔洞等严重缺陷,从而导致混凝土强度下降(甚至是大幅度下降)。在这种情况下,水胶比越小,强度反而越低。

4)养护条件的影响

养护就是给混凝土充分的湿度和适当的温度,使成型好的混凝土处于不受有害应力影响的状态下充分地水化、凝结和硬化,以获得最佳强度。混凝土处在相对湿度为85%以上的环境中,即使有水分蒸发,也不会引起收缩,从而避免了收缩应力的产生。

如果早期的混凝土所处的环境不能保持充分的湿度,可能会造成混凝土中水分大量蒸发,一方面因失水而影响胶凝材料的继续水化,另一方面因干缩而使混凝土在低强度状态下承受干缩引起的拉应力,致使混凝土表面出现裂缝。可见,对养护期混凝土保持充分的湿度十分重要。浇注完毕混凝土应在12h内采取表面覆盖或洒水等措施,保证混凝土表面有一定量的水分,防止其早期的塑性收缩和干缩。图4.23表明混凝土养护龄期越长,强度越高。

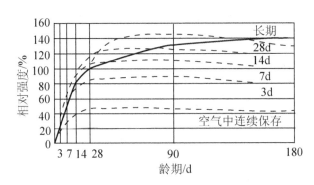

图4.23 混凝土强度与养护龄期的关系

养护温度对混凝土强度的发展也有很大影响。试验表明:当温度低于0℃时,胶凝材料水化反应不能进行,混凝土强度停止发展。在0℃以下时,由于混凝土中的水分结冰,会导致混凝土冰冻损伤。尤其对早期混凝土,其破坏程度更为严重。一般情况下,养护温度高,强度发展快,如图4.24所示。但是,温度过高,尤其是升温速度越快时,反而会导致混凝土强度下降,这是因为水泥在较高温度下水化过快,将导致水化产物分布不均匀以及过快形成的水化产物阻碍了水与胶凝材料接触,影响了胶凝材料继续水化,使混凝土后期强度发展缓慢,甚至停止发展。同时,因升温过快会导致混凝土不均匀受热,产生有害热应力,使混凝土内部出现裂纹,增加结构缺陷,使混凝土强度下降。

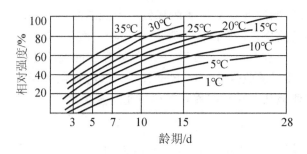

图 4.24 混凝土强度与养护温度的关系

目前，混凝土养护常用的方法有以下几种。

（1）自然养护。养护温度随气温变化，而养护湿度必须充分，一般洒水保湿。

（2）蒸汽养护。蒸汽养护的温度不超过 100℃，最佳温度为 65～80℃，由饱和蒸汽提供充分的湿度。

（3）蒸压养护。蒸压养护是使用蒸压釜，温度一般在 160～210℃，与温度相应的蒸汽压力为 0.6～2.0MPa，蒸压养护使混凝土构件的生产周期大为缩短。

（4）标准养护。将混凝土试件置于温度为（20±2）℃、相对湿度＞95％的条件下养护 28d。

5）龄期的影响

混凝土在正常养护条件下，其强度随龄期的延长而提高。混凝土在自然养护条件下，在最初的 7～14d，强度增长较快，28d 以后增长变慢。混凝土的强度增长在标准养护条件下可以延续多年，若干年后强度可比 28d 强度高一倍以上。

普通水泥制成的混凝土在标准养护条件下，混凝土强度的发展与其龄期有如图 4.25(a) 所示的曲线关系，与龄期的对数呈图 4.25(b) 所示的直线关系。

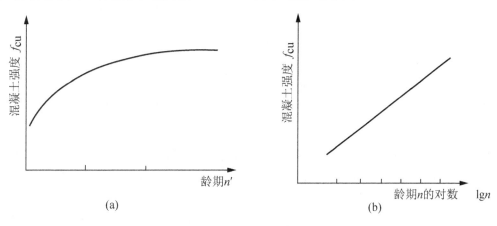

图 4.25 混凝土强度增长曲线

$$f_{cu,28} = f_{cu,n} \frac{\lg 28}{\lg n} \tag{4.6}$$

式中　$f_{cu,n}$——nd 龄期混凝土的抗压强度，MPa；

　　　$f_{cu,28}$——28d 龄期混凝土的抗压强度，MPa；

$\lg n$、$\lg 28$——nd$(n \geqslant 3)$和 28d 的常用对数。

式(4.6)可由已知龄期的混凝土强度估算另一个龄期的强度，但是影响混凝土强度的因素很多，在用上述经验公式估算混凝土强度时，应注意其他条件要尽可能一致。该公式只适于普通水泥拌制的、在标准条件下养护的中等强度的混凝土。在实际工程中，多按《混凝土结构工程施工质量验收规范》(GB 50204—2002)提供的温度、龄期对混凝土强度的影响参考曲线，简便地从已知龄期推算其他龄期的强度。

【应用实例 4 - 2】

某商住楼在施工过程中，需浇筑钢筋混凝土基础，该基础混凝土的设计强度等级为 C40，水泥采用普通硅酸盐水泥。施工单位根据设计要求进行了混凝土配合比设计及试验，在新拌混凝土满足和易性的基础上，将混凝土装入 100mm×100mm×100mm 的 3 个试模中，拆模后标准养护 7d 后进行抗压强度测试，3 个试件的抗压强度值分别为 25.6MPa、27.7MPa、23.8MPa，试问该组混凝土强度是否满足设计要求？

【解】 (1) 确定该组试件的强度值。

根据《普通混凝土力学性能试验方法标准》(GB/T 50081—2002)规定，先确定以下数据关系：

$25.6×15\% = 3.84(MPa)$；$27.7 - 25.6 = 2.1(MPa)$；$25.6 - 23.8 = 1.8(MPa)$。

由以上计算可知，该试验数据最大值和最小值与中间值的差值均不超过中间值的 15%，即三个试件测试值有效。故以三个试件测试值的算术平均值作为该组试件的强度值。

$$m_{f_{cu,1}} = \frac{25.6 + 27.7 + 23.8}{3} = 25.7(MPa)$$

(2) 求标准试件的强度值。

根据《普通混凝土力学性能试验方法标准》(GB/T 50081—2002)规定，得：

$$m_{f_{cu,2}} = 25.7×0.95 = 24.4(MPa)$$

(3) 求 28d 强度值。

根据式(4.6)得：

$$f_{cu,28} = f_{cu,n}\frac{\lg28}{\lg n} = 24.4×\frac{\lg28}{\lg7} = 41.7(MPa)$$

由上述计算可知，该组混凝土强度等级可定为 C40，故满足设计要求。

6) 试验条件的影响

对于同一强度的混凝土，因试验测试条件不同，所测得的强度值可能不一样。为了使所测强度值具有可比性，必须统一试验测试条件。对测试结果有影响的试验条件一般包括试件尺寸、形状、试件干湿状态和加荷速度等。

(1) 试件尺寸和形状。一般情况下，若试件形状相同，试件尺寸越小，所测强度值越大。因为试验机压板与试件接触面之间的摩擦力对试件变形的约束作用阻止了试件横向膨胀，使试件在更高的应力下才会破坏，所测强度值偏高，这就是所谓的"环箍效应"。另一方面，随着试件尺寸的增大，其内部出现缺陷的可能性更大，导致有效受力面积减小，并引起应力集中，这就是大试件强度偏低的原因。混凝土试件的破坏状态，如图 4.26 所示。

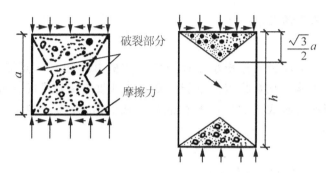

图 4.26 混凝土试件的破坏状态

（2）加荷速度。通常情况下，加荷速度越慢，测得的强度越低，其原因可能是由于缓慢加荷会增加临界裂缝的数量及长度，从而降低断裂应力。因此，加荷速度必须控制在试验规定的范围内。

6. 提高混凝土强度的主要措施

提高混凝土强度的主要措施可以从选料、搅拌、成型和养护等方面考虑。

1）选料

（1）合理选用水泥品种和级配良好的骨料，可提高混凝土的强度。

（2）选用适当的外加剂，如减水剂可在保证和易性不变的情况下降低用水量，提高混凝土密实度，而早强剂也可提高混凝土的早期强度。

（3）掺入矿物掺合料，如掺磨细粉煤灰或磨细粒化高炉矿渣粉，可配制高强、超高强混凝土。

2）采用机械搅拌与振捣

混凝土采用机械搅拌，不但效率高，而且搅拌更为均匀，能大幅度提高混凝土强度。机械搅拌时，可使新拌混凝土的颗粒产生振动，暂时破坏了胶凝材料的凝聚结构，降低胶凝材料浆料的粘度与骨料之间的摩擦力，使新拌混凝土转入流体状态，提高流动性，可在满足新拌混凝土和易性的前提下，减少用水量。同时，新拌混凝土在振捣过程中，其颗粒互相靠近，排出了空气，大大减少了混凝土内部的孔隙，使混凝土的密实度及强度都得到提高。

3）养护方式

将混凝土置于低于 100℃ 的常压蒸汽中养护 16～20h 后，可获得在正常养护条件下28d 强度的 70%～80%；如将混凝土置于 175℃、0.8MPa 的蒸压釜中进行养护，可促进胶凝材料水化，使混凝土强度明显提高。

4.5.2 混凝土的变形

在硬化期间和使用过程中，受各种因素的影响，混凝土将产生一定程度的变形，这些变形是使混凝土产生裂缝的重要原因，从而影响混凝土的强度和耐久性。因此，了解这些变形性质的基本规律和影响因素十分重要。

1. 在非荷载作用下的变形

1）化学收缩

由于水泥水化后生成物的体积小于反应前物质的总体积，从而使混凝土产生收缩，这种收缩称为化学收缩。化学收缩是不能恢复的，其收缩量随混凝土硬化龄期的延长而增加，大致与时间的对数成正比，一般在混凝土成型后 40 多天内增加较快，以后渐趋稳定。

2）干湿变形

周围环境的湿度变化时，混凝土将产生湿胀干缩。当混凝土在水中硬化时，由于凝胶体中胶体粒子吸附水膜增厚，胶体粒子间的距离增大，会产生微小的膨胀；当混凝土在空气中硬化时，由于吸附水蒸发而引起凝胶体失水收缩，同时毛细孔水的蒸发使孔中的负压增大产生收缩力，使混凝土产生进一步收缩；当混凝土再次吸水湿胀时，可抵消部分收缩，但仍有一部分（占 30%～50%）是不可恢复的。混凝土的干湿变形如图 4.27 所示。

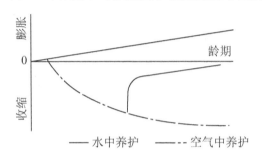

图 4.27　混凝土的干湿变形

混凝土的湿胀变形量很小，一般没有破坏作用。但干缩变形对混凝土的危害较大，可使混凝土表面出现较大的拉应力，引起表面开裂，导致混凝土的耐久性降低。

混凝土干缩变形主要是由混凝土中硬化胶凝材料的干缩所引起，骨料对干缩具有制约作用。混凝土中胶凝材料浆料含量越多，混凝土的干缩率越大。混凝土中所用水泥的品种及细度对干缩率有很大影响。如火山灰水泥的干缩率最大，粉煤灰水泥的干缩率较小。胶凝材料的细度越大，干缩率也越大。骨料的种类对干缩率也有影响，使用弹性模量较大的骨料，混凝土干缩率较小，使用吸水性大的骨料，其干缩率较大。当骨料最大公称粒径较大、级配较好时，由于能减少用水量，所以混凝土干缩率较小。当骨料中含泥量较多时，会增大混凝土的干缩率。

塑性混凝土的干缩率较干硬性混凝土大得多。因此，混凝土单位用水量的大小是影响干缩率的重要因素，平均用水量增加 1.0%，干缩率增加 2.0%～3.0%。

延长潮湿养护时间，可推迟干缩的发生和发展，但对混凝土的最终干缩率并无显著影响。

采用湿热处理，可减小混凝土的干缩率。

在工程设计中，采用混凝土的干缩率为 $(1.5～2.0)×10^{-4}$，即每米收缩 0.15～0.2mm。

3）温度变形

与其他材料一样，混凝土也具有热胀冷缩的性能。在一般温度变化范围内，混凝土长度的变化可用式（4.7）求出：

$$\Delta L = \alpha L \Delta t \tag{4.7}$$

式中 ΔL——混凝土结构长度变化，m；

        L——混凝土结构长度，m；

        Δt——温差，℃；

        α——混凝土温度变形系数，$\alpha = 10 \times 10^{-6}/℃$，即温度每升降 1℃，每米胀缩 0.01mm。

混凝土的温度变形系数与钢材接近，这是构成钢筋混凝土结构的条件之一。

温度变形对大体积混凝土非常不利。在混凝土硬化初期，水泥水化放出较多的热量，混凝土是热的不良导体，散热缓慢，使混凝土内部温度比外部高，产生较大的内外温差，使混凝土中产生很大的拉应力，严重时会使混凝土产生裂缝。因此，对大体积混凝土工程，必须尽量设法减小混凝土发热量，如采用低热胶凝材料、减少胶凝材料用量、采取人工降温等措施，保持构件内外温差不超过规范规定值，以避免混凝土的温度变形裂缝产生。另外，一般对纵向较长的钢筋混凝土结构物，应采取每隔一段长度设置伸缩缝，以及在结构物中设置温度钢筋和降温供水管等措施。

2. 在荷载作用下的变形

1）弹塑性变形

混凝土是一种不均质的多相复合材料，它不是完全的弹性体，而是弹塑性体，受力后既产生可以恢复的弹性变形，又产生不可恢复的塑性变形。应力与应变之间的关系不是直线，而是曲线，如图 4.28 所示。

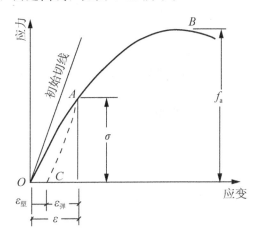
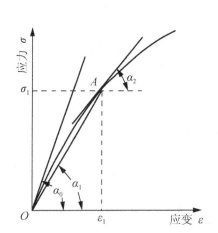

图 4.28 混凝土在压力作用下的应力-应变曲线

2）混凝土的徐变

混凝土在长期荷载作用下所产生的变形称为徐变。其显著特点是变形会随时间的延长而不断增长，即荷载不变而变形仍随时间而增大。如果作用应力不超过一定值，徐变的增长在加荷初期较快，然后逐渐减慢，一般要延续 2～3 年才逐渐趋于稳定。徐变与荷载作用时间关系如图 4.29 所示。

在持续荷载作用一定时间后，若卸除荷载，部分变形可瞬时恢复，也有少部分变形在短时间内会逐渐恢复，称为徐变恢复，最后留下一部分不能恢复的变形称为残余变形。

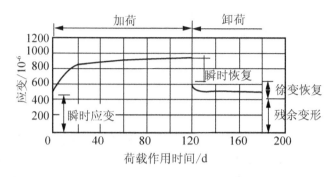

图 4.29　混凝土的徐变与徐变恢复

 知识要点提醒

　　徐变是由可恢复徐变和残余变形两部分组成。

　　一般认为混凝土徐变是由于硬化的胶凝材料胶体在长期荷载作用下产生粘性流动，并向毛细孔中移动的结果。从胶凝材料凝结硬化过程可知，随着胶凝材料的逐渐水化，新的胶体逐渐填充毛细孔，使毛细孔的相对体积逐渐减小。在加荷初期或硬化初期，由于未填满的毛细孔较多，胶体移动较为容易，故徐变增长较快。以后由于内部移动和水化的进展，毛细孔逐渐减小，因而徐变速度越来越慢。骨料能阻碍硬化胶凝材料的变形，从而减小混凝土的徐变。混凝土中的孔隙及硬化胶凝材料中的凝胶孔与骨料相反，它们可促进混凝土的徐变。因此，混凝土中骨料含量较多时，徐变较小。混凝土的结构越密实，强度越高，徐变就越小。

　　由此可知，当混凝土加荷较早时，产生的徐变较大；水胶比较大时，徐变也较大；在水胶比相同时，胶凝材料用量较多的混凝土徐变较大；骨料弹性模量较高、级配较好及最大粒径较大时，混凝土徐变较小。

　　对于混凝土，无论是受压、受拉或受弯时，均有徐变现象。混凝土的徐变对钢筋混凝土构件来说，能消除钢筋混凝土内的应力集中，使应力较均匀地重新分布。对于大体积混凝土，则能消除一部分由于温度变形所产生的破坏应力。但是，在预应力钢筋混凝土结构中，徐变将使钢筋的预加应力受到损失，从而降低结构的承载能力。

 知识要点提醒

　　徐变对混凝土的正面效应是对大体积混凝土能消除一部分由于温度变形所产生的破坏应力；负面效应是对预应力钢筋混凝土结构将使钢筋的预加应力受到损失。

4.5.3　混凝土的耐久性

　　混凝土除应具有设计要求的强度，以保证其能安全地承受设计荷载外，还应具有与环境相适应的耐久性。根据《混凝土耐久性检验评定标准》（JGJ/T 193—2009）规定，混凝土耐久性检验评定的项目包括抗冻性能、抗渗透性能、抗硫酸盐侵蚀性能、抗氯离子渗透性能、抗碳化性能和早期抗裂性能。混凝土抗冻性能、抗渗透性能、抗硫酸盐侵蚀性能的等级规定见表 4-33。

表 4-33　混凝土抗冻性能、抗渗透性能、抗硫酸盐侵蚀性能的等级划分

抗冻等级(快冻法)		抗渗等级	抗硫酸盐等级
F_{50}	F_{250}	P_4	KS30
F_{100}	F_{300}	P_6	KS60
F_{150}	F_{350}	P_8	KS90
F_{200}	F_{400}	P_{10}	KS120
$>F_{400}$		P_{12}	KS150
		$>P_{12}$	$>$KS150

1. 抗渗性

混凝土的抗渗性是指混凝土抵抗压力水、油等液体渗透的能力。抗渗性是混凝土的一项重要性质，它直接影响混凝土的抗冻性和抗侵蚀性。当混凝土的抗渗性较差时，由于水分渗入内部，在有冰冻作用或环境水中含侵蚀性介质时，混凝土就容易受到冰冻或侵蚀作用而破坏，对钢筋混凝土还可能引起钢筋的锈蚀，以及保护层的开裂和剥落。

混凝土的抗渗性用抗渗等级表示。抗渗等级是以 28d 龄期的标准试件，按规定方法进行试验，以所能承受的最大水压力确定，分为 P_4、P_6、P_8、P_{10}、P_{12}，它们分别表示试件出现渗水时的最大压力为 0.4MPa、0.6MPa、0.8MPa、1.0MPa、1.2MPa。

混凝土渗水的原因主要是由于内部的孔隙形成了连通的渗水通道。这些通道主要来源于胶凝材料浆料中多余水分蒸发而留下的气孔，胶凝材料浆料泌水所形成的毛细管通道及骨料下部界面聚集的孔隙，这些由胶凝材料浆料产生的渗水通道的数量主要与混凝土的水胶比大小有关。水胶比小，抗渗性高。反之，则抗渗性差。如用最大粒径为 40mm 的粗骨料所配制的混凝土，当水胶比大于 0.60 时，抗渗性显著下降。另外，施工振捣不密实或由其他因素引起的裂缝，也是使混凝土抗渗性下降的原因。

影响混凝土抗渗性的因素主要有水胶比、水泥品种、骨料的最大公称粒径、养护方法、外加剂及矿物掺合料等。

2. 抗冻性

混凝土的抗冻性是指混凝土在饱和水作用下，经受多次冻融循环作用而不破坏，其强度也不严重降低的性能。混凝土受冻融破坏的原因是由于混凝土内部孔隙中的水在负温下结冰后，因体积膨胀而产生内应力。当内应力超过混凝土的抗拉强度时，混凝土就会产生裂缝，多次冻融使裂缝不断扩展直至破坏。混凝土的密实度、孔隙构造和数量，以及孔隙的充水程度是决定抗冻性的重要因素。密实的混凝土和具有封闭孔隙的混凝土，其抗冻性较高。在寒冷地区以及干湿反复作用的混凝土工程，要求具有较高的抗冻性能。

混凝土的抗冻性常用抗冻等级来表示。抗冻等级是以 28d 龄期的混凝土试件在饱和水作用下所能承受的冻融循环次数来确定的。《混凝土耐久性检验评定标准》(JGJ/T 193—2009)规定，混凝土的抗冻等级分为 F_{50}、F_{100}、F_{150}、F_{200}、F_{250}、F_{300}、F_{350}、F_{400} 和大于

F_{400} 九个等级。它们分别表示混凝土能够承受反复冻融循环次数为 50、100、150、200、250、300、350、400、>400，强度不下降 25%，质量不损失 5%。通常，抗冻等级也是衡量混凝土耐久性的指标。

混凝土抗冻性的强弱与胶凝材料品种、骨料的坚固性及混凝土的水胶比等有密切关系，其中水胶比的影响最为重要。在保证密实成型的前提下，水胶比越小，密实度及强度越高，抗冻性就越高。

知识要点提醒

一般情况下，用混凝土的抗冻等级作为衡量混凝土耐久性的指标。

3．抗硫酸盐侵蚀性

当环境中存在具有硫酸盐侵蚀性介质时，混凝土会受到侵蚀。混凝土的抗硫酸盐侵蚀性与所用水泥的品种、混凝土的密实度和孔隙特征有关。对于密实和孔隙封闭的混凝土，环境水不易侵入，故其抗硫酸盐侵蚀性较强。

4．抗 Cl^- 渗透性能

当采用 Cl^- 迁移系数（RCM 法）划分混凝土抗 Cl^- 渗透性能等级时，根据《混凝土耐久性检验评定标准》（JGJ/T 193—2009）规定见表 4 - 34，且混凝土测试龄期应为 84d。

表 4 - 34　混凝土抗氯离子渗透性能等级划分

等级	RCM－Ⅰ	RCM－Ⅱ	RCM－Ⅲ	RCM－Ⅳ	RCM－Ⅴ
氯离子迁移系数 $D_{RCM}/\times 10-12m^2/s$	$D_{RCM} \geq 4.5$	$3.5 \leq D_{RCM} < 4.5$	$2.5 \leq D_{RCM} < 3.5$	$1.5 \leq D_{RCM} < 2.5$	$D_{RCM} < 1.5$

当采用电通量划分混凝土抗 Cl^- 渗透性能等级时，根据《混凝土耐久性检验评定标准》（JGJ/T 193—2009）规定见表 4 - 35，且混凝土测试龄期宜为 28d。当混凝土中水泥混合材料与矿物掺合料之和超过胶凝材料用量的 50% 时，测试龄期可为 56d。

表 4 - 35　混凝土抗 Cl^- 渗透性能等级划分

等级	Q－Ⅰ	Q－Ⅱ	Q－Ⅲ	Q－Ⅳ	Q－Ⅴ
电通量 Q_s/C	$Q_s \geq 4000$	$2000 \leq Q_s < 4000$	$1000 \leq Q_s < 2000$	$500 \leq Q_s < 1000$	$Q_s < 500$

根据《普通混凝土配合比设计规程》（JGJ 55—2011）规定，新拌混凝土中水溶性 Cl^- 最大含量应符合表 4 - 36 的规定。对于长期处于潮湿或水位变动的寒冷和严寒环境，以及盐冻环境的混凝土应掺用引气剂。

表 4 - 36　新拌混凝土中水溶性 Cl^- 最大含量

环境条件	水溶性 Cl^- 最大含量（水泥用量的质量百分比）/%		
	钢筋混凝土	预应力混凝土	素混凝土
干燥环境	0.30	0.06	1.00
潮湿但不含 Cl^- 的环境	0.20		

环境条件	水溶性 Cl^- 最大含量(水泥用量的质量百分比)/%		
	钢筋混凝土	预应力混凝土	素混凝土
潮湿且含有 Cl^- 的环境、盐渍土环境	0.10	0.06	1.00
除冰盐等侵蚀性物质的腐蚀环境	0.06		

5. 混凝土的碳化

混凝土的碳化是空气中的 CO_2 与硬化胶凝材料中的 $Ca(OH)_2$ 在有水存在的条件下发生化学作用,生成 $CaCO_3$ 和水。碳化对混凝土最主要的影响是使混凝土的碱度降低,减弱了对钢筋的保护作用,导致钢筋锈蚀。碳化还会引起混凝土收缩(碳化收缩),容易使混凝土的表面产生微细裂缝。

混凝土碳化过程是 CO_2 由表及里向混凝土内部逐渐扩散的过程,碳化深度随着时间的延续而增大,但增大的速度逐渐减慢。影响碳化速度的环境因素是 CO_2 浓度及环境湿度等。试验证明:碳化速度随空气中 CO_2 浓度的增高而加快。在相对湿度为50%左右的环境中,碳化速度最快;当相对湿度达100%或相对湿度小于25%时,碳化即停止进行。根据《混凝土耐久性检验评定标准》(JGJ/T 193—2009)规定,混凝土抗碳化性能的等级划分见表4-37。

在环境条件相同的情况下,碳化速度主要取决于混凝土本身的碱度及抗渗透性。碱度大,抗渗透性能强,碳化速度慢,混凝土抗碳化能力强。

表4-37　混凝土抗碳化性能的等级划分

等级	T-Ⅰ	T-Ⅱ	T-Ⅲ	T-Ⅳ	T-Ⅴ
碳化深度 d/mm	$d\geq30$	$20\leq d<30$	$10\leq d<20$	$0.1\leq d<10$	$d<0.1$

6. 早期抗裂性能

《混凝土耐久性检验评定标准》(JGJ/T 193—2009)规定,混凝土早期抗裂性能的等级划分见表4-38。

表4-38　混凝土早期抗裂性能等级划分

等级	L-Ⅰ	L-Ⅱ	L-Ⅲ	L-Ⅳ	L-Ⅴ
单位面积上的总开裂面积 c/(mm²/m²)	$d\geq1000$	$700\leq d<1000$	$400\leq d<700$	$100\leq d<400$	$c<100$

7. 提高混凝土耐久性的措施

混凝土耐久性主要取决于组成材料质量、混凝土本身的密实度和施工质量,最关键的仍是混凝土的密实度。混凝土本身构造密实,不仅强度高、界面粘结好,而且水分和有害气体也难于渗入,因而耐久性随之提高。

在一定工艺条件下，混凝土的密实度与水胶比有直接关系，与胶凝材料单位用量有间接关系。因此，混凝土中的胶凝材料用量和水胶比不能仅满足于强度经验公式的计算值，还必须满足耐久性要求。根据《普通混凝土配合比设计规程》(JGJ 55—2011)规定，混凝土的最小胶凝材料用量应满足表4-39的要求。

表4-39　混凝土的最小胶凝材料用量

最大水胶比	最小胶凝材料用量/(kg/m³)		
	素混凝土	钢筋混凝土	预应力混凝土
0.60	250	280	300
0.55	280	300	300
0.50	320		
≤0.45	330		

4.6　混凝土生产与施工质量控制

4.6.1　混凝土生产与施工质量控制的必要性

对混凝土进行质量控制是一项非常重要的工作。为了保证混凝土的质量，除必须选择适宜的原材料及设计恰当的配合比外，在施工过程中还必须对混凝土原材料、新拌混凝土及硬化混凝土进行质量检查与质量控制。

根据《混凝土质量控制标准》(GB 50164—2011)规定，混凝土的生产与施工质量控制包括6个方面的内容，它们是原材料进场、计量、搅拌、运输、浇筑成型和养护。如在原材料进场中对于各组成材料提出了以下具体要求。

(1) 水泥应按不同厂家、不同品种和强度等级分批存储，并应采取防潮措施；出现结块的水泥不得用于混凝土工程；水泥出厂超过3个月(硫铝酸盐水泥不超过45d)，应进行复检，合格者方可使用。

(2) 粗、细骨料堆场应有遮雨设施，并应符合有关环境保护的规定；粗、细骨料应按不同品种、规格分别堆放，不得混入杂物。

(3) 矿物掺合料储存时应有明显标记，不同矿物掺合料以及水泥不得混杂堆放，应防潮防雨，并应符合有关环境保护的规定；矿物掺合料存储期超过3个月时，应进行复检，合格者方可使用。

(4) 外加剂的送检应与工程大批量进货一致，并应按不同供货单位、品种和牌号进行标识，单独存放；粉状外加剂应防止受潮结块，如有结块，应进行检验，合格者应经粉碎至全部通过600μm筛孔后方可使用；液态外加剂应存储在密闭容器内，并应防晒和防冻，如有沉淀等异常现象，应检验后方可使用。

4.6.2 生产控制水平

1. 混凝土强度的波动规律-正态分布

在正常施工情况下,对混凝土性能产生影响的许多因素都是随机的。因此,混凝土强度的变化也是随机的,测定其强度时,若以混凝土强度为横坐标,以某一强度出现的概率为纵坐标,绘出的强度概率分布线一般符合正态分布曲线,如图 4.30 所示。正态分布曲线高峰为混凝土平均强度$\overline{f}$cu 的概率,以平均强度为对称轴,左右两边曲线是对称的,距对称轴越远,出现的概率越小,并逐渐趋于零。曲线和横坐标之间的面积为概率的总和,等于 100%。

正态分布曲线矮而宽,表示强度数据的离散程度大,说明施工控制水平较差;曲线窄而高,说明强度测定值比较集中,波动小,混凝土的均匀性好,施工水平较高。

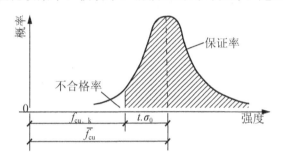

图 4.30 混凝土强度的正态分布曲线

2. 混凝土强度平均值、标准差和 P 值

根据《混凝土质量控制标准》(GB 50164—2011)规定,混凝土工程宜采用预拌混凝土。混凝土生产水平可按强度标准差和实测强度达到强度标准值组数的百分率(P)表征。

1)混凝土强度平均值

对同一批混凝土,在某一统计期内连续取样制作几组试件(每组三块),测得各组试件的立方体抗压强度代表值分别为 $f_{cu,1}$、$f_{cu,2}$、$f_{cu,3}$、$\cdots$、$f_{cu,n}$,求其算术平均值,可得平均强度,即

$$m_{f_{cu}} = \frac{f_{cu,1} + f_{cu,2} + f_{cu,3} + \cdots + f_{cu,n}}{n} = \frac{1}{n}\sum_{i=1}^{n} f_{cu,i} \tag{4.8}$$

2)标准差

标准差是强度分布曲线上拐点距强度平均值间的距离,值越大,则强度频率分布曲线越宽而矮,说明强度的离散程度较大,混凝土的质量波动大,生产水平低。

$$\sigma = \sqrt{\frac{\sum\limits_{i=1}^{n}(f_{cu,i} - m_{f_{cu}})^2}{n-1}} \tag{4.9}$$

式中 σ——混凝土强度标准差(表 4-40),精确到 0.01MPa;

$f_{cu,i}$——统计周期内 i 组混凝土立方体试件的抗压强度值,精确到 0.1MPa;

$m_{f_{cu}}$——统计周期内 n 组混凝土立方体试件的抗压强度的平均值,精确到 0.1MPa;

n——统计周期内相同强度等级混凝土的试件组数,n 值不应小于 30。

表 4 - 40　混凝土强度标准差(MPa)

生产场所	强度标准差 σ		
	＜C20	C20～C40	≥C45
预拌混凝土搅拌站 预制混凝土构件厂	≤3.0	≤3.5	≤4.0
施工现场搅拌站	≤3.5	≤4.0	≤4.5

3) P 值

实测强度达到强度标准值组数的百分率(P)应按式(4.10)计算,且 P 不应小于95%。

$$P = \frac{n_0}{n} \times 100\% \qquad (4.10)$$

式中　P——统计周期内实测强度达到强度标准值组数的百分率,精确到 0.1%;

　　　n_0——统计周期内相同强度等级混凝土达到强度标准值的试件组数。

预拌混凝土搅拌站和预制混凝土构件厂的统计周期可取一个月;施工现场搅拌站的统计周期可根据实际情况确定,但不宜超过 3 个月。

4.6.3　混凝土的配制强度

根据《混凝土质量控制标准》(GB 50164—2011)规定,当混凝土的设计强度等级＜C60 时,配制强度应按式(4.11)确定:

$$f_{cu,0} \geq f_{cu,k} + 1.645\sigma \qquad (4.11)$$

式中　$f_{cu,0}$——混凝土配制强度,MPa;

　　　$f_{cu,k}$——混凝土立方体抗压强度标准值,这里取混凝土的设计强度等级值,MPa;

　　　σ——混凝土强度标准差。

当混凝土的设计强度等级＞C60 时,配制强度应按式(4.12)确定:

$$f_{cu,0} \geq 1.15 f_{cu,k} \qquad (4.12)$$

当没有近期的同一品种、同一强度等级混凝土强度资料时,其强度标准差 σ 可按表 4 - 41 取值。

表 4 - 41　强度标准差 σ 值

混凝土强度等级	≤C20	C25～C45	C50～C55
σ/MPa	4.0	5.0	6.0

4.6.4　混凝土强度检验评定

1. 统计法

根据《混凝土强度检验评定标准》(GB/T 50107—2010)规定,当连续生产的混凝土,生产条件在较长时间内保持一致，且同一品种、同一强度等级混凝土的强度变异性保持稳定时，应按下列规定进行评定。

(1) 当一个检验批的样本容量应为连续的 3 组试件，其强度应同时符合下列规定：

$$m_{f_{cu}} \geqslant f_{cu,k} + 0.7\sigma_0 \qquad (4.13)$$

$$f_{cu,min} \geqslant f_{cu,k} - 0.7\sigma_0 \qquad (4.14)$$

检验批混凝土立方体抗压强度的标准差应按式(4.9)计算。

当混凝土强度等级≤C20 时，其强度的最小值还应满足式(4.15)的要求。

$$f_{cu,min} \geqslant 0.85 f_{cu,k} \qquad (4.15)$$

当混凝土强度等级>C20 时，其强度的最小值还应满足式(4.16)的要求。

$$f_{cu,min} \geqslant 0.90 f_{cu,k} \qquad (4.16)$$

式中　$m_{f_{cu}}$——同一检验批混凝土立方体抗压强度的平均值，MPa，精确到 0.1MPa；

$f_{cu,k}$——混凝土立方体抗压强度标准值，MPa，精确到 0.1MPa；

σ_0——检验批混凝土立方体抗压强度的标准差，MPa，精确到 0.01MPa；

$f_{cu,i}$——前一检验期内同一品种、同一强度等级第 i 组混凝土试件的立方体抗压强度代表值，MPa，精确到 0.1MPa；

n——前一检验期内的样本容量，在该期间内样本容量不应少于 45；

$f_{cu,min}$——同一检验批混凝土立方体抗压强度的最小值，MPa，精确到 0.1MPa。

(2) 当样本容量≥10 组时，其强度应同时满足式(4.17)和式(4.18)的要求。

$$m_{f_{cu}} \geqslant f_{cu,k} + \lambda_1 \sigma_0 \qquad (4.17)$$

$$f_{cu,min} \geqslant \lambda_2 f_{cu,k} \qquad (4.18)$$

同一检验批混凝土立方体抗压强度的标准差 σ 应按式(4.9)计算。

式中　σ_0——同一检验批混凝土立方体抗压强度的标准差，MPa，精确到 0.01MPa；

λ_1、λ_2——合格评定系数(表 4-42)。

表 4-42　混凝土强度的合格评定系数

试件组数	10~14	15~19	≥20
λ_1	1.15	1.05	0.95
λ_2	0.90	0.85	

2. 非统计法

当用于评定的样本容量<10 组时，应采用非统计方法评定混凝土强度。

按非统计方法评定混凝土强度时，其强度应同时满足式(4.19)和式(4.20)的要求。

$$m_{f_{cu}} \geqslant \lambda_3 f_{cu,k} \qquad (4.19)$$

$$f_{cu,min} \geqslant \lambda_4 f_{cu,k} \qquad (4.20)$$

式中　λ_3、λ_4——合格评定系数(表 4-43)。

表 4-43　混凝土强度的非统计法合格评定系数

试件组数	<C60	≥C60
λ_3	1.15	1.10
λ_4	0.95	

检验结果能满足上述规定要求的，混凝土强度判断为合格；不满足上述规定要求的，混凝土强度判断为不合格。对评定为不合格批的混凝土，可按国家现行的有关标准进行处理。

【应用实例 4-3】

某商住楼在施工过程中，需浇筑钢筋混凝土梁，该混凝土梁的设计强度等级为 C30。施工单位根据设计要求进行了混凝土配合比设计及试验，在新拌混凝土满足和易性的基础上，将混凝土装入 $150mm \times 150mm \times 150mm$ 的试模中，标准养护 28d 后抽取样本 5 组进行抗压强度测试，5 组抗压强度值分别为 29.6MPa、32.7MPa、31.6MPa、30.8MPa、27.4MPa，试判断该检验批混凝土强度是否合格？

【解】 因样本容量小于 10 组，所以采用非统计方法评定混凝土强度。

$$m_{f_{cu}} = \frac{f_{cu,1} + f_{cu,2} + f_{cu,3} + \cdots + f_{cu,n}}{n} = \frac{29.6 + 32.7 + 31.6 + 30.8 + 27.4}{5}$$
$$= 30.4(MPa)$$
$$\lambda_3 f_{cu,k} = 1.15 \times 30 = 34.5(MPa)$$
$$\lambda_4 f_{cu,k} = 0.95 \times 30 = 28.5(MPa)$$

由于 $m_{f_{cu}}$ 和 $f_{cu,min}$ 均不满足 $m_{f_{cu}} \geq \lambda_3 f_{cu,k}$、$f_{cu,min} \geq \lambda_4 f_{cu,k}$ 的要求，故该批混凝土强度判断为不合格。

4.6.5　普通混凝土配合比设计

混凝土配合比是指混凝土中各组成材料数量之间的比例关系，设计混凝土配合比就是要确定每立方米混凝土中各组成材料的最佳相对用量，使得按此用量拌和的混凝土能够满足各种基本要求。

1. 普通混凝土配合比设计的基本要求

普通混凝土配合比设计的任务就是要根据原材料的技术性能及施工条件，合理选择原材料，并确定出能满足工程所要求的各项组成材料的用量。

1) 普通混凝土配合比设计的 4 项基本原则

(1) 满足混凝土施工的和易性要求。

(2) 满足混凝土结构设计的强度等级要求。

(3) 满足混凝土耐久性要求。

(4) 节约水泥，降低成本。

2) 混凝土配合比设计的表示方法

混凝土配合比常用的表示方法有两种：一种是以每立方米混凝土中各材料的质量表示。如每立方米混凝土中水泥 280kg、水 190kg、砂 756kg、石子 1236kg、矿物掺合料 96kg 等。另一种是以各项材料间的质量比来表示(以水泥质量为1)。如将上例换算成质量比为水泥∶砂∶石∶水 = 1∶2.7∶4.4∶0.34。

3) 混凝土配合比设计的 3 个基本参数

混凝土配合比设计的目的就是要确定水泥、水、砂、石、矿物掺合料和外加剂这 6 项基本组成材料用量之间的 3 个比例关系，即水胶比、砂率、单位用水量。通常用这 3 个基本参数来控制混凝土配合比。

2. 混凝土配合比设计的步骤

普通混凝土配合比设计总步骤一般包括如下几个步骤。

（1）初步配合比。在进行混凝土配合比设计时，首先应掌握原材料的特征、混凝土的各项技术要求、施工方法、施工管理质量水平、混凝土结构特征、混凝土所处的环境条件等基本资料。并按原材料性能及对混凝土的技术要求进行初步计算，得出初步配合比（理论配合比）。

（2）基准配合比。在初步配合比的基础上，经和易性调整获得的配合比称为基准配合比。

（3）实验室配合比。在基准配合比的基础上，经强度复核获得的配合比称为实验室配合比。

（4）施工配合比。在实验室配合比的基础上，根据工地砂、石的实际含水情况对实验室配合比进行修正得到的配合比，称为施工配合比。

1）初步配合比

（1）计算配制强度。根据《混凝土质量控制标准》（GB 50164—2011）规定，当混凝土的设计强度等级＜C60 时，配制强度应按式（4.11）确定。

当混凝土的设计强度等级≥C60 时，配制强度应按式（4.12）确定。

当没有近期的同一品种、同一强度等级混凝土强度资料时，其强度标准差 σ 可按表 4-41 取值。

（2）计算水胶比值（W/B）。根据《普通混凝土配合比设计规程》（JGJ 55—2011）规定，当混凝土强度等级＜C60 时，混凝土水胶比宜按式（4.5）计算。

当胶凝材料 28d 胶砂抗压强度（f_b）无实测值时，可按式（4.21）进行计算。

$$f_b = \gamma_f \gamma_s f_{ce} \tag{4.21}$$

式中 γ_f、γ_s——粉煤灰影响系数和粒化高炉矿渣粉影响系数（表 4-44）。

表 4-44 粉煤灰影响系数和粒化高炉矿渣粉影响系数

掺量/%	种类	
	粉煤灰影响系数 γ_f	粒化高炉矿渣粉影响系数 γ_s
0	1.00	1.00
10	0.85～0.95	1.00
20	0.75～0.85	0.95～1.00
30	0.65～0.75	0.90～1.00
40	0.55～0.65	0.80～0.90
50	—	0.70～0.85

注：1. 采用Ⅰ级、Ⅱ级粉煤灰宜取上限值。

2. 采用 S75 级粒化高炉矿渣粉宜取下限值，采用 S90 级粒化高炉矿渣粉宜取上限值，采用 S105 级粒化高炉矿渣粉宜取上限值加 0.05。

3. 当超出表中的掺量时，粉煤灰和粒化高炉矿渣粉影响系数应经试验确定。

当水泥 28d 胶砂抗压强度（f_{ce}）无实测值时，可按式（4.22）进行计算。

$$f_{ce} = \gamma_c f_{ce,g} \tag{4.22}$$

式中　γ_c——水泥强度等级值的富余系数，可按实际统计资料确定；当缺乏实际统计资料时，可按表 4-45 选用。

表 4-45　水泥强度等级值的富余系数

水泥强度等级值	32.5	42.5	52.5
富余系数	1.12	1.16	1.10

为了保证混凝土满足所要求的耐久性，混凝土的最小胶凝材料用量不得小于表 4-39 中的规定值。

（3）查表确定用水量（m_{w0}）。

为了满足新拌混凝土的流动性要求，根据坍落度、骨料品种和骨料的最大粒径，以及混凝土水胶比在 0.40～0.80 的范围，可查表 4-29、表 4-30 确定用水量。

当混凝土水胶比＜0.40 时，可通过试验确定。

（4）计算外加剂用量。每立方米混凝土中外加剂用量（m_{a0}）应按式（4.23）进行计算。

$$m_{a0} = m_{b0} \beta_a \tag{4.23}$$

式中　m_{a0}——计算配合比每立方米混凝土中外加剂用量，kg/m^3；

　　　m_{b0}——计算配合比每立方米混凝土中胶凝材料用量，kg/m^3；

　　　β_a——外加剂掺量，%，应按混凝土试验确定。

（5）计算胶凝材料用量（m_{b0}）。

$$m_{b0} = \frac{m_{w0}}{W/B} \tag{4.24}$$

式中　m_{b0}——计算配合比每立方米混凝土中胶凝材料用量，kg/m^3；

　　　m_{w0}——计算配合比每立方米混凝土中的用水量，kg/m^3；

　　　W/B——混凝土水胶比。

根据已选定的每立方米混凝土用水量（m_{w0}）和得出的水胶比值 W/B，可求出胶凝材料用量。

为了保证混凝土的耐久性，由式（4.24）计算得出的胶凝材料用量还要满足表 4-39 中规定的最小胶凝材料用量的要求，如果算得的胶凝材料用量小于规定的最小胶凝材料用量，则应取规定的最小胶凝材料用量值。

（6）计算矿物掺合料用量（m_{f0}）。每立方米混凝土中矿物掺合料用量（m_{f0}）应按式（4.25）进行计算。

$$m_{f0} = m_{b0} \beta_f \tag{4.25}$$

式中　β_f——矿物掺合料用量，%，应按表 4-25、表 4-26 选用。

（7）计算水泥用量（m_{c0}）。每立方米混凝土中水泥用量（m_{a0}）应按式（4.26）进行计算。

$$m_{c0} = m_{b0} - m_{f0} \tag{4.26}$$

（8）查表确定砂率 S_p。当缺乏砂率的历史资料时，混凝土砂率的确定应符合以下规定。

① 坍落度<10mm 的混凝土，其砂率应经试验确定。

② 坍落度为 10～60mm 的混凝土，其砂率可根据水胶比、骨料品种和骨料的最大公称粒径按表 4-31 选取合理砂率。

③ 坍落度>60mm 的混凝土，其砂率可根据试验确定。

(9) 计算混凝土砂、石量。确定砂石用量的方法很多，最常用的是体积法和质量法。

① 体积法。假定新拌混凝土的体积等于各组成材料绝对体积与新拌混凝土中所含空气体积的总和。因此，在计算每立方米新拌混凝土的各材料用量时，可列出下式：

$$\frac{m_{c0}}{\rho_c}+\frac{m_{f0}}{\rho_f}+\frac{m_{g0}}{\rho_g}+\frac{m_{s0}}{\rho_s}+\frac{m_{w0}}{\rho_w}+0.01\alpha=1 \tag{4.27}$$

$$\beta_s=\frac{m_{s0}}{m_{s0}+m_{g0}}\times100\% \tag{4.28}$$

由以上两个关系便可求出砂、石用量。

式中　m_{c0}——每立方米混凝土中的水泥用量，kg；

　　　m_{g0}——每立方米混凝土中的石子用量，kg；

　　　m_{s0}——每立方米混凝土中的砂子用量，kg；

　　　m_{w0}——每立方米混凝土中的用水量，kg；

　　　ρ_c——水泥的密度，kg/m³；

　　　ρ_f——矿物掺合料的密度，kg/m³；

　　　ρ_g——石子的密度，kg/m³；

　　　ρ_s——砂的密度，kg/m³；

　　　ρ_w——水的密度，kg/m³；

　　　α——混凝土的含气量百分数，在不使用引气型外加剂时，$\alpha=1$；

　　　β_s——砂率，%。

② 质量法。根据经验，如果原材料情况比较稳定，所配制的新拌混凝土的表观密度将接近一个固定值，这就可先假设一个新拌混凝土的假定质量 m_{cp} 并列出下式：

$$\begin{cases} m_{f0}+m_{c0}+m_{g0}+m_{s0}+m_{w0}=m_{cp} \\ \beta_s=\dfrac{m_{s0}}{m_{s0}+m_{g0}}\times100\% \end{cases} \tag{4.29}$$

式中　m_{cp}——每立方米混凝土拌和物的假定质量，kg，可取 2350～2450kg。

将式(4.29)与砂率计算式联立，也可求出石子、砂子的用量。

通过以上几个步骤，便可将水、水泥、矿物掺合料、砂和石子用量全部求出，得到混凝土的初步计算配合比。

则初步计算配合比为：$\dfrac{m_{c0}}{m_{c0}}:\dfrac{m_{w0}}{m_{c0}}:\dfrac{m_{s0}}{m_{c0}}:\dfrac{m_{g0}}{m_{c0}}:\dfrac{m_{f0}}{m_{c0}}$。

2) 基准配合比

前面算出的初步配合比，是否能够满足混凝土的和易性要求，需要通过试拌来进行检验，如果试拌结果不符合所提出的要求，可按具体情况加以调整。经过试拌调整，就可在满足和易性要求的范围内，根据所用材料算出调整后的基准配合比。

和易性的调整方法是按初步计算配合比称取材料进行试拌。新拌混凝土搅拌均匀后应测定坍落度，并检查其粘聚性和保水性能。当坍落度低于设计要求时，可保持水胶比不变，适当增加胶凝材料浆料。如果坍落度太大，可在保持砂率不变的条件下增加骨料。如果含砂不足或粘聚性和保水性不良时，可适当增大砂率；反之，应减小砂率。每次调整后再试拌，直到和易性符合要求为止，此时所得的配合比为基准配合比。当试拌调整工作完成后，应测出新拌混凝土的实际表观密度。

3）实验室配合比

得出基准配合比后，其水胶比值不一定选用恰当，其强度可能会不符合要求，因而应检验混凝土的强度。可拌制不少于 3 种不同配合比的混凝土试件。其中一种为基准配合比，另外两种配合比的水胶比值应较基准配合比分别增加及减少 0.05，其用水量应与基准配合比相同，但砂率值可作适当调整。在制作混凝土试件时，应检验新拌混凝土和易性及测定其表观密度。混凝土试件经标准养护 28d 进行试验，得出各水胶比值的混凝土强度；然后，可用作图法（胶水比与强度的关系直线）或计算求出与配制强度 $f_{cu,0}$ 相对应的胶水比值，确定出所需的配合比。

根据实测的混凝土表观密度 ρ_{0h} 对配合比作必要的校正，若已满足和易性和强度要求的新拌混凝土各材料的用量为：

$$m_{c2} = \frac{m_{c1}}{m_{c1} + m_{s1} + m_{g1} + m_{w1} + m_{f1}} \times \rho_{0h,实}(kg)$$

$$m_{s2} = \frac{m_{s1}}{m_{c1} + m_{s1} + m_{g1} + m_{w1} + m_{f1}} \times \rho_{0h,实}(kg)$$

$$m_{w2} = \frac{m_{w1}}{m_{c1} + m_{s1} + m_{g1} + m_{w1} + m_{f1}} \times \rho_{0h,实}(kg) \quad (4.30)$$

$$m_{g2} = \frac{m_{g1}}{m_{c1} + m_{s1} + m_{g1} + m_{w1} + m_{f1}} \times \rho_{0h,实}(kg)$$

$$m_{f2} = \frac{m_{f1}}{m_{c1} + m_{s1} + m_{g1} + m_{w1} + m_{f1}} \times \rho_{0h,实}(kg)$$

则实验室配合比为：$\dfrac{m_{c2}}{m_{c2}} : \dfrac{m_{w2}}{m_{c2}} : \dfrac{m_{s2}}{m_{c2}} : \dfrac{m_{g2}}{m_{c2}} : \dfrac{m_{f2}}{m_{c2}}$。

4）施工配合比

根据《普通混凝土配合比设计规程》（JGJ 55—2011）规定，实验室得出的混凝土配合比设计所采用的砂含水率应＜0.5％，石子含水率应＜0.2％。因此，现场材料的实际称量应按工地砂、石的实际含水情况进行修正，修正后的配合比，称为施工配合比。工地存放的砂、石含水情况常有变化，应按变化情况随时加以修正。

如测出砂的含水率为 $a\%$，石子的含水率为 $b\%$，将上述试验室配合比换算为施工配合比，其材料的称量应为：

$$m_{c3} = m_{c2}(kg)$$
$$m_{f3} = m_{f2}(kg)$$
$$m_{s3} = m_{s2}(1 + a\%)(kg) \quad (4.31)$$
$$m_{g3} = m_{g2}(1 + b\%)(kg)$$
$$m_{w3} = m_{w2} - m_{s2} \times a\% - m_{g2} \times b\%(kg)$$

则施工配合比为：$\dfrac{m_{c3}}{m_{c3}} : \dfrac{m_{w3}}{m_{c3}} : \dfrac{m_{s3}}{m_{c3}} : \dfrac{m_{g3}}{m_{c3}} : \dfrac{m_{f3}}{m_{c3}}$。

【应用实例 4-4】

在某教学楼施工过程中，由于所处地点无预拌混凝土供应，所以施工单位必须现场配制混凝土，工程具体情况如下：

现浇钢筋混凝土基础，结构断面最小尺寸为 400mm，钢筋净间距为 50mm。混凝土设计强度等级要求为 C40，试确定混凝土施工配合比。

可选用材料：普通硅酸盐水泥 $\rho_c = 3.14g/cm^3$；Ⅱ级粉煤灰，$\rho_f = 2.9g/cm^3$；中砂，符合 2 区级配，$\rho_{0s} = 2.50g/cm^3$；碎石，$\rho_{0g} = 2.65g/cm^3$；所用水符合拌制混凝土的相关要求。现场砂含水率 2.5%，石含水率 1.5%，

【解】 1）初步配合比

（1）计算配制强度。根据混凝土基础强度设计等级要求，施工单位的强度标准差为 5.0MP（查表 4-41）。

$$f_{cu,0} \geqslant f_{cu,k} + 1.645\sigma = 40 + 1.645 \times 5 = 48.2(MPa)$$

（2）计算水胶比（W/B）。

$$W/B = \frac{\alpha_a f_b}{f_{cu,0} + \alpha_a \alpha_b f_b}$$

查表 4-32 可知 $\alpha_a = 0.53$，$\alpha_b = 0.20$；粉煤灰掺量根据表 4-25 取值为 30%；根据表 4-44 可知 $\gamma_f = 0.70$、$\gamma_s = 1.0$。又根据表 4-45 可知 $\gamma_c = 1.16$，则胶凝材料 28d 胶砂抗压强度为：

$$f_{ce} = \gamma_c f_{ce,g} = 1.16 \times 42.5 = 49.3(MPa)$$

$$f_b = \gamma_f \gamma_s f_{ce} = 0.70 \times 1 \times 49.3 = 34.51(MPa)$$

$$W/B = \frac{\alpha_a f_b}{f_{cu,0} + \alpha_a \alpha_b f_b} = \frac{0.53 \times 34.51}{48.2 + 0.53 \times 0.20 \times 34.51} = \frac{18.29}{51.86} = 0.35$$

（3）查表确定用水量（m_{w0}）。查表 4-27，施工坍落度为 10～30mm；最大粒径为 37.5mm $\left[400 \times \frac{1}{4} = 100mm；50 \times \frac{3}{4} = 37.5mm\right]$，查表 4-30，取 $m_{w0} = 165kg$。

（4）计算胶凝材料用量（m_{b0}）。

$$m_{b0} = \frac{m_{w0}}{W/B} = \frac{165}{0.35} = 471.4(kg)$$

查表 4-39，最小胶凝材料用量为 330kg，故应取 $m_{b0} = 471.4(kg)$

（5）计算矿物掺合料用量（m_{f0}）。

$$m_{f0} = m_{b0}\beta_f = 471.4 \times 0.3 = 141.4(kg)$$

（6）计算水泥用量（m_{c0}）。

$$m_{c0} = m_{b0} - m_{f0} = 471.4 - 141.4 = 330.0(kg)$$

（7）查表确定砂率（β_s）。查表 4-31，取 $\beta_s = 33\%$。

（8）计算砂、石用量。

① 体积法。

$$\frac{m_{c0}}{\rho_c} + \frac{m_{f0}}{\rho_f} + \frac{m_{g0}}{\rho_g} + \frac{m_{s0}}{\rho_s} + \frac{m_{w0}}{\rho_w} + 0.01\alpha = 1$$

$$\beta_s = \frac{m_{s0}}{m_{s0} + m_{g0}} \times 100\%$$

取 $\alpha = 1$

$$\frac{m_{g0}}{2650} + \frac{m_{s0}}{2500} + = 1 - \frac{330.0}{3140} - \frac{141.4}{2900} - \frac{165}{1000} - 0.01 \times 1$$

$$\frac{m_{s0}}{m_{s0} + m_{g0}} = 33\%$$

得 $m_{s0} \approx 576 \mathrm{kg}$，$m_{g0} \approx 1169 \mathrm{kg}$

因此，每立方米混凝土的材料用量为：$m_{c0} = 330.0 \mathrm{kg}$，$m_{f0} = 141.4 \mathrm{kg}$，$m_{w0} = 165 \mathrm{kg}$，$m_{s0} = 576 \mathrm{kg}$，$m_{g0} = 1169 \mathrm{kg}$。

则初步计算配合比为：$\dfrac{m_{c0}}{m_{c0}} : \dfrac{m_{w0}}{m_{c0}} : \dfrac{m_{s0}}{m_{c0}} : \dfrac{m_{g0}}{m_{c0}} : \dfrac{m_{f0}}{m_{c0}} = 1 : 0.5 : 1.74 : 3.54 : 0.43$

② 质量法。

每立方米混凝土拌和物的假定质量(m_{cp})为 2400kg，则

$$m_{f0} + m_{c0} + m_{g0} + m_{s0} + m_{w0} = 2400$$

$$\frac{m_{s0}}{m_{s0} + m_{g0}} = 33\%$$

$$141.4 + 330.0 + 2.03 m_{s0} + m_{s0} + 165 = 2400$$

代入已知数据：得，$m_{s0} \approx 637 \mathrm{kg}$，$m_{g0} \approx 1292 \mathrm{kg}$。

初步配合比为：$\dfrac{m_{c0}}{m_{c0}} : \dfrac{m_{w0}}{m_{c0}} : \dfrac{m_{s0}}{m_{c0}} : \dfrac{m_{g0}}{m_{c0}} : \dfrac{m_{f0}}{m_{c0}} = 1 : 0.5 : 1.93 : 3.92 : 0.43$

2）基准配合比

根据骨料的最大粒径，配制 15 L 新拌混凝土，按绝对体积法的配比计算材料用量：

$$m_{c0} = 330 \times \frac{15}{1000} = 4.95 (\mathrm{kg})$$

$$m_{w0} = 165 \times \frac{15}{1000} = 2.48 (\mathrm{kg})$$

$$m_{s0} = 576 \times \frac{15}{1000} = 8.64 (\mathrm{kg})$$

$$m_{g0} = 1169 \times \frac{15}{1000} = 17.54 (\mathrm{kg})$$

$$m_{f0} = 141.4 \times \frac{15}{1000} = 2.12 (\mathrm{kg})$$

将上述材料拌和均匀，测定其坍落度值为 45mm，大于设计要求 10～30mm，故需进行坍落度调整，具体方法如下。

保持砂率不变，增加砂、石用量各 1.0%，测得坍落度为 22mm，同时观察发现拌和物的粘聚性和保水性均良好，满足设计要求，此时各材料用量为：

$$m_{c1} = m_{c0} = 4.95 (\mathrm{kg})$$

$$m_{w1} = m_{w0} = 2.48 (\mathrm{kg})$$

$$m_{f1} = m_{f0} = 2.12 (\mathrm{kg})$$

$$m_{s1} = m_{s0} \times (1 + 1\%) = 8.73 (\mathrm{kg})$$

$$m_{g1} = m_{g0} \times (1 + 1\%) = 17.72 (\mathrm{kg})$$

同时测得新拌混凝土表观密度为 2450kg/m³。因此，可得到基准配合比(1m³混凝土各

材料用量），即：

$$m_{c2} = \frac{m_{c1}}{m_{c1}+m_{w1}+m_{f1}+m_{s1}+m_{g1}} \times \rho_{实} = \frac{4.95}{36} \times 2450 \approx 337(kg)$$

$$m_{w2} = \frac{m_{w1}}{m_{c1}+m_{w1}+m_{f1}+m_{s1}+m_{g1}} \times \rho_{实} = \frac{2.48}{36} \times 2450 \approx 169(kg)$$

$$m_{f2} = \frac{m_{f1}}{m_{c1}+m_{w1}+m_{f1}+m_{s1}+m_{g1}} \times \rho_{实} = \frac{2.12}{36} \times 2450 \approx 144(kg)$$

$$m_{s2} = \frac{m_{s1}}{m_{c1}+m_{w1}+m_{f1}+m_{s1}+m_{g1}} \times \rho_{实} = \frac{8.73}{36} \times 2450 \approx 594(kg)$$

$$m_{g2} = \frac{m_{g1}}{m_{c1}+m_{w1}+m_{f1}+m_{s1}+m_{g1}} \times \rho_{实} = \frac{17.72}{36} \times 2450 \approx 1206(kg)$$

基准配合比为：$\frac{m_{c2}}{m_{c2}} : \frac{m_{w2}}{m_{c2}} : \frac{m_{s2}}{m_{c2}} : \frac{m_{g2}}{m_{c2}} : \frac{m_{f2}}{m_{c2}} = 1 : 0.5 : 1.76 : 3.58 : 0.43$

3）实验室配合比

为了确定混凝土试配强度，至少要配 3 个不同的配合比。因此，除了以上获得的基准配合比（水胶比 0.35），还应增加水胶比分别为 0.30 和 0.40 的两个配合比，用于检验标准养护 28d 的强度，其试验结果如下：

根据配制强度要求 $f_{cu,0} = 48.2MPa$，试验得水胶比为 0.35 的一组满足强度要求。

4）施工配合比

已知现场砂含水率 2.5%，石含水率 1.5%，则：

$$m_{c3} = 337(kg)$$

$$m_{f3} = 144(kg)$$

$$m_{s3} = 594 \times (1+2.5\%) \approx 609(kg)$$

$$m_{g3} = 1206 \times (1+1.5\%) \approx 1224(kg)$$

$$m_{w3} = 169 - 594 \times 2.5\% - 1206 \times 1.5\% \approx 136(kg)$$

施工配合比为：$\frac{m_{c3}}{m_{c3}} : \frac{m_{w3}}{m_{c3}} : \frac{m_{s3}}{m_{c3}} : \frac{m_{g3}}{m_{c3}} : \frac{m_{f3}}{m_{c3}} = 1 : 0.4 : 1.81 : 3.63 : 0.43$

4.7 普通混凝土成本分析

根据普通混凝土配合比的 4 项基本原则，混凝土在配制过程中除了满足设计要求的和易性、强度、耐久性外，还应遵循节约水泥降低成本的宗旨。

一般情况下，在普通混凝土所用原材料中，水泥的价格相对是最高的。所以，要降低成本应首先考虑在保证混凝土技术性能的基础上减少水泥用量。从技术层面考虑，降低水泥用量可提高混凝土的强度、耐久性，以及弱化混凝土变形。

从理论上讲，要想达到在保证混凝土质量的前提下水泥用量最少，应尽量选择强度等级高的水泥。但强度等级高的水泥价格也较高。所以，在实际工程中一般应对当地混凝土原材料价格等进行全面调查后，根据技术经济比较最后确定所用原材料。现以水泥为例，对普通混凝土所用原材料进行成本分析。

【应用实例 4－5】

在某教学楼施工过程中，由于所处地点无预拌混凝土供应，所以施工单位必须进行现场配制混凝土，工程具体情况和选用原材料除水泥外均与"应用实例4—4"相同。因混凝土设计强度等级要求为C40，根据水泥选用原则，该工程可选强度等级为52.5级、42.5级的普通硅酸盐水泥，作为比较，在此也将32.5级普通硅酸盐水泥列入可用水泥。假设该工程需860m³混凝土，试对该混凝土工程用不同强度等级的水泥进行成本分析。

【解】 1）计算水泥强度等级为32.5级的水泥用量

（1）计算配制强度。根据混凝土基础强度设计等级要求，施工单位的强度标准差为5.0MP(查表4-41)。

$$f_{cu,0} \geqslant f_{cu,k} + 1.645\sigma = 40 + 1.645 \times 5 = 48.2 (MPa)$$

（2）计算水胶比(W/B)。

$$W/B = \frac{\alpha_a f_b}{f_{cu,0} + \alpha_a \alpha_b f_b}$$

查表4-32可知 $\alpha_a = 0.53$，$\alpha_b = 0.20$；粉煤灰掺量根据表4-25取值为30%；根据表4-44可知 $\gamma_f = 0.70$、$\gamma_s = 1.0$。又根据表4-45可知 $\gamma_c = 1.12$，则胶凝材料28d胶砂抗压强度为：

$$f_{ce} = \gamma_c f_{ce,g} = 1.12 \times 32.5 = 36.4 (MPa)$$

$$f_b = \gamma_f \gamma_s f_{ce} = 0.70 \times 1 \times 36.4 = 25.48 (MPa)$$

$$W/B = \frac{\alpha_a f_b}{f_{cu,0} + \alpha_a \alpha_b f_b} = \frac{0.53 \times 25.48}{48.2 + 0.53 \times 0.20 \times 25.48} = \frac{13.5}{50.9} = 0.27$$

（3）查表确定用水量(m_{w0})。查表4-27，施工坍落度为10～30mm；最大粒径为37.5mm $\left[400 \times \frac{1}{4} = 100(mm) ; 50 \times \frac{3}{4} = 37.5(mm) \right]$，查表4-30，取 $m_{w0} = 165kg$。

（4）计算胶凝材料用量(m_{b0})。

$$m_{b0} = \frac{m_{w0}}{W/B} = \frac{165}{0.27} = 611.1 (kg)$$

查表4-39，最小胶凝材料用量为330kg，故应取 $m_{b0} = 611.1kg$。

（5）计算矿物掺合料用量(m_{f0})。

$$m_{f0} = m_{b0}\beta_f = 611.1 \times 0.3 = 183.3 (kg)$$

（6）计算水泥用量(m_{c0})。

$$m_{c0} = m_{b0} - m_{f0} = 611.1 - 183.3 = 427.8 (kg)$$

2）计算水泥强度等级为42.5级的水泥用量

（1）计算配制强度。根据混凝土基础强度设计等级要求，施工单位的强度标准差为5.0MP(查表4-41)。

$$f_{cu,0} \geqslant f_{cu,k} + 1.645\sigma = 40 + 1.645 \times 5 = 48.2 (MPa)$$

（2）计算水胶比(W/B)。

$$W/B = \frac{\alpha_a f_b}{f_{cu,0} + \alpha_a \alpha_b f_b}$$

查表4-32可知 $\alpha_a = 0.53$，$\alpha_b = 0.20$；粉煤灰掺量根据表4-25取值为30%；根据表4-44可知 $\gamma_f = 0.70$、$\gamma_s = 1.0$。又根据表4-45可知 $\gamma_c = 1.16$，则胶凝材料28d胶砂抗

压强度为：

$$f_{ce}=\gamma_c f_{ce,g}=1.16\times42.5=49.3(\text{MPa})$$

$$f_b=\gamma_f\gamma_s f_{ce}=0.70\times1\times49.3=34.51(\text{MPa})$$

$$W/B=\frac{\alpha_a f_b}{f_{cu,0}+\alpha_a\alpha_b f_b}=\frac{0.53\times34.51}{48.2+0.53\times0.20\times34.51}=\frac{18.29}{51.86}=0.35$$

（3）查表确定用水量（m_{w0}）。查表 4-27，施工坍落度为 10~30mm；最大粒径为 37.5mm$\left[400\times\dfrac{1}{4}=100\text{mm}；50\times\dfrac{3}{4}=37.5\text{mm}\right]$，查表 4-30，取 $m_{w0}=165\text{kg}$。

（4）计算胶凝材料用量（m_{b0}）。

$$m_{b0}=\frac{m_{w0}}{W/B}=\frac{165}{0.35}=471.4(\text{kg})$$

查表 4-39，最小胶凝材料用量为 330kg，故应取 $m_{b0}=471.4\text{kg}$。

（5）计算矿物掺合料用量（m_{f0}）。

$$m_{f0}=m_{b0}\beta_f=471.4\times0.3=141.4(\text{kg})$$

（6）计算水泥用量（m_{c0}）。

$$m_{c0}=m_{b0}-m_{f0}=471.4-141.4=330.0(\text{kg})$$

3）计算水泥强度等级为 52.5 级的水泥用量

（1）计算配制强度。根据混凝土基础强度设计等级要求，施工单位的强度标准差为 5.0MP（查表 4-41）。

$$f_{cu,0}\geqslant f_{cu,k}+1.645\sigma=40+1.645\times5=48.2(\text{MPa})$$

（2）计算水胶比（W/B）。

$$W/B=\frac{\alpha_a f_b}{f_{cu,0}+\alpha_a\alpha_b f_b}$$

查表 4-32 可知 $\alpha_a=0.53$，$\alpha_b=0.20$；粉煤灰掺量根据表 4-25 取值为 30%；根据表 4-44 可知 $\gamma_f=0.70$、$\gamma_s=1.0$。又根据表 4-45 可知 $\gamma_c=1.10$，则胶凝材料 28d 胶砂抗压强度为：

$$f_{ce}=\gamma_c f_{ce,g}=1.10\times52.5=57.8(\text{MPa})$$

$$f_b=\gamma_f\gamma_s f_{ce}=0.70\times1\times57.8=40.46(\text{MPa})$$

$$W/B=\frac{\alpha_a f_b}{f_{cu,0}+\alpha_a\alpha_b f_b}=\frac{0.53\times40.46}{48.2+0.53\times0.20\times40.46}=\frac{21.44}{52.49}=0.41$$

（3）查表确定用水量（m_{w0}）。

查表 4-27，施工坍落度为 10~30mm；最大粒径为 37.5mm$\left[400\times\dfrac{1}{4}=100(\text{mm})；50\times\dfrac{3}{4}=37.5(\text{mm})\right]$，查表 4-30，取 $m_{w0}=165\text{kg}$。

（4）计算胶凝材料用量（m_{b0}）。

$$m_{b0}=\frac{m_{w0}}{W/B}=\frac{165}{0.41}=402.4\ (\text{kg})$$

查表 4-39，最小胶凝材料用量为 330kg，故应取 $m_{b0}=402.4\text{kg}$。

（5）计算矿物掺合料用量（m_{f0}）。

$$m_{f0}=m_{b0}\beta_f=402.4\times0.3=120.7(\text{kg})$$

（6）计算水泥用量（m_{c0}）。

$$m_{c0} = m_{b0} - m_{f0} = 402.4 - 120.7 = 281.7(kg)$$

表 4-46 所示为不同强度等级普通硅酸盐水泥配制混凝土成本分析（理论值）。

表 4-46　不同强度等级普通硅酸盐水泥配制混凝土成本分析（理论值）

项目	水泥强度等级		
	32.5	42.5	52.5
1m³ 混凝土水泥用量/kg	427.8	330.0	281.7
860m³ 混凝土需水泥总量/t	367.9	283.8	242.26
水泥价格/（元/t）	400	445	540
860m³ 混凝土水泥总价/元	147160	126291	130820.4
860m³ 混凝土水泥单方造价/元	171.12	146.85	152.11

注：水泥价格引自"中国水泥行业"2011 年 9 月 26 日报告。

从表 4-46 可看出，水泥强度等级与混凝土的成本没有直接关系，即在配制混凝土时所用水泥强度等级越低，混凝土的成本就越低。当然，由于配制混凝土的原材料还有砂、石、外加剂等，因此影响混凝土造价的不单只有水泥的价格，还有其他材料的价格，本实例是假设其他材料都一样的情况下获得本结果。在实际工程中，还要根据实际情况进行统筹核算。

4.8　建筑砂浆

4.8.1　砌筑砂浆

1. 组成材料

1）水泥

为了合理利用资源、节约材料，在配制砂浆时，要尽量选用低强度等级的通用水泥或砌筑水泥，砌筑砂浆用水泥的强度等级应根据设计要求进行选择。水泥砂浆采用的水泥，其强度等级不宜大于 32.5。水泥混合砂浆中，由于石灰膏等掺合料会降低砂浆强度，因此所选用的通用水泥强度等级可略高，但不宜大于 42.5。对于一些特殊用途（如用于结构加固、修补裂缝），应采用膨胀水泥。石灰膏、粘土膏和电石膏也可作为砂浆的胶凝材料，与水泥混合配制混合砂浆，可以节约水泥并改善砂浆和易性。砂浆所用水泥应根据使用环境、用途等合理选择。

一般情况下，水泥砂浆中水泥用量＞200kg/m³；水泥混合砂浆中水泥和掺加料总量宜为 300～350kg/m³。

2）细骨料

建筑砂浆用砂应符合混凝土用砂的技术要求。砌筑砂浆用砂宜选用中砂，其中毛石砌体宜选用粗砂。此外，由于砂浆较薄，对砂的最大粒径应有所限制。对用于砖砌体的砂浆，砂的最大粒径不宜大于 2.5mm；用于毛石砌体的砂浆，砂的最大粒径应小于砂浆层厚度的 1/5～1/4；用于光滑抹面及勾缝的砂浆，采用细砂较为适宜。

砂的含泥量过大，不但会增加砂浆的水泥用量，还可能使砂浆的收缩增大、耐水性降低，影响砌筑质量。M5 及以上的水泥混合砂浆，若砂子含泥量过大，则对强度影响比较明显。因此，M5 及以上的砂浆，其砂含泥量不应超过 5%；强度等级为 M2.5 的水泥混合砂浆，砂的含泥量不应超过 10%。

当采用人工机制砂、山砂、特细砂和炉渣砂时，应通过试验满足砂浆的技术要求。

3) 掺合料

为了提高砌筑质量，改善砂浆和易性，拌制砂浆时常掺入一些掺合料，例如石灰膏、粘土膏、粉煤灰等。掺入掺合料不仅可提高砂浆的保水性，而且可调节砂浆的强度等级，降低砂浆的成本。

为了避免过火石灰的危害，生石灰需熟化成石灰膏后方可掺入砂浆。一般生石灰熟化时间不得少于 7d，磨细生石灰粉熟化时间不得小于两天。沉淀池中储存的石灰膏，应采取防止干燥、冻结和污染的措施。严禁使用脱水硬化的石灰膏，因为脱水硬化的石灰膏不但起不到塑化作用，还会影响砂浆强度。

粘土膏必须达到所需的细度才能起到塑化作用。采用粘土或亚粘土制备粘土膏时，宜用搅拌机加水搅拌，并通过孔径小于 3mm×3mm 的网过筛。粘土中有机物含量过高会降低砂浆质量，因此，用比色法鉴定粘土中的有机物含量时应浅于标准色。

4) 水

对水质的要求与混凝土的要求相同，在此不再赘述。

5) 外加剂

为了改善砂浆的和易性、硬化后砂浆的性能及节约水泥，在砂浆中可掺入塑化剂、早强剂、缓凝剂、防冻剂等外加剂，其中最常用的是塑化剂。塑化剂又称微沫剂，是一种松香热聚物，在砂浆中可产生大量的微小气泡，增加水泥分散性，使水泥颗粒之间摩擦力减小，改善砂浆的流动性和保水性。

2. 新拌砂浆性能

砌筑砂浆在砌筑工程中起粘结砌体材料和传递荷载的作用，是砌体的重要组成部分。砌筑砂浆除应有良好的和易性外，硬化后还应有一定的强度、粘结力及耐久性。根据《砌筑砂浆配合比设计规程》(JGJ 98—2000)规定，沉入度、分层度和试配抗压强度这 3 项技术指标是砌筑砂浆的必检项目，3 项都满足要求者，称为合格砂浆。

1) 流动性(沉入度)

砂浆的和易性指砂浆拌和物便于施工操作，并能保证质量均匀的综合性质，包括流动性和保水性两个方面。

砌筑砂浆的流动性指砂浆在自重或外力作用下流动的性能，用沉入度表示。

沉入度是指砂浆沉入度测定仪的圆锥体沉入砂浆内的深度(mm)，如图 4.31 所示。圆锥沉入深度越大，表明砌筑砂浆的流动性越大。若流动性过大，砂浆易泌水离析；若流动性过小，则不便于施工操作，灰缝不易填充。因此，新拌砂浆应具有适宜的沉入度。

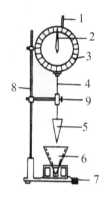

1—测杆；2—指针；3—刻度盘；4—滑动杆；
5—锥体；6—锥筒；7—底座；8—支架；9—制动螺丝

图 4.31 砂浆稠度仪

砌筑砂浆的流动性受水泥品种和用量、砂的粗细与级配、搅拌时间等因素影响，主要取决于用水量。

砌筑砂浆流动性的选择应根据砌体材料的种类、施工条件及气候条件等因素来确定。对于吸水底面和高温干燥的天气，要求砂浆的沉入度要大些；对于不吸水底面和湿冷天气，砂浆沉入度可小些。砂浆沉入度选择可按表 4-47 的规定选用。

表 4-47 砌筑砂浆沉入度的选择

砌体种类	砂浆沉入度/mm
烧结普通砖	70～90
轻骨料混凝土小型空心砌块	60～90
烧结多孔砖、空心砖	60～80
烧结普通砖平拱式过梁	50～70
空斗墙、筒拱	
普通混凝土小型空心砌块	
加气混凝土砌块	
石砌体	30～50

2）保水性

保水性指砂浆拌和物保持水分的能力。保水性好的砂浆在存放、运输和使用过程中能很好地保持水分不致很快流失，各组分不易分离，在砌筑过程中容易铺成均匀密实的砂浆层，能使胶结材料正常水化，保证工程质量。

砂浆的保水性用分层度表示如图 4.32 所示。分层度试验方法是：砂浆拌和物测定其沉入度后，再装入分层度测定仪中，静置 30min 后取底部 1/3 砂浆再测其沉入度，两次沉入度的差值即为分层度（以 mm 表示）。

若分层度过大，则砂浆的保水性不好，容易产生分层离析，不便于施工，影响工程质量。若砂浆分层度过小或接近于零，则砂浆硬化过程中极易出现干缩裂缝。因此，砂浆的分层度不宜过大或过小，一般为 10～20mm，不得大于 30mm。

图 4.32 分层度测定仪

3）凝结时间

与混凝土类似，砂浆的凝结时间不能过短也不能过长。凝结时间采用贯入阻力法进行测试，从拌和开始到贯入阻力为 0.5MPa 时所需的时间为砂浆凝结时间。水泥砂浆不宜超过 8h，水泥混合砂浆不宜超过 10h，加入外加剂后应满足设计和施工的要求。

3. 硬化后砂浆性能

1）强度与强度等级

影响砂浆强度的因素很多，如砂浆的组成材料、配合比、施工工艺等因素。

对于砌筑砂浆的强度主要取决于水泥的强度等级及水泥用量，其计算公式如下：

$$f_{m,0} = \frac{\alpha \cdot f_{ce} \cdot Q_c}{1000} + \beta \qquad (4.32)$$

式中 Q_c——每立方米砂浆的水泥用量，精确至 1kg；

$f_{m,0}$——砂浆的试配强度，精确至 0.1MPa；

α、β——砂浆的特征系数，$\alpha=3.03$，$\beta=-15.09$；

f_{ce}——水泥的实测强度，精确至 0.1MPa。

在无法取得水泥的实测强度值时，可按下式计算：

$$f_{ce} = \gamma_c \cdot f_{ce,k} \qquad (4.33)$$

式中 $f_{ce,k}$——水泥强度等级对应的强度值，MPa；

γ_c——水泥强度等级的富余系数，该值应按实际统计资料确定，无统计资料时，γ_c 可取 1.0。

根据《建筑砂浆基本性能试验方法标准》(JGJ/T 70—2009)规定，砌筑砂浆的强度等级是根据边长为 70.7mm×70.7mm×70.7mm 的立方体试件，水泥砂浆是在标准条件下养护，即温度(20±2)℃、相对湿度＞90％，养护 28d 后确定其强度等级；混合砂浆、则在温度为(20±2)℃，相对湿度为 60％～80％，养护 28d 后确定其强度等级。砌筑砂浆强度等级分为 M20、M15、M10、M7.5、M5、M2.5 这 6 个等级。

实际工程中砌筑砂浆的强度等级应根据工程类别及砌体部位的设计要求来选择。对于一般的砖混结构住宅，常采用 M5 或 M10 的砂浆；对于办公楼、教学楼及多层商店，常采用 M2.5～M10 砂浆；对于平房宿舍、商店，常采用 M2.5～M5 砂浆；对于食堂、仓库、锅炉房、变电站、地下室、工业厂房及烟筒，常采用 M2.5～M5 砂浆；对于检查井、雨水井、化粪池等，可用 M5 砂浆；对于特别重要的砌体，可采用 M15～M20 砂浆；对于高层混凝土空心砌块建筑，应采用 M20 及以上强度等级的砂浆。

2）表观密度

水泥砂浆的表观密度不宜小于 1900kg/m³，水泥混合砂浆的表观密度不宜小于 1800kg/m³。

3）粘结性

砖、石、砌块等材料是通过砌筑砂浆粘结成一个坚固的整体。因此，要求砌筑砂浆与基材之间应有一定的粘结强度。砂浆的粘结力是影响砌体抗剪强度、耐久性、稳定性、建筑物抗震能力和抗裂性的主要因素。

一般砌筑砂浆抗压强度越高，砂浆与基材的粘结强度就越高。砂浆的粘结强度与基层材料的表面状态、清洁程度、湿润状况、施工养护、胶凝材料种类等因素密切相关。在粗糙、洁净、润湿的底面上，砂浆粘结力较强。

4）变形性

砌筑砂浆在承受荷载或在温度变化时会产生变形，如果变形过大或不均匀，容易使砌体的整体性下降，产生沉陷或裂缝。抹面砂浆变形过大也会使面层产生裂纹或剥离等质量问题。

轻骨料配制的砂浆，其收缩变形要比普通砂浆大。影响砂浆变形性的因素很多，如胶凝材料的种类和用量、用水量、细骨料的种类、级配和质量，以及外部环境条件等。工程中要求砂浆具有较小的变形性。

4. 水泥混合砂浆配合比设计

1）计算试配强度

根据《砌筑砂浆配合比设计规程》（JGJ 98—2000）规定，砂浆强度保证率为 85%。为使砂浆具有 85% 的强度保证率，以满足强度等级要求，砂浆的试配强度应按下式计算：

$$f_{m,0} = f_2 + 0.645\sigma \tag{4.34}$$

式中 $f_{m,0}$——砂浆的试配强度，精确至 0.1MPa；

       f_2——砂浆强度等级，精确至 0.1MPa；

       σ——砂浆现场强度标准差，精确至 0.01MPa。

砌筑砂浆现场强度标准差，可按下式计算：

$$\sigma = \sqrt{\frac{\sum_{i=1}^{n}(f_{m,i} - \overline{f}_m)^2}{n-1}} \tag{4.35}$$

式中 $f_{m,i}$——统计周期内同一品种砂浆第 i 组试件的强度，MPa；

       $\overline{f}_m$——统计周期内同一品种砂浆 n 组试件强度的平均值，MPa；

       n——统计周期内同一品种砂浆试件的总组数，$n \geqslant 25$。

当不具有近期统计资料时，其砂浆现场强度标准差可按表 4-48 取用。

表 4-48 砂浆强度标准差 σ 选用值(MPa)

施工水平	砂浆强度等级					
	M2.5	M5	M7.5	M10	M15	M20
优良	0.50	1.00	1.50	2.00	3.00	4.00
一般	0.62	1.25	1.88	2.50	3.75	5.00
较差	0.75	1.50	2.25	3.00	4.50	6.00

2）计算水泥用量 Q_c

对于吸水底面，水泥强度和用量成为影响砂浆强度的主要因素。因此，每立方米砂浆的水泥用量，可按下式计算：

$$Q_c = \frac{(f_{m,0} - \beta)}{\alpha \cdot f_{ce}} \times 1000 \tag{4.36}$$

3）计算掺合料用量 Q_D

根据大量实践，每立方米砂浆水泥与掺合料的总量宜为 300～350kg，基本上可满足砂浆的塑性要求，故掺合料用量可按下式计算：

$$Q_D = Q_A - Q_C \tag{4.37}$$

式中 Q_D——每立方米砂浆掺合料用量，精确至 1kg；

Q_C——每立方米砂浆水泥用量，精确至 1kg；

Q_A——每立方米砂浆中水泥和掺合料的总量，精确至 1kg，一般应为 300～350kg/m³。

石灰膏、粘土膏等试配时的沉入度应为(120±5)mm。当石灰膏沉入度不同时，其换算系数可按表 4-49 进行换算。

表 4-49 石灰膏沉入度换算系数

石灰膏沉入度/cm	12	11	10	9	8	7	6	5	4	3
换算系数	1.00	0.99	0.97	0.95	0.93	0.92	0.90	0.88	0.86	0.85

4）确定砂量 Q_s

砂浆中的水和掺合料是用来填充砂子的空隙，每立方米砂子就构成了每立方米砂浆。因此，每立方米砂浆中的砂子用量是以干燥状态(含水率小于 0.5%)砂的堆积密度作为计算值，即：

$$Q_s = \rho_s' \tag{4.38}$$

式中 ρ_s'——砂干燥状态的堆积密度。

当砂子的含水率升高时，砂的用量应相应提高。

5）确定用水量 Q_w

每立方米混合砂浆中的用水量可按表 4-50 选取。砂浆中用水量多少，对其强度影响不大，满足施工所需沉入度即可。混合砂浆用水量选取时应注意混合砂浆中的用水量不包括石灰膏或粘土膏中的水；当采用细砂或粗砂时，用水量分别取上限和下限；沉入度＜70mm 时，用水量可小于下限；施工现场气候炎热或干燥季节，可酌量增加用水量。

表 4 - 50　砂浆用水量/kg

砂浆类别	混合砂浆	水泥砂浆
用水量	250～300	280～333

为了使砂浆强度能在计算范围内，试配时应采用 3 个不同的配合比。其中一个为基准配合比，另外两个配合比的水泥用量应按基准配合比分别增加及减少 10%。在保证沉入度、分层度合格的条件下，可将用水量或掺合料用量作相应调整。

对 3 个不同的配合比进行调整后，按《建筑砂浆基本性能试验方法》(JGJ 70—2009) 的规定成型试件，测定砂浆强度，并选定符合试配强度要求且水泥用量最低的配合比作为砂浆配合比。

当原材料有变更时，对已确定的配合比应重新进行试验。

【应用实例 4 - 6】

某小学教学楼为钢筋混凝土框架结构，现选用烧结空心砖为填充墙，水泥混合砂浆为砌筑砂浆，砂浆强度等级为 M10，试确定该水泥混合砂浆的配合比。

可选用材料：矿渣硅酸盐水泥，强度等级为 42.5 级，掺合料为石灰膏，其沉入度为 8cm，砂的粒径小于 2.5cm，堆积密度为 1500kg/m³，含水率为 0.3%，施工水平优良。试计算砂浆的质量配合比。

【解】（1）计算试配强度。

查表 4 - 48 得，$\sigma = 2.0$ MPa

$$f_{m,0} = f_2 + 0.645\sigma = 10 + 0.645 \times 2 = 11.3 \text{(MPa)}$$

（2）计算水泥量。

$$\alpha = 3.03, \quad \beta = -15.09$$

$$Q_C = \frac{(f_{m,0} - \beta)}{\alpha \cdot f_{ce}} \times 1000 = \frac{(11.3 + 15.09)}{3.03 \times 42.5} \times 1000 \approx 205 \text{(kg)}$$

（3）计算石灰膏量。

$$Q_D = 350 - Q_c = 350 - 205 = 145 \text{(kg)}$$

灰膏的沉入度为 8cm，将其换算为 12cm，查表 4 - 49 得换算系数为 0.93。

$$Q_D = 145 \times 0.93 \approx 135 \text{(kg)}$$

（4）计算砂量。

砂的含水率为 0.3%，则 $S = 1500$ kg

（5）查表确定水量。

表 4 - 50 得，$W = 270$ kg

（6）质量配合比。

水泥：石灰膏：砂：水 = 205：135：1500：270 = 1：0.66：7.32：1.32

4.8.2　抹面砂浆

凡涂抹在建筑物或建筑构件表面的砂浆，称为抹面砂浆。根据其功能不同，抹面砂浆可分为普通抹面砂浆、防水砂浆、装饰砂浆等。

对抹面砂浆，不要求高的强度，而是要求具有良好的和易性；容易抹成均匀平整的薄层，便于施工；还要有较高的粘结力，砂浆层要能与底面粘结牢固，长期使用不致开裂或脱落等。涂抹面积较大时，为了防止砂浆层的收缩开裂，还常常在砂浆中加入一些纤维材料。

1. 普通抹面砂浆

普通抹面砂浆对建筑物和墙体起保护作用，它直接抵抗风、霜、雨、雪等自然环境对建筑物的侵蚀，提高了建筑物的耐久性，同时可使建筑物达到表面平整、光洁和美观的效果。

抹面砂浆常用两层或三层施工方法，由于各层抹面要求不同，所以每层所选用的砂浆也不一样。底层抹灰的作用是使砂浆与底面能牢固地粘结，要求砂浆具有良好的和易性及较高的粘结力，其保水性要好，否则水分就容易被底面材料吸收而影响砂浆的粘结力。中层抹灰主要是为了找平，有时可省去不做。面层抹灰主要为了平整美观。

用于砖墙的底层抹灰，多为石灰砂浆；有防水、防潮要求时，应采用水泥砂浆；用于混凝土基层的底层抹灰，多为水泥混合砂浆。中层抹灰多用水泥混合砂浆或石灰砂浆。面层抹灰多用水泥混合砂浆、麻刀石灰砂浆或纸筋石灰砂浆。底层、中层砂浆所用骨料最大粒径不宜超过 2.5mm，面层不宜超过 1.2mm。水泥砂浆不得涂抹在石灰砂浆层上。

对防水、防潮部位及容易碰撞的部位应采用水泥砂浆，如墙裙、踢脚板、地面、雨篷、窗台、水井及水池等处。在硅酸盐砌块墙面上做砂浆抹面或粘贴饰面材料时，最好在砂浆层内夹一层事先固定好的钢丝网，以免日久脱落。

普通抹面砂浆的配合比，可参照表 4-51 选用。

表 4-51 普通抹灰砂浆参考配合比

材料	体积配合比	应用范围
石灰∶砂	1∶3	干燥环境中的砖石墙面打底或找平
石灰∶粘土膏∶砂	1∶1∶6	干燥环境墙面
石灰∶石膏∶砂	1∶0.6∶3	不潮湿的墙及天花板
水泥∶砂	1∶2.5	潮湿房间墙裙、地面基层
水泥∶砂	1∶1.5	地面、墙面、天棚
水泥∶砂	1∶1	混凝土地面压光

2. 预拌砂浆和干粉砂浆

预拌砂浆和干粉砂浆是近年来发展迅速的新型砂浆。预拌砂浆是指将砂浆在搅拌站（厂）拌制后，再由搅拌运输车运至使用地点使用的砂浆。干粉砂浆（也称干混砂浆）是将砂浆各组成材料按一定比例，在专业生产厂在干燥状态下均匀拌制、混合而成的一种颗粒状或粉状混合物，以干粉包装或散装的形式运至工地，按规定比例加水拌和后即可直接使用的砂浆。预拌砂浆和干粉砂浆分砌筑、抹面、地面、特种砂浆等类别。

建筑砂浆传统的生产方式是在施工现场拌制使用，这种方式一直存在质量不稳定、环境污染大、文明施工程度低的缺点。取消现场拌制砂浆，采用工业化生产的预拌砂浆和干

粉砂浆势在必行。预拌砂浆和干粉砂浆运输、储存和使用方便，环境污染小，且性能优良、品种多样，有利于提高砌筑、抹灰、装饰、修补工程的施工质量，改善现场施工条件和环境。

3. 装饰砂浆

涂抹在建筑物内外墙表面且具有美观装饰效果的抹面砂浆，称为装饰砂浆。装饰砂浆的底层和中层抹灰与普通抹灰砂浆基本相同，面层要选用具有一定颜色的胶凝材料和骨料，以及采用某种特殊的操作工艺，使表面呈现出各种不同的色彩、线条与花纹等装饰效果。装饰砂浆饰面分为灰浆类饰面和石渣类饰面。

装饰砂浆所用胶凝材料与普通抹面砂浆基本相同，只是灰浆类饰面更多地采用白色水泥和彩色水泥。所用骨料除普通砂外，石渣类饰面还常使用石英砂、彩釉砂和着色砂，以及大理石、花岗石等带颜色的细石渣或玻璃、陶瓷碎片等。

外墙面的装饰砂浆通常做法有：

（1）假面砖。将普通砂浆用木条在水平方向压出砖缝印痕，用钢片在竖直方向压出砖印，再涂刷涂料，也可在平面上画出清水砖墙图案。

（2）水刷石。用颗粒细小的石渣所拌成的砂浆做面层，在水泥初凝时，喷水冲刷表面，使其石渣半露而不脱落。水刷石多用于建筑物的外墙装饰，具有一定的质感，并且经久耐用。如图 4.33 所示为水刷石分层做法。

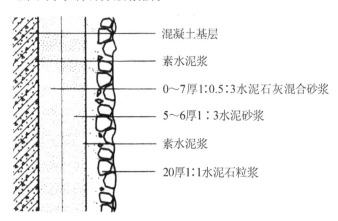

图 4.33　水刷石分层做法

（3）水磨石。用普通水泥、白色水泥或彩色水泥拌和各种色彩的大理石渣做面层。硬化后用机械磨平抛光表面。水磨石多用于地面装饰，可事先设计图案和色彩，抛光后更具有艺术效果。除可用作地面外，还可预制做成楼梯踏步、窗台板、柱面、台度、踢脚板和地面板等多种建筑构件。

（4）斩假石。又称剁斧石，是在抹灰中层上批抹水泥石粒浆，待其硬化后用剁斧及钢凿等工具剁出有规律的纹路，使之具有类似经过细琢的天然石材的表面形态，即为斩假石，如图 4.34 所示。

（5）干粘石。在水泥砂浆面层的整个表面上，粘结粒径 5.0mm 以下的彩色石渣、小石子、彩色玻璃粒。要求石渣粘结牢固不脱落。干粘石的装饰效果与水刷石相同，而且避免了湿作业，施工效率高，也节约材料。

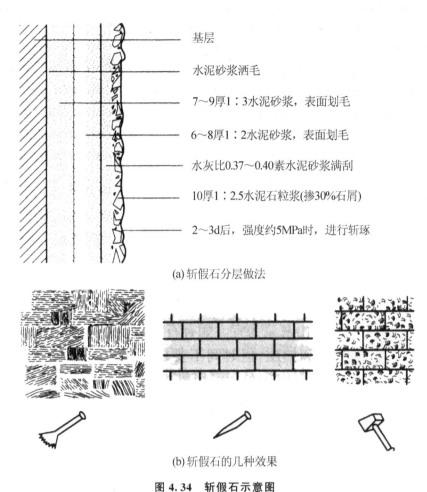

基层

水泥砂浆洒毛

7～9厚1：3水泥砂浆，表面划毛

6～8厚1：2水泥砂浆，表面划毛

水灰比0.37～0.40素水泥砂浆满刮

10厚1：2.5水泥石粒浆(掺30%石屑)

2～3d后，强度约5MPa时，进行斩琢

(a)斩假石分层做法

(b)斩假石的几种效果

图4.34　斩假石示意图

本 章 小 结

　　本章根据目前我国最新颁布的普通混凝土和砌筑砂浆的相关规范、规程和标准，对普通混凝土和砌筑砂浆的组成材料、新拌混凝土施工性能、硬化后混凝土的强度、变形性及耐久性等进行了系统的讨论；明确了普通混凝土和砌筑砂浆对各组成材料的技术要求、如何测试和调整普通混凝土和砌筑砂浆的和易性、如何进行普通混凝土和砌筑砂浆的强度测试及确定强度等级、如何进行混凝土配合比设计及成本分析、如何进行混凝土的生产与施工质量控制。

　　但特别值得提出的是新规范《混凝土质量控制标准》（GB 50164—2011）、《混凝土强度检验评定标准》（GB/T 50107—2010）、《混凝土耐久性检验评定标准》（JGJ/T 193—2009）、《普通混凝土配合比设计规程》（JGJ 55—2011）、《建筑砂浆基本性能试

验方法》(JGJ 70—2009)和《砌筑砂浆配合比设计规程》(JGJ 98—2000)与旧规范相比有较大的不同，如在普通混凝土配合比设计中"水胶比"替代了"水灰比"；在初步配合比计算方法与步骤方面、混凝土生产控制水平各系数的确定都有较大改动；在砂浆配合比计算中，试验的试件已由原来的 6 块改为 3 块等。认真贯彻学习新规范精神对学生后续课程的学习、课程设计和毕业设计都有着非常重要的意义。

另一方面，为了突出混凝土和建筑砂浆的重点、难点，使学生在有限的学时内更好地掌握混凝土和建筑砂浆的知识点，本章以普通混凝土和砌筑砂浆为核心展开系统的讨论，其他混凝土和建筑砂浆放在"附录 B 传统常用混凝土及建筑砂浆扩展知识"中，以便教师和学生根据教学情况进行选学。

习　题

1. 填空题

(1) 目前普通混凝土的组成材料有＿＿＿＿＿＿＿＿＿＿＿＿。

(2) 砂的粗细程度用＿＿＿＿＿＿＿＿＿＿＿表示。

(3) 掺加外加剂混凝土性能方面的主要控制项目应包括＿＿＿＿＿＿＿＿＿＿。

(4) 测定混凝土流动性的指标一般包括＿＿＿＿＿＿＿＿＿＿。

(5) 坍落度是塑性混凝土＿＿＿＿＿＿＿＿＿＿的指标。

(6) 混凝土的强度一般包括＿＿＿＿＿＿＿＿＿＿。

(7) 混凝土的强度等级是按照＿＿＿＿＿＿＿＿＿来划分的。

(8) 混凝土的抗拉强度是根据＿＿＿＿＿＿＿＿＿测试的。

(9) 混凝土所用石子的压碎指标是指＿＿＿＿＿＿＿＿＿＿。

(10) 硬化混凝土的养护方法一般有＿＿＿＿＿＿＿＿＿＿。

(11) 在混凝土强度测试中，对测试结果有影响的试验条件一般包括＿＿＿＿＿＿＿。

(12) 混凝土配合比总步骤一般包括＿＿＿＿＿＿＿＿＿＿。

(13) 混凝土配合比的三个基本参数是指＿＿＿＿＿＿＿＿＿。

(14) 在混凝土配合比计算中，水胶比是指＿＿＿＿＿＿＿＿＿。

(15) 混凝土初步配合比的步骤一般包括＿＿＿＿＿＿＿＿＿＿。

(16) 在混凝土配合比计算中，砂石料的含水状态是指＿＿＿＿＿＿＿＿＿。

(17) 在混凝土配合比计算中，确定砂石料的计算方法有＿＿＿＿＿＿＿＿＿。

(18) 混凝土强度检验评定方法一般包括＿＿＿＿＿＿＿＿＿＿。

(19) 预拌混凝土搅拌站和预制混凝土构件厂的统计周期为＿＿＿＿＿＿＿＿＿。

(20) 砌筑砂浆的和易性包括＿＿＿＿＿＿＿＿＿＿。

(21) 砌筑砂浆配合比步骤一般包括＿＿＿＿＿＿＿＿＿＿。

(22) 砌筑砂浆的主要技术性质包括＿＿＿＿＿＿＿＿＿＿。

2. 判断题

（1）两种砂子的细度模数相同，它们的级配也一定相同。　　　　　　（　　）

（2）在结构尺寸及施工条件允许下，应尽可能选择较大粒径的骨料，这样可节约水泥。　　　　　　　　　　　　　　　　　　　　　　　　　　　　（　　）

（3）外加剂匀质性方面主要控制项目应包括减水率、凝结时间差和抗压强度比。

（　　）

（4）扩展度检验适用于泵送混凝土。　　　　　　　　　　　　　　　（　　）

（5）当新拌混凝土流动性达不到设计要求时，可适当增加拌和物中的用水量。（　　）

（6）碎石拌制的混凝土强度一定高于卵石拌制的混凝土。　　　　　　（　　）

（7）混凝土的强度等级是根据标准条件下测得的立方体抗压强度值划分的。（　　）

（8）相同配合比的混凝土，试件的尺寸越小，所测得的强度值越大。　（　　）

（9）混凝土潮湿养护的时间越长，其强度增长越快。　　　　　　　　（　　）

（10）压碎指标越大，表示石子抵抗受压破坏能力越强。　　　　　　（　　）

（11）流动性大的混凝土比流动性小的混凝土强度低。　　　　　　　（　　）

（12）级配好的骨料，其总的空隙率小，总表面积也小。　　　　　　（　　）

（13）掺矿物掺合料的混凝土的抗碳化能力高于不掺矿物掺合料的混凝土。（　　）

（14）混凝土的强度平均值和标准差都表示混凝土质量的离散程度。　（　　）

（15）在混凝土施工中，混凝土强度标准差值越大，则表明混凝土生产质量越稳定，施工水平越高。　　　　　　　　　　　　　　　　　　　　　　　　（　　）

（16）施工现场搅拌站的统计周期可根据实际情况确定，但不宜超过一个月。（　　）

（17）建筑砂浆的组成材料与普通混凝土一样，都是由胶凝材料、骨料和水组成。

（　　）

（18）配制砌筑砂浆，宜选用中砂。　　　　　　　　　　　　　　　（　　）

（19）砂浆的和易性包括流动性、粘聚性、保水性3个方面的含义。　（　　）

3. 问答题

（1）普通混凝土是由哪些材料组成的，它们在混凝土凝结硬化前后各起什么作用？

（2）混凝土骨料为什么要考虑级配？细骨料级配合格的标准是什么？

（3）什么是针、片状骨料？它们对混凝土的性能有何影响？

（4）混凝土对粗骨料的最大公称粒径有何要求？在实际工程中有何意义？

（5）新拌混凝土对拌和水有何具体要求？在实际工程中有何意义？

（6）什么是新拌混凝土和易性？混凝土和易性包括哪些内容？如何测试？

（7）影响新拌混凝土和易性的主要因素有哪些？它们是如何影响的？改善新拌混凝土和易性的主要措施有哪些？

（8）什么是合理砂率？合理砂率有何技术及经济意义？

（9）影响混凝土强度的主要因素有哪些？它们是怎样影响的？提高混凝土强度的主要措施有哪些？

（10）现场浇注混凝土时，严禁施工人员随意向新拌混凝土中加水，试从理论上分析加水对混凝土质量的危害。

（11）什么是混凝土的温度变形、干缩变形、徐变？它们受哪些因素的影响？

（12）什么是混凝土的耐久性？它通常包括哪些性质？试说明混凝土抗冻性和抗渗性的表示方法。

（13）什么是混凝土的碳化？碳化对钢筋混凝土性能有何影响？

（14）什么是混凝土抗氯离子渗透性能？什么是混凝土抗硫酸盐侵蚀性能？在实际工程中有何意义？

（15）什么是混凝土碱-骨料反应？产生碱-骨料反应的条件是什么？如何防止？

（16）新拌混凝土中常用的外加剂有哪些类型？它们各起什么作用？

（17）新拌混凝土中常用的矿物掺合料有哪些？它们各有何特点？

（18）拌制混凝土和砂浆用的Ⅱ级粉煤灰应满足哪些技术要求？如何划分其等级？

（19）拌制混凝土用粒化高炉矿渣粉应满足哪些技术要求？如何划分其等级？

（20）混凝土的生产与施工质量控制包括哪些内容？对混凝土原材料进场提出了哪些具体要求？

（21）根据《普通混凝土配合比设计规程》（JGJ 55—2011），混凝土的试配强度如何确定？

（22）甲、乙施工队用同样材料和同一配合比生产 C20 混凝土。甲队生产混凝土的平均强度为 24MPa，标准差为 2.4MPa，乙队生产混凝土的平均强度为 26MPa，标准差为 3.6MPa。试绘制各施工队的混凝土强度分布曲线示意图，并对比其施工质量状况。

（23）砂浆和易性包括哪些含义？如何测定？砂浆和易性不良对工程应用有何影响？

（24）影响砌筑砂浆强度的主要因素有哪些？

（25）什么是混合砂浆？什么是水泥砂浆？在工程应用中各有何特点？

4. 计算题

（1）称取砂样 500g，经筛分析试验称得各号筛的筛余量见表 4-52。

表 4-52　砂的筛余量(g)

筛孔尺寸	4.75mm	2.36mm	1.18mm	600μm	300μm	150μm	<150μm
筛余量/%	0	56	138	151	78	56	21

试问：① 此砂是粗砂吗？依据是什么？

②　此砂级配是否合格？依据是什么？

（2）已知甲、乙两种砂的累计筛余百分率见表 4-53。

表 4-53　甲乙两种砂的累计筛余量(%)

筛孔尺寸/mm		4.75mm	2.36mm	1.18mm	600μm	300μm	150μm	<150μm
累计筛余量/%	甲	0	6.6	20.8	36.8	76	92	100
	乙	3.6	28.5	65.8	77.2	89.5	96	100

有人说甲、乙砂不宜单独直接用于拌制混凝土，对吗？为什么？若将 20% 甲砂与 80% 乙砂搭配后，情况又怎样？

（3）在某小学教学楼施工过程中，由于所处地点无预拌混凝土供应，所以施工单位必须进行混凝土现场配制，工程具体情况：现浇钢筋混凝土基础，结构断面最小尺寸为600mm，钢筋净间距为70mm。混凝土设计强度等级要求为C30，试确定：

① 复掺矿物掺合料（粉煤灰50%，粒化高炉矿渣粉50%）的混凝土施工配合比；

② 如果在上述混凝土中掺入某减水剂，其减水率为15%，减水泥量为10%，试求掺入该减水剂后每立方米混凝土中各材料的用量。

可选用材料：普通硅酸盐水泥，$\rho_c = 3.14\text{g/cm}^3$；I级粉煤灰，$\rho_f = 2.9\text{g/cm}^3$；S95粒化高炉矿渣粉 $\rho_s = 2.8\text{g/cm}^3$；中砂，符合2区级配，$\rho_{0s} = 2.60\text{g/cm}^3$；碎石，$\rho_{0g} = 2.65\text{g/cm}^3$；所用水符合拌制混凝土的相关要求。现场砂含水率为2.3%，石含水率为1.6%。

（4）某商住楼在施工过程中，需浇筑室内钢筋混凝土梁，该梁混凝土的设计强度等级为C40。施工单位根据设计要求进行了混凝土配合比设计及试验，在新拌混凝土满足和易性的基础上，将混凝土装入100mm×100mm×100mm的试模中，标准养护28d后抽取样本5组进行抗压强度测试，5组抗压强度值分别为19.5MPa、22.1MPa、21.3MPa、22.8MPa、18.4MPa，试判断该检验批混凝土强度是否合格？

（5）某教学楼在施工过程中，需浇筑室内钢筋混凝土柱，该柱所用混凝土的设计强度等级要求为C50，水泥采用普通硅酸盐水泥。施工单位根据设计要求进行了混凝土配合比设计及试验，在新拌混凝土满足和易性的基础上，将混凝土装入200mm×200mm×200mm的三个试模中，标准养护7d后进行抗压强度测试，三个试件的抗压强度值分别为28.6MPa、31.7MPa、30.5MPa，试问该组混凝土强度是否满足设计要求？

（6）砌筑某基础，需配制M10.0级、沉入度为70mm水泥混合砂浆，施工水平优良。现材料供应如下：水泥为42.5级的普通水泥，堆积密度为1250kg/m³；中砂，含水率小于0.5%，堆积密度为1550kg/m³；石灰膏沉入度为80mm，表观密度为1380kg/m³。试求1m³砂浆中各材料的用量。

第5章

建筑金属材料

金属材料分为黑色金属和有色金属两大类。黑色金属主要有钢材、铸铁等。有色金属有铝（Al）、铜（Cu）、铅（Pb）、锌（Zn）等金属及合金。

土木工程中用量最大的金属材料是钢材，它广泛地应用于房屋建筑、铁路、市政建设等结构工程中，如图5.1所示，而铝、铜及其合金等主要应用于建筑安装及装饰工程中。

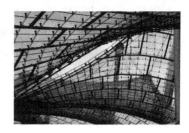

图5.1　建筑钢材结构工程照片

钢材是指含碳量在2.06%以下的铁碳合金。将生铁在炼钢炉中冶炼，使碳的含量降低到预定的范围，其他杂质含量降低到允许的范围，经浇铸即得到钢锭（或钢坯），再经过加工（轧制、挤压、拉拔等）工艺处理后得到钢材。冶炼钢材主要有氧气转炉钢、电炉钢、平炉钢。

建筑钢材是指用于钢结构的各种型钢（如槽钢、角钢、工字钢等）、钢板、钢管和用于钢筋混凝土中的各种钢筋、钢丝等，如图5.2所示。

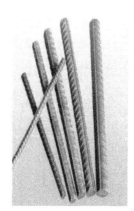

图5.2　各种型钢和钢筋

钢材的品质均匀、密实、强度高，塑性、韧性和加工性能好，能焊接、铆接、螺栓连接和切割，便于装配，因此广泛用于土木工程中。但建筑钢材的主要缺陷是易生锈，所以在建筑工程中必须根据钢材所处环境采取相应措施进行防锈处理。

5.1 钢材的分类

钢按化学成分可分为碳素钢和合金钢两大类。钢的主要成分是铁（Fe）和碳（C），还有少量难以除净的硅（Si）、锰（Mn）、磷（P）、硫（S）、氧（O）、氮（N）等，其中硫、磷、氧、氮为有害杂质。

碳素钢根据碳的含量可分为低碳钢(含碳量<0.25%)、中碳钢(含碳量为0.25%~0.6%)、高碳钢(含碳量>0.6%)。

合金钢根据合金元素的含量可分为低合金钢(合金元素含量<5%)、中合金钢(合金元素含量为5%~10%)、高合金钢(合金元素含量>10%)。合金元素为硅、锰、钒(V)、钛(Ti)等。钢中含有一种或多种特意加入的合金元素或碳素钢中的合金元素超过限量都称为合金钢。

按脱氧程度不同钢可分为沸腾钢、镇静钢和特殊镇静钢。

按有害杂质含量不同钢可分为普通钢、优质钢和高级优质钢。

按用途不同钢可分为结构钢、工具钢和特殊性能钢。

土木工程中主要使用碳素钢中的低碳钢,合金钢中的低合金钢。

5.2 钢材的主要技术性能

5.2.1 钢材的力学性能

钢材的力学性能主要有抗拉、冷弯、冲击韧性、耐疲劳性和硬度等。

1. 抗拉性能

抗拉性能是钢材的重要性能,如图5.3所示为低碳钢(软钢)受拉应力-应变图。图中分为4个阶段。

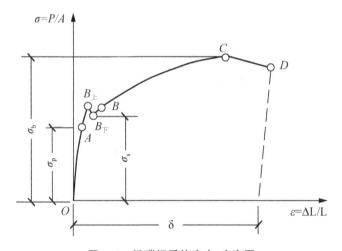

图5.3 低碳钢受拉应力-应变图

1)弹性阶段(OA段)

如卸去拉力,试件能完全恢复原状,这种性质称为弹性。与A点对应的应力称为弹性极限(比例极限),用σ_p表示,如图5.3所示。此阶段应力与应变的比值为常数,称为弹性模量,用E表示,即$E=\dfrac{\sigma}{\varepsilon}$。弹性模量反映钢材的刚度,即产生单位弹性应变时所需应力的大小。它是钢材在受力条件下计算结构变形的重要指标。土木工程中常用的碳素结构钢 Q235 的弹性模量为 $(2.0 \sim 2.1) \times 10^5 \mathrm{MPa}$。

 知识要点提醒

弹性模量是钢材在受力条件下计算结构变形的重要指标。

2）屈服阶段（AB 段）

应力超过 A 点后，应变增加的速度大于应力增加的速度，如卸去拉力，试件上已有不能消除的塑性变形，即达到屈服阶段，如图 5.3 所示，$B_{上}$ 点是屈服阶段的最高点，为屈服上限，$B_{下}$ 点为屈服下限。因为 $B_{下}$ 点比较稳定容易测定，所以一般以 $B_{下}$ 点对应的应力作为屈服强度取值的依据，屈服点应力用 σ_s 表示。Q235 钢的屈服点应在 235MPa 以上。

3）强化阶段（BC 段）

在屈服阶段后，由于试件内部组织发生变化（如晶格畸变、错位等），使其抵抗塑性变形的能力又重新提高，故称为强化阶段。对应 C 点的应力称为抗拉强度，用 σ_b 表示。Q235 的抗拉强度在 375MPa 以上。

4）颈缩阶段（CD 段）

曲线达到最高点后，在试件薄弱处明显缩小，产生"颈缩现象"。塑性变形迅速增加，拉力下降，直到断裂。

抗拉强度在设计中虽然不能利用，但可用屈强比 $\dfrac{\sigma_s}{\sigma_b}$ 验证钢材受力超过屈服点工作的可靠性。屈强比越小，说明钢材超过屈服点以后的强度储备能力越大，材料的安全性和可靠性越高，材料不易发生危险的脆性断裂，建筑工程中合理的屈强比一般应在 0.6～0.75 范围内。

试件拉断后将断裂处对接，如图 5.4 所示，用断后标距 l_1（mm）和原标距 l_0（mm）可求出伸长率，以 δ 表示，即：

$$\delta = \frac{l_1 - l_0}{l_0} \times 100\% \tag{5.1}$$

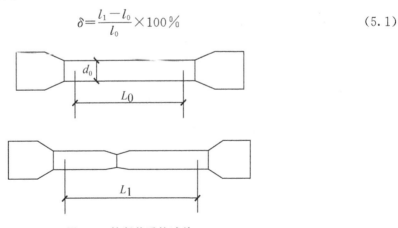

图 5.4 拉断前后的试件

通常以 δ_5 和 δ_{10} 分别表示 $l_0 = 5d_0$ 和 $l_0 = 10d_0$ 时的伸长率。d_0 为试件的原始直径。对于同一钢材 $\delta_5 > \delta_{10}$。

知识要点提醒

δ_5表示钢材长度是其直径 5 倍时的伸长率。不等式 $\delta_5 > \delta_{10}$ 成立的条件是对同一钢材。在建筑工程中钢材的屈强比值是结构设计的重要依据。

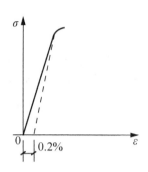

图 5.5　硬钢的屈服点 $\sigma_{0.2}$

伸长率是衡量钢材塑性的重要技术指标。尽管钢结构在弹性范围内使用，当应力集中时，其应力可能超过屈服点，但在屈服点处钢材塑性变形可使应力重新分布，从而避免结构破坏。

硬钢的特点是抗拉强度高，伸长率小，无明显的屈服阶段，不能测定屈服点如图 5.5 所示。按规范以发生残余变形 $0.2\% l_0$ 时的应力作为规定的屈服极限，用 $\sigma_{0.2}$ 表示。

知识要点提醒

表示钢材塑性性能的指标通常为伸长率；但钢材断面收缩率和冷弯性也可作为衡量钢材塑性的参考指标。只是冷弯试验对钢材的检验更为严格。

2. 冲击韧性

冲击韧性是指钢材抵抗冲击荷载的能力。冲击韧性是用标准试件以摆锤打击刻槽处所消耗的功(J)，即为钢材的冲击韧性值，用 α_k(J/cm^2) 表示。α_k 值越大，冲击韧性越好，图 5.6 为冲击韧性试验示意图。

钢材冲击韧性的高低与钢材的化学成分、组织状态、冶炼、轧制质量有关，还与环境温度有关，即温度下降韧性下降，当温度下降到一定范围时而呈脆性，这种性质称为钢材的冷脆性，这时的温度称为脆性临界温度。由于脆性临界温度难以测定，规范中根据气温条件规定为 -20 ℃或 -40 ℃的负温冲击值指标。

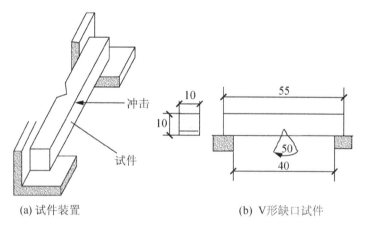

(a) 试件装置　　　　　　　　　　(b) V形缺口试件

图 5.6　冲击韧性试验示意图

3. 硬度

钢材的硬度是指其表面抵抗另一个物体压入钢材，钢材表面产生塑性变形的能力。测定钢材硬度较常用的是布氏法和洛氏法。

布氏法的测定原理是利用直径为 $D(\text{mm})$ 的淬火钢球，以 $P(\text{N})$ 的荷载将其压入试件表面，经规定的持续时间后卸除荷载，即得直径为 $d(\text{mm})$ 的压痕，以压痕表面积 F (mm^2) 除荷载 P，所得的应力值即为试件的布氏硬度值 HB，以数字表示，HB 值越大，表示钢材越硬。图 5.7 为布氏硬度测定示意图。

洛氏法是根据压头压入试件的深度大小表示材料的硬度值。洛氏法压痕很小，一般可用于判断机械零件的热处理效果。

4. 疲劳强度

钢材在交变荷载作用下应力远小于抗拉强度时会发生断裂，这种现象称为钢材的疲劳破坏。如图 5.8 所示为钢材的疲劳曲线。疲劳破坏的危险应力用疲劳极限来表示，疲劳极限是指疲劳试验中试件在交变荷载作用下，在规定的周期基数内不发生断裂所能承受的最大应力，周期基数一般为 200 万次或 400 万次以上。

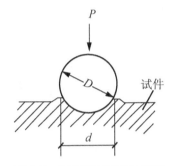

图 5.7 布氏硬度测定示意图

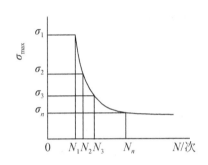

图 5.8 钢材的疲劳曲线

钢材的疲劳破坏，一般认为是由拉应力引起的。因此，钢材的疲劳与抗拉强度有关，钢材的抗拉强度高，其疲劳强度也高。

钢材的疲劳强度与钢材的内部组织和表面质量有关，疲劳裂纹是在应力集中处形成和发展的。

设计重复荷载进行疲劳验算的结构，应了解所用钢材的疲劳极限。

【应用实例 5-1】

从新进的一批热轧钢筋中抽样，截取两根做拉伸试验，测得结果如下：屈服下限荷载分别为 42.4kN 和 41.5kN；抗拉极限荷载分别为 62.0kN 和 61.6kN；钢筋公称直径为 12mm，标距为 60mm，拉断时长度分别为 71.1mm 和 71.5mm。试评定该钢筋的级别，其强度利用率和结构安全度如何？

【解】（1）分别计算两根试件的屈服强度和抗拉强度。

$$\sigma_{s1} = \frac{F}{A} = \frac{42400}{\dfrac{3.14 \times 0.012^2}{4}} = 375.08(\text{MPa}); \quad \sigma_{s2} = \frac{F}{A} = \frac{41500}{\dfrac{3.14 \times 0.012^2}{4}} = 367.12(\text{MPa})$$

$$\sigma_{b1} = \frac{F}{A} = \frac{62000}{\dfrac{3.14 \times 0.012^2}{4}} = 548.48(\text{MPa}); \quad \sigma_{b2} = \frac{F}{A} = \frac{61600}{\dfrac{3.14 \times 0.012^2}{4}} = 544.94(\text{MPa})$$

（2）分别计算两根试件的伸长率。

$$\delta_1 = \frac{l_1 - l_0}{l_0} \times 100\% = \frac{71.1 - 60}{60} \times 100\% = 18.5\%;$$

$$\delta_2 = \frac{l_1 - l_0}{l_0} \times 100\% = \frac{71.5 - 60}{60} \times 100\% = 19.2\%;$$

$$\delta_p = \frac{0.185 + 0.192}{2} \times 100\% = 18.85\%$$

按数据处理要求，取其平均值，查表 5-7 得该钢筋属于 Ⅱ 级钢。

（3）分别计算两根试件的屈强比。

$$\frac{\sigma_{s1}}{\sigma_{b1}} = \frac{375.08}{548.48} = 0.68; \quad \frac{\sigma_{s2}}{\sigma_{b2}} = \frac{367.12}{544.94} = 0.67$$

按数据处理要求，取其平均值。

$$\frac{\sigma_s}{\sigma_b} = \frac{0.68 + 0.67}{2} \approx 0.68$$

因屈强比在 0.6～0.75 范围内，表明其利用率较高，使用安全可靠程度好。

5.2.2 钢材的工艺性能

1. 冷弯性能

冷弯性能是指钢材在常温下承受弯曲变形的能力，也是钢材的重要工艺性能。

钢材的冷弯指标是以试件被弯曲的角度、弯心直径与试件厚度（或直径）的比值来表示。试验时采用的弯曲角度越大，表示冷弯性能越好。按规定进行试验，试件的弯曲处不发生裂缝、裂断或起皮，即认为冷弯性能合格，钢材冷弯试验如图 5.9 所示。

冷弯试验是对钢材处于不利变形条件下的塑性检验，是对钢材一种比较严格的检测。冷弯试验除了测试钢材的塑性，还能显示钢材是否存在内部组织不均匀、内应力和夹杂物等缺陷。在均匀的拉伸试验中，这些缺陷在常温下由于塑性变形导致应力重新分布而不能反映出来。

冷弯试验对焊接质量也是一种严格的检验，能显示焊件在受弯表面存在未熔合、微裂纹和夹杂物。

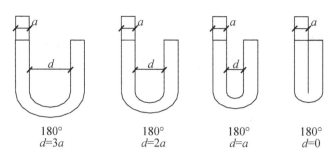

图 5.9 冷弯试验示意图

2. 焊接性能

焊接是各种型钢、钢板和钢筋的重要连接方式如图 5.10 所示。焊接的质量取决于焊接工艺、焊接材料及钢材的焊接性能。

钢材的可焊性是指钢材是否能用通常的方法与工艺进行焊接的性能。钢材可焊性能主要取决于母材与焊材物理性能、化学性能和冶金性能是否相近。钢材含碳量高将增加焊接接头的脆性，含碳量<0.25%的碳素钢具有良好的可焊性。硫、磷、氧、氮等杂质会使钢材可焊性降低。对于高碳钢和合金钢为改善其可焊性，焊接时一般需要对钢材采用预热和焊后热处理等措施，以保证焊接质量。冷拉钢筋的焊接应在冷拉之前进行，并应尽量避免不同规格和型号的钢筋进行焊接。

土木工程中需焊接的结构钢，应选用含碳量低的氧气转炉或平炉生产的镇静钢，结构钢焊接用电弧焊，钢筋连接用接触对焊。

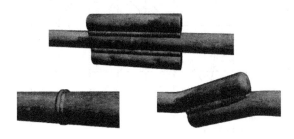

图 5.10 钢材焊接示意图

5.3 钢材的化学成分对钢材性能的影响

土木工程中所用的钢材含碳量均在 0.8% 以下。钢材具有较高的强度、塑性和韧性，故能满足土木工程的要求。

钢中除主要成分铁和碳外，还含有少量的硅、锰、硫、磷、氧、氮、钒、钛等元素，这些元素含量虽少，但对钢的性能影响很大。

（1）碳。碳是钢的主要元素之一，对钢的性能有重要影响，如图 5.11 所示。由图 5.11 可知，对于含碳量<0.8%的碳素钢，随着含碳量的增加，钢的抗拉强度和硬度提高，而塑性和冲击韧性则降低。

（2）硅。硅是炼钢脱氧的主加元素。当钢中含硅量<1.0%时，能显著提高钢的强度，而对塑性及韧性没有明显影响。

（3）锰。锰是炼钢脱氧去硫的主加元素。锰能消除钢的热脆性，改善热加工性。当钢材含锰量为 0.8%～1.0% 时，可显著提高钢的强度和硬度，几乎不降低钢的塑性和韧性。

（4）磷。磷是钢中的有害杂质，从原料中带入，其最大危害是使钢的冷脆性显著增加，低温下的冲击韧性下降，可焊性降低。但磷可使钢材的强度、硬度、耐磨性和耐蚀性提高。

（5）硫。硫也是钢中的有害杂质，从原料中带入，能使钢的热脆性显著提高，热加工性和可焊性明显降低。

（6）氧。氧是钢中的有害杂质，主要存在于非金属夹杂物内。非金属夹杂物能使钢的机械性能下降，特别是韧性下降。氧也有促进时效倾向的作用。氧化物所造成的低熔点使钢的可焊性变差。

（7）氮。氮对钢的性质的影响与碳、磷相似，它使钢的强度提高，塑性及韧性显著下降。氮还可加剧钢的时效敏感性和冷脆性，降低可焊性。

（8）钛。钛是强脱氧剂。钛能细化晶粒，显著提高钢材强度和改善韧性。钛还能减少钢材时效倾向，改善可焊性。

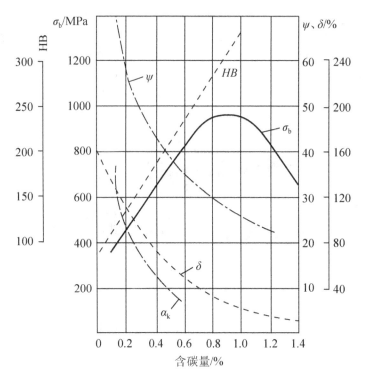

σ_b—抗拉强度；α_k—冲击韧性；HB—硬度；σ—伸长率；ψ—断面缩减率

图 5.11 含碳量对钢的机械性能的影响

（9）钒。钒是弱脱氧剂。钒可减弱碳和氮的不利影响，细化晶粒，有效地提高钢材强度，减小钢材的时效敏感性，但有增加焊接时淬硬的倾向。

5.4 钢材冷加工与时效

钢材在常温下进行冷加工（冷拉、冷拔或冷轧）使其产生塑性变形，使抗拉强度和屈服强度提高，这个过程称为钢材的冷加工强化。

钢材冷加工强化的原因是由于钢材在塑性变形中晶格缺陷增多，发生畸变，对进一步变形起到阻碍作用。因此，钢材的屈服点提高，塑性、韧性和弹性模量下降。

在土木工程施工中常对钢筋和低碳钢盘条按一定规定进行冷加工，以达到提高强度、节约钢材的目的。

经过冷加工的钢材经时效后，其强度和硬度提高，塑性和韧性逐渐降低，如图 5.12 所示。

在施工过程中，常将经冷拉或冷拔的钢筋，在常温下存放 15～20d，或加热到 100～200℃并保持 2～3h 后，钢筋强度进一步提高，这个过程称为时效处理。前者称为自然时效，后者称为人工时效。通常对强度较低的钢筋采用自然时效，强度较高的钢筋采用人工时效。

冷拉与时效处理后的钢筋，在冷拉的同时还被调直并清除了锈皮，简化了施工工序。

在冷加工时，一般钢筋严格控制冷拉率，称为单控。对于用做预应力的钢筋，既要控制冷

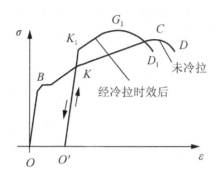

图 5.12 钢筋冷拉时效后应力-应变图的变化

拉率，又要控制冷拉应力，称为双控。

在土木工程中大量使用的钢筋，同时采用冷拉与时效处理可取得明显的经济效益，它可使钢筋的屈服强度提高 20%～50%，可节约钢材 20%～30%。

 知识要点提醒

钢材的冷加工效应必须是冷加工和时效同时进行，缺一不可，仅完成其中一个工序是达不到调直钢筋、提高强度和节约钢材的目的。

5.5 土木工程中常用的钢材

土木工程中所用钢材可分为钢结构用钢和钢筋混凝土用钢两大类，实际工程中应根据结构的重要性、荷载性质（动荷载或静荷载）、连接方法（焊接、铆接或螺栓连接）、温度条件（正温或负温）等，综合考虑钢种或钢号、质量等级和脱氧程度等选用，以保证结构的安全。

5.5.1 主要钢种

1. 碳素结构钢

碳素结构钢的化学成分应符合表 5-1，力学性能应符合表 5-2，冷弯试验应符合表 5-3的要求。

根据《碳素结构钢》（GB/T 700—2006）的规定，碳素结构钢的牌号表示方法由代表屈服强度的字母、屈服强度数值、质量等级符号、脱氧方法符号 4 个部分按顺序组成。代表屈服强的字母以"屈"字的汉语拼音首位字母"Q"代表；质量等级分为 A、B、C、D 4 级；脱氧方法符号分为 F（为沸腾钢），Z（为镇静钢），TZ（为特殊镇静钢）。在牌号表示方法中，"Z"与"TZ"符号可以省略。

例如，Q235－B，表示屈服强度为 235MPa（当钢材厚度或直径＜16mm 时），质量等级为 B 级的镇静碳素结构钢。

表 5-1 碳素结构钢的化学成分(GB/T 700—2006)

牌号	统一数字代号	等级	厚度(直径)/mm	化学成分(≤)/% C	Mn	Si	S	P	脱氧方法
Q195	U11952	—	—	0.12	0.50	0.30	0.040	0.035	F、Z
Q215	U12152	A		0.15	1.20	0.35	0.050	0.045	F、Z
	U12155	B	—				0.045		
Q235	U12352	A		0.22	1.40	0.35	0.050	0.045	F、Z
	U12355	B	—	0.20			0.045		F、Z
	U12358	C		0.17			0.040	0.040	Z
	U12359	D					0.035	0.035	TZ
Q275	U12752	A	—	0.24	1.50	0.35	0.050	0.045	F、Z
	U12755	B	≤40	0.21			0.045	0.045	Z
			>40	0.22					
	U12758	C	—	0.20			0.040	0.040	Z
	U12759	D					0.035	0.035	TZ

注:1. 表中为镇静钢、特殊镇静钢牌号的统一字数,沸腾钢牌号的统一数字代号如下。

Q195F——U11952,Q215AF——U12150,Q215BF——U12153,Q235AF——U12350,

Q235BF——U12353,Q275AF——U12750。

2. 经需方同意,Q235B的含碳量可<0.22%。

表 5-2 碳素结构钢的力学性能(GB/T 700—2006)

牌号	质量等级	拉伸试验 屈服点 σ_s/(N/mm²) 钢材厚度(直径)/mm ≤16	>16~40	>40~60	>60~100	>100~150	>150~200	抗拉强度 σ_b/(N/mm²)	断后伸长率 δ_5/% 钢材厚度(直径)/mm ≤40	>40~60	>60~100	>100~150	>150~200	冲击试验 温度/℃	V形冲击功(纵向)/J
		≥							≥						≥
Q195	—	195	185	—	—	—	—	315~430	33	—	—	—	—		
Q215	A	215	205	195	185	175	165	335~450	31	30	29	27	26	—	
	B													+20	27
Q235	A	235	225	215	215	195	185	375~500	26	25	24	22	21	—	
	B													+20	
	C													0	27
	D													-20	

续表

牌号	质量等级	拉伸试验								断后伸长率 δ_5/%					冲击试验	
		屈服点 σ_s/(N/mm²)						抗拉强度 σ_b/(N/mm²)							温度/℃	V形冲击功(纵向)/J
		钢材厚度(直径)/mm							钢材厚度(直径)/mm						
		≤16	>16~40	>40~60	>60~100	>100~150	>150~200		≤40	>40~60	>60~100	>100~150	>150~200		
		≥							≥						≥
Q275	A	275	265	255	245	225	215	410~540	22	21	20	18	17	—	—
	B													+20	27
	C													—	
	D													-20	

土木工程中主要使用 Q235 碳素结构钢。由于 Q235 号钢材的强度较高，塑性、韧性和加工性能好，时效敏感性小，可轧制成钢筋、型钢、钢板和钢管等。

Q235－A 级钢材适用于承受静载的结构。Q235－C、D 级钢材可用于重要焊接、冲击、振动和在较低温度条件下工作的结构。

Q195、Q215 号钢材的强度低，塑性、韧性和冷加工性能好，可制作钢钉、铆钉和铁丝等。

Q275 号钢材的强度高，塑性、韧性和可焊性差，可用于螺栓、工具等。

 知识要点提醒

碳素结构钢 Q235 中 D 级钢的综合性能优于 A 级钢；碳素结构钢的力学性能一般包括屈服强度、抗拉强度、伸长率和冲击韧性四个指标。

2. 优质碳素结构钢

根据《优质碳素结构钢》（GB/T 699－1999）的规定，优质碳素结构钢的钢号用两位数字表示，它表示平均含碳量的万分数。含锰较高时，在钢号后加注"Mn"。在优质碳素钢中，只有 3 个钢号属沸腾钢，应在钢号后加注"F"，其余均为镇静钢。例如，45Mn 即表示含碳量为 0.42%～0.50%，含锰量 0.70%～1.00% 的优质碳素结构钢。

优质碳素结构钢用平炉、氧气转炉或电弧炉冶炼，脱氧程度大部分为镇静状态，质量较稳定。在生产过程中对硫、磷等有害杂质控制较严（S≤0.035%，P≤0.035%），其性能主要取决于含碳量，含碳量高则强度高；但塑性和韧性下降。

在土木工程中，优质碳素结构钢主要用于重要结构的钢铸件及高强螺栓，常用 30～45 号钢。在预应力钢筋混凝土中用于制作锚具的常用 45 号钢。碳素钢丝、刻痕钢丝和钢绞线常用 65～80 号钢。

3. 低合金高强度结构钢

在碳素结构钢中加入总量小于 5% 的合金元素即得低合金高强度结构钢。主要合金元

素有锰、硅、钒、钛、铌、铬、镍及稀土元素等。

根据《低合金高强度结构钢》(GB/T 1591—2008)的规定,低合金高强结构钢的牌号的表示方法由屈服点的汉语拼音字母"Q",屈服点的数值 MPa,质量等级 A、B、C、D、E 五级表示。低合金高强结构钢的化学成分见表5-3,力学性能应符合表5-4～表5-6的要求。

表5-3　低合金高强度结构钢的化学成分(GB/T 1591—2008)

牌号	质量等级	化学成分/%										
		C≤	Si≤	Mn≤	P≤	S≤	V≤	Nb≤	Ti≤	Cu≤	Cr≤	Ni≤
Q345	A	0.20	0.50	1.70	0.035	0.035	0.15	0.07	0.20	0.30	0.30	0.50
	B	0.20	0.50	1.70	0.035	0.035	0.15	0.07	0.20	0.30	0.30	0.50
	C	0.20	0.50	1.70	0.030	0.030	0.15	0.07	0.20	0.30	0.30	0.50
	D	0.18	0.50	1.70	0.030	0.025	0.15	0.07	0.20	0.30	0.30	0.50
	E	0.18	0.50	1.70	0.025	0.020	0.15	0.07	0.20	0.30	0.30	0.50
Q390	A	0.20	0.50	1.70	0.035	0.035	0.20	0.07	0.20	0.30	0.30	0.50
	B	0.20	0.50	1.70	0.035	0.035	0.20	0.07	0.20	0.30	0.30	0.50
	C	0.20	0.50	1.70	0.030	0.030	0.20	0.07	0.20	0.30	0.30	0.50
	D	0.20	0.50	1.70	0.030	0.025	0.20	0.07	0.20	0.30	0.30	0.50
	E	0.20	0.50	1.70	0.025	0.020	0.20	0.07	0.20	0.30	0.30	0.50
Q420	A	0.20	0.50	1.70	0.035	0.035	0.20	0.07	0.20	0.30	0.30	0.80
	B	0.20	0.50	1.70	0.035	0.035	0.20	0.07	0.20	0.30	0.30	0.80
	C	0.20	0.50	1.70	0.030	0.030	0.20	0.07	0.20	0.30	0.30	0.80
	D	0.20	0.50	1.70	0.030	0.025	0.20	0.07	0.20	0.30	0.30	0.80
	E	0.20	0.50	1.70	0.025	0.020	0.20	0.07	0.20	0.30	0.30	0.80
Q460	C	0.20	0.60	1.80	0.030	0.030	0.20	0.11	0.20	0.55	0.30	0.80
	D	0.20	0.60	1.80	0.030	0.025	0.20	0.11	0.20	0.55	0.30	0.80
	E	0.20	0.60	1.80	0.025	0.020	0.20	0.11	0.20	0.55	0.30	0.80
Q500	C	0.18	0.60	1.80	0.030	0.030	0.12	0.11	0.20	0.55	0.60	0.80
	D	0.18	0.60	1.80	0.030	0.025	0.12	0.11	0.20	0.55	0.60	0.80
	E	0.18	0.60	1.80	0.025	0.020	0.12	0.11	0.20	0.55	0.60	0.80
Q550	C	0.18	0.60	2.00	0.030	0.030	0.12	0.11	0.20	0.80	0.80	0.80
	D	0.18	0.60	2.00	0.030	0.025	0.12	0.11	0.20	0.80	0.80	0.80
	E	0.18	0.60	2.00	0.025	0.020	0.12	0.11	0.20	0.80	0.80	0.80
Q620	C	0.18	0.60	2.00	0.030	0.030	0.12	0.11	0.20	0.80	1.00	0.80
	D	0.18	0.60	2.00	0.030	0.025	0.12	0.11	0.20	0.80	1.00	0.80
	E	0.18	0.60	2.00	0.025	0.020	0.12	0.11	0.20	0.80	1.00	0.80
Q690	C	0.18	0.60	2.00	0.030	0.030	0.12	0.11	0.20	0.80	1.00	0.80
	D	0.18	0.60	2.00	0.030	0.025	0.12	0.11	0.20	0.80	1.00	0.80
	E	0.18	0.60	2.00	0.025	0.020	0.12	0.11	0.20	0.80	1.00	0.80

表 5－4　低合金高强度结构钢的拉伸性能

拉伸性能

牌号	质量等级	下屈服强度/MPa ≤16	>16~40	>40~63	>63~80	>80~100	>100~150	>150~200	>200~250	>250~400	下抗拉强度/MPa ≤40	>40~63	>63~80	>80~100	>100~150	>150~200	>250~400	断后伸长率% ≤40	>40~63	>63~100	>100~150	>150~200	>200~400
Q345	A	≥345	≥335	≥325	≥315	≥305	≥285	≥275	≥265	—	470~630	470~630	470~630	470~630	450~600	450~600	—	≥20	≥19	≥19	≥18	≥17	—
	B	≥345	≥335	≥325	≥315	≥305	≥285	≥275	≥265	—	470~630	470~630	470~630	470~630	450~600	450~600	—	≥20	≥19	≥19	≥18	≥17	—
	C	≥345	≥335	≥325	≥315	≥305	≥285	≥275	≥265	—	470~630	470~630	470~630	470~630	450~600	450~600	—	≥20	≥19	≥19	≥18	≥17	—
	D	≥345	≥335	≥325	≥315	≥305	≥285	≥275	≥265	≥265	470~630	470~630	470~630	470~630	450~600	450~600	450~600	≥21	≥20	≥20	≥19	≥18	≥17
	E	≥345	≥335	≥325	≥315	≥305	≥285	≥275	≥265	≥265	470~630	470~630	470~630	470~630	450~600	450~600	450~600	≥21	≥20	≥20	≥19	≥18	≥17
Q390	A	≥390	≥370	≥350	≥330	≥330	≥310	—	—	—	490~650	490~650	490~650	490~650	470~620	470~620	—	≥20	≥19	≥19	≥18	≥18	—
	B	≥390	≥370	≥350	≥330	≥330	≥310	—	—	—	490~650	490~650	490~650	490~650	470~620	470~620	—	≥20	≥19	≥19	≥18	≥18	—
	C	≥390	≥370	≥350	≥330	≥330	≥310	—	—	—	490~650	490~650	490~650	490~650	470~620	470~620	—	≥20	≥19	≥19	≥18	≥18	—
	D	≥390	≥370	≥350	≥330	≥330	≥310	—	—	—	490~650	490~650	490~650	490~650	470~620	470~620	—	≥20	≥19	≥19	≥18	≥18	—
	E	≥390	≥370	≥350	≥330	≥330	≥310	—	—	—	490~650	490~650	490~650	490~650	470~620	470~620	—	≥20	≥19	≥19	≥18	≥18	—
Q420	A	≥420	≥400	≥380	≥360	≥360	≥340	—	—	—	520~680	520~680	520~680	520~680	500~650	500~650	—	≥19	≥18	≥18	≥18	≥18	—
	B	≥420	≥400	≥380	≥360	≥360	≥340	—	—	—	520~680	520~680	520~680	520~680	500~650	500~650	—	≥19	≥18	≥18	≥18	≥18	—
	C	≥420	≥400	≥380	≥360	≥360	≥340	—	—	—	520~680	520~680	520~680	520~680	500~650	500~650	—	≥19	≥18	≥18	≥18	≥18	—
	D	≥420	≥400	≥380	≥360	≥360	≥340	—	—	—	520~680	520~680	520~680	520~680	500~650	500~650	—	≥19	≥18	≥18	≥18	≥18	—
	E	≥420	≥400	≥380	≥360	≥360	≥340	—	—	—	520~680	520~680	520~680	520~680	500~650	500~650	—	≥19	≥18	≥18	≥18	≥18	—

续表

<table>
<thead>
<tr><th rowspan="3">牌号</th><th rowspan="3">质量等级</th><th colspan="22">拉伸性能</th></tr>
<tr><th colspan="9">以下公称直径（厚度、边长）下屈服强度/MPa</th><th colspan="8">以下公称直径（厚度、边长）下抗拉强度/MPa</th><th colspan="7">公称直径（厚度、边长）断后伸长率%</th></tr>
<tr><th>≤16 /mm</th><th>>16~40 /mm</th><th>>40~63 /mm</th><th>>63~80 /mm</th><th>>80~100 /mm</th><th>>100~150 /mm</th><th>>150~200 /mm</th><th>>200~250 /mm</th><th>>250~400 /mm</th><th>≤40 /mm</th><th>>40~63 /mm</th><th>>63~80 /mm</th><th>>80~100 /mm</th><th>>100~150 /mm</th><th>>150~200 /mm</th><th>>200~250 /mm</th><th>>250~400 /mm</th><th>≤40 /mm</th><th>>40~63 /mm</th><th>>63~100 /mm</th><th>>100~150 /mm</th><th>>150~200 /mm</th><th>>200~250 /mm</th><th>>250~400 /mm</th></tr>
</thead>
<tbody>
<tr><td rowspan="3">Q460</td><td>C</td><td rowspan="3">≥460</td><td rowspan="3">≥440</td><td rowspan="3">≥420</td><td rowspan="3">≥400</td><td rowspan="3">≥400</td><td rowspan="3">≥380</td><td rowspan="3">—</td><td rowspan="3">—</td><td rowspan="3">—</td><td rowspan="3">550~720</td><td rowspan="3">550~720</td><td rowspan="3">550~720</td><td rowspan="3">550~720</td><td rowspan="3">530~700</td><td rowspan="3">—</td><td rowspan="3">—</td><td rowspan="3">—</td><td rowspan="3">≥17</td><td rowspan="3">≥16</td><td rowspan="3">≥16</td><td rowspan="3">≥16</td><td rowspan="3">—</td><td rowspan="3">—</td><td rowspan="3">—</td></tr>
<tr><td>D</td></tr>
<tr><td>E</td></tr>
<tr><td rowspan="3">Q500</td><td>C</td><td rowspan="3">≥500</td><td rowspan="3">≥480</td><td rowspan="3">≥470</td><td rowspan="3">≥450</td><td rowspan="3">≥440</td><td rowspan="3">—</td><td rowspan="3">—</td><td rowspan="3">—</td><td rowspan="3">—</td><td rowspan="3">610~770</td><td rowspan="3">600~760</td><td rowspan="3">590~750</td><td rowspan="3">540~730</td><td rowspan="3">—</td><td rowspan="3">—</td><td rowspan="3">—</td><td rowspan="3">—</td><td rowspan="3">≥17</td><td rowspan="3">≥17</td><td rowspan="3">≥17</td><td rowspan="3">—</td><td rowspan="3">—</td><td rowspan="3">—</td><td rowspan="3">—</td></tr>
<tr><td>D</td></tr>
<tr><td>E</td></tr>
<tr><td rowspan="3">Q550</td><td>C</td><td rowspan="3">≥550</td><td rowspan="3">≥530</td><td rowspan="3">≥520</td><td rowspan="3">≥500</td><td rowspan="3">≥490</td><td rowspan="3">—</td><td rowspan="3">—</td><td rowspan="3">—</td><td rowspan="3">—</td><td rowspan="3">670~830</td><td rowspan="3">620~810</td><td rowspan="3">600~790</td><td rowspan="3">590~780</td><td rowspan="3">—</td><td rowspan="3">—</td><td rowspan="3">—</td><td rowspan="3">—</td><td rowspan="3">≥16</td><td rowspan="3">≥16</td><td rowspan="3">≥16</td><td rowspan="3">—</td><td rowspan="3">—</td><td rowspan="3">—</td><td rowspan="3">—</td></tr>
<tr><td>D</td></tr>
<tr><td>E</td></tr>
<tr><td rowspan="3">Q620</td><td>C</td><td rowspan="3">≥620</td><td rowspan="3">≥600</td><td rowspan="3">≥590</td><td rowspan="3">≥570</td><td rowspan="3">—</td><td rowspan="3">—</td><td rowspan="3">—</td><td rowspan="3">—</td><td rowspan="3">—</td><td rowspan="3">710~880</td><td rowspan="3">690~880</td><td rowspan="3">670~860</td><td rowspan="3">—</td><td rowspan="3">—</td><td rowspan="3">—</td><td rowspan="3">—</td><td rowspan="3">—</td><td rowspan="3">≥15</td><td rowspan="3">≥15</td><td rowspan="3">≥15</td><td rowspan="3">—</td><td rowspan="3">—</td><td rowspan="3">—</td><td rowspan="3">—</td></tr>
<tr><td>D</td></tr>
<tr><td>E</td></tr>
<tr><td rowspan="3">Q690</td><td>C</td><td rowspan="3">≥690</td><td rowspan="3">≥670</td><td rowspan="3">≥660</td><td rowspan="3">≥640</td><td rowspan="3">—</td><td rowspan="3">—</td><td rowspan="3">—</td><td rowspan="3">—</td><td rowspan="3">—</td><td rowspan="3">770~940</td><td rowspan="3">750~920</td><td rowspan="3">730~900</td><td rowspan="3">—</td><td rowspan="3">—</td><td rowspan="3">—</td><td rowspan="3">—</td><td rowspan="3">—</td><td rowspan="3">≥14</td><td rowspan="3">≥14</td><td rowspan="3">≥14</td><td rowspan="3">—</td><td rowspan="3">—</td><td rowspan="3">—</td><td rowspan="3">—</td></tr>
<tr><td>D</td></tr>
<tr><td>E</td></tr>
</tbody>
</table>

表 5 - 5 钢材冲击韧性

牌号	质量等级	试验温度/℃	冲击试验/J		
			公称直径(厚度、边长)/mm		
			12～150	>150～250	>250～400
Q345	B	20	≥34	≥27	—
	C	0			
	D	−20			27
	E	−40			
Q390	B	20	≥34	—	—
	C	0			
	D	−20			
	E	−40			
Q420	B	20	≥34	—	—
	C	0			
	D	−20			
	E	−40			
Q460	C	0	≥34	—	—
	D	−20		—	—
	E	−40		—	—
Q500、Q550、Q620、Q690	C	0	≥55	—	—
	D	−20	≥47	—	—
	E	−40	≥31	—	—

注：冲击试验取纵向试件。

表 5 - 6 弯曲试验

牌号	试件方向	180℃弯曲试验 [d=弯心直径, a=试件直径(厚度)]	
		钢材直径(厚度、边长)/mm	
		≤16	>16～100
Q345 Q390 Q420 Q460	宽度≥600mm 扁平材，拉伸试验取横向试件，宽度<600mm 扁平材、型材及棒材，拉伸试验取纵向试件	2a	3a

由于合金元素的作用，低合金高强度结构钢不但具有较高的强度，而且也具有较好的塑性、韧性和可焊性，是土木工程中较为理想的钢材。

低合金高强度结构钢与碳素结构钢相比强度高，自重轻，塑性、韧性、可焊性好，抗冲击性强，耐低温和腐蚀。

低合金高强度结构钢主要用于轧制型钢、钢板、钢管及钢筋，特别适用于重型、大跨度、高层结构和桥梁等钢筋混凝土结构和钢结构中。

5.5.2 钢筋混凝土用钢材

1. 热轧光圆、带肋钢筋

热轧钢筋是土木工程中用量最大的钢材品种之一，主要用于钢筋混凝土或预应力钢筋混凝土。

根据《钢筋混凝土用热轧光圆钢筋》(GB 1499.1—2008)和《钢筋混凝土用热轧带肋钢筋》(GB 1499.2—2007)的规定，热轧钢筋的表面形状有两类：光圆钢筋和带肋钢筋。带肋钢筋如图 5.13 所示，其钢筋的屈服强度 σ_s、抗拉强度 σ_b、伸长率 δ_5、冷弯性等力学性能特征值应符合表 5-7 的规定。

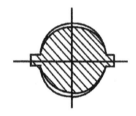

图 5.13 带肋钢筋

表 5-7 热轧钢筋的力学性能

表面形状	牌号	钢筋级别	公称直径 /mm	屈服强度 σ_s/MPa	抗拉强度 σ_b/MPa	伸长率 δ_s/%	冷弯试验 弯心直径 d
				≥			
光圆	HPB235	Ⅰ	8～20	235	370	25	a
带肋	HRB335	Ⅱ	6～25	335	490	16	$3a$
			28～50				$4a$
	HRB400	Ⅲ	6～25	400	570	14	$4a$
			28～50				$5a$
	HRB500	Ⅳ	6～25	500	630	12	$6a$
			28～50				$7a$

注：1. 牌号中 H、R、B 分别为热轧(Hot-rolled)、带肋(Ribbed)、钢筋(Bars)三个词的英文首位字母，后面的数字为屈服强度值。

2. 公称直径为与钢筋公称横截面积相等的圆的直径。

HPB235 是用碳素结构钢轧制而成的光圆钢筋。其强度低，但塑性、韧性和工艺性能好，广泛用于普通钢筋混凝土的主要受力钢筋、构造筋和箍筋等。

HRB335 和 HRB400 是用低合金镇静钢轧制而成的带肋钢筋。其强度高，塑性和可焊性较好，与混凝土的粘结力强，广泛用于大、中型钢筋混凝土结构。经冷拉后，其可用做预应力钢筋。

HRB500 是用中碳低合金钢轧制而成的带肋钢筋。其质量好、强度高，在提高强度的同时可保证塑性和韧性。但其焊接性较差，主要用做预应力钢筋。如需焊接，应采用适当的焊接方法和焊后热处理工艺，以保证焊接接头及其热影响区不产生淬硬组织，不发生脆性断裂。

土木工程中用低合金钢主要有 20MnSi、20MnNb、20MnSiV、20MnSiTi、25MnSi、$40Si_2MnV$、45SiMnV、$45Si_2MnTi$。注意：若合金元素后未附数字，表示平均含量在 1.5% 以下，若附有"2"的数字，表示平均含量在 $1.5\%\sim2.5\%$。

2. 冷轧带肋钢筋

根据《冷轧带肋钢筋》(GB 13788—2008)的规定，冷轧带肋钢筋是热轧圆盘条经冷轧后，在其表面带有沿长度方向均匀分布的三面或两面横肋的钢筋。冷轧带肋钢筋的牌号由"CRB"和钢筋的抗拉强度最小值构成，分为 CRB550、CRB650、CRB800、CRB970、CRB1170 五个牌号。CRB550 钢筋的公称直径范围为 4～12mm，CRB650 及以上牌号钢筋的公称直径为 4mm、5mm、6mm。CRB550 为普通钢筋混凝土用钢筋，其他牌号为预应力混凝土用钢筋。

冷轧带肋钢筋的力学性能和工艺性能应符合表 5-8 的规定。当进行弯曲试验时，受弯曲部位表面不得产生裂纹。反复弯曲试验的弯曲半径应符合表 5-8 的规定。

表 5-8 冷轧带肋钢筋的力学性能

级别代号	$\sigma_{0.2}$/MPa $\geqslant$	σ_b/MPa $\geqslant$	伸长率($\geqslant$)/%		冷弯	反复弯曲次数	松弛率＝$0.7\sigma_b$	
			σ_{10}	σ_{100}	D＝3d		1000h ($\leqslant$)/%	10h ($\leqslant$)/%
CRB550	440	550	8	—	180°	—	—	—
CRB650	520	650	—	4	—	3	8	5
CRB800	640	800	—	4	—	3	8	5
CRB970	780	970	—	4	—	3	8	5
CRB1170	980	1170	—	4	—	3	8	5

注：1. 牌号中 C、R、B 分别为冷轧(Cold-rolled)、带肋(Ribbed)、钢筋(Bars)三个词的英文首字母，后面的数字为抗拉强度值。

2. 松弛率为初始荷载加至试样实际强度的 70% 后，测定 1000h 的松弛值合格的基础上再以 10h 作为常规试验。

3. 预应力混凝土用钢筋

预应力混凝土用螺纹钢筋是一种热轧成带有不连续外螺纹的直条钢筋，在钢筋的任意

截面处，均可用带有匹配形状的内螺纹的连接器或锚具进行连接或锚固。公称直径有18mm、25mm、32mm、40mm和50mm等规格，强度等级分PSB785、PSB830、PSB930和PSB1080四级。钢筋以热轧状态、轧后余热处理状态或热处理状态按直条供货。

根据《预应力混凝土用钢丝》（GB/T 5223—2002）的规定，按加工状态可分为冷拉钢丝（WCD）和消除应力钢丝，消除应力钢丝按松弛性能又分为低松弛级钢丝（WLR）和普通松弛级钢丝（WNR）。钢丝按外形可分为光圆（P）、螺旋肋（H）、刻痕（I）三种。冷拉钢丝是用盘条通过拔丝模或轧辊经冷加工而成产品，以盘卷供货。低松弛级钢丝是钢丝在塑性变形下（轴应变）进行的短时热处理得到的。普通松弛级钢丝是钢丝通过矫直工序后在适当温度下进行的短时热处理得到的。螺旋肋钢丝的表面沿长度方向具有规则间隔的肋条。刻痕钢丝的表面沿长度方向具有规则间隔的压痕。

预应力混凝土内钢丝的强度高、柔性好、无接头，适用于大跨度屋架、大跨度吊车梁、桥梁、电杆、轨枕等预应力混凝土工程。经低温回火消除应力的钢丝塑性好，经刻痕的钢丝与混凝土的握裹力大，故可节约钢材，且施工方便，安全可靠，但成本较高。其预应力混凝土用冷拔低碳钢丝的力学性能见表5-9。

表5-9　预应力混凝土用冷拔钢丝的力学性能

直径/mm	抗拉强度/MPa		伸长率 δ_{10} /%	180°反复弯曲（次数）
	1组	2组		
5	≥650	≥600	≥3	≥4
4	≥700	≥650	≥2.5	≥4

根据《预应力混凝土用钢绞线》（GB/T 5224—2003）的规定，钢绞线按结构分为5类，其代号为1×2、1×3、1×3I、1×7、(1×7)C，它们分别表示用2根钢丝捻制的钢绞线、用3根钢丝捻制的钢绞线、用3根刻痕钢丝捻制的钢绞线、用7根钢丝捻制的标准型钢绞线、用7根钢丝捻制又经模拔的钢绞线。

知识要点提醒

如公称直径为8.74mm，强度级别为1670MPa的3根刻痕钢丝捻制的钢绞线其标记为预应力钢绞线1×3I-8.74-1670-GB/T 5224—2003。

预应力混凝土用的钢绞线强度高、柔性好、无接头、质量稳定、安全可靠等，故适用于大跨度、重负荷的后张法预应力屋架、薄腹梁、桥梁等结构。

5.5.3　钢结构用钢材

在钢结构中常使用各种规格和型号的型钢，构件之间可直接连接或附以钢板进行连接。连接方式可铆接、螺栓连接或焊接。钢结构所用钢材主要是型钢、钢板和钢管。

1. 热轧型钢

根据《热轧型钢》（GB/T 706—2008）和《热轧 H 型钢和部分 T 型钢》（GB/T

11263—2005），常用的热轧型钢有等边角钢、不等边角钢、工字钢、槽钢、T 型钢、L 型钢、H 型钢等。型钢以热轧状态按理论质量交货（理论质量密度为 $7.85g/cm^3$），经供需双方协商并在合同中注明，也可按实际质量交货。

碳素结构钢 Q235-A 制成的热轧型钢，强度适中，塑性和可焊性较好，冶炼容易，成本低，适用于土木工程中的各种钢结构。低合金钢 Q345 和 Q390 制成的热轧型钢性能较前者好，适用于大跨度、承受动荷载的钢结构。

2. 冷弯型钢

冷弯型钢是用冷加工变形的冷轧或热轧钢板和钢带在连续辊式冷弯机组上生产而成。土木工程中常用冷弯型钢的厚度为 2～6mm。冷弯型钢按截面形状分为等边或不等边角钢、等边或不等边槽钢、内或外卷边槽钢、Z 型钢、圆形空心型钢、方形空心型钢、矩形空心型钢、异形空心型钢等。另外，建筑用压型钢板是另一种形式的冷弯型钢。其具有质量轻、强度高、抗震性能好、施工快、外形美观等特点，主要用于维护结构、楼板、屋面等。

冷弯型钢由于壁薄、性能优良，因此可节约材料、降低成本，常用于轻型钢结构。

3. 钢板、钢带和钢管

钢板、钢带是用碳素结构钢和低合金钢轧制而成的扁平钢材。以平板状态供货的称钢板，以卷状供货的称钢带。厚度>4mm 以上的为厚板，厚度≤4mm 的为薄板。

热轧碳素结构钢厚板是钢结构的主要用材。薄板用于屋面、墙面或压型板的原料。低合金厚板用于重型结构、大跨度桥梁和高压容器等。

土木工程常用钢管有无缝钢管和焊接钢管。

5.6 钢材的腐蚀与防护

1. 钢材的腐蚀

钢材的腐蚀是指钢材的表面与周围介质发生化学反应或电化学反应而遭到的破坏。

腐蚀不仅使钢结构的有效截面减少，浪费钢材，而且会形成程度不等的锈坑、锈斑，造成应力集中，加速结构破坏。若受到冲击荷载、循环交变荷载作用，将产生腐蚀疲劳现象，使钢材的疲劳强度大大降低，甚至出现脆断。

根据钢材表面与周围介质的不同作用，腐蚀可分为两类。

（1）化学腐蚀。钢材直接与周围介质发生化学反应而产生的腐蚀称化学腐蚀。这种腐蚀多数是氧化作用，使钢材表面形成疏松的氧化物。在常温下，钢材表面形成一薄层钝化能力很弱的氧化保护膜 Fe_2O_3，它疏松，易破裂，有害介质可进一步渗入而发生反应，造成腐蚀。在干燥环境下，腐蚀进展缓慢。但在温度或湿度较高的环境条件下，这种腐蚀进展会加快。

（2）电化学腐蚀。由于金属表面形成原电池而产生的腐蚀称为电化学腐蚀。钢材本身含有铁、碳等多种成分，由于这些成分的电极电位不同，形成许多微电池。在潮湿空气中，钢材表面将覆盖一层薄的水膜。在阳极区，铁被氧化成 Fe^{2+} 离子进入水膜，因为水

中溶有来自空气中的氧，故在阴极区氧将被还原为 OH^- 离子，两者结合成为不溶于水的 $Fe(OH)_2$，并进一步氧化成为疏松而易剥落的红棕色铁锈 $Fe(OH)_3$。

2. 腐蚀的防止

1）保护层

在钢材表面施加保护层，使其与周围介质隔离，从而防止腐蚀。保护层可分为金属保护层和非金属保护层。

金属保护层是用耐蚀性较强的金属，以电镀或喷镀的方法覆盖在钢材表面（如镀锌、镀锡、镀铬等）。

非金属保护层是用有机或无机物质作保护层。常用的是在钢材表面涂刷各种防锈涂料。此法简单易行，但不耐久。此外，还可采用塑料保护层、沥青保护层及搪瓷保护层等。

2）制成合金钢

钢材的化学成分对耐腐蚀性有很大的影响。如在钢中加入合金元素铬、镍、钛、铜制成不锈钢，可以提高耐腐蚀的能力。

3）混凝土配筋的防锈措施

混凝土配筋的防锈主要是根据结构的性质和所处环境条件等来确定。考虑混凝土的质量要求，即限制水胶比和胶凝材料用量，并加强施工管理，以保证混凝土的密实性，以及有足够的保护层厚度和限制氯盐外加剂的掺用量，也可掺用防锈剂。

5.7 土木工程中的其他金属材料

5.7.1 铸铁

黑色金属材料中含碳量大于 2.06％ 的铁碳合金称为生铁。生铁又含有较多的硅、锰、磷、硫等元素。常用的灰口铸铁，简称为铸铁。

铸铁性脆，无塑性，抗压强度较高，但抗拉和抗弯强度较低，不适用于结构材料。土木工程中常用于排水沟、地沟、窨井盖板、铸铁给水排水管、暖气片及零部件、门、窗、栏杆、栅栏等。

铸铁冶炼容易，成本低，铸造性能良好，故应用广泛。

5.7.2 铝及铝合金

1. 纯铝

金属铝原料主要为铝矾土，另外还有高岭土、矾土岩石、明矾石等。首先从原料中提取 Al_2O_3，然后从 Al_2O_3 中电解得到金属铝，金属铝为有色金属中的轻金属。

纯铝为银白色，密度为 $2.7g/cm^3$，熔点低（660 ℃），热反射性能良好，易加工，可焊接，但强度和硬度很低，塑性很大，故不适用于土木工程。常加入合金元素锰、镁、硅、铜、锌等制成铝合金，既保持原有的特点，又具有更优良的物理力学性质，从而提高了其使用价值。

铝合金按加工方式分为铸造铝合金和变形铝合金。土木工程中主要用4种变形铝合金。

（1）防锈铝合金。简称防锈铝(LF)，是 Al-Mn 系或 Al-Mg 系合金。主要用于受力不大、要求耐腐蚀、表面光洁的构件和管道等。

（2）硬铝合金。简称硬铝(LY)，是 Al-Mg-Si 合金及 Al-Cu-Mg 合金。主要用于门窗、货架、柜台等的型材。

（3）超硬铝合金。简称超硬铝(LC)，是 Al-Zn-Mg-Cu 合金。可用于承重构件和高荷载零件。

（4）锻铝合金。简称锻铝(LD)，是 Al-Mg-Si-Cu 合金。可用于中等荷载的构件。

变形铝合金可进行热轧、冷轧、冲压、挤压、弯曲、卷边等加工，制成不同形状和不同尺寸的型材、线材、管材、板材等。

2. 铝合金制品

1）铝合金门窗

铝合金门窗和普通门窗相比，具有质量轻，气密性、水密性和隔声性能好，色泽美观，不腐蚀，不褪色，经久耐用，维修费用低，有利于工业化生产等优点。

2）铝合金装饰板

（1）铝合金花纹板采用铝合金坯料花纹辊轧制成。有针状、扁豆状、方格等花纹。表面可处理成各种色彩。其特点是花纹美观，防滑，防腐蚀，不易磨损，便于安装等。可用于现代建筑的墙面装饰、楼梯踏步等。

（2）铝合金波纹板的表面轧制成波浪形或梯形。其特点是防火、防潮、防腐蚀以及反射阳光能力强等。可用于商场、宾馆、饭店等建筑的墙面和屋面的装饰。

（3）铝合金穿孔板用铝合金平板机械穿孔而成，其特点是造型美观，色泽雅致，立体感强，防火、防潮、防震，耐腐蚀，耐高温，化学稳定性好。可用于影院、剧院、播音室等改善音质条件。也可用于各类车间厂房作为降低噪声的措施。

另外，纯铝和铝合金还可制成吊顶龙骨、铝箔、铝粉用于土木工程中。

本 章 小 结

本章根据目前我国最新颁布的建筑钢材相关规范、规程和标准，对建筑钢材的分类、技术性能和选用等进行了系统的讨论；明确了不同建筑工程对不同钢材的技术要求和选用。特别值得注意的是新规范《低合金高强度结构钢》(GB/T 1591—2008)和《碳素结构钢》(GB/T 700—2006)与旧规范相比有较大改动，如低合金高强度结构钢已取消 Q295 牌号，碳素结构钢也已取消 Q255 牌号，无半镇静钢等。这些知识点的更新对学生后续课程的学习、课程设计和毕业设计都有着非常重要的意义。

习　　题

1. 填空题

(1) 在炼钢过程中，由于脱氧程度不同，钢材一般可分为＿＿＿＿＿＿＿＿＿＿＿。

(2) 吊车梁和桥梁选用钢材的一般原则是＿＿＿＿＿＿＿＿＿＿＿。

(3) 评定钢材冷弯性能的指标有＿＿＿＿＿＿＿＿＿＿＿。

(4) 钢结构设计时，对直接承受动荷载的结构应选用的钢材为＿＿＿＿＿＿＿＿＿＿＿。

(5) 钢结构设计时，低碳钢作为设计计算取值的依据是＿＿＿＿＿＿＿＿＿＿＿。

(6) 钢材冷加工的目的是＿＿＿＿＿＿＿＿＿＿＿。

(7) 钢材焊接质量主要取决于＿＿＿＿＿＿＿＿＿＿＿。

(8) 对于钢材而言，有害元素一般包括＿＿＿＿＿＿＿＿＿＿＿。

(9) 普通碳素结构钢分为 A、B、C、D 四个质量等级的主要依据是＿＿＿＿＿＿＿＿＿＿＿。

(10) 低碳钢在受拉过程中经历的四个阶段是＿＿＿＿＿＿＿＿＿＿＿。

(11) 表示钢材冷弯性能的指标一般包括＿＿＿＿＿＿＿＿＿＿＿。

(12) 钢筋混凝土用钢材一般包括＿＿＿＿＿＿＿＿＿＿＿。

(13) 冷轧带肋钢筋的牌号分为＿＿＿＿＿＿＿＿＿＿＿。

(14) 热轧带肋钢筋的牌号分为＿＿＿＿＿＿＿＿＿＿＿。

(15) 预应力混凝土用的螺纹钢筋强度等级分为＿＿＿＿＿＿＿＿＿＿＿。

(16) 预应力混凝土用钢丝按加工状态可分为＿＿＿＿＿＿＿＿＿＿＿。

(17) 钢结构中常使用的连接方式有＿＿＿＿＿＿＿＿＿＿＿。

(18) 土木工程中主要用的四种变形铝合金是＿＿＿＿＿＿＿＿＿＿＿。

2. 判断题

(1) 与沸腾钢比较，镇静钢的冲击韧性和焊接性较差，特别是低温冲击韧性的降低更为显著。　　　　　　　　　　　　　　　　　　　　　　　　　　　　（　　）

(2) 钢筋同时取样做拉伸试验时，其伸长率 $\delta_{10} > \delta_5$。　　　　　　　　　（　　）

(3) 钢筋冷拉后可提高其屈服强度和极限抗拉强度，而时效只能提高其屈服点。　　　　　　　　　　　　　　　　　　　　　　　　　　　　　　　　（　　）

(4) 钢材中含磷较多呈热脆性，含硫较多呈冷脆性。　　　　　　　　　（　　）

(5) 钢材中冲击韧性 α_k 值越大，表示钢材抵抗冲击荷载的能力越低。　（　　）

(6) 在钢材设计时，屈服点是确定钢材容许应力的主要依据。　　　　　（　　）

(7) 钢材屈强比越大，表示结构使用安全度越高。　　　　　　　　　　（　　）

(8) δ_5 是表示钢筋拉伸至变形达 5% 时的伸长率。　　　　　　　　　（　　）

(9) 钢筋进行冷拉处理是为了提高其加工性能。　　　　　　　　　　　（　　）

(10) 碳素结构钢的牌号越大，表示其强度越高，塑性越好。　　　　　（　　）

(11) 对于大跨度、重负荷的后张法预应力屋架、薄腹梁、桥梁等混凝土结构一般优先选用预应力钢筋。　　　　　　　　　　　　　　　　　　　　　　　　（　　）

3. 问答题

（1）钢材与生铁在化学成分上有何区别？钢材按化学成分不同可分为哪几种？土木工程中常用哪几种钢材？

（2）含碳量对钢材各技术性能有何影响？

（3）什么是钢材的屈强比？其大小对使用性能有什么影响？

（4）钢材的冷加工对性能有什么影响？什么是自然时效和人工时效？

（5）低合金高强结构钢与碳素结构钢有哪些不同？

（6）解释 Q235－C 与 Q390－D 符号的含义？

（7）热轧钢筋各等级符号的含义是什么？试述各钢筋的用途。

（8）对于有冲击、震动荷载和在低温下工作的结构应采用什么钢材？

（9）解释产品标记为预应力钢绞线 1×7－15.20－1860－GB/T 5224—2003 的含义？

（10）铝合金是如何分类的？试述铝合金在建筑上的主要用途？

4. 计算题

从新进货的一批热轧钢筋中抽样，截取两根做拉伸试验，测得结果如下：屈服下限荷载分别为 53.5kN 和 54.6kN；抗拉极限荷载分别为 72.2kN 和 71.8kN；钢筋公称直径为 16mm，标距为 80mm，拉断时长度分别为 92.6mm 和 91.5mm。试评定该钢筋的级别，其强度利用率和结构安全度如何？

第 6 章
墙体材料与屋面材料

本章教学要点

知识要点	掌握程度	相关知识
墙材分类	熟悉	烧结砖、免烧砖、砌块、板材
烧结砖分类和技术性能	重点掌握	外观质量、强度等级、抗风化性能
免烧砖分类和技术性能	掌握	使用免烧砖的技术要求
砌块分类和技术性能	熟悉	不同砌块的技术标准和要求
墙用板材分类和技术性能	熟悉	不同墙用板材的技术标准和要求

本章技能要点

技能要点	掌握程度	应用方向
如何根据不同的建筑功能要求选用各种墙材	重点掌握	墙体材料的质量管理与成本控制

墙体材料和屋面材料是建筑工程中不可缺少的材料，在建筑中起承重、围护、隔断、防水、保温、隔声等作用。它们对建筑物的功能、自重、成本、工期以及建筑能耗等均有着直接的影响。随着现代建筑的发展，传统墙体材料、屋面材料(如烧结粘土砖和瓦)存在自重大、生产能耗高、耗用大量耕地、施工速度慢、耐久性差等缺点。因此，大力开发和使用节土、节能、轻质、高强、耐久、多功能的新型墙体和屋面材料显得十分重要。

目前我国用于墙体的材料品种较多，总体可归为3类：砖、砌块、板材。用于屋面的材料为各种材质的瓦和一些板材。

6.1 砌 墙 砖

砌墙砖按开孔率分为实心砖、多孔砖、空心砖。实心砖又称普通砖；多孔砖是指开孔率<35%的砌墙砖，孔的尺寸小而数量多；空心砖是指开孔率≥35%的砌墙砖，孔的尺寸大而数量少。

按制造工艺分为烧结砖和免烧砖。

按原料分为粘土砖、页岩砖、灰砂砖、粉煤灰砖、煤矸石砖、炉渣砖等。

6.1.1 烧结砖

凡经焙烧而制成的砌墙砖称为烧结砖。烧结砖根据其开孔率大小分为烧结普通砖、烧结多孔砖和烧结空心砖3种。

1. 烧结普通砖

1) 烧结普通砖的生产

烧结普通砖有粘土砖(N)、页岩砖(Y)、煤矸石砖(M)、粉煤灰砖(F)。砖的一般生产工艺流程为：采制原料→配料→制坯→干燥→焙烧→成品。

烧结粘土砖是以粘土为主要原料，并加入少量添加料焙烧而成的。粘土质原料的可塑性和烧结性是烧结砖制坯与烧成的工艺基础，其原料的主要成分为铝硅酸盐($Al_2O_3 \cdot 2SiO_2 \cdot 2H_2O$)和少量杂质(如石英砂、云母、碳酸盐等)。砖坯在氧化气氛中焙烧，原料中的铁被氧化成呈红色的高价铁(Fe_2O_3)，此时砖为红色，称为红砖，如图 6.1 所示。若砖坯开始在氧化气氛中焙烧，当达到烧结温度后又处于还原气氛(如通入水蒸气)，高价铁被还原成青灰色的低价铁(Fe_3O_4)，此时砖呈青灰色，称为青砖，如图 6.2 所示。砖在焙烧过程中若火候不足，则会成为欠火砖。若焙烧火候过度，则会成为过火砖。欠火砖呈淡红色，强度低、耐久性差。过火砖呈深红色，强度虽高，但常产生弯曲变形，易引起墙体应力集中，所以不便于使用。因烧结粘土砖所需原料与可耕农田争地，故很多地方已禁止使用。

图 6.1　红砖

图 6.2　青砖

烧结页岩砖是以泥质及碳质页岩经粉碎成型再焙烧而成。页岩是以粘土矿物为主要成分的泥质水成岩。页岩原料的干燥收缩和干燥敏感系数均比普通粘土低，在适当提高温度和风速的条件下，可实现快速干燥而不引起坯体收缩和干燥裂缝。页岩原料的矿物组成比粘土原料更适宜烧结，烧成速度可比粘土砖提高 15%～20%。

烧结煤矸石砖是以开采煤时剔除的废石（煤矸石）为主要原料，经选择、粉碎，再根据其含碳量和可塑性，进行适当配料焙烧而成。煤矸石的化学成分与粘土相近。焙烧过程中，煤矸石发热作为内燃料，可节约用煤量 50%～60%。煤矸石砖生产周期短、干燥性好、色深红而均匀，声音清脆。利用煤矸石烧砖，不仅可以减少环境污染，而且节约了粘土和燃煤，是变废为宝的有效途径。

烧结粉煤灰砖是指以火力发电厂排出的粉煤灰为主要原料，再掺入适量粘土焙烧而成。坯体干燥性好，与烧结普通粘土砖相比吸水率偏大（约为 20%），但能满足抗冻性要求。这种砖呈淡红或深红色。

2）烧结普通砖的技术性能指标

在《烧结普通砖》（GB 5101—2003)中对烧结普通砖的尺寸偏差、外观质量、强度等级、抗风化性质等主要技术性能指标均作了具体规定。强度、抗风化性能和放射性物质合格的砖，根据尺寸偏差、外观质量、泛霜和石灰爆裂分为优等品（A)、一等品（B)、合格品（C)三个产品等级。

（1）尺寸偏差与外观质量。烧结普通砖的公称尺寸为 240mm×115mm×53mm，如图 6.3

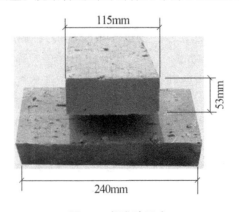
图 6.3　标准砖尺寸

所示，若加上砌筑灰缝厚约10mm，则4块砖长、8块砖宽、16块砖厚约为1m。因此，每立方米砖砌体需烧结普通砖 4×8×16＝512 块。砖的尺寸允许有一定偏差见表 6-1。

砖的外观质量包括两条面(240mm×53mm)、两顶面(115mm×53mm)和大面(240mm×115mm)高度差、弯曲程度、缺棱掉角、裂缝等，具体要求见表 6-2。

表 6-1　烧结普通砖尺寸允许偏差(mm)

公称尺寸	优等品		一等品		合格品	
	样本平均偏差	样本极差≤	样本平均偏差	样本极差≤	样本平均偏差	样本极差≤
240	±2.0	6	±2.5	7	±3.0	8
115	±1.5	5	±2.0	6	±2.5	7
53	±1.5	4	±1.6	5	±2.0	6

表 6-2　烧结普通砖外观质量要求(mm)

项目		优等品	一等品	合格品
两条面高度差(≤)/mm		2	3	4
弯曲(≤)/mm		2	3	4
杂质突出高度(≤)/mm		2	3	4
缺棱掉角的三个破坏尺寸(不得同时大于)		5	20	30
裂纹长度(≤)/mm	大面上宽度方向及其延伸至条面的长度	30	60	80
	大面上长度方向及其延伸至顶面或条面上水平裂纹的长度	50	80	100
完整面(不得少于)		2条面 2顶面	1条面 1顶面	—
颜色		基本一致	—	—

(2) 强度等级。烧结普通砖根据 10 块砖样的抗压强度平均值和强度标准值，分为 MU30、MU25、MU20、MU15、MU10 五个强度等级(表 6-3)。

表 6-3　烧结普通砖强度(MPa)

强度等级	抗压强度平均值/MPa	变异系数 $\delta \leq 0.21$	变异系数 $\delta > 0.21$
		强度标准值 $f_k \geq$	单块最小抗压强度值 $f_{min} \geq$
MU30	30.0	22.0	25.0
MU25	25.0	18.0	22.0
MU20	20.0	14.0	16.0
MU15	15.0	10.0	12.0
MU10	10.0	6.5	7.5

烧结普通砖的抗压强度标准值按下式计算：

$$f_k = \overline{f} - 1.18S \tag{6.1}$$

$$S = \sqrt{\frac{1}{9}\sum_{i=1}^{10}(f_i - \overline{f})^2} \tag{6.2}$$

式中　f_k——烧结普通砖抗压强度标准值，MPa；

　　　$\overline{f}$——10 块砖样的抗压强度算术平均值，MPa；

　　　S——10 块砖样的抗压强度标准差，MPa；

　　　f_i——单块砖样的抗压强度测定值，MPa。

强度变异系数 δ 按下式计算：

$$\delta = \frac{S}{\overline{f}} \tag{6.3}$$

【应用实例 6-1】

现有一批普通烧结砖，其强度等级不详，故施工单位按规定方法抽取砖样 10 块送至相关部门检测。经测试 10 块砖样的抗压强度值分别为 16.3MPa、17.8MPa、18.9MPa、15.8MPa、19.6MPa、15.1MPa、20.2MPa、19.0MPa、18.3MPa、16.9MPa，试确定该砖的强度等级。

【解】（1）计算 10 块砖样的抗压强度算术平均值。

$$\overline{f} = \frac{f_1 + \cdots + f_{10}}{10}$$

$$= \frac{16.3 + 17.8 + 18.9 + 15.8 + 19.6 + 15.1 + 20.2 + 19.0 + 18.3 + 16.9}{10} = 17.8(\text{MPa})$$

（2）计算 10 块砖样的抗压强度标准差。

$$S = \sqrt{\frac{1}{9}\sum_{i=1}^{10}(f_i - \overline{f})^2} = \sqrt{\frac{1}{9}\sum (16.3 - 17.8)^2 + \cdots + (16.9 - 17.8)^2}$$

$$= 1.71(\text{MPa})$$

（3）计算强度变异系数 δ。

$$\delta = \frac{S}{\overline{f}} = \frac{1.71}{17.8} = 0.096$$

因强度变异系数 δ 小于 0.21，故该砖的强度等级按抗压强度平均值-抗压强度标准值确定。

（4）抗压强度标准值。

$$f_k = \overline{f} - 1.18S = 17.8 - 1.18 \times 1.71 = 15.8(\text{MPa})$$

根据表 6-3 可知，该砖的强度等级为 MU15。

（3）抗风化性能。砖的抗风化性能越好，其使用寿命越长。砖的抗风化性能除与砖本身质量有关外，还与所处的环境风化指数有关。

按《烧结普通砖》（GB 5101—2003）的规定，严重风化区中的东北三省以及内蒙古、新疆等地区用砖应做冻融试验，其他地区用砖可用沸煮吸水率与饱和系数指标表示其抗风化性能。烧结普通砖抗风化性指标见表 6-4。

表 6-4 烧结普通砖抗风化性指标

项目	严重风化区				非严重风化区			
	5h 沸煮吸水率(≤)/%		饱和系数(≤)		5h 沸煮吸水率(≤)/%		饱和系数(≤)	
砖种类	平均值	单块最大值	平均值	单块最大值	平均值	单块最大值	平均值	单块最大值
粘土砖	18	20	0.85	0.87	19	20	0.88	0.90
粉煤灰砖	21	23	0.85	0.87	23	25	0.88	0.90
页岩砖	16	18	0.74	0.77	18	20	0.78	0.80
煤矸石砖	16	18	0.74	0.77	18	20	0.78	0.80

注：粉煤灰掺入量(体积比)小于 30% 时，按粘土砖规定判定。

（4）泛霜。泛霜是砖的原料中含有的可溶性盐类在砖使用过程中随水分蒸发而在砖表面产生盐析，常为白色粉末，如图 6.4 所示。轻度泛霜会影响清水墙建筑外观，严重泛霜会由于盐析结晶膨胀，导致砖体的表面粉化剥落，甚至对建筑结构造成破坏。国家标准规定优等品应无泛霜，一等品不允许出现中等泛霜，合格品不得严重泛霜。

图 6.4 烧结砖泛霜

（5）石灰爆裂。当生产砖的原料含有石灰石时，则焙烧砖时石灰石会煅烧成生石灰留在砖内，这时的生石灰为过烧生石灰，这些生石灰在砖内会吸收外界的水分，消化并产生体积膨胀，导致砖发生膨胀性破坏，这种现象称为石灰爆裂。石灰爆裂严重时，会使砖砌体强度下降，甚至破坏。国家标准规定优等品不允许出现最大破坏尺寸大于 2mm 的爆裂区域；一等品不允许出现最大破坏尺寸大于 10mm 的爆裂区域；合格品中每组砖样 2～15mm 的爆裂区不得大于 15 处，其中 10mm 以上的区域不多于 7 处，且不得出现大于 15mm 的爆裂区域。

（6）酥砖和螺纹砖。酥砖指砖坯被雨水淋、受潮、受冻，或在焙烧过程中受热不均等原因，从而产生大量的网状裂纹的砖，这种现象会使砖的强度和抗冻性严重降低。螺纹砖指从挤泥机挤出的砖坯上存在螺纹的砖。它在烧结时不易消除，会导致砖受力时易产生应力集中，使砖的强度下降。产品中不允许有欠火砖、酥砖和螺纹砖。

3）烧结普通砖的应用

烧结普通砖可用于砌筑承重或非承重的内外墙、柱、拱、沟道及基础等，在砌体中配制适当的钢筋或钢丝网，可以代替钢筋混凝土过梁或柱。优等品砖可用于清水墙建筑，合格品砖可用于混水墙建筑，中等泛霜的砖不能用于潮湿部位。烧结普通砖含有一定的孔隙，在砌筑墙体时会吸收砂浆中的水分，使砂浆中的水泥不能正常凝结硬化。因此，在砌筑烧结普通砖时，必须预先使砖吸水润湿方可使用。

普通粘土砖是一种传统墙体材料，具有较高的强度和较好的耐久性，表观密度为 1600～1800kg/m³，吸水率为 6%～18%，导热系数约为 0.55 W/(m·K)。但是，由于生产普通粘土砖破坏耕地，且消耗较多能源，不利于资源保护和环境保护。因此，近年来已逐渐限制使用。

页岩砖成型水分低，成型压力较大，坯体密实性好、变形小，缺棱掉角现象明显低于粘土砖。因此，在外观质量方面，页岩砖产品尺寸偏差小，一般不会出现坯体严重变形及弯曲等外观缺陷。而且页岩砖吸水率较粘土砖低，其抗冻性和耐久性也明显优于粘土砖。页岩砖性能优良，生产无需大量毁田取土，烧砖能耗低，是目前我国大力推广的墙体材料之一。

烧结煤矸石砖抗压强度一般为 10～20MPa，抗折强度为 2.3～5.0MPa，表观密度为 1500kg/m³，在一般工业与民用建筑工程中完全可取代普通粘土砖。

烧结粉煤灰砖抗压强度一般为 10～15MPa，抗折强度为 3～4MPa，表观密度为 1480kg/m³，可代替普通粘土砖用于建筑工程中。

2. 烧结多孔砖

烧结多孔砖是以粘土、页岩、煤矸石等为主要原料经焙烧而成。生产过程与普通烧结砖基本相同，但塑性要求较高。

烧结多孔砖孔多而小，孔洞垂直于受压面，砖的形状如图 6.5 所示。

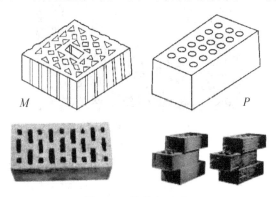

图 6.5　烧结多孔砖

我国多孔砖分为 P 型砖和 M 型砖。P 型砖的外形尺寸为 240mm×115mm×90mm；M 型砖的外形尺寸为 190mm×190mm×90mm。

根据《烧结多孔砖》（GB 13544—2000）的规定，按砖的抗压强度平均值和标准值或单块最小抗压强度值，分为 MU30、MU25、MU20、MU15、MU10 五个强度等级与烧结普通砖完全相同，如表 6-3 所示。强度、抗风化性能合格的砖，根据尺寸偏差、外观质量、孔型及孔洞排列、泛霜、石灰爆裂、吸水率分为优等品(A)、一等品(B)和合格品(C)三个产品等级。尺寸允许偏差、外观质量、抗风化性能应符合相关要求。烧结多孔砖的泛霜及石灰爆裂要求同烧结普通砖，也不允许有欠火砖、酥砖和螺纹砖。

烧结多孔砖孔洞率在35％以下，表观密度为1200kg/m³左右。虽然多孔砖具有一定的孔洞率，使砖受压时有效受压面积减小，但因制坯时承受较大的压力，使砖孔壁致密程度提高，且对原材料要求也较高，这就补偿了因有效面积减少而造成的强度损失，故烧结多孔砖的强度仍较高，常被用于砌筑六层以下的承重墙。

3. 烧结空心砖

烧结空心砖是以粘土、页岩、煤矸石、粉煤灰等为主要原料经焙烧而成。烧结空心砖孔少而大，孔洞平行于受压面，砖的形状如图6.6所示。

图6.6　烧结空心砖

根据《烧结空心砖和空心砌块》（GB 13545—2003）的规定，砖的长、宽、高尺寸应符合下列要求：390mm、290mm、240mm、190mm、180（175）mm、140mm、115mm、90mm（也可由供需双方商定）。

按砖的表观密度分为800、900、1000、1100四个级别。根据抗压强度分为MU10.0、MU7.5、MU5.0、MU3.5、MU2.5五个强度等级，见表6-5。强度、密度、抗风化性能和放射性物质合格的砖和砌块，根据尺寸偏差、外观质量、孔洞排列及其结构、泛霜、石灰爆裂、吸水率分为优等品（A）、一等品（B）、合格品（C）三个质量等级。对于粘土、页岩、煤矸石空心砖和空心砌块优等品要求吸水率不大于16％，一等品吸水率不大于18％，合格品吸水率小于20％。烧结空心砖的泛霜及石灰爆裂要求同烧结普通砖，不允许有欠火砖、酥砖。

表6-5　烧结空心砖和空心砌块的强度等级

强度等级	抗压强度平均值/MPa	变异系数 $\delta \leqslant 0.21$	变异系数 $\delta > 0.21$	密度等级范围/（kg/m³）
		强度标准值/MPa	单块最小抗压强度值/MPa	
MU10	10.0	7.0	8.0	≤1100
MU7.5	7.5	5.0	5.8	≤1100
MU5	5.0	3.5	4.0	≤1100
MU3.5	3.5	2.5	2.8	≤1100
MU2.5	2.5	1.6	1.8	≤800

烧结空心砖孔洞率一般在 35％以上，表观密度为 $800\sim1100kg/m^3$，自重较轻，强度不高，因而多用做非承重墙，如多层建筑内隔墙或框架结构的填充墙等。

目前我国的烧结多孔砖与空心砖主要为烧结粘土多孔砖和烧结粘土空心砖，习惯上将这两类砖统称为空心粘土砖。

与烧结普通粘土砖比较，生产烧结空心粘土砖可节约粘土原材料用量、烧砖燃料，缩短砖坯干燥周期，提高劳动生产率，而且使用空心粘土砖，可减少砖的运输费用，提高砌筑效率，节约砌筑砂浆，降低建筑物自重，提高保温隔热性能，调节室内湿度。因此，烧结多孔砖和空心砖得到越来越广泛的应用，发展高强多孔砖、空心砖也是我国墙体材料改革的方向。

知识要点提醒

烧结多孔砖其开孔方向垂直于受压面；而空心砖其开孔方向平行于受压面。

6.1.2 免烧砖

免烧砖以石灰和含硅材料(砂子、粉煤灰、煤矸石、炉渣和页岩等)加水拌和，经压制成型、蒸汽养护或蒸压养护而成，主要品种有灰砂砖、粉煤灰砖、炉渣砖。

1. 灰砂砖

灰砂砖又称蒸压灰砂砖，是由磨细生石灰或消石灰粉、天然砂和水按一定配比经搅拌混合、陈伏、加压成型，再经蒸压养护而成的，如图 6.7 所示。蒸压养护时蒸汽的温度一般为 $175\sim203℃$，压力为 $0.8\sim1.6MPa$。

图 6.7 灰砂砖

实心灰砂砖的规格尺寸与烧结普通砖相同，其表观密度为 $1800\sim1900kg/m^3$，导热系数约为 $0.61W/(m \cdot K)$。根据《蒸压灰砂砖》(GB 11945—1999)规定，按砖的尺寸偏差、外观质量、强度及抗冻性分为优等品、一等品、合格品。按砖浸水 24h 后的抗压强度和抗折强度分为 MU25、MU20、MU15、MU10 四个等级，见表 6-6。MU25、MU20、MU15 的砖可用于基础及其他建筑，MU10 的砖仅可用于防潮层以上的建筑。

灰砂砖的表面光滑，与砂浆粘结力差，砌筑时灰砂砖的含水率会影响砖与砂浆的粘结力，应使砖含水率控制在 $5\%\sim8\%$。在干燥天气，灰砂砖应在砌筑前 $1\sim2d$ 浇水。砌筑砂浆宜用混合砂浆。

表 6-6 蒸压灰砂砖的性能指标

强度等级	强度指标				抗冻性指标	
	抗压强度/MPa		抗折强度/MPa		5块后抗压强度	单块砖干质量
	平均值≥	单块值≥	平均值≥	单块值≥	平均值(≥)/MPa	损失小于/%
MU25	25.0	20.0	5.0	4.0	20.0	2.0
MU20	20.0	16.0	4.0	3.2	16.0	
MU15	15.0	12.0	3.3	2.6	12.0	
MU10	10.0	8.0	2.5	2.0	8.0	

2. 粉煤灰砖

粉煤灰砖是以粉煤灰、石灰为主要原料，掺入适量石膏和骨料经坯料制备、压制成型、常压或高压蒸汽养护而成。

粉煤灰砖的规格尺寸与烧结普通砖相同，如图 6.6 所示。按《粉煤灰砖》（JC 239—2001）的规定，根据砖的抗压强度和抗折强度分为 MU30、MU25、MU20、MU15、MU10 五个强度等级，见表 6-7。根据砖的尺寸偏差、外观质量、强度等级、干燥收缩分为优等品（A）、一等品（B）、合格品（C）。优等品的强度等级应不低于 MU15 级，优等品和一等品的干燥收缩值不大于 0.65mm/m。

粉煤灰砖是深灰色，表观密度为 1550kg/m³ 左右。粉煤灰砖可用于工业与民用建筑的墙体和基础，使用于基础或易受冻融和干湿交替作用的建筑部位必须为 MU15 及以上强度等级的砖。粉煤灰砖不得用于长期受热（200℃以上）、受急冷急热和有酸性介质侵蚀的建筑部位。用粉煤灰砖砌筑的建筑物，应适当增设圈梁及伸缩缝，或采取其他措施，以避免或减少收缩裂缝的产生。

表 6-7 粉煤灰砖的技术性能指标

强度等级	强度指标				抗冻性指标	
	抗压强度/MPa		抗折强度/MPa		5块后抗压强度	单块砖干质量
	平均值≥	单块值≥	平均值≥	单块值≥	平均值(≥)/MPa	损失小于/%
MU20	20.0	15.0	4.0	3.0	16.0	2.0
MU15	15.0	11.0	3.2	2.4	12.0	
MU10	10.0	7.5	2.5	1.9	8.0	
MU7.5	7.5	5.6	2.0	1.5	6.0	

3. 炉渣砖

炉渣砖（图 6.8）是以炉渣为主要原料，加入适量石灰、石膏（或电石渣、粉煤灰）和水搅拌均匀，并经陈伏、轮碾、成型、蒸汽养护而成。

炉渣砖表观密度一般为 1500～1800kg/m³，吸水率为 6%～18%。按《炉渣砖》(JC 525—1993)规定，炉渣砖按抗压强度和抗折强度分为 MU20、MU15、MU10、MU7.5 四个强度等级，按外观质量及物理性能分为优等品(A)、一等品(B)、合格品(C)三个质量等级。

炉渣砖可用于一般工程的内墙和非承重外墙，其他使用要点与灰砂砖、粉煤灰砖相似。

炉渣砖应避免长期处于高温环境(＞200℃)、急冷急热和有酸性介质侵蚀的建筑部位。

由于蒸养炉渣砖的初期吸水速度较慢，故与砂浆的粘结性能差，在施工时应根据气候条件和砖的不同湿度及时调整砂浆的稠度。对经常受干湿交替及冻融作用的建筑部位(如勒脚、窗台、落水管等)，最好使用高强度的炉渣砖，或采取用水泥砂浆抹面等措施。防潮层以下的建筑部位，应采用 MU15 级以上的炉渣砖，MU10 级的炉渣砖最好用在防潮层以上。

图 6.8　炉渣砖

 知识要点提醒

免烧砖一般应避免用于长期处于高温的环境(＞200℃)、急冷急热交替作用或有酸性介质侵蚀的建筑部位。

6.2　砌　　块

砌块是尺寸较大的块体墙体材料，外形多为直角六面体。砌块系列分为主规格和辅助规格。主规格的长度、宽度或高度有一项或一项以上分别大于 365mm、240mm 或 115mm，但高度不大于长度或宽度的 6 倍，长度不超过高度的 3 倍。砌块不仅尺寸大，制作工艺简单，施工效率高，可改善墙体的热工性能，而且其生产所采用的原材料可以是炉渣、粉煤灰、煤矸石等，从而可充分地利用地方材料和工业废料，因此，砌块应用广泛，它是目前常用的墙体材料。

180

根据主规格尺寸,砌块分为小型砌块、中型砌块和大型砌块。其中,主规格的高度为115～380mm的砌块为小型砌块,简称为小砌块;主规格的高度为380～980mm的砌块为中型砌块,简称为中砌块;主规格的高度大于980mm的砌块为大型砌块,简称为大砌块。目前,我国以中小型砌块使用较多。

砌块按其开孔率大小分为空心砌块和实心砌块两种。实心砌块开孔率小于25%或无孔洞,空心砌块开孔率等于或大于25%。

砌块按其所用主要原料及生产工艺分为水泥混凝土砌块、粉煤灰硅酸盐砌块、石膏砌块、烧结砌块等。

6.2.1 蒸压加气混凝土砌块

蒸压加气混凝土砌块是以钙质材料和硅质材料以及加气剂、少量调节剂,经配料、搅拌、浇注成型,再经切割和蒸压养护而成的多孔轻质块体材料,如图6.9所示。原料中的钙质材料和硅质材料可分别采用石灰、水泥、矿渣、粉煤灰、砂等。根据所采用的主要原料不同,加气混凝土砌块也相应有水泥-矿渣-砂、水泥-石灰-砂、水泥-石灰-粉煤灰三种。

图6.9 蒸压加气混凝土砌块

按《蒸压加气混凝土砌块》(GB/T 11968—1997)的规定,砌块按外观质量、尺寸偏差分为优等品(A)、一等品(B)、合格品(C)三个产品等级。按砌块抗压强度分为10、25、35、50、75五个强度等级,见表6-8。按表观密度分为03、04、05、06、07、08六个级别。其干燥收缩值:温度为(50±1)℃、相对湿度为28%～32%的条件下测定为0.8mm/m;在温度为(20±2)℃、相对湿度为41%～45%的条件下,测定为≤0.5mm/m。抗冻性为冻后质量损失≤5%,强度损失≤20%。

表6-8 蒸压加气混凝土砌块的抗压强度和表观密度级别

强度级别	10	25	35	50	75
抗压强度/MPa	≥1.0	≥2.5	≥3.5	≥5.0	≥7.5
	≥0.8	≥2.0	≥3.8	≥4.0	≥6.0
表观密度级别	03	04、05	05、06	06、07	07、08

砌块具有轻质、保温隔热、隔声、耐火、可加工性能好等特点。加气混凝土砌块的表观密度小，一般仅为粘土砖的1/3，作为墙体材料，可使建筑物自重减轻2/5～1/2，从而降低造价；其导热系数为0.14～0.28 W/(m·K)，仅为粘土砖导热系数的1/5，普通混凝土的1/9，用作墙体可降低建筑物的能耗。

蒸压加气混凝土砌块可用于一般建筑物的墙体，可作多层建筑的承重墙和非承重外墙及内隔墙，也可用于屋面保温。加气混凝土砌块不得用于建筑物基础和处于浸水、高湿和有化学侵蚀的环境(如强酸、强碱或高浓度CO_2)中，也不能用于表面温度高于80℃的建筑部位。加气混凝土砌块是目前应用较广泛的墙体材料。

6.2.2 普通混凝土小型空心砌块

普通混凝土小型空心砌块是由水泥、砂、石加水搅拌，经装模、振动成型，并经养护而成，其开孔率不小于25%。

混凝土小型空心砌块的主体规格尺寸为390mm×190mm×190mm，最小壁厚应不小于30mm，最小肋厚应＞25mm，表观密度一般为1300～1400kg/m³，吸水率为6%～18%，如图6.10所示。

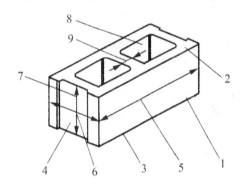

1—条面；2—坐浆面(肋厚较小的面)；3—铺浆面；

4—顶面；5—长度；6—宽度；7—高度；8—壁；9—肋

图6.10 混凝土小型空心砌块的形状

混凝土小型空心砌块分为承重砌块和非承重砌块两类。根据《普通混凝土小型空心砌块》(GB 8239—1997)的规定，按其尺寸偏差、外观质量分为优等品(A)、一等品(B)及合格品(C)三个产品等级。按砌块的抗压强度分为MU20、MU15.0、MU10.0、MU7.5、MU5.0、MU3.5六个等级，见表6-9。相对含水率对于潮湿、中等、干燥地区应分别不大于45%、40%、35%。

表6-9 混凝土小型空心砌块的抗压强度

强度等级	砌块抗压强度/MPa		强度等级	砌块抗压强度/MPa	
	平均值≥	单块最小值≥		平均值≥	单块最小值≥
MU3.5	3.5	2.8	MU10	10.0	8.0
MU5.0	5.0	4.0	MU15	15.0	12.0
MU7.5	7.5	6.0	MU20	20.0	16.0

混凝土砌块的导热系数随混凝土材料及孔型和开孔率的不同而有差异。普通水泥混凝土小型空心砌块开孔率为50%时，其导热系数约为0.26 W/(m·K)。

混凝土小型空心砌块可用于低层和中层建筑的内墙和外墙。这种砌块在砌筑时，一般不宜浇水，但在气候特别干燥炎热时，可在砌筑前稍喷水湿润。砌筑时尽量采用主规格砌块，并应先清除砌块表面污物和砌块孔洞的底部毛边。采用砌块底面朝上，砌块之间应对孔错缝砌筑。

6.2.3 轻骨料混凝土小型空心砌块

轻骨料混凝土小型空心砌块是由水泥、普通砂或轻砂、轻粗骨料加水搅拌，经装模、振动成型，并经养护而成，如图6.11所示。轻骨料有陶粒、煤渣、火山渣、浮石等。

图6.11 蒸压夹心混凝土小型空心砌块

根据《轻骨料混凝土小型空心砌块》(GB 15229—2002)的规定，轻骨料混凝土小型空心砌块主规格尺寸为390mm×190mm×190mm，根据干表观密度变动范围的上限将砌块分为500、600、700、800、900、1000、1200、1400八个表观密度等级，10.0、7.5、5.0、3.5、2.5、1.5六个强度等级，见表6-10。

表6-10 轻骨料混凝土小型空心砌块的强度等级

强度等级	砌块抗压强度/MPa		表观密度等级范围/(kg/m³)
	平均值	最小值	
1.5	≥1.5	1.2	≤600
2.5	≥2.5	2.0	≤800

续表

强度等级	砌块抗压强度/MPa		表观密度等级 范围/(kg/m³)
	平均值	最小值	
3.5	≥3.5	2.8	≤1200
5.0	≥5.0	4.0	
7.5	≥7.5	6.0	≤1400
10.0	≥10.0	8.0	

轻骨料混凝土小型空心砌块可用于工业及民用的建筑承重和非承重墙体，特别适合于高层建筑的填充墙和内隔墙。

6.2.4 粉煤灰硅酸盐中型砌块

粉煤灰硅酸盐砌块简称粉煤灰砌块。粉煤灰中型砌块是以粉煤灰、石灰、石膏和骨料等为原料，经加水搅拌、振动成型、蒸汽养护而制成的密实砌块。通常采用炉渣作为砌块的骨料。粉煤灰砌块原材料组成间的互相作用及蒸养后所形成的主要水化产物等与粉煤灰蒸养砖相似。

按《粉煤灰砌块》（JC 238—91）要求，粉煤灰砌块主规格外形尺寸为 880mm×380mm×240mm 及 880mm×430mm×240mm。砌块的强度等级按其立方体试件的抗压强度分为 10 级和 13 级两个强度等级，其抗压强度、碳化后强度、抗冻性能和表观密度应符合《粉煤灰砌块》（JC 238—91）规定。砌块按其外观质量、尺寸偏差和干缩性能分为一等品（B）和合格品（C）两个产品等级。粉煤灰硅酸盐砌块的表观密度为 1300～1550kg/m³，导热系数为 0.465～0.582 W/(m·K)。

粉煤灰砌块可用于一般工业和民用建筑的墙体和基础，但不宜用于有酸性介质侵蚀的建筑部位，也不宜用于经常处于高温影响下的建筑物。常温施工时，砌块应提前浇水湿润；冬季施工时砌块不得浇水湿润。粉煤灰砌块的墙体内外表面宜作粉刷或其他饰面，以改善隔热和隔声性能，并防止外墙渗漏，提高耐久性。

6.3 墙用板材

墙用板材是框架结构建筑的组成部分，起围护和分隔的作用。墙用板材面积大、自重轻，具有便于工业化生产、安装快、施工效率高的优势，同时还可提高建筑物的抗震性能，增加建筑物的使用面积，节省生产和使用能耗，墙用板材是近年来发展迅速的墙体材料。墙用板材品种很多，大体上可分为薄板材、墙用条板、新型复合墙板 3 类。

（1）薄板材主要以薄板和龙骨组成墙体。薄板品种很多，用量最大的是纸面石膏板，其次有各种石棉水泥板、纤维增强硅酸钙板等。此外，水泥木屑板、水泥刨花板、稻壳板、蔗渣板、竹篾胶合板等也可作为墙用薄板。这类墙体的最大特点是轻质、高强，应用形式灵活，施工方便。

（2）墙用条板主要有加气混凝土条板及轻质空心隔墙板。由于条板尺寸比砌块大，甚至还可拼装成大板，故施工简便、迅速，是目前我国常用的一种墙用板材。

（3）目前我国已用于建筑的复合墙体材料主要有钢丝网泡沫塑料墙板（又称泰柏板）、混凝土岩棉复合板、超轻隔热夹心板等。复合墙板具有较好的保温、隔热、防水、隔声和承重等多种功能。

6.3.1 石膏板

石膏板在我国轻质墙板的使用中占有很大比重，石膏板有纸面石膏板、无护面纸纤维石膏板、石膏空心条板、装饰石膏板等多种。

1. 纸面石膏板

纸面石膏板有普通纸面石膏板（P）、耐水纸面石膏板（S）、耐火纸面石膏板（H）三种。

普通纸面石膏板是以建筑石膏为主要原料，加入适量纤维类增强材料以及少量外加剂，经加水搅拌成料浆，浇注在纸面上，成型后再覆以护面纸，经固化、切割、烘干、切边而成，如图 6.12 所示。普通纸面石膏板所用的纤维类增强材料有玻璃纤维、纸浆等。所用的护面纸必须有一定强度，且与石膏芯板能粘结牢固。若在板芯配料中加入防水、防潮外加剂，并用耐水护面纸，即可制成耐水纸面石膏板；若在配料中加入适量轻骨料、无机耐火纤维增强材料构成耐火芯材，即为耐火纸面石膏板。

图 6.12　纸面石膏板

纸面石膏板规格一般如下。

长度有：1800mm、2100mm、2400mm、2700mm、3000mm、3300mm、3600mm。

宽度有：900mm、1200mm。

厚度有：9.5mm、12mm、15mm、18mm、21mm、25mm。

按《纸面石膏板》（GB/T 9775—1999）的规定，纸面石膏板与其他石膏制品一样具有质轻（表观密度为 $800\sim1000kg/m^3$）、表面平整、易加工装配、施工简便等特点。此外，还具有调湿、隔声（12mm 厚的板，隔声量为 28dB，若与矿棉等组成复合板，隔声量可达48dB）、隔热[石膏板导热系数低，一般为 0.194～0.209 W/(m·K)]以及防火等多种功能。

普通纸面石膏板可用于一般工程的内隔墙、墙体覆面板、天花板和预制石膏板复合隔墙板。在厨房、厕所以及空气相对湿度经常＞70％的潮湿环境中使用时，必须采取相应的防潮措施。

耐水纸面石膏板可用于相对湿度＞75％的浴室、厕所、盥洗室等潮湿环境下的吊顶和隔墙，若表面再做防水处理，效果更好。

耐火纸面石膏板主要用于对防火有较高要求的房屋建筑中。

纸面石膏板可与石膏龙骨或轻钢龙骨共同组成隔墙。这类墙体可大幅度减少建筑物自重，增加建筑的使用面积，提高建筑物中房间布局的灵活性和抗震性，缩短施工周期。

2. 纤维石膏板

纤维石膏板是以石膏为主要原料，以木质刨花、玻璃纤维或纸筋等为增强材料，经铺浆、脱水、成型、烘干等加工而成。按板材结构分，有单层纤维石膏板（又称均质板）和三层纤维石膏板；按用途分为复合板、轻质板（表观密度为 $450\sim700kg/m^3$）和结构板（表观密度为 $1100\sim1200kg/m^3$）等不同类型。其长度为 $1200\sim3000mm$；宽度为 $600\sim1220mm$；厚度为 $10mm$、$12mm$；导热系数为 $0.18\sim0.19\ W/(m\cdot K)$；隔声指数为 $36\sim40dB$。

与纸面石膏板相比，纤维石膏板的优点是强度高，易于安装，板体密实，不易损坏，可锯可钉性好，螺钉拔出力强，密度高，隔声较好，无护面纸，耐火性能好，表面不会燃烧，充分利用废纸资源。但纤维石膏板也存在表观密度较大，板上划线较难，表面不够滑度，价格较高，投资较大等不足。

纤维石膏板一般用于非承重内隔墙、天棚吊顶、内墙贴面等。

3. 石膏空心板

石膏空心板（图 6.13）是以石膏或化学石膏为主要材料，加入少量增强纤维，并以水泥、石灰、粉煤灰等为辅胶结料，经浇注成型、脱水烘干制成。石膏空心板的特点是表面平整光滑、洁白，板面不用抹灰，只在板与板之间用石膏浆抹平，并可在其上喷刷或贴各种饰面材料，而且防滑性能好，质量轻，可切割、锯、钉，空心部位还可预埋电线和管件，安装墙体时可以不用龙骨，施工简单。

图 6.13　石膏空心条板

石膏空心板长度为 2500～3000mm；宽度为 500～600mm；厚度为 60～90mm。一般有 7 孔或 9 孔的条形板材。其表观密度为 600～900kg/m³，抗折强度为 2～3MPa，导热系数为 0.20W/(m·K)，隔声指数不小于 30dB，耐火极限为 1～2.5h。石膏空心板一般适用于高层建筑、框架轻板建筑及其他各类建筑的非承重内隔墙。

4. 石膏刨花板

石膏刨花板是以建筑石膏为胶结材，木质刨花为增强材料，外加适量的缓凝剂和水，采用半干法生产工艺，在受压状态下完成石膏与木质材料的固结而制成的板材。

石膏刨花板可分为素板和表面装饰板。素板(即未经装饰的石膏刨花板)表观密度一般为 1100～1300kg/m³，规格尺寸为(2400～3050)mm×1220mm×(8～28)mm。表面装饰板主要包括微薄木饰面石膏刨花板、三聚氰胺饰面石膏刨花板、PVC 薄膜饰面石膏刨花板等。

石膏刨花板轻质、高强并具有一定的保温性能，可钉、可锯，装饰加工性能好，不含挥发性刺激物，属于绿色环保型新型建筑材料。其质量轻，整体性好，具有良好的抗震能力。由于石膏刨花板的上述特点，因此适于做公用建筑与住宅建筑的隔墙、吊顶以及复合墙体基材等。用做墙体材料，适合用于纸面石膏板的配套龙骨，对石膏刨花板也同样适用。表面装饰板被广泛应用于天花板、隔墙板和内墙装修。

6.3.2 纤维水泥板

纤维水泥板(图 6.14)是以短切中碱玻璃纤维或抗碱玻璃纤维为增强材料，低碱度硫铝酸盐水泥为胶结料，经制坯、蒸汽养护等工序制成的。其中掺有石棉纤维的称为 TK 板，不掺石棉纤维的称为 NTK 板。一般长度为 1200～2800mm，宽度为 800～1200mm，厚度为 4mm、5mm 和 6mm。

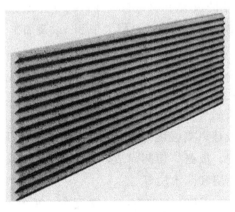

图 6.14 纤维水泥板

纤维水泥板具有强度高(加压板抗折强度为 15MPa，抗冲击强度≥0.25 J/cm²)，防火(6mm 板双面复合墙耐火极限为 47min)，防潮，不易变形，以及可锯、可钻、可钉等优点。

纤维水泥板适用于各类建筑物,特别是高层建筑有防火防潮要求的隔墙,也可用做吊顶板和墙裙板。纤维水泥板表观密度≥1700kg/m³,吸水率≤20%。表面经涂覆处理的纤维水泥加压板,可用做建筑物非承重外墙外侧与内侧的面板。

6.3.3 GRC空心轻质墙板

GRC空心轻质墙板是以低碱水泥为胶结料、抗碱玻璃纤维网格布为增强材料、膨胀珍珠岩为骨料(也可用炉渣、粉煤灰等),并配以发泡剂和防水剂等,经配料、搅拌、浇注、成型、养护而成,如图6.15所示。

图6.15 GRC空心轻质墙板

GRC空心轻质墙板一般长度为2500～3500mm,宽度为600mm,厚度为60mm、70mm、80mm、90mm、120mm。板的外形与石膏空心条板相似。

GRC空心轻质墙板具有质轻(60mm厚板、35kg/m²)、强度高(抗折荷载,60mm厚的板大于1300N,120mm厚的板大于3000N)、隔热[导热系数不大于0.2 W/(m·K)]、隔声(隔声指数为34～40dB)、不燃(耐火极限大于2h)以及加工方便等优点。

GRC空心轻质墙板主要用于工业和民用建筑的内隔墙。

6.3.4 预应力混凝土空心墙板

预应力混凝土空心墙板是以高强度低松弛预应力钢绞线、早强水泥、砂、石为原料,经张拉、搅拌、挤压、养护、放张、切割而成,如图6.16所示。使用时按要求可配以泡沫聚苯乙烯保温层、外饰面层和防水层等。

预应力空心墙板长度为2100～6600mm,宽度为500～1200mm,高度为120mm、180mm。其外饰面层可做成彩色水刷石、剁斧石、喷砂、釉面砖等多种式样。

预应力空心墙板可用于承重或非承重外墙板、内墙板、楼板、屋面板、雨篷和阳台板等。

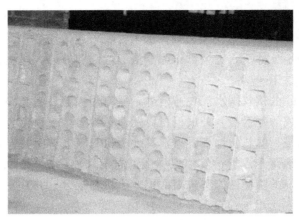

图 6.16 预应力混凝土空心墙板

6.3.5 钢丝网夹芯板

钢丝网夹芯板是以钢丝制成不同的三维空间结构以承受荷载，选用发泡聚苯乙烯或半硬质岩棉板或玻纤板为保温芯材而制成的一类轻型复合板材。例如，泰柏板、GY 板、舒乐板、三维板、万力板等。板的名称不同，但板的基本结构相似。板的综合性能与钢丝直径，网格尺寸及焊接强度，横穿钢丝的焊点数量和焊接强度，夹芯板的材质、密度和厚度以及水泥砂浆的厚度等均有密切关系。

钢丝网聚苯乙烯夹芯板(即泰柏板)是以钢丝桁条排列组成，桁条之间装有断面为 $50\text{mm} \times 57\text{mm}$ 的聚苯乙烯作保温隔声材料，然后将钢丝桁条和条状轻质材料压至所要求的墙板宽度，再在墙体两个表面上用钢丝横向焊接于钢丝桁条上，使墙体构成一个牢固的钢丝网笼，并用水泥砂浆抹面或喷涂，其构造如图 6.17 所示。

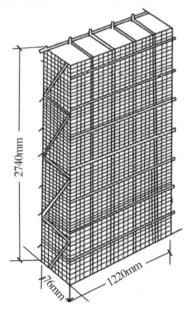
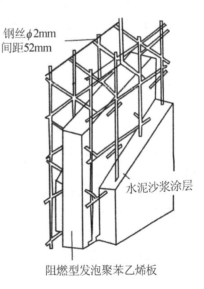

图 6.17 钢丝网聚苯乙烯夹心板

钢丝网聚苯乙烯夹芯板质量轻(两面抹水泥砂浆后质量约 90kg/m³),绝热隔声性能好(热阻 0.64m² · K/W,隔声指数为 45dB),加工方便,施工速度快,主要用于宾馆、办公楼等的内隔墙,在一定条件下,也可以作为承重的内墙和外墙。这类板的特点是:耐久性好,施工速度较快,易于造型。

轻型复合板除上述的钢丝网水泥夹芯板外,还有用各种高强度轻质薄板为外层、轻质绝热材料为芯材而组成的复合板。外层板材可用彩色镀锌钢板、铝合金板、不锈钢板、高压水泥板、木质装饰板、塑料装饰板,以及其他无机材料、有机材料合成的板材。轻质绝热芯材可用阻燃型发泡聚苯乙烯、发泡聚氨酯、岩棉和玻璃棉等。此种板的最大特点是:质轻、隔热,具有良好的防潮性能和较高的抗弯、抗剪强度,并且安装灵活快捷,可多次拆装、重复使用,故广泛用于厂房、仓库、净化车间、办公楼、商场等,还可用于加层、组合式活动房、室内隔断、天棚、冷库等。

6.4 屋面材料

屋面材料主要起防水、隔热保温、防渗漏等作用,瓦是常用的屋面材料。瓦的种类较多,按成分分为粘土瓦、混凝土瓦、石棉水泥瓦、钢丝网水泥大瓦、聚氯乙烯瓦、玻璃钢瓦等。

6.4.1 粘土瓦

烧结粘土瓦是传统的屋面材料,是以粘土为主要原料,加适量水搅拌均匀后,经模压成型或挤出成型,再经干燥、焙烧而成的。按颜色分,有红瓦和青瓦两种;按用途分有平瓦和脊瓦两种。平瓦用于屋面,脊瓦用于屋脊。

粘土瓦由于其自重大,质脆,易破碎,且使用大量粘土原材料,对水土资源破坏较大,生产能耗较高,性能较差,因此其生产及使用已逐渐减少。

6.4.2 石棉水泥瓦

石棉水泥瓦是用水泥和石棉为原料,经加水搅拌,压滤成型,养护而成。石棉水泥瓦分大波瓦、中波瓦、小波瓦和脊瓦四种。

石棉水泥瓦单张面积大,并具有防火、防腐、耐热、耐寒、质轻等特点,适用于简易工棚、仓库及临时设施等建筑物的屋面。但石棉纤维对人体健康有害,现在常采用耐碱玻璃纤维和有机纤维生产水泥波瓦。

6.4.3 钢丝网水泥大波瓦

钢丝网水泥大波瓦是用普通水泥和砂子加水拌和后浇模,中间放置一层冷拔低碳钢丝网,成型后再经养护而成的大波波形瓦。这种瓦的尺寸为 1700mm×830mm×14mm,块重较大[(50±5)kg/块]，适于做工厂散热车间、仓库及临时性建筑的屋面，有时也可用做这些建筑的围护结构。

6.4.4 聚氯乙烯波纹瓦

聚氯乙烯波纹瓦又称塑料瓦楞板，它是以聚氯乙烯树脂为主体，加入其他配合剂，经塑化、压延、压波而制成的波形瓦，其规格尺寸为 2100mm×(1100～1300)mm×(1.5～2)mm。这种瓦质轻、防水、耐腐、透光、有色泽，常用做车棚、凉棚、果棚等简易建筑的屋面，另外也可用做遮阳板。

6.4.5 玻璃钢波形瓦

玻璃钢波形瓦是用不饱和聚酯树脂和玻璃纤维为原料，经手工糊制而成的波形瓦，其尺寸长为 1800～3000mm，宽为 700～800mm，厚为 0.5～1.5mm。这种波形瓦质轻、强度高、耐冲击、耐高温、透光、有色泽，适用于建筑遮阳板及车站月台、凉棚等的屋面。

6.4.6 琉璃瓦

琉璃瓦是用难熔粘土制坯，经干燥、上釉后焙烧而成，颜色有绿、黄、蓝、青等。琉璃瓦可分为三类：瓦类(板瓦、滴水瓦、筒瓦、沟瓦)、脊类以及饰件类(吻、博古、兽)。琉璃制品色彩绚丽，造型古朴，质坚耐久，用它装饰的建筑物富有我国传统的民族特色，主要用于具有民族特色的宫殿式房屋和园林中的亭、台、楼阁等。

本 章 小 结

本章根据目前我国最新颁布的烧结砖、免烧砖、砌块和墙用板材的相关规范、规程和标准，对烧结砖、免烧砖、砌块和墙用板材的分类、技术性能和选用等进行了系统的讨论，明确指出不同墙材可满足不同建筑工程的技术要求。

随着我国相关部门大力推进"节能建筑"的步伐，以及国家对生产建筑制品节能减排的严格要求，新型墙材的应用与研究已成为相关行业关注的重点。因此，本章对免烧砖和墙用板材等进行了比较详细的讨论。

习 题

1. 填空题

(1) 烧结砖根据其开孔率大小分为＿＿＿＿＿＿＿＿＿＿＿。

（2）鉴别过火砖和欠火砖的常用方法是＿＿＿＿＿＿＿＿＿＿＿＿。

（3）烧结普通砖在砌筑墙体前一定要浇水湿润，其目的是为了＿＿＿＿＿＿＿＿＿＿。

（4）烧结普通砖质量等级的划分依据是＿＿＿＿＿＿＿＿＿＿＿＿。

（5）根据生产工艺不同砌墙砖一般分为＿＿＿＿＿＿＿＿＿＿＿＿。

（6）烧结普通砖的外形尺寸一般为＿＿＿＿＿＿＿＿＿＿＿＿。

（7）砌墙空心砖是指＿＿＿＿＿＿＿＿＿＿＿＿。

（8）烧结普通砖的技术性能一般包括＿＿＿＿＿＿＿＿＿＿＿＿。

（9）每立方米墙体需烧结普通砖＿＿＿＿＿＿＿＿＿＿＿＿。

2．判断题

（1）烧砖时窑内为氧化气氛制得青砖，还原气氛制得红砖。 （ ）

（2）烧结多孔砖和空心砖都可以用于六层以下建筑物的承重墙。 （ ）

（3）根据变异系数的不同，确定烧结普通砖强度等级分为平均值-标准值法或平均值-单块最小值法。 （ ）

（4）烧结多孔砖和空心砖都具有自重小、绝热性能好的优点，故它们均适合用来砌筑建筑物的内外墙体。 （ ）

3．问答题

（1）普通粘土砖的强度等级是怎样划分的？质量等级是依据砖的哪些具体性能划分的？

（2）烧结多孔砖和空心砖的强度等级是如何划分的？各有什么用途？

（3）什么是烧结普通砖的泛霜和石灰爆裂？它们对砌筑工程有何影响？

（4）烧结粘土砖在砌筑施工前为什么一定要浇水润湿？

（5）某工地备用红砖10万块，在储存两个月后，尚未砌筑施工就发现有部分砖自裂成碎块，试解释这是因何原因所致。

（6）目前所用的墙体材料有哪几种？简述墙体材料的发展方向。

4．计算题

现有一批普通烧结砖的强度等级不详，故施工单位按规定方法抽取砖样10块送至相关部门检测。经测试10块砖样的抗压强度值分别为21.6MPa、22.0MPa、20.9MPa、22.8MPa、19.6MPa、21.9MPa、20.2MPa、19.0MPa、18.3MPa、19.9MPa，试确定该砖的强度等级。

第7章
沥青与沥青混合料

本章教学要点

知识要点	掌握程度	相关知识
沥青的分类	了解	石油沥青与煤沥青的不同点
石油沥青的技术性能和指标	重点掌握	粘性、延性、温度敏感性、大气稳定性
石油沥青制品及选用	熟悉	各种改性沥青的特点及应用
冷底子油和沥青胶沥青制品	掌握	材料组成、技术性能及应用
沥青混合料	熟悉	分类、组成、技术性质及应用

本章技能要点

技能要点	掌握程度	应用方向
石油沥青牌号的确定与相关性能的关系	重点掌握	沥青的选用、质量鉴定及管理
沥青混合料配合比的质量控制	熟悉	沥青混合料配制、管理、成本控制等
改性石油沥青制品特点及选用	掌握	合理选择防水防潮制品

沥青是一种土木工程中应用较多的有机胶凝材料，它是由一些极为复杂的高分子碳氢化合物及其非金属(氧、硫、氮等)衍生物所组成的混合物，在常温下呈固体、半固体或粘稠液体的形态。沥青是憎水性材料，几乎不溶于水，且构造致密，具有良好的防水性；沥青能抵抗一般酸、碱、盐类等侵蚀性液体和气体的侵蚀，具有较强的抗腐蚀性；沥青能紧密粘附于矿物材料的表面，具有很好的粘结力；同时，它还具有一定的塑性，能适应基材的变形。因此，沥青被广泛应用于防水防潮工程、防腐工程、道路工程、水工结构等，如图 7.1 所示为沥青路面。

图 7.1　沥青路面

7.1 沥青的分类及石油沥青的基本结构组成

7.1.1　沥青的分类

沥青按产源不同分为地沥青和焦油沥青两大类，如图 7.2 所示。地沥青中有石油沥青与天然沥青；焦油沥青则有煤沥青和页岩沥青等。土木工程中主要使用石油沥青和煤沥青，也有少量使用天然沥青的。

图 7.2　沥青的分类

1. 石油沥青

石油沥青是石油原油经蒸馏提炼出各种轻质油(如汽油、柴油等)及润滑油后的残留物，再经加工而得的产品，颜色为褐色或黑褐色。采用不同产地的原油及不同的提炼加工方式，可以得到组成、性质各异的多种石油沥青品种。按用途不同将石油沥青分为道路石油沥青、建筑石油沥青、防水防潮石油沥青和普通石油沥青，在大量的土木工程中更多的是使用石油沥青，所以本章主要讨论石油沥青的各种性能和应用，对煤沥青只作概略的介绍。

2. 煤沥青

煤沥青是生产焦炭和煤气的副产物。烟煤在干馏过程中的挥发物质，经冷凝而成黑色粘性液体称为煤焦油，再经分馏加工提取轻油、中油、重油及蒽油之后所得残渣即为煤沥青。

根据蒸馏程度不同，煤沥青分为低温沥青、中温沥青和高温沥青3种。土木工程中所采用的煤沥青多为粘稠或半固体的低温沥青。

煤沥青的主要组分为油分、树脂、游离碳等，还含有少量酸、碱物质，与石油沥青相比，煤沥青有以下特点。

（1）温度敏感性较大。组分中所含可溶性树脂多，由固态或粘稠态转变为粘流态（或液态）的温度间隔较窄，夏天易软化流淌，冬天易脆裂。

（2）大气稳定性较差。所含挥发性成分和化学稳定性差的成分较多，在光、热、氧和水蒸气等长期作用下，煤沥青的组成变化较大，容易硬脆。

（3）塑性较差。所含游离碳较多，容易因变形而开裂。

（4）因为含表面活性物质较多，所以与矿料表面粘附力较强。

（5）防腐性好。因含有酚、蒽等物质，防腐能力较强，故适用于木材的防腐处理。但防水性不如石油沥青，因为酚易溶于水。施工中要遵守有关操作和劳保规定，防止中毒。

煤沥青与石油沥青的外观和颜色大体相同，使用中必须注意区分，以防掺混使用而产生沉渣变质，失去胶凝性。两者的简易鉴别方法见表7-1。

表7-1 煤沥青与石油沥青简易鉴别方法

鉴别方法	石油沥青	煤沥青
密度/(g/cm³)	约1.0	约1.25
锤击	韧性较好，有弹性感，声哑	韧性差(性脆)，声清脆
燃烧	烟无色，无刺激性臭味	烟呈黄色，有刺激性臭性
溶液颜色	用30～50倍汽油或酒精溶化，用玻璃棒滴于滤纸上，斑点呈棕色	用30～50倍汽油或酒精溶化，用玻璃棒滴于滤纸上，滤纸上斑点有两圈，外棕内黑

 知识要点提醒

虽然煤沥青防腐性好，但加热后其气体具有一定的毒性，所以一般只在长期阴湿环境的防潮防水工程中才使用。

7.1.2 石油沥青的基本结构组成

由于沥青的化学组成十分复杂，对组成进行分析很困难，且化学组成并不能反映其性

质的差异，所以一般不作沥青的化学分析，而从使用角度将沥青中化学成分及物理力学性质相近的成分划分为若干个组，称之为组分。各组分含量的多少与沥青的技术性质有着直接的关系。石油沥青一般由油分、树脂、地沥青质等组成。

（1）油分。油分为淡黄色至红褐色的油状液体，是沥青中分子量最小、密度最小的组分。石油沥青中油分的含量为 $40\%\sim60\%$。油分赋予沥青以流动性。

（2）树脂。树脂又称沥青脂，为黄色至黑褐色粘稠状物质（半固体），分子量比油分大。石油沥青中树脂的含量为 $15\%\sim30\%$，沥青树脂使沥青具有良好的塑性和粘性。

（3）地沥青质。地沥青质为深褐色至黑色固态无定形物质，分子量比树脂更大。地沥青质是决定石油沥青温度敏感性、粘性的重要组分，含量在 $10\%\sim30\%$。其含量越高，沥青的温度敏感性越小，软化点越高，粘性越大，也越硬脆。

此外，石油沥青中还含有 $2\%\sim3\%$ 的沥青碳和似碳物，呈无定形黑色固体粉末状，在石油沥青组分中分子量最大，它会降低石油沥青的粘结力。石油沥青中还含有蜡。蜡也会降低石油沥青的粘结力和塑性，同时对温度特别敏感，即温度稳定性差，故蜡是石油沥青的有害成分。

知识要点提醒

与大多数土木工程材料不同，石油沥青的组分在光、热、氧和水蒸气等长期作用下油分会变成树脂，树脂会变成地沥青质。

7.2 沥青的基本性质

1. 粘滞性

粘滞性又称粘性或稠度，它所反映的是沥青材料内部阻碍其相对流动和抵抗剪切变形的性质，也是沥青材料软硬、稀稠程度的表征。粘滞性的大小与组分及温度有关，若地沥青质含量较高，又有适量树脂，而油分含量较少时，则粘滞性较大；在一定温度范围内，当温度升高时，则粘滞性随之降低，反之则增大，如图 7.3 所示。

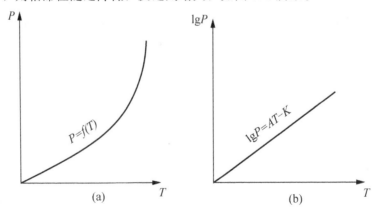

图 7.3 沥青针入度-温度关系曲线

沥青粘滞性大小的表示有绝对粘度和相对粘度两种。测定相对粘度的主要方法有标准粘度法和针入度法。粘稠石油沥青(固体或半固体)的相对粘度是用针入度仪测定的针入度来表示。针入度值越小，表示粘度越大。

对于液体石油沥青或较稀的石油沥青的相对粘度，可用标准粘度计测定的标准粘度表示。标准粘度是在规定温度(20℃、25℃、30℃ 或 60℃)、规定直径(3mm、5mm 或 10mm)的孔口流出 50cm³ 沥青所需的时间秒数，用符号"$C_t^d T$"表示，d 为流孔直径，t 为试样温度，T 为流出 50cm³ 沥青所需的时间。如图 7.4 所示为粘度测定示意图。

粘稠石油沥青的针入度是在规定温度(25±0.1)℃条件下，以规定质量的标准针，经历规定时间 5 s 贯入试样中的深度，以 1/10mm 为单位表示，如图 7.5 所示。

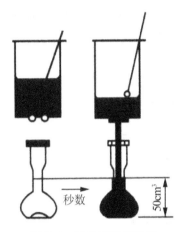

图 7.4　粘度测定示意图

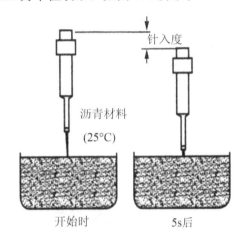

图 7.5　针入度测定示意图

2. 塑性

沥青的塑性可衡量沥青开裂后的自愈能力及受机械作用后变形而不破坏的能力。

塑性好的沥青适应变形的能力强，在使用中能随建筑结构的变形而变形，沥青层保持完整而不开裂。当受到冲击、振动荷载时，能吸收一定的能量而不破坏，还能减少摩擦产生的噪声。故塑性好的沥青不仅能配制性能良好的柔性防水材料，也是优良的道路路面材料。

石油沥青的塑性用延度来表示，如图 7.6 所示。延度越大，塑性越好。延度测定是把沥青制成"∞"形标准试件，置于延度仪内(25±0.5)℃的水中，以(5±0.25)cm/min 的速度拉伸，用拉断时的长度(cm)表示，如表 7－2 所示。

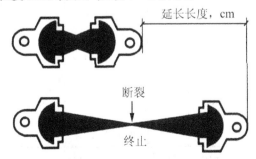

图 7.6　延度测定示意图

3. 温度敏感性

温度敏感性是指石油沥青的粘滞性和塑性随温度的升降而变化的性能。由于沥青是一种高分子非晶态热塑性物质，故没有固定的熔点。当温度升高时，沥青由固态或半固态（或称高弹态）逐渐软化，内部分子间产生相对滑动，即产生粘性流动，这种状态称为粘流态。反之，当温度降低时，沥青则从粘流态逐渐凝固为固态，甚至变硬变脆，成为玻璃态。

沥青的温度敏感性大，则其粘滞性和塑性随温度的变化幅度就大。而土木工程中希望沥青材料具有较高的温度稳定性。因此，实际应用中一般选用温度敏感性较小的沥青，在施工中通过加入滑石粉、石灰石粉等矿物填料，减小其温度敏感性。

温度敏感性以软化点表示，如图 7.7 所示。沥青软化点一般采用环球法测定。把沥青试样装入规定尺寸的铜环内，上置直径为 9.5mm、质量为 (3.50 ± 0.05)g 的标准钢球，浸入水或甘油中，以规定的速度升温（5℃/min），当沥青软化裹着钢球下垂至规定距离（24.5mm）时的温度即为软化点，以℃计，见表 7-2。

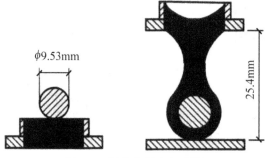

图 7.7　软化点测定示意图

表 7-2　道路石油沥青和建筑石油沥青的技术标准

质量指标	道路石油沥青 (SH 0522—2000)							建筑石油沥青 (GB/T 494—1998)		
	A-200	A-180	A-140	A-100 甲	A-100 乙	A-60 甲	A-60 乙	40 号	30 号	10 号
针入度(25℃，100g) /(1/10mm)	201～300	161～200	121～160	91～120	81～120	51～80	41～80	36～50	26～35	10～25
延度(25℃)(≥)/cm	—	100	100	90	60	70	40	3.5	2.5	1.5
软化点(环球法)/℃	30～45	35～45	38～48	42～52	42～52	45～55	45～55	>60	>75	>95
溶解度(三氯乙烯，四氯化碳或苯)(≥)/%	99	99	99	99	99	99	99	99.5	99.5	99.5
蒸发损失(160℃，5h) (≥)/%	1	1	1	1	1	1	1	1	1	1
蒸发后针入度 (≥)/%	50	60	60	65	65	70	70	65	65	65
闪点(开口)(≥)/%	180	200	230	230	230	230	230	230	230	230

注：若 25℃延度达不到，15℃延度达到时，也认为是合格的。

4. 大气稳定性

大气稳定性是指石油沥青在光、热、氧和水蒸气等长期作用下油分变成树脂、树脂变成地沥青质的过程，也称为沥青的老化。

石油沥青的大气稳定性以加热蒸发损失百分率和加热前后针入度比来评定。其测定方法是先测沥青试样的质量及其针入度，然后将试样置于烘箱中，在160℃下加热蒸发5h，待冷却后再测定其质量及针入度。计算出蒸发损失质量占原质量的百分数，称为蒸发损失百分率；标出蒸发后针入度占原针入度的百分数，称为蒸发后的针入度比。蒸发损失百分率越小或蒸发后针入度比越大，则表示沥青的大气稳定性越好，即老化越慢。

以上性质是石油沥青材料的重要技术性质，针入度、延度及软化点等3项指标是划分石油沥青牌号的依据。此外，还应了解石油沥青的其他性质（如溶解度、闪点及燃点），以评定沥青的品质和保证施工安全。

5. 其他技术性能

溶解度是指石油沥青在有机溶剂（如三氯乙烯、四氯化碳等）中溶解的百分率，以表示石油沥青中有效物质的含量，即纯净程度。

闪点（也称闪火点）是指加热沥青至挥发出的可燃气体与空气的混合物在规定条件下与火焰接触，初次闪火（有蓝色闪光）时的沥青温度（℃）。

燃点（也称着火点）是指加热沥青产生的气体与空气的混合物，与火焰接触能持续燃烧5s以上，此时沥青的温度即为燃点（℃）。燃点温度约比闪点温度约高10℃。

闪点和燃点的高低表明沥青引起火灾或爆炸的可能性大小，在运输、贮存和加热使用时应予以注意。沥青加热温度不允许超过闪点，更不能达到燃点。如建筑石油沥青闪点约230℃，在熬制时一般温度为185～200℃，为安全起见，沥青应与火焰隔离。

7.3 沥青的技术要求与选用

1. 石油沥青的技术标准

表7-2、表7-3列出了各品种石油沥青的技术标准。由表7-2可看出，道路石油沥青、建筑石油沥青和普通石油沥青都是按针入度指标划分牌号。同一品种石油沥青材料中，牌号越小，沥青越硬；牌号越大，沥青越软。同时随着牌号增大，沥青的粘性减小（针入度增大），塑性增大（延度增大），温度敏感性增大（软化点降低）。

防水、防潮石油沥青按针入度划分牌号，还增加了保证低温变形性能的软化点指标。随着牌号增大，其针入度指数增大，温度敏感性增大，软化点降低，应用温度范围扩大。

表 7-3　重交通道路石油沥青的技术标准

质量指标		重交通道路石油沥青(GB/T 15180—2000)				
		AH-130	AH-110	AH-90	AH-70	AH-50
针入度(25℃，100g，5s)/(1/10mm)		121~140	101~120	80~100	60~80	40~60
延度(15℃，15cm/min)(≥)/cm		100	100	100	100	100
软化点(环球法)/℃		40~50	41~51	42~52	44~54	45~55
溶解度(三氯乙烯)(≥)/%		99.0				
含蜡量(蒸馏法)(≤)/%		3				
薄膜烘箱加热试验(160℃，5h)	质量损失(≤)/%	1.3	1.2	1.0	0.8	0.6
	针入度比(≥)/%	45	48	50	55	58
	延度(25℃)(≥)/cm	75	75	75	50	40
	延度(15℃)(≥)/cm					
闪点(开口)(≥)/%		230				

知识要点提醒

　　一般情况下石油沥青按针入度指标划分牌号。牌号越大，沥青的粘性越小，塑性增大，温度敏感性增大。

2. 石油沥青的选用

　　选用沥青材料时，应根据工程性质(道路、房屋、防腐等)及当地气候条件，所处工程部位(屋面或地下等)来选用不同品种和牌号的沥青。

　　道路石油沥青牌号较多，主要用于道路路面或车间地面等工程。用于二级以下公路和城市次干路、支路路面，应选用中、轻交通量道路石油沥青；用于高速公路、一级公路和城市快速路、主干道路面，应选用重交通量道路石油沥青。一般拌制成沥青混合料使用。道路石油沥青还可作密封材料、粘结剂及沥青涂料等。

　　建筑石油沥青粘性大，耐热性较好，且塑性较好，可用于制造油毡、油纸、防水涂料和沥青胶，主要用于屋面及地下防水、沟槽防水、防腐蚀及管道防腐等工程。一般屋面防水用沥青材料的软化点应比当地夏季屋面最高温度高 20℃ 以上，以避免夏季沥青软化流淌，但软化点也不宜过高，否则冬季易发生低温冷脆开裂。

　　防水防潮石油沥青的温度稳定性较好，适合作油毡的涂覆材料及建筑屋面和地下防水的粘结材料。牌号从 3 号到 5 号，沥青温度敏感性逐渐变小。6 号沥青质地较软，温度敏感性也小，主要适用于寒冷地区的屋面及其他防水防潮工程。

　　普通石油沥青含蜡较多，一般含量大于 5%，有的高达 20% 以上(称多蜡石油沥青)，故温度敏感性较大。因此，在土木工程中只能与其他种类石油沥青掺配使用，而不宜在工程中单独使用。

7.4 沥青的掺配、改性及主要制品

7.4.1 石油沥青的掺配

当不能获得相应牌号的沥青时，可采用两种牌号或几种牌号的石油沥青掺配使用，但不能与煤沥青相掺配。两种石油沥青的掺配比例可用下式估算：

$$Q_1 = \frac{T_2 - T}{T_2 - T_1} \times 100\% \tag{7.1}$$

$$Q_2 = 100 - Q_1 \tag{7.2}$$

式中　Q_1——较软石油沥青用量，%；

　　　Q_2——较硬石油沥青用量，%；

　　　T——掺配后的石油沥青软化点，℃；

　　　T_1——较软石油沥青软化点，℃；

　　　T_2——较硬石油沥青软化点，℃。

【应用实例 7-1】

某建筑工程需做屋面防水处理，有资料显示该地区屋面历史最高温度为 42℃，工地现有 10 牌号的石油沥青（软化点为 95℃）和 A-200 牌号的石油沥青（软化点为 35℃），试问配制该地区屋面防水沥青材料需用以上两种牌号的沥青各多少？

【解】（1）确定屋面防水用沥青材料的软化点。

因一般屋面防水用沥青材料的软化点应比当地夏季屋面最高温度高 20℃ 以上，以避免夏季沥青软化流淌，所以该屋面防水用沥青材料的软化点应为 62℃（42℃+20℃）。

（2）计算 A-200 牌号的石油沥青用量。

$$Q_1 = \frac{T_2 - T}{T_2 - T_1} = \frac{95 - 62}{95 - 35} = 0.55 = 55\%$$

（3）计算 10 牌号的石油沥青用量。

$$Q_2 = 100\% - Q_1 = 100\% - 55\% = 45\%$$

以估算的掺配比例进行试配。将沥青混合熬制均匀，测定其软化点，然后绘制掺配比~软化点关系曲线，即可从曲线上确定所要求的掺配比例，也可采用针入度指标按上法估算及试配。

当沥青过于粘稠影响使用时，可以加入溶剂进行稀释，但必须采用同一产源的油料作稀释剂。如果石油沥青采用汽油、煤油、柴油等石油产品系列的轻质油料作稀释剂，而煤沥青则采用煤焦油、重油、蒽油等煤产品系列的油料作稀释剂。

7.4.2 改性石油沥青

通常石油沥青并不能完全满足土木工程对沥青的性能要求，即有良好的低温柔韧性，

高温稳定性，抗老化能力和较强的粘附力，以及对构件变形有良好的适应性和耐疲劳性等。因此，常用矿物填料和高分子合成材料对沥青进行改性。改性沥青主要用于制成防水材料。

1. 矿物填料改性沥青

在沥青中加入一定数量的矿物填充料，可以提高沥青的粘性和耐热性，减小沥青的温度敏感性，主要适用于配制沥青胶。

矿物填料有粉状和纤维状两种，常用的填料有滑石粉、石灰石粉、硅藻土、云母粉、磨细砂、高岭土、白垩粉等。

掺入沥青中的矿物填料能被沥青润湿，而且沥青与矿物填料之间具有较强的吸附力，不为水所剥离。

由于上述矿物填料与沥青的亲和力较大，如滑石粉等颗粒表面易被沥青包裹产生较强的物理吸附作用，故能形成稳定的沥青混合物，如图7.8所示。一般掺量为20%～40%时效果较好。

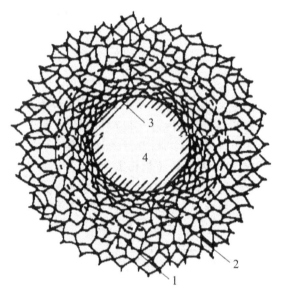

1—自由沥青；2—结构沥青；3—钙质薄膜；4—矿粉颗粒

图7.8 沥青与矿粉相互作用的结构图

2. 橡胶改性沥青

橡胶是石油沥青的重要改性材料，它与石油沥青有很好的混溶性，能使沥青兼具橡胶的很多优点，如高温变形性小，低温柔韧性好，克服了沥青热淌冷脆的缺点，提高了沥青强度、延伸率和耐老化性等。由于橡胶的品种和掺入方法不同，故各种橡胶沥青的性能也不相同。常用的品种如下。

1）氯丁橡胶改性沥青

石油沥青中掺入氯丁橡胶后，可使其气密性、低温柔韧性、耐化学腐蚀性、耐光、耐臭氧性、耐候性和耐燃性等得到大大改善。氯丁橡胶掺入的方法有溶剂法和水乳法。溶剂法是先将氯丁橡胶溶于一定的溶剂（如甲苯）中形成溶液，然后掺入液态沥青中并混合均匀即可。水乳法是将橡胶和石油沥青分别制成乳液，然后混合均匀即可。

2) 丁基橡胶改性沥青

丁基橡胶沥青的配制方法与氯丁橡胶沥青类似。将丁基橡胶加热到100℃的溶剂中制成浓溶液。同时将沥青加热脱水熔化成液体状沥青。通常在100℃左右把两种液体按比例混合搅拌均匀并进行浓缩。丁基橡胶在混合物中的含量一般为2%～4%。也可以将丁基橡胶和石油沥青分别制备成乳液，然后再按比例把两种乳液混合即成。丁基橡胶沥青具有优异的耐分解性，并有较好的低温抗裂性能，多用于道路路面工程和制作密封材料及涂料。

3) 热塑性丁苯橡胶(SBS)改性沥青

SBS热塑性橡胶兼有橡胶和塑料的特性，常温下具有橡胶的弹性，在高温下又能像塑料那样熔融流动，成为可塑的材料。所以采用SBS橡胶改性沥青，其耐高、低温性能均有较明显提高，制成的卷材弹性和耐疲劳性也大大提高，是目前应用最成功和用量最大的一种改性沥青。SBS的掺入量一般为5%～10%，此类改性沥青主要用于制作防水卷材，也可用于制作防水涂料等。

4) 再生橡胶改性沥青

再生橡胶掺入石油沥青中，同样可大大提高石油沥青的气密性、低温柔韧性、耐水性、耐热性、粘结性和不透气性。在生产卷材、密封材料和防水涂料等产品时，广泛使用。

由于石油沥青中芳香性化合物较少，使得树脂和石油沥青的相溶性较差，故可用的树脂品种较少。常用的树脂有古马隆树脂、聚乙烯、聚丙烯、酚醛树脂及天然松香等。

古马隆树脂呈粘稠液体或固体状，浅黄色至黑色，易溶于氯化烃、酯类、硝基苯等，属热塑性树脂。将沥青加热熔化脱水，在150～160℃情况下，把古马隆树脂加入到熔化的沥青中，并不断搅拌，再将温度升至185～190℃，保持一定时间，使之充分混合均匀，所配沥青的粘性较大。

将沥青加热熔化脱水再加入高密度聚乙烯，并不断搅拌30min，温度保持在140℃左右，即可得到均匀的聚乙烯树脂改性沥青。

此外，用无规聚丙烯(APP)对石油沥青进行改性做涂层材料，用聚酯无纺布和玻璃纤维做胎基，则可制成具有良好的弹塑性、耐高温性和抗老化性的APP改性沥青卷材。

3. 橡胶和树脂共混改性沥青

同时用橡胶和树脂来改善石油沥青的性质，可使沥青兼具橡胶和树脂的特性。由于树脂比橡胶便宜，橡胶和树脂又有较好的混溶性，故能取得较满意的综合效果。

在加热熔融状态下，沥青与高分子聚合物之间会发生相互侵入和扩散，沥青分子填充在聚合物的大分子间隙内，同时聚合物分子的某些链节扩散进入沥青分子中，从而形成凝聚网状混合结构，由此而获得较优良的性能。这种改性沥青可用于生产卷材、片材、密封材料和防水涂料等。

7.4.3 石油沥青主要制品

1. 沥青防水卷材

防水卷材是土木工程防水材料的重要品种之一。其种类有沥青防水卷材和高聚物改性

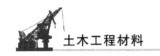

沥青防水卷材。高聚物改性沥青防水卷材由于其性能优异，应用日益广泛，是防水卷材的发展方向。

1）沥青防水卷材的基本性能要求

（1）耐水性：在水的作用下和被水浸润后其性能基本不变，在压力水作用下具有不透水性；常用吸水率等指标表示。

（2）温度稳定性：在高温下不流淌、不鼓泡、不滑动，以及低温下不脆裂的性能，即在一定的温度变化下，保持原有性能的能力；常用耐热度等指标表示。

（3）强度、抗断裂性及延伸性：防水卷材承受一定荷载、应力，或在一定变形的条件下不断裂的性能；常用拉力、拉伸强度和断裂伸长率等指标表示。

（4）柔韧性：在低温条件下，保持柔韧性的性能。它对于保证施工不脆裂十分重要；常用柔度、低温弯折数值等指标表示。

（5）大气稳定性：在阳光、热、臭氧及其他化学侵蚀介质等因素的长期综合作用下，抵抗老化变质的能力；常用老化率、热老化保持率等指标表示。

2）常用沥青防水卷材

（1）沥青防水卷材。沥青防水卷材是用纤维织物、纤维毡等胎体浸涂沥青，表面撒布粉状、粒状或片状材料制成的可卷曲的片状防水材料。传统的沥青纸胎防水卷材由于纸胎抗拉能力低，易腐烂，耐久性差，极易造成建筑物防水层渗漏，现已基本上被淘汰。目前常用的胎体材料有玻纤布、玻纤毡、黄麻毡等，但由于沥青材料的低温柔韧性差，温度敏感性强，在大气作用下易老化，防水耐用年限短，因而沥青防水卷材属低档防水卷材。根据《屋面工程技术规范》（GB 50345—2004）沥青防水卷材仅用于屋面防水等级为Ⅲ级（一般的工业与民用建筑、防水耐用年限为 10 年）和Ⅳ级（非永久性的建筑，防水耐用年限为 5 年）的屋面防水工程。

（2）高聚物改性沥青防水卷材。高聚物改性沥青防水卷材是以合成高分子聚合物改性沥青为涂盖层，纤维织物或纤维毡为胎体，粉状、粒状、片状或薄膜材料为覆面材料制得的可卷曲片状防水材料。

高聚物改性沥青防水卷材克服了沥青防水卷材温度稳定性差、延伸率小的缺点，具有高温不流淌，低温不脆裂，拉伸强度高，以及延伸率较大等优异性能，且价格适中，属中档防水卷材。

（3）SBS 改性沥青防水卷材。SBS 改性沥青防水卷材是以聚酯毡或玻纤毡为胎基，苯乙烯－丁二烯－苯乙烯（SBS）热塑性弹性体改性沥青浸渍和涂覆胎基，两面覆以隔离材料制成建筑防水卷材（简称"SBS 卷材"）。按《弹性体改性沥青防水卷材》（GB 18242—2000）的规定，SBS 卷材按胎基分为聚酯胎（PY）和玻纤胎（G）两类，按上表面的隔离材料分为聚乙烯膜（PE）、细砂（S）与矿物粒（片）料（M）三种。按物理力学性能分为Ⅰ型和Ⅱ型。

SBS 卷材按不同胎基、不同上表面材料分为 6 个品种，卷材幅宽 1000mm。聚酯胎卷材厚度有 3mm 和 4mm，玻纤胎卷材厚度有 2mm、3mm 和 4mm。每卷面积分为 15m²、10m²、7.5m²。

3mm 厚砂面聚酯胎Ⅰ型弹性体改性沥青防水卷材标记为：SBSⅠ PY S3 GB 18242。SBS 卷材的物理力学性能见表 7－4。

表 7-4 SBS卷材物理力学性能

序号	胎基		PY		G	
	型号		Ⅰ	Ⅱ	Ⅰ	Ⅱ
1	可溶物含量(≥)/(g/m³)	2mm	—		1300	
		3mm	2100			
		4mm	2900			
2	不透水性	压力(≥)/MPa	0.3		0.2	0.3
		保持时间(≥)/min	30			
3	耐热度/℃		90	105	90	105
			无滑动、流淌、滴落			
4	拉力(≥)/(N/50mm)	纵向	450	800	350	500
		横向			250	300
5	最大拉力时延伸率(≥)/%	纵向	30	40	—	
		横向				
6	低温柔度/℃		—18	—25	—18	—25
			无裂纹			
7	撕裂强度(≥)/N	纵向	250	350	250	350
		横向			170	200
8	人工气候加速老化	外观	1级			
			无滑动、流淌、滴落			
		拉力保持率(≥)/% 纵向	80			
		低温柔度/℃	—10	—20	—10	—20
			无裂纹			

注：表中1~6项为强制性项目。

SBS卷材广泛适用于土木工程中的各类防水、防潮工程，尤其适用于寒冷地区和结构变形频繁的建筑物防水。

(4) APP改性沥青防水卷材。APP改性沥青防水卷材是以聚酯毡或玻纤毡为胎基，以无规聚丙烯(APP)或聚烯烃类聚合物(APAO、APO)热塑性塑料改性沥青浸渍和涂覆胎基，两面覆以隔离材料所制成的建筑防水卷材(统称 APP 卷材)。按《塑性体改性沥青防水卷材》(GB 18243—2000)的规定，APP 卷材的品种分类与 SBS 卷材相同。其幅宽、厚度、每卷面积、标记方法也与 SBS 卷材相同。如 3mm 厚砂面聚酯胎Ⅰ型塑性体改性沥青防水卷材标记为：APPⅠ PY S3 GB 18243。APP 卷材的物理力学性能见表 7-5。

表 7-5　APP 卷材的物理力学性能

序号	胎基		PY		G	
	型号		I	II	I	II
1	可溶物含量(≥)/(g/m³)	2mm	—		1300	
		3mm	2100			
		4mm	2900			
2	不透水性	压力(≥)/MPa	0.3		0.2	0.3
		保持时间(≥)/min	30			
3	耐热度/℃		110	130	110	130
			无滑动、流淌、滴落			
4	拉力(≥)/(N/50mm)	纵向	450	800	350	500
		横向			250	300
5	最大拉力时延伸率(≥)/%	纵向	25	40	—	
		横向				
6	低温柔度/℃		-5	-15	-5	-15
			无裂纹			
7	撕裂强度(≥)/N	纵向	250	350	250	350
		横向			170	200
8	人工气候加速老化	外观	1 级			
			无滑动、流淌、滴落			
		拉力保持率(≥)/% 纵向	80			
		低温柔度/℃	3	-10	3	-10
			无裂纹			

注：1. 表中 1~6 项为强制性项目。

　　2. 当需要耐热度超过 130℃ 的卷材时，该指标可由供需双方协商确定。

APP 卷材广泛适用于土木工程中的各类防水、防潮工程，尤其适用于高温或有强烈太阳辐照地区的建筑物防水。

（5）其他品种高聚物改性沥青防水卷材。除了 SBS 卷材和 APP 卷材外，还有许多其他品种的高聚物改性沥青防水卷材，如橡塑改性沥青聚乙烯胎防水卷材、再生胶改性沥青防水卷材等，它们因高聚物品种和胎体品种的不同而性能各异，在防水工程中适用范围也各不相同。

 知识要点提醒

SBS 卷材适用于寒冷地区和结构变形频繁的建筑物防水；而 APP 卷材适用于高温或有强烈太阳辐照地区的建筑物防水。

3）防水卷材的应用

对于屋面防水工程，按《屋面工程技术规范》（GB 50345—2004）规定，高聚物改性沥青防水卷材适用于防水等级为Ⅰ级（特别重要的民用建筑和对防水有特殊要求的工业建筑，防水耐用年限为 25 年）、Ⅱ级（重要的工业与民用建筑、高层建筑，防水耐用年限为 15 年）和Ⅲ级的屋面防水工程。对于Ⅰ级屋面防水工程，除规定应有的一道合成高分子防水卷材外，高聚物改性沥青防水卷材可用于 3 道或 3 道以上各防水层，且厚度不宜＜3mm。对于Ⅱ级屋面防水工程，在应有的两道防水层中，应优先采用高聚物改性沥青防水卷材，且所用卷材厚度不宜＜3mm。对于Ⅲ级屋面防水工程，应有一道防水层，或两种防水材料复合使用；如果单独使用，则高聚物改性沥青防水卷材厚度不宜＜4mm；如果复合使用，则高聚物改性沥青防水卷材的厚度不应＜2mm。高聚物改性沥青防水卷材除外观质量和规格应符合要求外，还应检验拉伸性能、耐热度、柔韧性和不透水性等物理性能，并应符合相应的要求。

2．冷底子油

用石油沥青直接溶于汽油、煤油、柴油等有机溶剂中成为溶剂型沥青涂料，它涂刷后涂膜很薄，不宜单独作防水涂料用，但它的粘度小，能渗入到混凝土、砂浆、木材等材料的毛细孔中，待溶剂挥发后，便与基材牢固结合，使基层具有一定的憎水性，为粘结同类防水材料奠定了基础。因多在常温下用做防水工程的打底材料，称为冷底子油。通常是采用 30％～40％的 30 号或 10 号石油沥青，与 60％～70％的有机溶剂（常用汽油）配制而成。

 知识要点提醒

冷底子油有两个作用：一方面填充防水防潮基层的裂缝和孔隙；另一方面粘结基层与防水卷材。

3．沥青胶

由沥青和适量粉或纤维状矿物填充料均匀混合而成的胶粘剂称为沥青胶，也称玛蹄脂。它有良好的粘结性、耐热性、柔韧性和大气稳定性，主要用于粘结卷材、嵌缝、补漏、接头以及其他防水、防腐材料的底层等。

1）组成材料

（1）沥青。沥青的种类应与被粘结材料一致；其牌号大小由工程性质、使用部位及气候条件决定。采用的沥青软化点越高，夏季高温时越不易流淌；沥青的延度大，沥青胶的柔韧性就好。炎热地区的屋面工程，宜选用 10 号石油沥青；用于地下防水和防潮处理时，一般选用软化点＞50℃的沥青。

 知识要点提醒

由于石油沥青和煤沥青之间在特定条件下会发生化学反应，影响防水防潮效果。所以一般石油沥青防水卷材只能用石油沥青胶粘结，煤沥青防水卷材只能用煤沥青胶粘结，不可混用。

（2）矿物填充料。为了提高沥青的耐热性，改善低温脆性和节约沥青用量，主要是向沥青中掺入粉状或纤维状填料，其用量一般为20％左右。防水防潮用沥青胶，宜选用石灰石粉、白云石粉、滑石粉等。

掺入石棉粉、木屑粉等纤维状填料时，能提高沥青胶的柔韧性和抗裂能力。

2）技术性质

（1）粘结性。粘结性表示沥青胶粘结卷材的能力。试验时将两张用沥青胶粘贴在一起的油纸慢慢撕开，油纸和沥青胶分开的面积应不大于粘贴面积的1/2。

（2）耐热性。耐热性表示沥青胶在一定温度下和一定时间内不软化流淌的性质，以耐热度表示。用2mm厚的沥青胶粘合两张沥青油纸，放在45°的坡板上恒温5h，沥青胶不应流淌，油纸不应滑动。石油沥青胶划分为6个牌号，见表7-6。

表7-6　沥青胶耐热度和柔韧性指标

名称	石油沥青胶					
	S60	S65	S70	S75	S80	S85
耐热度（45°，5h）/℃	≥60	≥65	≥70	≥75	≥80	≥85
柔韧性（18℃±2℃，180°）圆棒直径/mm	10	15	15	20	25	25

（3）柔韧性。柔韧性表示沥青胶在一定温度下抵抗变形断裂的性能。将涂在油纸上2mm厚的沥青胶，在18℃±2℃时围绕规定的圆棒在2s内均衡地将沥青胶弯曲成半圆，检查弯曲拱面处的沥青胶，若不裂则为合格。

知识要点提醒

沥青胶的技术性质包括粘结性、耐热性、柔韧性；沥青胶的牌号是根据耐热度指标划分；沥青胶主要用于防水卷材之间的粘结。

4. 沥青基涂料

1）沥青基防水涂料

（1）石灰乳化沥青。以石油沥青为基料，石灰膏为分散体（乳化剂），石棉为填料，在机械强力搅拌下将沥青乳化而制得的厚质防水涂料。这种涂料生产工艺简单，成本低。石灰膏在沥青中形成蜂窝状骨架，耐热性好，涂膜较厚，可在潮湿基层上施工。但石油沥青未经改性，所以产品在低温时易碎。它和聚氯乙烯胶泥配合，可用于无砂浆找平层屋面防水。

（2）膨润土沥青乳液。以优质石油沥青为基料，膨润土为分散剂，经搅拌而成。这种厚质涂料可在潮湿无积水的基层上施工，涂膜耐水性很好，粘结力强，耐热性好，不污染环境。它一般和胎体增强材料配合使用，用于屋面、地下工程、厕浴间等防水防潮工程。

（3）高聚物改性沥青防水涂料。以再生橡胶、合成橡胶或SBS树脂对沥青进行改性而制成。用再生橡胶改性，可改善沥青低温脆性，增加弹性和抗裂性；用合成橡胶改性，可改善沥青的气密性、耐化学性、耐光及耐候性；用SBS树脂改性，可改善沥青的弹塑性、延伸性、抗拉强度、耐老化性及耐高温性。

① 再生橡胶改性沥青防水涂料：以再生橡胶为改性剂，汽油为溶剂，添加其他填料（如滑石粉等）与沥青加热搅拌而成。其原料来源广泛，成本低，生产简单。但以汽油为溶剂，虽然固化迅速，在生产、储运和使用时都要特别注意防火与通风，而且需多次涂刷，才能形成较厚的涂膜。

这种防水涂料在常温和低温下都能施工，适用于屋面、地下室、水池、冷库、桥梁、涵洞等工程的抗渗、防水、防潮以及旧油毡屋面的维修。

如果用水代替汽油，就可避免溶剂型防水涂料易燃、污染环境等缺点，但其固化速度稍慢，贮存稳定性稍差，适合于混凝土基层屋面及地下混凝土建筑防潮、防水。

② 氯丁橡胶改性沥青防水涂料：以氯丁橡胶为改性剂，汽油为溶剂，加入填料、防老化剂等制成。这种防水涂料成膜速度快，涂膜致密，延伸性好，耐腐性、耐候性优良，但施工有污染，应有切实的防火与防爆措施。

③ SBS 改性沥青防水涂料：以 SBS 树脂改性沥青，再加表面活性剂及少许其他树脂等配制而成的水乳型弹性防水涂料。这种涂料具有良好的低温柔韧性、粘结性、抗裂性、耐老化性和防水性，采用冷施工，操作方便、安全、无毒、无污染，适合于复杂基层（如厕浴间、厨房、地下室、水池等）的防水与防潮处理。

5. 沥青嵌缝油膏

以石油沥青为基料，加入改性材料、稀释剂和填充料混合制成的冷用膏状材料称为沥青嵌缝材料，简称油膏。改性材料有废橡胶；稀释剂有焦油、松节重油和机油；填充料有石棉和滑石粉等。

油膏主要用作屋面、墙面、沟和槽的防水嵌缝材料。

使用油膏嵌缝时，缝内应洁净干燥。施工时先涂刷冷底子油一道，待其干燥后即嵌填油膏。油膏表面可加石油沥青、油毡、砂浆、塑料为覆盖层。

7.5 沥青混合料

沥青混合料是矿料与沥青拌和而成的混合料的总称。沥青混凝土混合料是由适当比例的粗骨料、细骨料及填料与沥青在严格控制条件下拌和、压实后剩余空隙率<10%的混合料，简称沥青混凝土；沥青碎石混合料是由适当比例的粗骨料、细骨料及少量填料（或不加填料）与沥青拌和、压实后剩余空隙率在 10% 以上的混合料，简称沥青碎石。沥青混合料主要用于道路工程铺筑路面。

 知识要点提醒

注意区分沥青混凝土与沥青碎石的概念。

1. 分类

沥青混合料的分类可以从不同角度进行，常用的有以下几种分类方式。

1）按胶结材料种类分

按胶结料种类分为石油沥青混合料和煤沥青混合料。

2）按施工温度分

按沥青混合料拌制和摊铺温度分为。

（1）热拌热铺混合料，指沥青与矿质骨料（简称矿料）在热态下拌和，热态下铺筑。

（2）常温沥青混合料，指采用乳化沥青或稀释沥青与矿料在常温下拌和、铺筑。

3）按骨料级配类型分

（1）连续级配沥青混合料，指混合料中骨料是按级配原则，粒径从大到小按比例进行搭配的。

（2）间断级配沥青混合料，指骨料级配组成中缺少一个或若干个粒径档次。

4）按混合料密实度分

（1）密级配沥青混合料，指连续级配、相互嵌挤密实的骨料与沥青拌和、压实后剩余空隙率<10％的混合料。

（2）开级配沥青混合料，指级配主要由粗骨料组成，细骨料较少，骨料相互拨开，压实后剩余空隙率>15％的开式混合料。

（3）半开级配沥青混合料，指由粗、细骨料及少量填料（或不加填料）与沥青拌和，压实后剩余空隙率在10％～15％的半开式混合料，也称为沥青碎石混合料。

5）按骨料最大粒径分

（1）粗粒式沥青混合料，指骨料最大粒径为26.5mm或31.5mm的混合料。

（2）中粒式沥青混合料，指骨料最大粒径为16mm或19mm的混合料。

（3）细粒式沥青混合料，指骨料最大粒径为9.5mm或13.2mm的混合料。

（4）砂粒式沥青混合料，指骨料最大粒径为≤4.75mm的混合料。

2．沥青混合料组成材料及结构

1）组成材料

沥青混合料的组成材料有沥青、粗骨料、细骨料和填料。

（1）沥青。应根据当地气候条件、施工季节气温、路面类型、施工方法等具体情况按表7-7选用沥青牌号。煤沥青不宜用于热拌沥青混合料路面的表面层。

（2）粗骨料。所用粗骨料包括碎石、破碎砾石和矿渣等。粗骨料应该洁净、干燥、无风化、无杂质。压碎值和磨耗率等力学性能指标应满足规范要求。碱性的矿料与沥青粘结时，会发生化学吸附过程，在矿料与沥青的接触面上形成新的化合物，使粘结力增强，而酸性矿料表面与沥青不会形成化学吸附，故粘结力较低。

（3）细骨料。采用天然砂、机制砂和石屑细骨料应洁净、干燥、无风化、无杂质，有适当的颗粒组成，其质量应符合规范要求，并与沥青有良好的粘结能力。与沥青粘结性能较差的天然砂或用花岗石、石英岩等酸性石料破碎的机制砂或石屑，不宜用于高速公路、一级公路、城市快速路和主干路沥青面层。

（4）填料。在沥青混合料中起填充作用的粒径小于 $75\mu m$ 的矿质粉末称为填料。填料宜采用石灰岩或火成岩中的强基性岩石（憎水性石料）经磨细得到的矿粉，原石料中的泥土杂质应除去。矿粉要求干燥、洁净，其质量符合规范要求。当采用水泥、石灰、粉煤灰作填料时，其用量不宜超过矿料总量的2％。

表7-7 沥青混合料用石油沥青牌号选择(GB 50092—1996)

气候分区	沥青种类	沥青路面类型			
		沥青表面处治	沥青贯入式	沥青碎石	沥青混凝土
寒区	石油沥青	A—140、 A—180、 A—200	A—140、 A—180、 A—200	AH—90、AH—110、 AH—130、A—100、 A—140	AH—90、AH—110、 AH—130、A—100、 A—140
	煤沥青	T—5、T—6	T—6、T—7	T—6、T—7	T—7、T—8
温区	石油沥青	A—100、 A—140、 A—180	A—100、 A—140、 A—180	AH—90、AH—110、 A—100、A—140	AH—70、AH—90、 A—60、A—100
	煤沥青	T—6、T—7	T—6、T—7	T—7、T—8	T—7、T—8
热区	石油沥青	A—60、 A—100、 A—140	A—60、 A—100、 A—140	AH—50、AH—70、 AH—90、A—100、 A—60	AH—50、AH—70、 A—60、A—100
	煤沥青	T—6、T—7	T—7	T—7、T—8	T—7、T—8、T—9

注：AH表示重交通量道路石油沥青；A表示普通道路石油沥青；T表示道路煤沥青。

2) 组成结构

沥青混合料的组成结构有三类。

(1) 悬浮-密实结构。采用连续型密级配骨料与沥青组成的混合料，经过多级配制虽然可以获得很大的密实度，但是各级骨料均被次级骨料所隔开，不能直接靠拢形成骨架，悬浮于次级骨料及沥青胶浆之间，其组成结构如图7.9(a)所示。这种结构的沥青混合料，虽然粘聚力较强，但内摩擦角较小，因此其高温稳定性差。

(2) 骨架-空隙结构。采用连续型开级配骨料与沥青组成的沥青混合料，粗骨料所占比例较高，细骨料则很少，甚至没有。粗骨料可以相互靠拢形成骨架，但由于细骨料过少，不足以填满粗骨料之间的空隙，因此形成骨架-空隙结构，如图7.9(b)所示。这种结构的混合料具有较大的内摩擦角，但粘结力较弱。

(3) 密实-骨架结构。采用间断型密级配骨料与沥青组成的沥青混合料，由于缺少中间粒径的骨料，较多的粗骨料可以形成空间骨架，同时又有相当数量的细骨料可将骨架的空隙填满，如图7.9(c)所示。这种结构不仅具有较强的粘结力，内摩擦角也较大，因此组合料的抗剪强度较高。

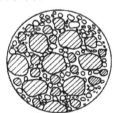 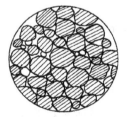 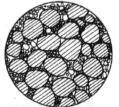

(a)悬浮-密实结构　　　　(b)骨架-空隙结构　　　　(c)密实-骨架结构

图7.9 三种典型沥青混合料结构组成示意图

3. 沥青混合料的技术性质

沥青混合料构筑的路面除了承受汽车等荷载的反复作用外，同时还要受到各种自然因素的影响，为了保证路面的安全性、舒适性、快速及耐久，沥青混合料必须满足如下技术要求。

1）高温稳定性

沥青路面在高温时，由于沥青混合料的抗剪强度不足或塑性变形过大会产生推挤、鼓包等破坏。因此，高温稳定性是沥青混合料的重要技术性质。

沥青混合料高温稳定性是指在夏季高温（通常取60℃）条件下，经车辆反复作用后不产生车辙和波浪等病害的性能。

根据《公路工程沥青及沥青混合料试验规程》（JTJ 052—2000）的规定，采用马歇尔稳定度试验来评价沥青混合料的高温稳定性，对于高速公路、一级公路、城市快速路、主干路沥青路面的上面层和中间层的沥青混合料，还应通过动稳定度试验检验其抗车辙能力。

2）马歇尔稳定度试验

马歇尔稳定度试验是对标准试件在规定的温度和速度等条件下受压，测定沥青混合料的稳定度和流值等指标所进行的试验。

标准马歇尔稳定度试验主要用于沥青混合料的配合比设计及沥青路面施工质量检验。

3）车辙试验

沥青混合料的车辙试验是在规定尺寸（300mm×300mm×50mm）的板块状压实试件上，用固定荷载的橡胶轮反复行走后，测定其在变形稳定期每增加变形1mm的碾压次数。即动稳定度，以次/mm表示。

车辙试验的试验温度与轮压可根据有关规定和需要选用，非经注明，试验温度为60℃，轮压为0.7MPa。计算动稳定度的时间原则上为试验开始后45～60min之间。

$$DS = \frac{(t_2 - t_1) \times 42}{(d_2 - d_1)} \times c_1 \times c_2 \tag{7.3}$$

式中　DS——沥青混合料的动稳定度，次/mm；

　　　d_1——时间 t_1（一般为45min）时的变形量，mm；

　　　d_2——时间 t_2（一般为60min）时的变形量，mm；

　　　42——每分钟行走次数，次/min；

　　　c_1——试验机类型修正系数，曲柄连杆驱动试件的变速行走方式为1.0，链驱动试验轮的等速方式为1.5；

　　　c_2——试件系数，实验室制备的宽300mm的试件为1.0，从路面切割的宽150mm的试件为0.80。

4）低温抗裂性

沥青路面在低温下的破坏主要是由于沥青混合料的抗拉强度不足或变形能力较差而出现低温收缩开裂。低温抗裂性的指标，目前尚处于研究阶段，未列入技术标准。现在普遍采用的方法是测定沥青混合料的低温柔度和温度收缩系数，计算低温收缩时在路面中所出现的温度应力与沥青混合料的抗拉强度对比，来预估沥青路面的开裂温度。

5）耐久性

沥青混合料的耐久性直接关系到沥青路面的使用年限。影响沥青混合料耐久性的因素，除了沥青的化学性质、矿物成分外，沥青混合料的空隙率、沥青用量也是重要的影响因素。

从耐久性的角度出发，沥青混合料的空隙率应尽量小，以防止沥青的老化。但从沥青混合料的高温稳定性考虑，空隙率又应大一些，以备夏季沥青材料膨胀。一般沥青混凝土应留有 3％～10％ 的空隙。

沥青用量与路面耐久性也有很大关系。沥青用量较少时，沥青膜变薄，混合料的延伸能力降低，脆性增加。同时，如果沥青用量偏少，将使混合料空隙率增大，沥青膜暴露较多，加速沥青老化，而且增大了渗水率，增强了水对沥青的剥落作用，使沥青与矿料的粘附力降低。而沥青用量过多会使混合料的内摩阻力显著降低，粘结力下降，从而降低了混合料的抗剪强度。因此，需要确定一个沥青的最佳用量，通常以马歇尔稳定度试验来确定。

 知识要点提醒

我国现行规范采用空隙率、饱和度和残留稳定度等指标来表征沥青混合料的耐久性。

6）抗滑性

为保证汽车安全快速行驶，要求沥青路面具有一定的抗滑性。《沥青路面施工及验收规范》（GB 50092—1996）对抗滑层骨料有磨光值、道瑞磨耗值和冲击值 3 项指标要求。高速公路的抗滑层骨料一般选用抗滑性能好的玄武岩、安山岩等材料。沥青用量过多对路面抗滑性不利，沥青含蜡量高对路面抗滑性也有明显的不利影响。

7）施工性

影响沥青混合料施工性的主要因素是矿料级配。若粗细骨料的颗粒大小差距过大，缺乏中间粒径，混合料就容易产生离析；若细料太少，沥青层则不容易均匀地分布在粗颗粒表面，反之，细料过多则会使拌和困难。

本 章 小 结

本章根据目前我国最新颁布的沥青与沥青混合料的相关规范、规程和标准，对沥青、沥青制品及沥青混合料的分类、技术性能和选用等分别进行了系统的讨论；明确了不同建筑工程对不同沥青制品及沥青混合料的技术要求和选用。特别值得提出的是以原纸基为代表的防水防潮淘汰制品的相关技术性能和要求未被列入本教材的编写内容中，而适当地增加了一些目前常用的新型防水防潮改性沥青制品。因为正确地识别和选用这些新型防水防潮改性沥青制品，对学生今后做好相关防水防潮工程起着重要的作用。

习　题

1. 填空题

(1) 沥青按产源不同分为 _____。

(2) 按用途不同一般将石油沥青分为 _____。

(3) 与石油沥青相比，煤沥青的主要特点是 _____。

(4) 石油沥青的基本结构组成是 _____。

(5) 划分石油沥青的牌号一般是根据 _____。

(6) 石油沥青的三大技术指标是 _____。

(7) 沥青防水卷材的基本性能一般应满足 _____。

(8) SBS 卷材在各类防水防潮工程中，尤其适用于 _____。

(9) 冷底子油的配制一般是通过 _____。

(10) 沥青胶的主要技术指标是 _____。

(11) 沥青基防水涂料一般包括 _____。

(12) 沥青混合料是指 _____。

(13) 按混合料的密实度沥青混合料分为 _____。

(14) 沥青混合料的组成结构一般分为 _____。

(15) 沥青混合料的主要技术性质一般包括 _____。

(16) 马歇尔稳定度试验一般是为了测试 _____。

2. 判断题

(1) 在各类防水防潮工程中，石油沥青的防腐能力优于煤沥青。　　　　（　　）

(2) 石油沥青的针入度越小，说明该沥青的粘滞性越大。　　　　　　（　　）

(3) 石油沥青的软化点越低，说明该沥青的温度敏感性越小。　　　　（　　）

(4) 沥青的塑性表示沥青开裂后的自愈能力及受机械作用后变形而不破坏的能力。
　　　　　　　　　　　　　　　　　　　　　　　　　　　　　　（　　）

(5) 划分沥青胶的牌号一般是根据针入度。　　　　　　　　　　　　（　　）

(6) 屋面用的沥青，软化点应比本地区屋面可达到的最高温度高，以免流淌。（　　）

(7) APP 卷材在各类防水防潮工程中，尤其适用于寒冷地区和结构变形频繁的建筑物防水。　　　　　　　　　　　　　　　　　　　　　　　　　　（　　）

(8) 冷底子油是由石油沥青和溶剂配制成的溶液，在常温下可以施工。（　　）

(9) 高速公路沥青面层混合料的细骨料宜选用天然砂或用花岗石破碎的机制砂或石屑。　　　　　　　　　　　　　　　　　　　　　　　　　　　　（　　）

(10) 标准马歇尔稳定度试验主要是测试沥青混合料的低温抗裂性、耐久性、抗滑性和施工性。　　　　　　　　　　　　　　　　　　　　　　　　　（　　）

3. 问答题

(1) 试述石油沥青的三大组分及其特性。各组分与其性质有什么关系？

（2）石油沥青主要有哪些技术性质？各用什么指标表示？影响这些性质的主要因素有哪些？

（3）煤沥青与石油沥青比较有什么特点？

（4）简述 SBS 卷材与 APP 卷材的主要不同点。

（5）用于道路的沥青混合料的主要技术性质有哪些？

（6）与传统的沥青防水卷材相比较，合成高分子防水卷材有什么突出的优点？

（7）沥青基防水涂料应满足哪些基本性能？

（8）沥青基密封膏应有哪些性能要求？

4. 计算题

（1）某建筑工程要做屋面防水处理，需用软化点为 75℃ 的石油沥青，但工地仅有软化点为 95℃ 和 25℃ 的两种石油沥青，试确定若配制软化点为 75℃ 的石油沥青，这两种牌号的沥青各需要多少？

（2）某防水工程要求配制沥青胶，需要软化点不低于 85℃ 的石油沥青 20t。现有 10 号石油沥青 14t，30 号石油沥青 4t 和 60 牌号石油沥青 12t，它们的软化点经测定分别为 96℃、72℃ 和 47℃。试确定若配制软化点不低于 85℃ 的石油沥青，这三种牌号的沥青各需要多少？

第8章

建筑木材

本章教学要点

知识要点	掌握程度	相关知识
木材的宏观构造	掌握	树木的构成
木材的微观构造	熟悉	木材细胞的组成
木材的纤维饱和点	重点掌握	纤维饱和点对木材强度、湿涨干缩的影响
木材各强度特点	掌握	木材强度与受力方向的关系，以及木材的持久强度
木材的综合利用	了解	木材的防腐与防火处理

本章技能要点

技能要点	掌握程度	应用方向
如何选用木材	掌握	根据不同的需要正确选用木材
准确理解木材纤维饱和点、平衡含水率和标准含水率的概念	重点掌握	合理使用木材
准确理解负荷时间、环境温度等对木材的影响	熟悉	合理使用木材

木材作为一种土木工程材料，有其显著的特性，其强度高、质地轻、弹性好、易加工、易胶合、抗冲击性好、具有较好的抗震性及特殊的刚性，导热性低、隔热、隔声、绝缘性好，木材还具有独特的纹理，装饰性好，如图8.1所示。木材也有一些缺点，如构造不均匀、各向异性、易吸潮、易变形、易受虫菌的侵蚀、易腐朽、易燃烧等。但这些缺点经适当的处理与加工，可以得到相当程度的改善。

图 8.1　木材作为房屋建筑材料

8.1　木材的分类与构造

8.1.1　木材的分类

按材质不同，木材可分为针叶树和阔叶树。针叶树树干通直且高大，纹理平顺，材质较均匀，易于加工，木质较软，又称软木。其强度较高，材质较轻，胀缩变形较小，耐腐蚀性较强，在土木工程中广泛用做承重构件。常用树种有松木、杉木、柏木等，如图8.2所示。阔叶树树干通直部分较短，材质较硬，加工较难，又称硬木。其强度高，表观密度较大，纹理显著，胀缩变形较大，易翘曲、开裂。常做尺寸较小的构件及装修材料。树种有榆木、柞木、水曲柳等，如图8.3所示。

图 8.2　针叶树　　　　　　　　　　　图 8.3　阔叶树

按用途和加工的不同，木材可分为原条、原木、普通锯材和枕木4类。原条是指已经去皮、根及树梢，但尚未加工成规定尺寸的木料；原木是指由原条按一定尺寸加工成规定直径和长度的木材，分为直接使用原木和加工用原木；普通锯材是指已经加工锯解成材的木料；枕木是指按枕木断面和长度加工而成的木材。

8.1.2　木材的构造

木材的性质主要由木材的构造所决定，树种及生长环境不同使各种木材的构造差异很大。木材的构造分为宏观构造和微观构造。

1. 木材的宏观构造

将木材切成三个切面，即横切面、径切面、弦切面，用肉眼和放大镜可以观察到木材的宏观构造，如图8.4所示。

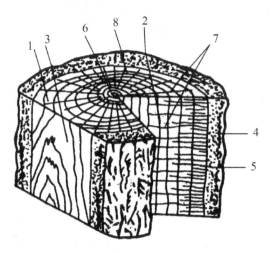

1—横切面；2—径切面；3—弦切面；4—树皮；
5—木质部；6—髓心；7—髓线；8—年轮
图8.4　木材的宏观构造

从图8.4可看到树木是由髓心、木质部和树皮等部分组成。髓心位于树干中心，生长期最长，材质松软、强度低、易腐朽，重要的木构件都要避开髓心。从髓心向外的辐射线称为髓线，髓线与周围连接较弱，木材干燥时易沿髓线开裂。木质部是木材使用的主要部分，靠近髓心的颜色较深，称为心材。靠近边缘的颜色较浅，称为边材。心材比边材含水率低、变形小、抗蚀性好。树皮一般用做造纸原料。

从横切面上可看到木质部具有深浅相同的同心圆环，称为年轮。同一年轮内，色浅而质松的部分是春季生长的，称为春材；色深而质密的部分是夏秋季生长的，称为夏材。同一树种，年轮越密越均匀，材质越好，夏材部分越多，木材强度越高。

2. 木材的微观构造

在显微镜下可观察到木材是由无数管状空腔细胞紧密结合而成，绝大部分管状细胞纵向排列，少数横向排列（如髓线），如图8.5所示。每个细胞由细胞壁和细胞腔构成，细胞壁由若干层细纤维组成，其间微小的间隙能吸收和渗透水分，细纤维的纵向连接比横向牢固，故细胞壁的纵向强度比横向强度高。细胞壁越厚，细胞腔越小的木材越密实，其表观密度越大，强度也越高，但胀缩变形也较大。与春材相比，夏材的细胞壁较厚，细胞腔较小，所以夏材的构造比春材密实。

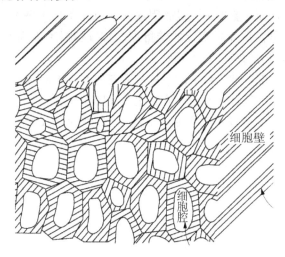

图 8.5　木材的微观构造

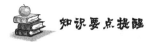 **知识要点提醒**

木材的微观结构影响木材的许多重要性质。因此，必须认真学习和领会。

8.2 木材的物理力学性质

8.2.1 密度与表观密度

木材的密度根据树种而有所不同，一般在 $1.48 \sim 1.56 \text{g/cm}^3$ 之间。

木材的表观密度则随木材孔隙率、含水量及其他一些因素的变化而不同，即便是同种木材，当含水率不同时，其表观密度差异也很大。一般有绝干表观密度、气干表观密度、饱和水表观密度之分。木材的表观密度越大，其湿胀干缩率也越大。处于气干状态下的木材表观密度平均约为 500kg/m^3。

8.2.2 含水率与吸湿性

木材的含水率是指木材所含水的质量占绝干木材质量的百分比。含水率的大小对木材的湿胀干缩和强度影响很大。新伐木材的含水率常在 35% 以上；风干木材的含水率为 $15\% \sim 25\%$；室内干燥木材的含水率为 $8\% \sim 15\%$。

木材中所含水分可分为自由水、吸附水及化合水 3 种。自由水是存在于细胞腔和细胞间隙中的水分，吸附水指被吸附在细胞壁内的水分，化合水是木材化学组成中的结合水。自由水的变化只影响木材的表观密度、燃烧性和抗腐蚀性，而吸附水的变化是影响木材强度和湿胀干缩变形的主要因素，结合水在常温下不发生变化。

当木材中无自由水，而细胞壁内充满吸附水并达到饱和时的含水率称为纤维饱和点。纤维饱和点是木材物理力学性质发生变化的转折点，其值随树种不同而异，通常介于 25%～35% 之间，平均值约为 30%。

木材的吸湿性是双向的，即干燥的木材能从周围的空气中吸收水分，潮湿的木材也能在较干燥的空气中失去水分，其含水率随环境温度和湿度而变化。当木材长时间处于一定温度和湿度的环境中时，其含水率与环境温湿度相平衡，此时的含水率称为木材的平衡含水率。

知识要点提醒

要认真领会纤维饱和点是木材性质转折点的含义。

8.2.3 湿胀干缩变形

木材的纤维饱和点是木材发生湿胀干缩变形的转折点。当木材的含水率在纤维饱和点以下时，随着含水率的增大，木材体积产生膨胀；随着含水率减小，木材体积收缩；而当木材含水率在纤维饱和点以上变化时，只是自由水增减，引起木材的质量发生变化，而木材的体积不发生变化。

由于木材各向异性，故各个方向的胀缩变形也不一致。同一木材中，弦向变形最大，径向次之，纵向最小。

木材的胀缩使其截面形状和尺寸改变，甚至产生裂纹和翘曲，致使木构件强度降低。为了避免这种不利影响，通常的措施是在加工制作前将木材进行干燥处理，使其含水率达到与其使用环境湿度相适应的平衡含水率。

知识要点提醒

注意木材是各向异性的，即在纤维饱和点以下时木材的弦向胀缩变形最大，径向次之，纵向最小。

8.2.4 木材的强度及其影响因素

木材的强度包括抗压、抗拉、抗弯和抗剪强度。由于木材是各向异性材料，因而其抗压、抗拉和抗剪强度有顺纹和横纹的区别。

1. 抗压强度

木材的顺纹抗压强度是指压力作用方向与木材纤维方向平行时的强度，这种受压破坏是因细胞壁失去稳定而非纤维的断裂。木材的横纹抗压强度是指压力作用方向与木材纤维垂直时的强度，这种破坏是由于细胞腔被压扁产生极大的变形而造成的。

木材的横纹抗压强度比顺纹抗压强度低得多，一般针叶树横纹抗压强度约为顺纹抗压强度的10%，阔叶树为15%～20%。

2. 抗拉强度

顺纹抗拉强度是指拉力方向与木材纤维方向一致的强度。这种受拉破坏往往不是纤维被拉断而是纤维间被撕裂。顺纹抗拉强度是木材所有强度中最高的。但在实际应用中，由于木材存在的各种缺陷(如木节、斜纹、裂缝等)对其影响极大。同时，受拉构件连接处应力复杂，使木材的顺纹抗拉强度难以充分利用。

木材的横纹抗拉强度很低，仅为顺纹抗拉强度的10%～20%。工程中一般只利用木材的顺纹抗拉强度。

3. 抗弯强度

木材受弯时内部应力十分复杂，构件上部为顺纹受压，下部为顺纹抗拉，水平面内则有剪切力。木材受弯破坏时，首先是受压区达到强度极限，产生大量变形，但构件仍能继续承载，随后受拉区也达到强度极限，纤维间的连接被撕裂及纤维的断裂导致最终破坏。

4. 抗剪强度

木材受剪切作用时，因剪切面和剪切方向的不同，分为顺纹剪切、横纹剪切和横纹切断3种，如图8.6所示。

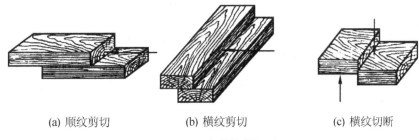

(a) 顺纹剪切　　　　　　(b) 横纹剪切　　　　　　(c) 横纹切断

图8.6　木材的剪切

顺纹剪切破坏是由于纤维间连接撕裂产生纵向位移和受横纹拉力作用所致；横纹剪切破坏完全是因剪切面中纤维的横向连接被撕裂的结果；横纹切断破坏则使木材纤维被切断。横纹切断强度最高，顺纹剪切强度次之，横纹剪切强度最低。

以木材的顺纹抗压强度为1，木材各种强度之间的比例关系见表8-1。

表8-1　木材各强度大小关系

抗压强度		抗拉强度		抗弯强度	抗剪强度	
顺纹	横纹	顺纹	横纹		顺纹	横纹
1	1/10～1/3	2～3	1/20～1/3	3/2～2	1/7～1/3	1/2～1

 知识要点提醒

注意木材顺纹抗拉强度是木材所有强度中最高的，而横纹抗拉强度是最低的；抗弯强度不分顺纹和横纹。

5. 影响木材强度的主要因素

1) 含水量

木材的强度受含水量影响很大。当木材含水率在纤维饱和点以下时，随含水率降低，木材细胞壁趋于紧密，木材强度提高；反之，当含水率升高，木材强度降低。当木材含水率在纤维饱和点以上变化时，仅是细胞腔内自由水的变化，木材的强度不改变。

为了便于比较，按《木材物理力学性质试验方法》（GB 1927～1943—91）的规定，测定木材强度以含水率为15%时的强度测定值作为标准，其他含水率下的强度可按式(8.1)换算成标准含水率时的强度。

$$\sigma_{15}=\sigma_w[1+\alpha(w-15)] \tag{8.1}$$

式中　σ_{15}——含水率为15%时的木材强度；

　　　　σ_w——含水率为w%时的木材强度；

　　　　w——试验时木材含水率；

　　　　α——校正系数，随荷载种类和力的作用方式而异。

顺纹抗压，$\alpha=0.05$；径向或弦向横纹局部抗压，$\alpha=0.045$；顺纹抗拉，阔叶树$\alpha=0.015$，针叶树$\alpha=0$；抗弯，$\alpha=0.04$；弦面或径面顺纹抗剪，$\alpha=0.03$。

【应用实例8-1】

某松木试件含水率为11%，测得其顺纹抗压强度为64.8MPa。试问：①该木材标准含水率下的抗压强度为多少？②当木材含水率分别为20%、30%、40%时的抗压强度各为多少？（注：松木的纤维饱和点为30%，含水率校正系数α为0.05。）

【解】（1）根据式(8.1)求出木材标准含水率下的抗压强度。

$$\sigma_{15}=\sigma_w[1+\alpha(w-15)]=64.8\times[1+0.05\times(11-15)]$$
$$=64.8\times0.8$$
$$=51.84(MPa)$$

（2）根据式(8.1)求出木材含水率分别为20%、30%、40%时的抗压强度。

由公式 $\sigma_{15}=\sigma_w[1+\alpha(w-15)]$ 和 $\sigma_{15}=51.84(MPa)$

得 $\sigma_w=\dfrac{\sigma_{15}}{[1+\alpha(w-15)]}$

$\sigma_{20}=\dfrac{51.84}{[1+0.05\times(20-15)]}=41.47(MPa)$

同理 $\sigma_{30}=29.62(MPa)$，$\sigma_{40}=29.62(MPa)$

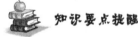

知识要点提醒

在这里特别要注意纤维饱和点、平衡含水率和标准含水率的概念及其区别。

2) 负荷时间

木材在长期荷载作用下的极限强度称为持久强度。木材的持久强度比短期荷载作用下的极限强度低得多，一般为短期极限强度的50%～60%，如图8.7所示。这是由于木材在外力作用下会产生等速蠕滑，经过长时间负荷后，最后达到急剧产生大量连续变形而引起破坏。

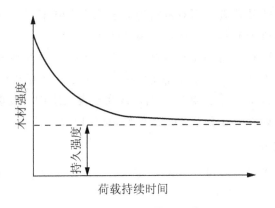

图 8.7 木材的持久强度

木结构通常都处于长期负荷状态。因此，在设计时应考虑负荷时间对木材强度的影响。

3）环境温度

木材的强度随环境温度升高而降低。当温度由 25℃升到 50℃时，针叶树抗拉强度降低 10％～15％，抗压强度降低 20％～24％。若木材长期处于 60～100℃以下，会引起水分和所含挥发物的蒸发，强度下降，变形增大，颜色呈暗褐色。温度超过 100℃以上时，木材中部分组成会分解、挥发，色渐变黑，强度明显下降。因此，长期处于 50℃以上的建筑物不宜采用木结构。

4）疵病

木材在生长、采伐、保存的过程中，所产生的内部和外部的缺陷统称为疵病，木材的疵病主要有木节、斜纹、裂纹、腐朽和虫害等。木材一般都存在一些疵病，使木材的物理力学性质受到影响。

（1）木节使木材顺纹抗拉强度显著降低，对顺纹抗压强度影响较小。在木材受横纹抗压和剪切时，木节反而增加其强度。

（2）斜纹即木纤维与树轴成一定夹角。斜纹木材严重降低其顺纹抗拉强度，对抗弯强度影响次之，对顺纹抗压影响较小。

（3）裂纹、腐朽、虫害等疵病会造成木材构造的不连续性和破坏其组织，因此严重影响木材的力学性质，有时甚至使木材完全失去使用价值。

8.3 木材的防腐与防火

木材易腐朽和燃烧。因此，必须考虑木材应用中的防腐和防火问题。

8.3.1 木材的防腐

1. 木材的腐朽

木材的腐朽为真菌所致。木材中常见的真菌有霉菌、变色菌、腐朽菌 3 种。前两种真

菌只能使木材变色，影响其外观，而对木材的力学性质影响不大，腐朽菌通过分泌酶将木材细胞壁物质分解为其所需的养料，使木材腐朽败坏。

真菌在木材中的生存和繁殖必须同时具备适当的水分、空气和温度。最适宜腐朽菌繁殖的条件是木材含水率为 35％～50％，温度为 25～30℃。只要破坏其中一个条件，就能防止木材腐朽。如木材含水率低于 20％以下，或完全浸入水中，真菌就不能繁殖了。

木材除易受真菌侵蚀外，还会遭受昆虫的蛀蚀（如白蚁、天牛、蠹虫等）。

2．木材的防腐与防虫

木材防腐与防虫通常采用通风、排湿、表面涂刷油漆等措施，以保证木结构经常处于干燥状态，使其含水率在 20％以下。

另外，也可将化学防腐剂、防虫剂注入木材内，使木材成为对真菌和昆虫有毒的物质。常用方法有以下几种。

1）常压法

常压法是借助木材本身的渗透和扩散作用使防腐剂、防虫剂进入到木材的内部。常压法又有以下几种。

（1）表面喷涂法。将防腐剂、防虫剂直接涂刷或用喷枪喷射在气干木材的表面。

（2）常温浸渍法。将木材浸入防腐剂、防虫剂中，使防腐剂、防虫剂渗入木材深处。

（3）热冷槽浸注法。将木材先浸入热防腐剂、防虫剂中，然后迅速移入冷的防腐剂、防虫剂槽中再浸数小时。此法是常压法中最好的方法，效果较好。

2）压力渗注法

（1）满细胞法。将热的防腐剂、防虫剂加压充满风干木材的密闭罐内，经一定时间后去压取出木材风干。这时防腐剂、防虫剂充满整个细胞，防腐、防虫效果甚好。

（2）空细胞法。使防腐剂、防虫剂只充满细胞壁，而细胞腔及细胞间隙不保留或少保留药剂。此法效力次于满细胞法。

8.3.2　木材的防火

木材的防火是将木材经过具有阻燃性的化学物质处理后，变成难燃的材料，使其遇小火能自熄，遇大火能延缓或阻滞燃烧蔓延，从而延迟火灾。

木材防火处理方法有表面处理法和溶液浸注法两种。

1．表面处理法

表面处理法是采用不燃性材料覆盖在木材的表面，阻止木材直接与火焰接触，同时也起到防腐和装饰的作用。这类材料包括金属、水泥砂浆、石膏及防火涂料。

2．溶液浸注法

溶液浸注法是将阻燃剂注入木材内，分为常压浸注和加压浸注，与注入防腐剂方法类似。木材浸注等级及要求如下。

一级浸注：保证木材无可燃性。

二级浸注：保证木材缓燃。

三级浸注：在露天火源作用下，能延迟木材燃烧起火。

浸注处理前，要求木材必须达到气干，并经初步加工成型，以免防火处理后再进行大量锯、刨等加工而将浸有阻燃剂的部分除去。

8.4 木材的综合利用

因为木材资源有限，所以对木材的节约、合理使用和综合利用显得十分重要。

所谓综合利用就是将木材加工过程中的边角、碎料、刨花、木屑、锯末等，经过再加工处理，制成各种人造板材，有效提高木材的利用率。最常见的有以下几种。

1. 胶合板

胶合板又称层压板，是将原木旋切成大张薄片，又将各片按纤维方向相互垂直叠放，用胶粘剂加热压制而成，通常以奇数层组合，并以层数取名，层数可达十五层。土木工程中常用的是 3 合板和 5 合板。

胶合板能制成较大幅宽的板材，消除木材的各向异性，克服木节和裂纹等缺陷的影响，既提高了木材的利用率，又使其物理力学性能得到了改善。

胶合板广泛用于室内隔墙板、天花板、护壁板、顶棚板、各种家具、室内装修。

2. 胶合夹芯板

胶合夹芯板有实心板和空心板两种。实心板是由干燥的短木条用树脂胶拼镶成芯，两面用胶合板加压加热粘结制成。空心板内部则由厚纸蜂窝结构填充，表面用胶合板加压加热粘结制成。

胶合夹芯板面宽，尺寸稳定，质轻且构造均匀，多用做门板、壁板及家具。

3. 刨花板、木丝板、木屑板

刨花板、木丝板、木屑板是利用木材加工中的废料刨花、木丝、木屑等经干燥、拌和胶料，经热压而制成的板材。所用胶料可为动植物胶、合成树脂、水泥、菱苦土等。

这类板材表观密度较小，强度较低，主要用做绝热和吸声材料。其中热压树脂刨花板和木屑板，其表面可粘贴塑料贴面或作胶合板饰面层，使其强度增加，并具有装饰性，可用做吊顶、隔墙、家具等。

4. 纤维板

纤维板是以植物纤维为主要原料，经破碎、浸泡、研磨成浆，再经热压成型、干燥处理而制成的板材。按成型时的温度、压力不同，纤维板分为硬质、半硬质和软质 3 种。

硬质纤维板在工程中广泛用于代替木板作室内壁板、门板、地板、家具等，软质纤维板多用于吸声、绝热材料。

5. 镶拼地板

镶拼地板是利用木材生产中的短小废料，加工成 125mm×25mm×10mm 的小木条，预先贴在一小块布上，五块木条为一联，施工时用专门配制的树脂水泥浆作胶结材料，将

每联的布面朝外，按一定的规则粘贴在已硬化的混凝土地面上，待胶结料硬化后，撕去布面，用电刨刨平后刷油漆和打蜡，可显出美丽的木纹。

镶拼地板可代替木地板，其美观、舒适、耐用，装饰效果好，导热性小，不失为一种很好的地面材料。如图 8.8 所示为拼花木地板图案。

(a) 正芦席纹　　　　　(b) 人字纹　　　　　(c) 清水砖墙纹　　　　　(d) 斜芦席纹

图 8.8　拼花木地板图案

本 章 小 结

　　本章根据目前我国对建筑木材的相关规范、规程和标准，对建筑木材的分类、技术性能和选用等进行了系统的讨论；明确了不同木材具有不同的特点。特别值得注意的是木材的各向异性、木材的纤维饱和点对木材强度及湿涨干缩性能的影响，平衡含水率与标准含水率的区别，以及环境温度和负荷时间对木材性能的影响。这些知识点对学生正确了解建筑木材，以及在今后的工作中合理地选用建筑木材都有着非常重要的意义。

习　　题

1. 填空题

（1）木材在进行加工使用前，应预先将其干燥至含水率达_____。

（2）建筑中常用的各种人造板材有_____。

（3）木材的纤维饱和点是指_____。

（4）木材的平衡含水率是指_____。

（5）木材的标准含水率是指_____。

（6）木材的持久强度是指_____。

（7）使木材腐朽败坏的主要菌种是_____。

（8）在建筑工程中，目前常用的木材防腐、防虫的方法有_____。

（9）木材疵病是指_____。

2. 判断题

(1) 木材的强度随着含水量的增加而下降。　　　　　　　　　　　　（　　）

(2) 在木材的每一年轮中，色浅而质软的称为夏材。　　　　　　　　（　　）

(3) 木材的湿胀变形是随着其含水率的提高而增大。　　　　　　　　（　　）

(4) 木材胀缩变形的特点是径向变化率最大，顺纹方向次之，弦向最小。（　　）

(5) 木材的顺纹抗弯强度值比横纹抗弯强度值大。　　　　　　　　　（　　）

3. 问答题

(1) 针叶树和阔叶树在性质和应用上各有何特点？

(2) 为什么木材使用前必须干燥，使其含水率接近于使用环境下的平衡含水率？

(3) 木材含水率的变化对木材性质有什么影响？

(4) 试说明木材腐朽的原因。有哪些方法可防止木材腐朽？

(5) 影响木材强度的主要因素有哪些？这些因素是怎样影响木材强度的？

4. 计算题

(1) 某松木试件含水率为 14%，测得其顺纹抗压强度为 58.62MPa。试问：

① 该木材标准含水率下的抗压强度为多少？

② 当木材含水率分别为 10%、25%、35% 时的抗压强度各为多少？

③ 绘出强度-含水率关系曲线，分析含水率对该顺纹抗压强度的影响规律。

注：松木的纤维饱和点为 25%，含水率校正系数 α 为 0.05。

(2) 某木材在标准含水率下的抗弯强度为 80MPa，如果处在相对湿度为 70%，温度为 40℃ 的环境中，试问该木材在使用时实际抗弯强度为多少？

第 9 章
合成高分子材料

本章教学要点

知识要点	掌握程度	相关知识
高分子化合物分类	了解	按分子链分、按对热的性质分
高分子化合物基本性质	熟悉	比强度、绝缘性、耐水性和耐湿性
建筑塑料的特性	熟悉	加工性、多功能、装饰性、老化性、刚性
塑料的组成	了解	合成树脂、填充料
常用建筑塑料	熟悉	聚氯乙烯、聚乙烯、环氧树脂、酚醛树脂
胶粘剂基本知识	熟悉	组成、要求及分类

本章技能要点

技能要点	掌握程度	应用方向
建筑塑料的应用	了解	合理选用建筑塑料、降低成本
胶粘剂的选用	了解	合理选用胶粘剂、降低成本

有机高分子材料是由高分子化合物组成的材料。在土木工程中所涉及的主要有塑料、橡胶、化学纤维和胶粘剂等。本章主要介绍建筑塑料和胶粘剂。有机高分子材料的基本成分是人工合成的高分子化合物，简称高聚物。由高聚物加工或用高聚物对传统材料改性所制得的土木工程材料，习惯上称为化学合成建筑材料，即化学建材。化学建材在土木工程中的应用日益广泛，在装饰、防水、胶粘、防腐等各个方面所起的重要作用是其他材料不可替代的。

9.1 合成高分子化合物的基本知识

以石油、煤、天然气、水、空气及食盐等为原料，制得的低分子化合物单体(如乙烯、氯乙烯、甲醛等)经合成反应即得到合成高分子化合物，这些化合物的分子量一般都在几千以上，甚至可达到数万，数十万或更大。从结构上看，高分子化合物是由许多结构相同的小单元(称为链节)重复构成的长链化合物。如乙烯($H_2C{=}CH_2$)的分子量为 28，而由乙烯为单体聚合而成的高分子化合物聚乙烯$(CH_2{-}CH_2)_n$分子量则在 1000～35000 之间或更大。其中每一个"$-CH_2-CH_2-$"为一个链节，n 称为聚合度，表示一个高分子中的链节数目。

一种高分子化合物是由许多结构和性质相类似而聚合度不完全相等，即分子量不同的高分子形成的混合物，称为同系聚合物，故高分子化合物的分子量只能用平均分子量表示。

9.1.1 合成高分子化合物的分类

从不同的角度对合成高分子化合物有不同的分类。

1. 按分子链的形状分类

根据分子链的形状不同，可将高分子化合物分为线型的、支链型(支化型)的和体型(网状)的 3 种。

(1) 线型高分子化合物。线型高分子化合物的主链原子排列成长链状，如聚乙烯、聚氯乙烯等属于这种结构。

(2) 支链型高分子化合物。支链型高分子化合物的主链也是长链状，但带有大量的支链，如 ABS 树脂、聚苯乙烯树脂等属于支链型结构。

(3) 体型高分子化合物。体型高分子化合物的长链被许多横跨链交联成网状，或在单体聚合过程中在二维或三维空间交联形成空间网络，分子彼此固定。例如，环氧树脂、聚酯树脂等的最终产物属于体型结构。

2. 按对热的性质分类

按对热的性质可分为热塑性和热固性两类。

(1) 热塑性高聚物。热塑性高聚物在加热时呈现出可塑性，甚至熔化，冷却后又凝固硬化。这种变化是可逆的，可以重复多次。这类的高分子化合物其分子间作用力较弱，为线型及带支链的高聚物。

（2）热固性高聚物。热固性高聚物是一些支链型高分子化合物，加热时转变成黏稠状态，发生化学变化，相邻的分子互相连接（交联），转变成体型结构而逐渐固化，其分子量也随之增大，最终成为不能熔化、不能溶解的物质。这种变化是不可逆的，大部分缩合树脂属于此类。

9.1.2 合成高分子化合物的合成方法及命名

将低分子单体经化学方法聚合成为高分子化合物，常用的合成方法有加成聚合和缩合聚合两种。

1. 加成聚合

加成聚合又称为加聚反应。它是由许多相同或不相同的不饱和（具有双键或三键的碳原子）单体（通常为烯类）在加热或催化剂的作用下，不饱和键被打开，各单体分子相互连接起来而成为高聚物。

加聚反应得到的高聚物一般为线型分子，其组成与单体的组成基本相同，反应过程中不产生副产物。

由加聚反应生成的树脂称为聚合树脂，其命名一般是在其原料名称前面冠以"聚"字，如聚乙烯、聚苯乙烯、聚氯乙烯等。

2. 缩合聚合

缩合聚合又称为缩聚反应。它是由一种或数种带有官能团（H—、—OH、Cl—、—NH$_2$、—COOH 等）的单体在加热或催化剂的作用下，逐步相互结合而成为高聚物。同时，单体中的官能团脱落并化合生成副产物（如水、醇、氨等）。

缩聚反应生成物的组成与原始单体完全不同，得到的高聚物可以是线型的或体型的。

缩聚反应生成的树脂称为缩合树脂。其命名一般是在原料名称后加上"树脂"两字，如酚醛树脂、环氧树脂、聚酯树脂等。

9.1.3 合成高分子化合物的基本性质

1. 质轻

密度一般在 $0.9 \sim 2.2 \, g/cm^3$ 之间，平均约为铝的 $1/2$，钢的 $1/5$，混凝土的 $1/3$，与木材相近。

2. 比强度高

这是由于长链型的高分子化合物分子与分子之间的接触点多，相互作用很强，而且其分子链是蜷曲的，相互纠缠在一起。

3. 弹性好

这是因为高分子化合物受力时，其蜷曲的分子可以被拉直而伸长，当外力除去后，又能恢复到原来的蜷曲状态。

4. 绝缘性好

由于高分子化合物分子中的化学键是共价键，不能电离出电子，因此不能传递电流；又因为其分子细长而蜷曲，在受热或声波作用时，分子不容易振动，所以高分子化合物对于热、声也具有良好的隔绝性能。

5. 耐磨性好

许多高分子化合物不仅耐磨，而且有优良的自润滑性，如尼龙、聚四氟乙烯等。

6. 耐腐蚀性优良

这是因为许多分子链上的基团被包在里面，当接触到能与分子中某一基团起反应的腐蚀性介质时，被包在里面的基团不容易发生变化。因此，高分子化合物具有耐酸、耐腐蚀的特性。

7. 耐水性、耐湿性强

多数高分子化合物憎水性很强，有很好的防水和防潮性。

高分子化合物的主要缺点是耐热性与耐火性差、易老化、弹性模量低、价格较高。在土木工程中应用时，应尽量扬长避短，发挥其优良的基本性质。

9.2 建筑塑料

塑料是以高分子化合物为基本材料，加入各种填充料和改性添加剂，在一定的温度和压力下塑制而成的。也有不加任何添加剂和填料，只含合成树脂的塑料，即单成分塑料。如以聚甲基丙烯酸甲酯树脂制成的塑料，即有机玻璃。大多数塑料为多成分塑料。塑料在土木工程中常用做装修材料、绝热材料、防水与密封材料、管道及卫生洁具等，应用于土木工程中的塑料习惯上称为建筑塑料。

9.2.1 建筑塑料的特性

与传统土木工程材料相比，建筑塑料具有以下一些特性。

（1）密度低，自重轻。

（2）易加工。塑料的成型加工与金属加工相比，不仅能耗低，且加工方便，效率高。

（3）多功能。建筑塑料具有多种特殊的功能，如防水性、隔热性、隔声性、耐化学腐蚀性等，种类繁多，既可加工成刚度较大的建筑板材，也可制成柔软富有弹性的密封材料。

（4）装饰性好。现代先进的塑料加工技术可以把塑料加工成装饰性能优异的各种材料。

（5）耐热性差，易燃烧，且燃烧时放出对人体有害的气体。

（6）易老化。在日光、大气及热等外界因素作用下，塑料会产生老化，性能发生变化。

（7）刚度差。与钢铁等金属材料比较，塑料的强度及弹性模量均较低，容易变形。

前面4点是建筑塑料的优异性能，是传统材料所不能比拟的。后面3点则是建筑塑料的主要缺点，它们给建筑塑料的使用带来了一定的局限性，可以通过改变生产配方或在应用中采取必要的措施来弱化这些缺点的影响。

9.2.2 塑料的组成

1. 合成树脂

合成树脂是塑料的基本组成材料，起着胶粘剂的作用，能将其他材料牢固地胶结在一起。在多成分塑料中合成树脂的含量为30%～60%。塑料的主要性能及成本取决于所采用的合成树脂。

2. 填充料

填充料的作用是节约树脂，降低成本，调节塑料的物理化学性能。例如，纤维、布类填充料可提高塑料的机械强度，石棉填充料可增加塑料的耐热性，云母填充料可增强塑料的电绝缘性能，石墨、三硫化钼填充料可改善塑料的摩擦、磨耗等性能。填充料的含量为40%～70%。

常用的有机填充料有木粉、纸屑、废棉、废布等；常用的无机填充料有滑石粉、石墨粉、石棉、玻璃纤维等。

3. 添加剂

添加剂是为了改善或调节塑料的某些性能，以适应使用或加工时的特殊要求而加入的辅助材料，如增塑剂、固化剂、着色剂、阻燃剂、稳定剂等。

（1）增塑剂。增塑剂通常是沸点高、难挥发的液体，或是低熔点的固体，它可提高塑料在高温加工条件下的可塑性，改进低温脆性和增加柔性。对增塑剂的要求是增塑效率高，不易挥发，与合成树脂相溶性好，稳定性好，价廉等。常用的增塑剂有邻苯二甲酸酯、磷酸三甲酚酯、樟脑、二苯甲酮等。

（2）固化剂。固化剂又称硬化剂或胶联剂。其主要作用是在聚合物中生成横跨键，使线型高聚物交联成体型高聚物，从而使树脂具有热固性，制得坚硬的塑料制品。

塑料的品种及加工条件不同，所采用的固化剂也不相同。环氧树脂中常用胺类、酸酐类化合物（如乙二胺、间苯二胺、邻苯二甲酸酐等），聚酯树脂中常用过氧化物，酚醛树脂中常用乌洛托品（六亚甲基四胺）。

（3）着色剂。加入着色剂可使塑料具有鲜艳的色彩和光泽。着色剂除满足色彩要求外，还应具有分散性好，附着力强，不与塑料成分发生化学反应，不褪色等特性。

着色剂常采用染料或颜料，采用能产生荧光或磷光的颜料可生产发光塑料。

（4）阻燃剂。阻燃剂又称防火剂。加入后能提高塑料的耐燃性和自熄性。

（5）稳定剂。稳定剂的作用是防止和缓解高聚物的老化，延长塑料制品的使用寿命。

此外，根据建筑塑料使用及加工中的需要，还可加入其他添加剂，如生产泡沫塑料可加入发泡剂，为提高塑料抗静电能力可加入抗静电剂等。

9.2.3 常用建筑塑料

塑料在土木工程中常用于制作管材、板材、门窗、壁纸、地毯、器皿、绝缘材料、装饰材料、防水及保温材料等。在选择和使用塑料时应注意其耐热性，抗老化能力，强度和硬度等性能指标。

常用的热塑性塑料有以下几种。

(1) 聚氯乙烯(PVC)。聚氯乙烯分为硬质和软质两种。硬质聚氯乙烯制品基本上不含增塑剂，其机械性能好，但抗冲击性较差，尤其在低温时呈现脆性，通常需要加入一些改性树脂，以提高其抗冲击性。硬质聚氯乙烯制品的柔性随所增加的增塑剂量而改变。

硬质聚氯乙烯可制成百叶窗、墙面板、屋面采光板、踢脚板、门窗框、扶手、地板砖、管材，又可制成泡沫塑料用做隔声、隔热材料；软质聚氯乙烯可制成壁纸、织物、塑料金属复合板等。

(2) 聚乙烯(PE)。聚乙烯耐溶性很好，能耐大多数酸碱，只有硝酸和浓硫酸会对其缓慢腐蚀，其缺点为易燃烧。聚乙烯主要用做建筑防水材料、给水排水管、卫生洁具等。

(3) 聚苯乙烯(PS)。聚苯乙烯化学稳定性好，但性脆、易燃，能溶于芳香族溶剂。聚苯乙烯泡沫塑料导热性低，一般用做绝热和隔声材料。

(4) 聚甲基丙烯酸甲脂(PMMA)。聚甲基丙烯酸甲脂俗称"有机玻璃"，该材料对日光和紫外线的透光率都很大，耐候性强。但表面易划伤、易溶于丙酮、甲苯、四氯化碳等有机溶剂中。常代替玻璃用于有振动或易碎处，也可做室内隔墙板、天窗、装饰板及制造浴缸等。

常用的热固性塑料有以下几种。

(1) 酚醛树脂(PF)。酚醛树脂制品强度高、刚性大、耐腐蚀、耐热、电绝缘性好。属自熄性塑料。工程上利用酚醛树脂制成玻璃钢、电器配件和建筑小五金等。此外，还可用来配制涂料和胶粘剂。

(2) 脲醛树脂(UF)。脲醛树脂有自熄性、着色性好，耐水性和耐热性差等特点。工程上利用脲醛树脂制成建筑饰品、电气绝缘材料、建筑小五金和泡沫塑料等。

(3) 环氧树脂(EP)。环氧树脂的粘结力强，与金属、木材、玻璃、陶瓷及混凝土均能粘结。环氧树脂稳定性好，固化后抗化学腐蚀性强，收缩性小，并有良好的物理力学性能。它可制作玻璃钢、配制涂料和粘结剂等。

(4) 不饱和聚酯树脂(UP)。不饱和聚酯树脂的特点是具有工艺性能良好，可在室温固化。它主要用来生产玻璃钢，还用来制作卫生洁具、人造大理石和塑料涂布地板等。

玻璃钢是用玻璃纤维增强酚醛树脂、聚酯树脂或环氧树脂等而得到的一种热固性塑料。玻璃钢的应用非常广泛，如可做建筑围护材料、屋面采光材料、门窗框架等，还可做成各种容器、管道、便池、浴盆、家具等。其密度在 $1.5 \sim 2.0 \text{g/cm}^3$ 之间，是钢的 $1/5 \sim 1/4$，而抗拉强度却达到或超过碳素钢，其比强度与高级合金相近，属轻质高强材料。其主要缺点是弹性模量低，刚度不如金属材料。

玻璃钢成型方法主要有：手糊法、模压法、喷射法和缠绕法。

增强纤维常用玻璃纤维或玻璃布，有特殊要求时也采用碳纤维或硼纤维。对耐酸性要求高的玻璃钢应选用酚醛或环氧树脂等作胶结材，且应选用无碱纤维。

9.3 胶 粘 剂

胶粘剂是一种能在两个物体的表面间形成薄膜，并能把它们紧密地粘结起来的材料，又称为粘结剂或粘合剂。胶粘剂在土木工程中主要用于室内装修、预制构件组装、室内设备安装等。此外，混凝土裂缝和破损也常采用胶粘剂进行修补。胶粘剂的用途越来越广，品种和用量也日益增加，已成为土木工程材料中不可缺少的组成部分。

9.3.1 胶粘剂的组成、要求及分类

胶粘剂一般都是多组分材料，除基本成分为高分子合成树脂外，为了满足使用要求，还需加入各种助剂，如填料、稀释剂、固化剂、增塑剂、防老化剂等。

对胶粘剂的基本要求主要是具有足够的流动性，能充分浸润被粘物表面，粘结强度高，胀缩变形小，易于调节其粘结性和硬化速度，不易老化失效。

根据所用粘料的不同，可将胶粘剂分为有机胶粘剂和无机胶粘剂。

1. 有机胶粘剂

1）天然胶粘剂

（1）动物胶。鱼胶、骨胶、虫胶等。

（2）植物胶。淀粉、松香、阿拉伯树胶。

2）树脂胶粘剂

（1）热固性树脂胶粘剂。环氧树脂、酚醛树脂、脲醛树脂、有机硅等。

（2）热塑性树脂胶粘剂。聚醋酸乙烯酯、乙烯-醋酸乙烯酯等。

（3）橡胶型胶粘剂。氯丁橡胶、丁腈橡胶、硅橡胶等。

（4）混合型胶粘剂。酚醛-环氧、酚醛-丁腈、环氧-尼龙等。

2. 无机胶粘剂

无机胶粘剂主要有磷酸盐型、硅酸盐型、硼酸盐型。

9.3.2 土木工程中常用的胶粘剂

1. 环氧树脂胶粘剂

环氧树脂胶粘剂是由环氧树脂、固化剂、增塑剂、稀释剂、填料等，通过调整配方，可得到不同品种和用途的产物。

环氧树脂胶粘剂具有粘合力强、收缩性小、稳定性高、耐化学腐蚀、耐热、耐久等优点。对于铁制品、玻璃、陶瓷、木材、塑料、皮革、水泥制品、纤维材料等都具有良好的粘结能力。适用于水中作业和需耐酸碱等场合及建筑物的修补，俗称万能胶。

2. 酚醛树脂胶粘剂

酚醛树脂胶粘剂的粘结强度高，但必须在加压、加热条件下进行粘结。用松香、干性油或脂肪酸等改性后的酚醛树脂可溶性增加，韧性提高。主要用于粘结纤维板、非金属材料和塑料。

3. 聚醋酸乙烯胶粘剂

聚醋酸乙烯乳液俗称白乳胶。该乳液是一种白色粘稠液体，呈酸性，具有亲水性，流动性好。白乳胶主要用于承受力不太大的胶结中，如纸张、木材、纤维等的粘结。另外，可将其加入涂料中，作为主要成膜物质，也可加入水泥砂浆中组成聚合物水泥砂浆。

4. 聚乙烯醇缩脲甲醛胶粘剂

聚乙烯醇缩脲甲醛胶粘剂商品名为801胶。它耐热性好，胶结强度高，施工方便，抗老化性好，是常用水溶性胶粘剂。多用来粘结塑料壁纸、墙布、瓷砖等。在水泥砂浆中掺入少量的水溶性聚乙烯醇缩脲甲醛能提高砂浆的粘结性、抗渗性、柔韧性，以及具有减少砂浆的收缩性。

本 章 小 结

本章通过对高分子化合物的分类、基本性质、建筑塑料的特性、常用建筑塑料及建筑胶粘剂等进行系统讨论，突出土木工程中所用的合成高分子化合物其重点所在，使学生在有限的学时内更好地掌握建筑塑料和胶粘剂的基本知识。

习 题

1. 填空题

(1) 热塑性高聚物是指 _____。

(2) 热固性高聚物是指 _____。

(3) 高分子化合物的主要技术性质有 _____。

(4) 建筑塑料的主要特性包括 _____。

(5) 添加剂的主要作用是为了 _____。

(6) 常用的热塑性塑料有 _____。

(7) 常用的热固性塑料有 _____。

(8) 胶粘剂的主要成分为 _____。

(9) 土木工程中常用的胶粘剂为 _____。

(10) 环氧树脂胶粘剂的主要特点是 _____。

（11）对胶粘剂的基本要求是＿＿＿＿＿＿＿＿＿＿＿＿。

2. 问答题

（1）热塑性高聚物与热固性高聚物各自的特征是什么？

（2）试述高分子化合物的合成反应类型及特征。

（3）与传统材料相比，建筑塑料有什么优缺点？

（4）对胶粘剂的基本要求有哪些？试举 3 种土木工程中常用的胶粘剂，并说明其特性与用途。

附录A
水泥扩展知识

▐ A.1 铝酸盐水泥

在土木工程中除了使用通用硅酸盐水泥外，为了满足某些工程的特殊性能要求，还采用特性水泥和专用水泥。

铝酸盐水泥是以铝矾土和石灰石为主要原料，经高温煅烧所得的以铝酸钙为主要矿物成分，并经磨细得到的水硬性胶凝材料，代号为CA。由于熟料中 Al_2O_3 的成分 $>50\%$，因此又称高铝水泥［《铝酸盐水泥》（GB 201—2000）］。

1. 矿物组成

铝酸盐水泥按 Al_2O_3 含量分为四类，见表A-1。

表 A-1 铝酸盐水泥分类与化学成分(%)

类型	Al_2O_3	SiO_2	Fe_2O_3	$R_2O(Na_2O+0.658\,K_2O)$	S	Cl
CA—50	$50\% \leqslant Al_2O_3 < 60\%$	$\leqslant 8.0$	$\leqslant 2.5$			
CA—60	$60\% \leqslant Al_2O_3 < 68\%$	$\leqslant 8.0$	$\leqslant 2.0$	$\leqslant 0.4$	$\leqslant 0.1$	$\leqslant 0.1$
CA—70	$68\% \leqslant Al_2O_3 < 77\%$	$\leqslant 8.0$	$\leqslant 1.0$			
CA—80	$Al_2O_3 \geqslant 77\%$	$\leqslant 8.0$	$\leqslant 0.5$			

注：当用户需要时，生产厂应提供结果和测定方法。

铝酸盐水泥的主要矿物成分表A-2。

表 A－2　铝酸盐水泥的主要矿物成分及反应特点

矿物名称	化学成分	缩写符号	特性
铝酸一钙	$CaO \cdot Al_2O_3$	CA	硬化快、早期强度高、后期强度增进不大
二铝酸一钙	$CaO \cdot 2Al_2O_3$	CA_2	硬化慢、早期强度低、后期强度高
硅铝酸一钙	$2CaO \cdot Al_2O_3 \cdot SiO_2$	C_2AS	惰性矿物
七铝酸十二钙	$12CaO \cdot 7Al_2O_3$	$C_{12}A_7$	凝结迅速、强度不高

除了上述的主要矿物成分外，铝酸盐水泥还含有少量的 C_2S 等成分。

2. 水化及硬化

CA 是铝酸盐水泥的主要组成矿物，其水化反应与温度有较大关系。

当温度小于 20℃时，其水化反应如下：

$$CaO \cdot Al_2O_3 + 10H_2O = CaO \cdot Al_2O_3 \cdot 10H_2O$$

水化铝酸一钙（简写为 CAH_{10}）

当温度在 20～30℃时，其水化反应如下：

$$2(CaO \cdot Al_2O_3) + 11H_2O = 2CaO \cdot Al_2O_3 \cdot 8H_2O + Al_2O_3 \cdot 3H_2O$$

水化铝酸二钙（简写为 C_2AH_8）　铝胶

当温度大于 30℃时，其水化反应如下：

$$3(CaO \cdot Al_2O_3) + 12H_2O = 3CaO \cdot Al_2O_3 \cdot 6H_2O + 2(Al_2O_3 \cdot 3H_2O)$$

水化铝酸三钙（简写为 C_3AH_6）

CA_2 的水化产物与 CA 的水化产物基本相同，其水化产物数量较少，对铝酸盐水泥的影响不大。$C_{12}A_7$ 水化速度快，但强度低。C_2AS（又称方柱石）为惰性矿物。少量的 C_2S 水化生成 C-S-H 凝胶。

由以上水化反应看出，铝酸盐水泥的水化产物主要是 CAH_{10}、C_2AH_8 和 $Al_2O_3 \cdot 3H_2O$。CAH_{10} 和 C_2AH_8 是针状和片状晶体，能在早期相互连成坚固的结晶连生体，同时生成的 $Al(OH)_3$ 凝胶填充在晶体的空隙内，形成密实的结构。因此，铝酸盐水泥早期强度增长很快。CAH_{10} 和 C_2AH_8 是亚稳定型的，随着时间的推移会逐渐转变为稳定的 C_3AH_6，转化过程随着温湿度的升高而加速。晶型转变的结果是水泥石内析出大量的游离水，固相体积减缩约 50%，增加了水泥石的孔隙率。同时，由于 C_3AH_6 本身强度较低，所以水泥石的强度下降。因此，铝酸盐水泥的长期强度是下降的，其最终稳定强度值一般只有早期强度的 1/2 或更低。对于 CA－50 铝酸盐水泥，由于长期强度下降，应用时要测定其最低稳定值。《铝酸盐水泥》（GB 201—2000）规定 CA－50 铝酸盐水泥混凝土的最低稳定值以在 (50±2)℃ 水中养护的混凝土试件的 7d 和 14d 强度中的最低值来确定。

3. 技术指标

(1) 细度。比表面积 ≥300m²/kg 或 45μm 的筛余量 ≤20%。

(2) 密度。与硅酸盐水泥相近，为 3.0～3.2g/cm³。

(3) 凝结时间。初凝和终凝时间应符合表 A－3 的要求。

(4) 强度等级。各类型铝酸盐水泥各龄期强度值不得小于表 A－4 中的值。

表 A－3　铝酸盐水泥凝结时间

类型	初凝时间不得早于	终凝时间不得迟于
CA－50、CA－70、CA－80	30min	6h
CA－60	60min	18h

表 A－4　铝酸盐水泥各龄期的强度要求（MPa）

类型	抗压强度				抗折强度			
	6h	1d	3d	28d	6h	1d	3d	28d
CA－50	20	40	50	—	3.0	5.5	6.5	—
CA－60	—	20	45	85	—	2.5	5.0	10.0
CA－70	—	30	40	—	—	5.0	6.0	—
CA－80	—	25	30	—	—	4.0	5.0	—

4. 特性及应用

（1）凝结硬化快，早期强度高。1d 的强度可达 3d 强度的 80％以上，适用于紧急抢修工程、军事工程、临时性工程和对早期强度有要求的工程。

（2）水化热大，并且集中在早期，1d 内可放出水化热 70％～80％，使温度上升很高。因此，铝酸盐水泥不宜用于大体积混凝土工程，但适宜用于寒冷的冬季施工工程。

（3）抗硫酸盐性能强。因其水化后不含 $Ca(OH)_2$，故适用于耐酸及硫酸盐腐蚀的工程。

（4）耐热性好。铝酸盐水泥在高温下与骨料发生固相反应，形成稳定结构。因此可用于拌制 1200～1400 ℃耐热砂浆或耐热混凝土，如窑炉衬砖。

（5）耐碱性差。铝酸盐水泥的水化产物 C-A-H 不耐碱，遇碱后强度会下降。因此，铝酸盐水泥不能用于与碱接触的工程，也不能与硅酸盐水泥或石灰等能析出 $Ca(OH)_2$ 的材料接触，否则会发生闪凝，并生成高碱性 C-A-H，使混凝土开裂破坏，强度下降。

（6）用于钢筋混凝土时，钢筋保护层的厚度≤60mm，未经试验，不得加入任何外加剂。

（7）铝酸盐水泥 CA－50 不得使用于温度＞25℃的湿热环境。一般也不用于长期承载的工程。

小思考 A－1

二战结束后，英国开始了大规模的重建工作。为了加快建设速度，很多建筑工地选用铝酸盐水泥配制结构混凝土，如某小学在修建游泳馆时采用铝酸盐水泥配制混凝土梁和柱，经验收各项施工质量指标均满足相关要求。但在游泳馆交付使用一年后的一天，游泳馆发生了突然垮塌事故，试分析出现突然垮塌的可能原因。

A.2 特性水泥

A.2.1 快硬水泥

1. 快硬硅酸盐水泥

以硅酸盐水泥熟料和适量石膏磨细制成的，以 3d 抗压强度表示强度等级的水硬性胶凝材料称为快硬硅酸盐水泥(简称快硬水泥)。快硬水泥的生产同硅酸盐水泥基本一致，只是在生产时提高了 C_3S 和 C_3A 的含量，两者的总量不少于 $60\%\sim65\%$，同时增加了石膏的掺量(可达 8%)，细度提高到比表面积为 $330\sim450m^2/kg$。快硬水泥的技术性质应符合《快硬硅酸盐水泥》(GB 199—1990)的规定。

(1) 细度。比表面积为 $330\sim450m^2/kg$。

(2) 凝结时间。初凝不得早于 45min，终凝不得迟于 600min。

(3) 强度等级。快硬硅酸盐水泥按 3d 强度划分为 32.5、37.5、42.5 三个强度等级。各龄期强度值不得低于表 A-5 的要求。

表 A-5 快硬硅酸盐水泥各龄期的强度要求(MPa)

强度等级	抗压强度			抗折强度		
	1d	3d	28d	1d	3d	28d
32.5	15.0	32.5	52.5	3.5	5.0	7.2
37.5	17.0	37.5	57.5	4.0	6.0	7.6
42.5	19.0	42.5	62.5	4.5	6.4	8.0

注：28d 强度仅为参考。

快硬硅酸盐水泥硬化快，早期强度高，水化热高并且集中，抗冻性好，耐腐蚀性差。一般快硬水泥主要用于紧急抢修和低温施工。由于水化热大，该水泥不宜用于大体积混凝土工程和有腐蚀性介质的工程。

2. 快硬硫铝酸盐水泥

快硬硫铝酸盐水泥是指以无水硫铝酸钙和 C_3S 为主要矿物组成的熟料，加入适量的石膏磨细制成的早期强度高的水硬性胶凝材料，代号为 R·SAC。快硬硫铝酸盐水泥技术性质应符合《快硬硫铝酸盐水泥》(JC 933—2003)的规定。

(1) 细度。比表面积 $>350m^2/kg$。

(2) 凝结时间。初凝不得早于 25min，终凝不得迟于 180min。

(3) 安定性。水泥中不允许出现 $f\text{-}CaO$，否则为废品。

(4) 强度等级。按 3d 的抗压强度划分为 42.5、52.5、62.5、72.5 四个等级。各强度等级、各龄期的强度值见表 A-6。

表 A-6 快硬硫铝酸盐水泥各龄期的强度要求(MPa)

强度等级	抗压强度			抗折强度		
	1d	3d	28d	1d	3d	28d
42.5	30.5	42.5	45.0	6.0	6.5	7.0
52.5	40.0	52.5	55.0	6.5	7.0	7.5
62.5	50.0	62.5	65.0	7.0	7.5	8.0
72.5	55.0	72.5	75.0	7.5	8.0	8.5

注：上述指标不满足要求时为不合格品。

快硬硫铝酸盐水泥熟料中的无水硫铝酸钙水化快，与掺入的石膏反应生成钙矾石晶体和大量的铝胶。生成的钙矾石会迅速结晶形成坚硬的水泥石骨架，铝胶则不断填充空隙，使水泥的凝结时间缩短，获得较高的早期强度。同时，随着熟料中的 C_3S 的不断水化，C-S-H 胶体和 $Ca(OH)_2$ 晶体不断生成，则可使后期强度进一步增长。快硬硫铝酸盐水泥的早期强度高，硬化后水泥石结构致密，孔隙率小，抗渗性高，水化产物中的 $Ca(OH)_2$ 含量少，抗硫酸盐腐蚀能力强，耐热性差。因此，快硬硫铝酸盐水泥主要用于配制早强、抗渗、抗硫酸盐腐蚀的混凝土，也可用于冬季施工、喷锚支护、抢修、堵漏等工程，此外，由于硫铝酸盐的碱度低，还可用于生产各种玻璃纤维制品。

A.2.2 白色硅酸盐水泥

白色硅酸盐水泥是指以 Fe_3O_2 含量少的硅酸盐水泥熟料、适量石膏及混合材磨细所得的水硬性胶凝材料，代号为 P·W。磨制水泥时，允许加入不超过水泥质量 10% 的石灰石或窑灰做外掺料。水泥粉磨时允许加入不损害水泥性能的助磨剂，加入量不超过水泥质量的 1.0%。根据《白色硅酸盐水泥》(GB 2015—2005)的规定，白水泥的生产、熟料组成、技术性能与普通硅酸盐水泥基本相同。

通用硅酸盐水泥通常由于含有较多的 Fe_3O_2 而呈灰色，因此白色硅酸盐水泥的生产关键是控制水泥中的铁含量，一般 Fe_3O_2 含量应控制在普通硅酸盐水泥的 10%。要控制 Fe_3O_2 含量，首先应选用白度较高的原料，如白垩土、高岭土、白泥等；其次在粉磨生料和熟料时，为避免混入铁质，应选用白色花岗岩或高强陶瓷衬板，并采用烧结刚玉、瓷球、卵石作为研磨体。熟料煅烧时，用天然气、柴油、重油作燃料，以防止灰烬掺入水泥熟料，还可对水泥熟料进行喷水、喷油等漂白处理，使色深的 Fe_2O_3 还原成色浅的 FeO 或 Fe_3O_4。

白色硅酸盐水泥的技术性质如下。

(1) 细度。80μm 方孔筛筛余量≤10%。

(2) 凝结时间。初凝不得早于 45min，终凝不得迟于 600min。

(3) 强度等级。根据 3d 和 28d 的抗压和抗折强度划分为 32.5、42.5、52.5 三个强度等级，龄期的强度值不得低于表 A-7 的要求。

(4) 白度。将水泥样品放入白度仪中测定其白度，其白度值≥87。

(5) 安定性。体积安定性用沸煮法检验必须合格。熟料中 MgO<5.0%、SO₃ 含量<3.5%。

表 A-7　白水泥各龄期的强度要求(MPa)

强度等级	抗压强度		抗折强度	
	3d	28d	3d	28d
32.5	12.0	32.5	3.0	5.5
42.5	17.0	42.5	3.5	6.5
52.5	22.0	52.5	4.0	7.0

白色硅酸盐水泥主要用于各种装饰混凝土及装饰砂浆工程,如水刷石、水磨石及人造大理石等。

A.2.3　抗硫酸盐硅酸盐水泥

抗硫酸盐硅酸盐水泥按其抗硫酸盐侵蚀程度分为两类:中抗硫酸盐硅酸盐水泥和高抗硫酸盐硅酸盐水泥。

(1) 中抗硫酸盐硅酸盐水泥是指以适当成分的硅酸盐水泥熟料,加入适量石膏,共同磨细制成的具有抵抗中等浓度硫酸根离子侵蚀的水硬性胶凝材料,代号为 P·MSR。中抗硫酸盐硅酸盐水泥中 C_3A 含量≤5%, C_3S 的含量≤55%。

(2) 高抗硫酸盐硅酸盐水泥是指以适当成分的硅酸盐水泥熟料,加入适量石膏,共同磨细制成的具有抵抗较高浓度硫酸根离子侵蚀的水硬性胶凝材料,代号为 P·HSR。高抗硫酸盐水泥中 C_3A 含量≤3%, C_3S 的含量≤50%。

根据《抗硫酸盐硅酸盐水泥》(GB 748—2005)的规定,抗硫酸盐水泥分为 32.5、42.5 两个强度等级,各龄期的强度值不得低于表 A-8 的规定。

表 A-8　抗硫酸盐硅酸盐水泥各龄期的强度要求(MPa)

强度等级	抗压强度		抗折强度	
	3d	28d	3d	28d
32.5	12.0	32.5	3.0	5.5
42.5	17.0	42.5	3.5	6.5

在抗硫酸盐水泥中,由于限制了水泥熟料中 C_3A、C_4AF 和 C_3S 的含量,使水泥的水化热较低,C-A-H 的含量较少,抗硫酸盐侵蚀的能力较强,适用于一般受硫酸盐侵蚀的海港、水利、地下、引水、隧道、道路和桥梁基础等大体积混凝土工程。

A.2.4　膨胀水泥与自应力水泥

一般水泥在空气中硬化时都会产生收缩,从而导致混凝土内部产生裂缝,降低混凝土的强度及耐久性。膨胀水泥和自应力水泥在凝结硬化时，由于生成大量的钙矾石（AFt）而产生体积膨胀。因此，可以消除收缩产生的不利影响。

在钢筋混凝土中应用膨胀水泥，由于混凝土的膨胀使钢筋产生一定的拉应力，混凝土受到相应的压应力，这种压应力能使混凝土的微裂缝减少，同时还能抵消一部分外界因素产生的拉应力，提高混凝土的抗拉强度。由于这种预先具有的压应力来自水泥的水化，所以称为自应力，并以"自应力值"表示混凝土中的压应力大小。根据水泥的自应力大小，可以将水泥分为两类：当自应力值≥2.0MPa时，为自应力水泥；当自应力值<2.0MPa时，为膨胀水泥。

膨胀水泥和自应力水泥按其主要成分可分为以下几种类型。

（1）硅酸盐型。其组成以硅酸盐水泥熟料为主，加入铝酸盐水泥和天然二水石膏配制而成。

（2）铝酸盐型。其组成以铝酸盐水泥为主，加入石膏配制而成。例如，铝酸盐自应力水泥具有自应力值高，抗渗性和气密性好，膨胀稳定期较长等特点。

（3）硫铝酸盐型。以无水硫铝酸盐和 C_2S 为主要成分，加石膏配制而成。

自应力水泥的膨胀值较大，一般用于预应力钢筋混凝土、压力管及配件等。膨胀水泥膨胀性较低，在限制膨胀时产生的压应力能大致抵消干缩引起的拉应力，可减少和防止混凝土的干缩裂缝。自应力水泥主要用于收缩补偿混凝土工程，防渗混凝土（屋顶防渗、水池等）、防渗砂浆、结构的加固、构件接缝、接头的灌浆、固定设备的机座及地脚螺栓等。

A.3 专用水泥

A.3.1 道路硅酸盐水泥

道路硅酸盐水泥是指以适当成分的硅酸盐水泥熟料，加入 $0\sim10\%$ 活性混合材，以及适量石膏磨细制成的水硬性胶凝材料，代号为 P·R。在道路硅酸盐水泥中，熟料的化学组成和硅酸盐水泥是完全相同的，只是水泥中的 C_3A 的含量≤5.0%，C_4AF 的含量>16.0%。

道路硅酸盐水泥的技术性质如下。

（1）细度。比表面积为 $300\sim450m^2/kg$。

（2）凝结时间。初凝不得早于 90min，终凝不得迟于 600min。

（3）体积安定性。沸煮法检验必须合格。熟料中 MgO≤5.0%，SO_3 含量≤3.5%。

（4）干缩性。《道路硅酸盐水泥》（GB 13693—2005）规定了水泥的干缩性试验方法，28d 的干缩率≤0.10%。

（5）耐磨性。《道路硅酸盐水泥》（GB 13693—2005）规定了试验方法，28d 的磨耗量≤3.00 m^2/kg。

（6）强度等级。道路硅酸盐水泥分 32.5、42.5、52.5 三个强度等级，各龄期的强度值不得低于表 A-9 中的要求。

表 A-9 道路硅酸盐水泥各龄期的强度要求(MPa)

强度等级	抗压强度		抗折强度	
	3d	28d	3d	28d
32.5	16.0	32.5	3.5	6.5
42.5	21.0	42.5	4.0	7.0
52.5	26.0	52.5	5.0	7.5

道路水泥抗折强度高、耐磨性好、干缩小、抗冻性、抗冲击性、抗硫酸盐腐蚀性能好，可减少混凝土路面的温度裂缝和磨耗，减少路面维修费用，延长使用年限；适用于公路路面、机场跑道、城市人流较多的广场等工程的面层混凝土。

A.3.2 水工硅酸盐水泥

水工硅酸盐水泥是指专门用于配制水工结构混凝土所用的水泥品种。其包括中、低热硅酸盐水泥和低热矿渣硅酸盐水泥。

（1）中热硅酸盐水泥是指以适当成分的硅酸盐水泥熟料，加入适量的石膏，磨细制成的具有中等水化热的水硬性胶凝材料，简称中热水泥，代号为 P·MH，强度等级为 42.5。

（2）低热硅酸盐水泥是指以适当成分的硅酸盐水泥熟料，加入适量的石膏，磨细制成的具有低水化热的水硬性胶凝材料，简称低热水泥，代号为 P·LH，强度等级为 42.5。

（3）低热矿渣硅酸盐水泥是指以适当成分的硅酸盐水泥熟料，加入粒化高炉矿渣和适量的石膏，磨细制成的具有低水化热的水硬性胶凝材料，简称低热矿渣水泥，代号为 P·SLH，强度等级为 32.5。水泥中矿渣的掺量为 20%～60%，允许用不超过混合材料总量50%的粒化电炉磷渣或粉煤灰代替部分粒化矿渣。

水工硅酸盐水泥的技术性能如下。

（1）细度。比表面积≥250m²/kg。

（2）凝结时间。初凝不得早于 60min，终凝不得迟于 12h。

（3）SO₃ 含量≤3.5%，f-CaO 低热水泥≤1.0%，低热矿渣水泥≤1.2%。

（4）强度等级。各龄期的强度不能低于《中热硅酸盐水泥、低热硅酸盐水泥、低热矿渣硅酸盐水泥》(GB 200—2003)的要求。

这类水泥水化热低，性能稳定，主要适用于要求水化热较低的大坝和大体积混凝土工程，可以克服因水化热引起的温度应力而导致混凝土的破坏。

A.3.3 砌筑水泥

凡是由一种或一种以上的混合材料加入适量硅酸盐水泥熟料和石膏，经磨细所制得的和易性较好的水硬性胶凝材料，称为砌筑水泥，代号为 M。该水泥分为 12.5、22.5 两个强度等级。

砌筑水泥的技术性质如下。

（1）细度。80 μm 方孔筛筛余量≤10%。

（2）凝结时间。初凝不得早于 60min，终凝不得迟于 12h。

（3）体积安定性。沸煮法检验必须合格。SO_3 含量≤4.0%。

（4）保水率不应低于 80%。

（5）强度等级。砌筑水泥各龄期强度不能低于表 A-10。

表 A-10 砌筑水泥各龄期的强度要求（MPa）

强度等级	抗压强度		抗折强度	
	7d	28d	7d	28d
12.5	7.0	12.5	1.5	3.0
22.5	10.0	22.5	2.0	4.0

砌筑水泥的强度很低，硬化较慢，但其和易性较好，主要用于工业与民用建筑的砌筑砂浆、内墙抹面砂浆，也可用于配制道路混凝土垫层或蒸养混凝土砌块，但一般不用于钢筋混凝土结构和构件。

 知识要点提醒

砌筑水泥一般不用于制作钢筋混凝土结构和构件。

附录B

传统常用混凝土及建筑砂浆扩展知识

B.1 轻混凝土

1. 轻骨料混凝土

轻骨料混凝土是指用轻粗骨料、轻砂（或普通砂）、水泥和水配制的混凝土，其气干表观密度≤1950kg/m³，具有较好的保温性能，以及轻质、高强、多功能等特点，适用于一般承重构件和预应力钢筋混凝土结构，特别适用于高层及大跨度建筑。它可降低钢筋混凝土结构质量的30%～50%，减少结构基础的处理费用，增大装配式构件的尺寸，改善建筑物的保温和抗震性能，同时还可以降低工程造价。随着墙体改革的深入进行，轻骨料混凝土将有更广阔的前景。

轻骨料混凝土按细骨料种类又分为：全轻骨料混凝土（粗、细骨料均为轻骨料）和砂轻混凝土（细骨料全部或部分为普通砂）。凡粒径＞5mm，堆积密度小于1000kg/m³的轻质骨料，称为轻粗骨料；凡粒径＜5mm，堆积密度＜1200kg/m³的轻质骨料，称为轻细骨料。

轻骨料混凝土在组成材料上与普通混凝土的区别在于所用骨料孔隙率高，表观密度小，吸水率大，强度低。

轻骨料按其来源可分为三类。

（1）天然轻骨料：由天然多孔岩石加工而成，如浮石、火山渣等。

（2）人造轻骨料：是由地方材料加工而成的人造轻骨料，如页岩陶粒、膨胀珍珠岩等。

（3）工业废料轻骨料：是以工业废渣为原料加工而成的轻骨料，如粉煤灰陶粒、膨胀矿渣、自燃煤矸石等。

硬化轻骨料混凝土与普通混凝土相比较，其特点是表现密度较小，强度等级范围为CL5.0～CL50，弹性模量较小，徐变较大，热膨胀系数较小，抗渗、抗冻和耐火性能良好，保温性能优良。

轻骨料混凝土可用于保温、结构保温、结构3方面，见表B-1。

表 B-1　轻骨料混凝土用途

类别名称	用途	强度等级合理范围	密度等级合理范围/(kg/m³)
保温轻骨料混凝土	主要用于保温的围护结构或热工构筑物	LC5.0	≤800
结构保温轻骨料混凝土	主要用于既承重又保温的围护结构	LC5.0～LC15	800～1400
结构轻骨料混凝土	主要用于承重构件或构筑物	LC15～LC60	1400～1900

2. 无砂大孔混凝土

无砂大孔混凝土是由水泥、粗骨料和水拌制而成的一种不含砂的轻混凝土。由于不含细骨料，仅由胶凝材料浆料将粗骨料胶结在一起，胶凝材料浆料并不填满粗骨料颗粒之间的空隙，所以是一种大孔轻混凝土。根据无砂大孔混凝土所用骨料品种的不同，可将其分为普通骨料制成的普通大孔混凝土和轻骨料制成的轻骨料大孔混凝土。前者用天然碎石、卵石或重矿渣配制而成，其表观密度为 1500～1900kg/m³，抗压强度为 3.5～10.0MPa，主要用于承重及保温外墙；后者用陶粒、浮石、碎砖等轻骨料配制而成，其表观密度为800～1500kg/m³，抗压强度为 3.5～7.5MPa，主要用于保温外墙体。

大孔混凝土的导热系数小，保温性能好，吸湿性小，收缩的普通混凝土小 20%～50%，抗冻性可达 15～20 次冻融循环，适宜用做墙体材料。

3. 多孔混凝土

多孔混凝土是指内部均匀分布着大量微小气泡的轻质混凝土，可制成砌块、屋面板、内外墙板等制品，用于工业与民用建筑和保温工程。按气孔形成方式的不同可分为加气混凝土和泡沫混凝土。

(1) 加气混凝土是以硅质材料(砂、粉煤灰及含硅尾矿等)和钙质材料(石灰、水泥)为主要原料，掺加发气剂(铝粉)，通过配料、搅拌、浇注、预养、切割、蒸压养护(在0.8～1.5MPa 下，养护 6～8h)等工艺过程制成的轻质多孔硅酸盐制品。因其经发气后含有大量均匀而细小的气孔，故称"加气混凝土"。加气混凝土按用途可分为非承重砌块、承重砌块、保温块、墙板与屋面板 5 种。加气混凝土孔隙达 70%～80%，表观密度一般为 400～700kg/m³，为普通混凝土的 1/4，粘土砖的 1/3，空心砖的 1/2，与木质相近，能浮于水，可减轻建筑物自重，大幅度降低建筑物的综合造价。加气混凝土的保温性能高、吸音效果好，具有一定的强度和可加工性等优点，是我国推广应用最早，使用最广泛的轻质墙体材料之一。

(2) 泡沫混凝土是加气混凝土中的一个特殊品种，它的孔结构和材料性能都接近于加气混凝土，只是加气手段与气孔形状不同。加气混凝土气孔一般是椭圆形的，而泡沫混凝土受毛细孔作用的影响，产生变形，形成多面体。加气混凝土是利用化学发气，通过化学反应，由内部产生气体而形成气孔。泡沫混凝土则是通过机械制泡的方法，先将发泡剂制成泡沫，然后再将泡沫加入水泥浆中形成泡沫浆体，经混合搅拌、浇注成型、养护（自然养护或蒸汽养护）而形成的一种含有大量封闭气孔的新型轻质多孔材料。泡沫混凝土的表观密度小，密度等级一般为 $300\sim1800\mathrm{kg/m^3}$，常用泡沫混凝土的密度等级为 $300\sim1200\mathrm{kg/m^3}$。由于泡沫混凝土中含有大量封闭的孔隙，使混凝土轻质化和保温隔热化；具有良好的物理力学性能。泡沫混凝土可现场浇注施工，与主体工程结合紧密，整体性能好。

B.2　特细砂混凝土

凡细度模数在 1.6 以下的砂称为特细砂。使用这种砂配制的混凝土称为特细砂混凝土。

我国广大地区蕴藏着大量的特细砂。通过长期的工程实践，技术性质合格的特细砂按《特细砂混凝土配制及应用规程》的规定，可以配制普通混凝土、钢筋混凝土和预应力混凝土，适用于一般工业与民用建筑工程及市政工程，在满足相应的技术条件时，也可用于其他工程。

采用特细砂配制的混凝土，水泥用量略多于粗、中砂配制的混凝土，但符合"因地制宜，就地取材"的原则，因而经济效果仍然是很显著的。

1. 用砂要求

用于配制混凝土的特细砂，除应符合《特细砂混凝土配制及应用规程》的规定外，还应符合《建筑用砂》（GB/T 14684—2011)标准的要求。

用于配制特细砂混凝土的砂，其细度模数应 $\geqslant0.7$，且通过筛的 $160\mu\mathrm{m}$ 筛余量 $\leqslant30\%$，或平均粒径 $\geqslant150\mu\mathrm{m}$；若配制强度等级为 C20 或 C30 的混凝土时，宜采用细度模数 $\geqslant0.9$，且通过 $160\mu\mathrm{m}$ 筛的量 $\leqslant15\%$，或平均粒径 $>180\mu\mathrm{m}$ 的砂。

2. 特细砂混凝土的主要技术性质

特细砂混凝土的强度与普通混凝土一样，主要取决于水胶比。拌和物阶段粘性大，硬化后的混凝土轴心抗压强度、抗折强度、抗扭强度、混凝土与钢筋的粘结力以及弹性模量均接近同强度等级的普通砂配制的普通混凝土，可满足《混凝土结构设计规范》（GB 50010—2010)中的设计指标值。

特细砂混凝土的干缩率较大，应特别注意早期养护。养护期内应保持表面湿润，并适当延长养护期。

3. 特细砂混凝土配制特点

配制特细砂混凝土要掌握低砂率和低流动性。

1）低砂率

配制特细砂混凝土，当用碎石为粗骨料时，砂率应控制在 $15\%\sim30\%$；当用卵石为粗骨料时，砂率应控制在 $14\%\sim25\%$。由于特细砂总表面积和空隙率都比普通砂大，包裹砂表面和填充砂空隙用的胶凝材料浆料量也大，导致混凝土收缩性随之增大，只有适当减少其砂率才能有效消除上述不利影响，所以配制特细砂混凝土要求采用低砂率。砂率较低时，砂浆包裹层厚度相对减薄，在石子粒径和空隙率不变的情况下，砂率小，石子用量适当增大，砂浆用量相应减少，可增进混凝土骨架的坚固性，节约水泥，减少收缩，弥补强度的不足。但砂率过低时，砂浆量过少，石子相对偏多，会使拌和物在施工中产生离析，不易捣实，影响混凝土的密实程度，从而对强度和耐久性产生不利影响。

2）低流动性

因为特细砂颗粒细，比表面积大，大量水分吸附于砂粒表面，使拌和物显得非常干涩，与相同配合比的中、粗砂混凝土比较，虽然坍落度减小，然而振动成型性能仍然良好。这是因为在振动条件下，吸附于砂粒表面的水分被大量释放出来，改善了和易性。一般特细砂混凝土宜配制为低流动性的拌和物。

采用坍落度筒测定特细砂新拌混凝土的流动性，其坍落度值≤30mm。因此，特细砂混凝土的流动性更适合用维勃稠度测定方法进行测定（特细砂新拌混凝土的维勃稠度≤30s），使用维勃稠度能更真实地反映特细砂混凝土的流动性情况。

特细砂混凝土单位用水量较用中砂配制的混凝土稍多，应根据砂的粗细与当地经验制定相应的水泥用量参考表。当用特细砂配制钢筋混凝土时，使用的水泥强度宜比混凝土强度高10MPa，并不得低于32.5级。

4. 特细砂混凝土施工

特细砂混凝土的粘性大，不易拌和均匀，宜采用机械搅拌和机械振捣，拌和时间应比普通混凝土延长1~2min，必要时需二次翻拌后再浇注入模。构件成型后，进行二次抹面，以提高混凝土表面密实度。同时，应及时对成型混凝土进行养护，养护时间也要比普通混凝土长。

B.3 纤维混凝土

纤维混凝土是以普通混凝土为基体，外掺各种纤维材料而制成的纤维增强混凝土。掺纤维的目的是提高混凝土的抗拉强度和降低其脆性。常用的纤维品种很多，若按纤维的弹性模量划分，可分为低弹性模量纤维（如尼龙纤维、聚乙烯纤维、聚丙烯纤维等）和高弹性模量纤维（如钢纤维、碳纤维、玻璃纤维等）两类。

纤维混凝土中，纤维的掺量、长径比、弹性模量、耐碱性等对其性能有很大影响。例如，低弹性模量纤维能提高冲击韧性，但对抗拉强度影响不大；但高弹性模量纤维能显著提高抗拉强度。

纤维混凝土目前已大量用于路面、隧道、桥梁、飞机跑道、管道、屋面板、墙板等方面，并取得了很好的效果，在今后的土木工程施工中将得到更广泛的应用。

B.4 泵送混凝土

泵送混凝土是以混凝土泵为动力,通过管道将搅拌好的混凝土混合料输送到建筑物的模板中去的混凝土。与非泵送混凝土相比较,两者不同之点在于非泵送混凝土是根据工程设计所需的强度进行配制的。泵送混凝土是以石子为骨架,砂子填充石子的空隙,胶凝材料浆料填充细骨料空隙,并使骨料粘结在一起。在进行非泵送混凝土配合比设计中,并不着重考虑混凝土的施工机械。而泵送混凝土除了根据工程设计所需的强度外,还需要根据泵送工艺所需的流动性、不离析、少泌水的要求配制可泵性的混凝土混合料。其中石子的粒径大小和级配比非泵送混凝土要求严格。因为泵送是否顺利与石子的最大粒径有关,如果在混凝土中石子的最大粒径对于泵送管道来说过大,就会影响泵送,因此,泵送混凝土的石子粒径要适宜,同时具有恰当的级配,以保证混凝土混合料具有可泵性。

在选定泵送混凝土施工配合比时,经济性也是配合比设计时需要加以考虑的问题。众所周知,在混凝土的基本组成材料中,水泥用量是影响混凝土经济性的重要因素。但在泵送混凝土中,水泥用量多少不仅是一个经济性问题,而且还关系到能否泵送。虽然单位体积混凝土的水泥用量越少越经济,但对泵送混凝土来说,水泥用量越少,则胶凝材料浆料含量不足,混凝土混合料的流动性和粘聚性越差,泵送也越困难。因此,泵送混凝土最小水泥用量按日本建筑学会《泵送混凝土施工法规程》规定应$\geqslant 280 kg/m^3$。我国有的工程规定最小水泥用量为$270 kg/m^3$,并利用减水剂使混凝土保持水胶比不变、坍落度增加、保水性好和降低水泥水化热这一功能来配制泵送混凝土。即不采用加大胶凝材料浆料用量来达到大坍落度,而是通过采用减水剂在保持水胶比不变的情况下增大坍落度。

因此,泵送混凝土配合比设计的目的和基本内容是:根据工程和泵送施工工艺的要求,设计出具有可泵性、性价比高的混凝土。

B.5 道路混凝土

道路混凝土是指道路路面浇注的混凝土,也可制成混凝土板。

道路混凝土对原材料的技术要求如下。

1. 水泥

配制道路混凝土所用的普通水泥、矿渣硅酸盐水泥、火山灰硅酸盐水泥、粉煤灰硅酸盐水泥应符合国家现行水泥标准的规定,通常采用普通水泥。需要早期强度高或冬季施工时,可选用早强水泥。粉煤灰硅酸盐水泥在冬季施工时,由于早期强度低,必须加强养护。

2. 细骨料

细骨料中粗细颗粒级配应当良好。用颗粒大小一致的细骨料或细颗粒多的细骨料拌制所需稠度的混凝土时,需要的单位体积用水量多;反之,粗颗粒过多时,混凝土粗糙泌水,且表面抹压困难。

3. 粗骨料

为了得到质量均匀的混凝土，并且取得良好的施工性能，粗骨料的最大粒径最好在 40mm 以下。粗骨料的最大粒径过大，虽然单位体积需水量减少，但是强度也会降低。因此，要制作既经济质量又高的混凝土，必须保证粗骨料颗粒的合理级配。

4. 外加剂

在道路混凝土施工中，常使用某些外加剂。在夏季施工时，为了保证捣实及表面修整所需时间，最好使用缓凝剂。冬季施工时，为了加速混凝土硬化并保证混凝土的性能，以掺入速凝剂和抗冻剂为宜。

B.6 碾压混凝土

碾压混凝土是一种坍落度为零的超干硬性混凝土，主要用于修筑水工大坝及道路，可采用沥青路面摊铺机摊铺，振动压路机压实成型。它与传统的道路材料相比，不仅具有强度高、耐久性好、经久耐用等优点，同时还具有节约水泥、干缩率小、施工进度快等优点。

1. 水泥

作为胶结材料，路面碾压混凝土应采用抗折强度高、施工时间长（从拌和到铺筑结束）、强度发展快、水化热低及耐磨性好的水泥。

2. 骨料

一般应采用连续级配骨料，其级配范围与热拌沥青一致，因而很容易压实。另外，为获得均匀的混凝土拌合物，粗骨料最大粒径不宜超过 20mm，以利于保证路面的平整度和压实均匀。

3. 粉煤灰

作为矿物掺合料存在于碾压混凝土中的粉煤灰，所起的主要作用如下。
（1）填充骨料的空隙，增加混凝土的密实度，取代部分水泥，降低工程造价。
（2）利用粉煤灰的活性，提高碾压混凝土的后期强度。
（3）利用粉煤灰的"微珠"效应，改善碾压混凝土的和易性，减少离析。

4. 外加剂

碾压混凝土早期强度发展较快，初凝、终凝时间较短，加之和易性较差，应采用缓凝型减水剂或缓凝引气型减水剂。对有抗冻要求的路面碾压混凝土，原则上应采用复合引气剂。

5. 配合比设计

碾压混凝土配合比设计应考虑碾压混凝土自身的特点，除必须满足强度和耐久性的要求外，还要考虑施工时的抗离析性和可碾压性，并尽可能地经济合理。

目前，常采用击实试验结合实践经验的方法来确定碾压混凝土配合比，其主要步骤如下。

（1）确定骨料的组成，按级配要求确定各级骨料用量，并按细骨料能最大限度填满粗骨料的空隙来确定砂率。

（2）按正交设计方法求出新拌混凝土含水率与表观密度的关系曲线，确定最佳含水率和最大表观密度。

（3）用维勃稠度仪测定其和易性，并确定水泥用量。

（4）根据已知的用水量、水泥用量和砂率，按绝对体积法计算初步配合比。

（5）通过试拌调整并对强度进行校核，给出实验室配合比。

（6）根据施工现场的施工工艺及试验路铺筑对实验室配合比进行修正。

B.7 耐酸混凝土

耐酸混凝土是由水玻璃作胶凝材料、氟硅酸钠作促硬剂、耐酸粉料和耐酸粗细骨料按一定比例配制而成。它能抵抗各种酸（如硫酸、盐酸、硝酸等无机酸，乙酸、蚁酸、草酸等有机酸）和大部分腐蚀性气体（如氯气、二氧化硫、三氧化硫等）的侵蚀，但不耐氢氟酸、300℃以上的热磷酸、高级脂肪酸或油酸的侵蚀。

水玻璃耐酸混凝土的硬化机理，通常认为是水玻璃在氟硅酸钠的作用下发生化学反应而硬化，而耐酸粉料和耐酸粗细骨料不参与反应。

水玻璃耐酸混凝土的质量配合比参考为：

水玻璃∶耐酸粉料∶耐酸细骨料∶耐酸粗骨料＝（0.6～0.7）∶1∶1∶（1.5～2.0）

氟硅酸钠用量为水玻璃质量的 12%～15%。水玻璃用量必须满足混凝土流动性的要求，其密度应为 1.38～1.40。

水玻璃耐酸混凝土可用于储油器、输油管、储酸槽、酸洗槽、耐酸地坪及耐酸器材等。

B.8 聚合物混凝土

聚合物混凝土是由有机聚合物、无机胶凝材料和骨料结合而成的一种新型混凝土，既充分发挥了有机聚合物和无机胶凝材料的优点，又克服了水泥混凝土的一些缺点。

聚合物混凝土一般分为 3 种：聚合物水泥混凝土、聚合物浸渍混凝土和聚合物胶结混凝土。

1. 聚合物水泥混凝土

用聚合物乳液（或水分散体）拌和水泥，并掺入砂或其他骨料而制成。聚合物的硬化和水泥的水化同时进行，并且两者结合在一起形成一种复合材料。一般认为，硬化时聚合物与水泥之间不发生化学反应。当水泥用聚合物乳液拌和时，水泥从乳液中吸收水分，使乳液的稠度提高。当硬化胶凝材料结构形成过程趋于完成时，乳液由于脱水而逐渐凝固，水泥水化生成物由于被乳液所包裹而形成聚合物与硬化胶凝材料互相填充的结构。这样，既提高了硬化胶凝材料的抗渗性，同时也改善了混凝土的其他性能。

常用的聚合物有天然聚合物(如天然橡胶)和各种合成聚合物(如聚乙酸乙烯、苯乙烯、聚氯乙烯等),常用的无机胶凝材料可用普通水泥和高铝水泥,其中高铝水泥的效果比普通水泥为好,因为它所引起的乳液的凝聚比较小,而且具有快硬的特性。

2. 聚合物浸渍混凝土

它是以混凝土为基材,将有机单体渗入混凝土中,然后再用加热或放射线照射的方法使其聚合,使混凝土与聚合物成为一个整体。

单体可用聚甲基丙烯酸甲脂、苯乙烯、乙酸乙烯、乙烯、丙烯腈、聚酯—苯乙烯等,同时加入催化剂和交联剂等。聚合物浸渍混凝土的生产工艺是在混凝土制品成型、养护完毕后,先干燥至恒重,然后放在真空罐内抽成真空,再使单体浸入混凝土中,浸渍后须在80℃的湿热条件下养护或用放射线照射,以使单体最后聚合。

3. 聚合物胶结混凝土

聚合物胶结混凝土又称树脂混凝土,是一种完全没有矿物胶凝材料而以合成树脂为胶结材料的混凝土。所用的骨料与普通混凝土相同。

B.9 自流平混凝土

自流平混凝土是由水泥、砂、矿物掺合料、超塑剂、稳定剂等混合配制而成,加水拌和后即可泵送施工,因此,可节约劳力和施工费用,提高施工效率和质量,加快工程进度。

自流平新拌混凝土具有良好的流动性,在自重作用下能够自流平、自密实;同时还具有良好的均匀性和稳定性,在流态时不泌水、不起泡;硬化后体积稳定性好,不产生收缩裂缝;初凝时间较长,终凝时间较短,具有较高的早期强度;表面平整、耐磨性好;与基层材料的粘结力较强。

自流平混凝土的组成材料及要求如下。

1. 水泥

采用硅酸盐水泥、早强硅酸盐水泥,要求水泥组成与颗粒级配合理,并与超塑化剂的相容性好。

2. 砂子

采用河砂,应清洗干净,连续级配和间断级配均可;最大粒径≤1.5mm,灰砂比在1:1～1:1.5之间选择。

3. 膨胀剂

可补偿收缩,保证混凝土材料的体积稳定性;掺量为水泥质量的8%～12%,根据收缩值选择最佳掺量。

4. 矿物掺合料

可选用需水量低的符合标准的粉煤灰,细度在200μm以下;掺量在10%～30%之间,可以调整材料的微级配,改善流动性和提高稳定性。

5. 硫化剂

采用萘系或三聚氰胺系的超塑化剂，掺量为胶凝材料(水泥＋粉煤灰)的1%～2%。

6. 缓凝剂

抵制水泥初期的水化，调节凝结时间，增加游离水的含量，提高流动性；其掺量应严格控制，不得影响早期(1d)强度。

7. 促硬剂

促进早期水化和硬化，使自流平混凝土尽快达到使用强度。

8. 增稠剂

提高新拌混凝土的稳定性，增加粘聚性、保水性；同时提高硬化后混凝土的抗裂性、抗渗性，增加和基层材料的粘结力；增稠剂为水溶性高分子化合物，如纤维素类、聚丙烯酸类等。

B.10 特种砂浆

1. 防水砂浆

用做防水层的砂浆称为防水砂浆。砂浆防水层又称刚性防水层。这种防水层仅用于不受振动和具有一定刚度的混凝土工程或砌体工程。对于变形较大或可能发生不均匀沉陷的建筑物，都不宜采用刚性防水层。防水砂浆可为普通水泥砂浆，也可在水泥砂浆中掺入防水剂、掺合料来提高砂浆的抗渗能力，或采用聚合物水泥砂浆防水。

普通水泥砂浆多层抹面做防水层时，要求水泥强度等级不低于32.5级，砂宜采用中砂或粗砂，配合比控制在1:2～1:3，水胶比为0.4～0.5。

用于混凝土或砌体结构基层上的水泥砂浆防水层，应采用多层抹压的施工工艺。一般涂抹4～5层，每层厚度约为5mm。抹完后要加强养护。总之，刚性防水层必须保证砂浆的密实性，对施工操作要求高，否则难以获得理想的防水效果。

在普通水泥砂浆中掺入防水剂，可提高砂浆自防水能力。常用的防水剂有氯化物金属盐类、金属皂类、硅酸钠、无机铝酸盐等。防水剂主要起填充微细孔隙和堵塞毛细管的作用，掺量一般为水泥质量的3%～5%。

聚合物水泥砂浆具有良好的防水性能，常用的聚合物有天然橡胶胶乳，合成橡胶胶乳(氯丁橡胶、丁苯橡胶、丁腈橡胶、聚丁二烯橡胶等)、热塑性树脂乳液(聚丙烯酸酯、聚乙酸乙烯酯等)、热固性树脂乳液(环氧树脂、不饱和聚酯树脂等)、水溶性聚合物(聚乙烯醇、甲基纤维素、聚丙烯酸钙等)、有机硅。

2. 保温砂浆

采用水泥、石灰、石膏等胶凝材料与膨胀珍珠岩、膨胀蛭石或陶砂等轻质多孔骨料按一定比例配制的砂浆，称为保温砂浆。常用的水泥膨胀珍珠岩砂浆体积比为水泥:膨胀珍珠岩＝1:(12～15)，水胶比为1.5～2.0，导热系数为0.067～0.074 W/(m·K)。

保温砂浆具有质轻和良好的绝热性能，可用于屋面绝热层、绝热墙壁以及供热管道绝热层等处。近年来，聚苯颗粒保温砂浆也得到一定的应用。

3. 吸音砂浆

由轻质多孔骨料制成的保温砂浆，一般具有良好的吸声性能，故也可作吸音砂浆用。另外，还可以用水泥、石膏、砂、锯末(其体积比为1∶1∶3∶5)等配成吸音砂浆，或在石灰、石膏砂浆中掺入玻璃纤维、矿物棉等松软纤维材料，也能获得吸声效果。吸音砂浆用于室内墙壁和顶棚的吸声。

4. 耐酸砂浆

水玻璃具有很好的耐酸性能，用水玻璃与氟硅酸钠为胶结材料，掺入石英岩、花岗岩、铸石等耐酸粉料和细骨料拌制并硬化而成耐酸砂浆，多用做衬砌材料、耐酸地面和耐酸容器的内壁防护层。

5. 防射线砂浆

在水泥中掺入重晶石粉、重晶石砂可配制有防 X 射线和 γ 射线能力的砂浆。其配合比为：水泥∶重晶石粉∶重晶石砂＝1∶0.25∶(4～5)。例如，在胶凝材料浆料中掺加硼砂、硼酸等，可配制具有抗中子辐射能力的砂浆。此类防射线砂浆应用于射线防护工程。

6. 自流平砂浆

自流平砂浆是一种依靠自身重力作用流动形成平整表面的砂浆。配制砂浆的关键在于：掺入合适的化学外加剂，严格控制砂的级配、含泥量、颗粒形态，同时选择合适的水泥品种。

自流平砂浆具有流动性及稳定性良好、施工效率高、劳动强度低、光洁平整、强度高、流平层厚度薄及耐水耐酸性良好等优点，是大型超市、商场、停车场、工厂车间、仓库等地面铺筑的理想材料。

7. 膨胀砂浆

在水泥砂浆中掺入膨胀剂，或使用膨胀水泥可配制膨胀砂浆。膨胀砂浆可在修补工程中及大板装配工程中填充裂缝，以达到粘贴密实的目的。

附录C
高性能混凝土简介

▎C.1 高性能混凝土概述

高性能混凝土(High Performance Concrete，HPC)由于强度高，因而结构尺寸小，自重轻，材料用量少，使用面积增加，弹性模量高，结构变形小，刚度大，稳定性好，抗渗性和耐久性好，工作寿命长，结构维修和重建费用少。因此其应用不断增多，特别是在一些特殊结构中，得到越来越多的应用。

1. HPC 在国内的研究与应用现状

从 1991 年始，广东国贸大厦试验应用 C60 高性能混凝土以来，我国 HPC 的研究、应用与发展较快，如上海金茂大厦(C60)、上海杨浦大桥主塔(C50)、北京西客站(C60)、北京静安中心大厦(C80)、辽宁物产大厦(C80)、广州虎门大桥(C50)、广州合银广场(C80)、湖南洞庭湖大桥(C60)。

此外，京津塘高速公路，北京某些立交桥、高架桥也使用了 C50～C60 的高性能混凝土。中南大学土建学院开发的粉煤灰高性能混凝土，经过抗疲劳 200 万次试验及徐变试验，证明可以用于 32m 跨度的预应力钢筋混凝土铁路桥。

2004 年底完工的巴东长江大桥是用当地丰富的人工砂代替河砂，磨细磷渣代替砂及粉煤灰等配制的高性能混凝土，所配制的高性能混凝土主要用于承台(大体积混凝土)、主塔、主梁、桥面铺装等结构中。

2. HPC 在国外的研究与应用情况

目前，德国现行的混凝土结构设计规范已达 C110 级，是当今世界最高强度等级。挪威规范是 C105 级，但这个国家是唯一用 HPC 修筑公路路面的国家，已将 C85～C90 的 HPC 广泛用于道路工程。丹麦的大贝尔特工程是一座大型的隧道与桥梁的连接结构，设计使用寿命 100 年，耐久性是设计考虑的主要因素。法国修建的佩尔蒂大桥、埃洛恩河大桥和诺曼底大桥，也由于结构性能和耐久性的原因采用了 HPC。

日本应用超高性能混凝土建造高层住宅，东京建造的两栋超高层住宅，住宅 A 地上 43 层，住宅 B 地上 32 层。高度均超过 100m，柱间距约 10m。两栋住宅采用高强钢筋和设计基准强度 80MPa、100MPa 的高性能混凝土，使柱子断面控制在 950mm×950mm 以下。

英吉利海峡隧道位于海平面下 50～250m，总长 51km，其中 37km 位于海平面下。设计寿命为 120 年，原设计采用混凝土强度为 45MPa，实际上，由于耐久性方面的要求，混凝土平均抗压强度已达到约 63MPa。

美国芝加哥、西雅图，加拿大的多伦多，德国的法兰克福等地也采用 HPC 建造高层建筑。1989 年芝加哥商业大厦 6 层以下柱子，使用了强度为 96MPa 的 HPC、西雅图的联邦广场大厦中 3.05m 钢管柱内灌注了强度达 119MPa 的混凝土。

C.2 高性能混凝土性能及应用

1. HPC 定义

高性能混凝土是指 $W/C \leqslant 0.38$，体积稳定性好的混凝土，其组成材料中必须含有高效减水剂和矿物质超细粉，混凝土 56d 的 ASTMCI 202 6h 总导电量＜1000C；冻害地区冻融 300 次相对动弹性模量≥80％；抗压强度≥60MPa；并具有满足施工要求的流动性和坍落度。

2. HPC 的组成材料

1）高性能混凝土的水泥

一般情况下说，高性能混凝土必须使用强度等级 42.5 以上的硅酸盐水泥，或中热硅酸盐水泥。但是，为了混凝土的高强与高性能化，在国外出现了球状水泥、调粒水泥以及活化水泥等。这些新品种水泥的一个很大的特点是，达到相同的标准稠度下，需水量很低，混凝土的 $W/C \leqslant 17\%$ 时，坍落度仍达 200mm 以上。

2）超细粉

包括硅粉、超细矿渣、超细粉煤灰、天然沸石及偏高岭土超细粉等。超细粉是 HPC 中不可缺少的组成成分，既可改善混凝土流动性，又可以提高其强度与耐久性。

3）新型高效减水剂

它与一般萘系高效减水剂的主要区别是，既具有高的减水效果，又能控制混凝土的坍落度，而且其作用机理又与普通高效减水剂不同。

4）骨料

配制高性能混凝土的骨料与普通混凝土的要求不同，骨料本身的强度要求高，一般采用花岗岩、硬质砂岩以及石灰岩等，卵石不能配制高性能混凝土。对骨料选择时必须考虑到以下问题。

（1）级配要好。空隙率尽可能低，这样达到相同流动性时，水泥浆的用量低，混凝土的自收缩变形低，水化热低，体积稳定性好，对强度和耐久性均好。

所以混凝土所用骨料，既要求级配合格（空隙率要小），也要粗细、大小适中，所以要采用骨料质量系数综合评价骨料质量好坏。

（2）物理性能要好。骨料的表观密度和堆积密度要大，吸水率要低，表面粗糙，粒形好。密度＞2.65g/cm³，堆积密度＞1450kg/m³。这样可以降低骨料空隙率，降低水泥浆用量，有利于流动性，耐久性和强度。吸水率＜1.0%（花岗岩和大理石＜1.0%、石灰岩2%～6%、砂岩＜10.0%）。岩石致密，性能稳定。粒形方正，针片状含量低，表面粗糙的石灰石碎石，或硬质砂岩碎石，粒径一般≤20mm。

（3）力学性能。不能含软弱颗粒的骨料或风化骨料。根据规定，岩石抗压强度应为混凝土强度的1.5倍。采用50mm的立方体试件或$\phi50mm\times50mm$圆柱体试件时，在饱和水状态下测定抗压强度值≥80MPa；压碎指标＜10%。所选骨料与混凝土的弹性模量有以下关系：

$$y=2.50+0.50x \tag{C.1}$$

式中　y——混凝土弹性模量；

　　　x——骨料弹性模量。

由此可见，骨料的弹性模量越大，混凝土的弹性模量也相应增大。故要选择弹性模量大的骨料。

（4）化学性能。首先是无活性骨料，避免在高性能混凝土中发生碱骨料反应，含泥量＜1.0%，不含有机物、硫化物和硫酸盐等杂质。

3. HPC的物理力学特性

HPC的物理力学特性主要包括耐久性（抗渗性、抗冻性、抗侵蚀性、抗碳化、抗碱-集料反应）；新拌混凝土的粘稠度。HPC与普通混凝土具有相同的坍落度时，由于粘性大，流动慢，必须引入时间因素，也即引入流变学的有关概念。

4. 结构构件和结构设计

对于梁、板、柱等构件，在结构设计中，首先考虑HPC结构的强度计算、裂缝宽度计算、开裂控制、最小含筋率及徐变收缩的影响等。它们的计算与普通混凝土有所区别，如强度公式计算。

$$f_c=\frac{K_gR_c}{\left[1+\dfrac{3.1W/C}{1.4-0.4\exp\left(-11\dfrac{S}{C}\right)}\right]} \tag{C.2}$$

式中　F_c——28d圆柱体抗压强度；

W、C、S——分别为新拌混凝土单位体积中水、水泥和致密的硅粉质量；

K_g——与骨料类型有关的参数(对中砂、碎石通常采用的值为 4.19);

R_c——28d 水泥强度[含 3 份砂、1 份水泥和半份水的砂浆(ISO 砂)强度]。

当又掺入矿渣和/或粉煤灰时,上式变为:

$$f_c = \frac{K_g R_c}{\left[1 + 3.1 \times \frac{W+A}{C(1+k_1+k_2)BFS}^2\right]} \tag{C.3}$$

式中 W、C、A——分别为新拌混凝土单位体积中水、水泥量和空气含量;

k_1——火山灰活性系数,其值为 $0.4PFA/C(\leqslant 0.5)$;

k_2——填充料的活性系数,其值为 $0.2LF/C(\leqslant 0.07)$。

PFA、SF、LF、BFS 分别为单位体积混凝土中粉煤灰、硅灰、填充料和矿渣的用量。

5. HPC 耐久性设计

把 HPC 按照一般劣化外力作用及特殊劣化外力作用进行耐久性设计。一般劣化外力是指太阳辐射热、温度、湿度变化的影响以及中性化作用等,这是所有结构构件都必须遭受的劣化作用外力。关于如何设计后续内容有专门介绍。

特殊劣化外力是指盐害、冻害及盐碱地腐蚀等,由结构构件所处环境条件所决定。考虑了 HPC 的环境行为及其劣化,针对不同的使用环境的腐蚀性介质,按照耐久性要求设计了 HPC,使 HPC 满足耐久性要求的同时,也能满足强度要求,耐久性与强度既相关,又有不同设计特点。

6. 各种结构性能要求

在各种结构中采用的 HPC 对其材性的要求大致可分述如下。

桥梁:早期强度,和易性,耐久性,迟缓变形(收缩、徐变)和强度。

近海结构:耐久性,抗压和抗剪强度,和易性,磨损和冲击。

高层建筑:抗压和抗剪强度,和易性,早期强度,约束。

隧洞:和易性,抗压强度,早期强度。

公路:磨损,冲击强度,抗冻融,抗剪强度,耐久性,和易性。

钢筋混凝土组合结构:抗剪强度和抗压强度,和易性,约束。

市政给排水工程:耐久性,磨损,抗压强度,和易性。

特种基础:抗压强度,和易性,早期强度,迟缓变形。

7. 特殊用途

高性能混凝土除了可在一般建筑工程中使用外,还可在以下几个方面得到广泛应用:

(1) 在快速施工和机械化施工中应用。高性能混凝土的使用使快速施工、机械化施工得以实现,这样对需大规模浇筑混凝土的结构极其有效。这方面日本做得较好。

(2) 在新型钢筋混凝土组合结构中的应用。日本曾采用钢模板为外壳,混凝土浇筑其中,混凝土与模板共同工作,构成组合式结构,混凝土能在完全封闭的空间内浇筑。

(3) 在填实困难的结构部位处的应用。超流动高性能混凝土尤其适合在混凝土振捣作业困难的结构部位处使用,如窗台、楼梯、高速公路隔音板等;还可两层建筑物一次浇筑完成。

（4）在预制构件方面的应用。预制厂环境保护是非常重要的问题，应用超流动高性能混凝土后，对改善作业环境、调整工厂布局，以及新设备的开发等都有重大意义。

8. 技术途径

高性能混凝土的重要特征之一是具有高耐久性，而耐久性则取决于抗渗性；抗渗性又与混凝土中的水泥石密实度和界面结构有关。水泥石中如果只有凝胶水没有毛细水是不会渗透的，所以配制高性能混凝土的首要技术途径应当是：①降低水灰比$(W/C) \leqslant 0.38$；②改善混凝土中水泥石与粗骨料之间界面结构；③改善水泥石的孔结构。

1）水灰比$(W/C) \leqslant 0.38$

按照 RÜch 提出的相图，水灰比与水泥浆组成关系如图 C.1 所示。当混凝土的 $W/C >$ 0.38，水泥全部水化后，水泥石中有晶体、水泥凝胶、凝胶水、毛细水和孔隙。毛细水是可以在混凝土中扩散渗透的。也就是说，$W/C > 0.38$ 时，混凝土中有毛细管的存在，抗渗性降低，耐久性降低。

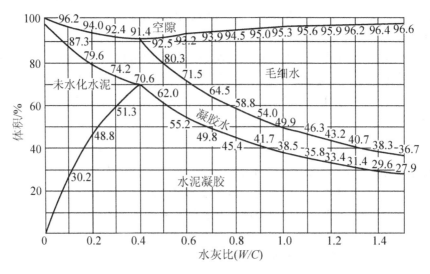

图 C.1   水灰比与水泥浆组成关系

另外，当水灰比$(W/C) = 0.2$ 时，水泥颗粒没有全部水化，在硬化的水泥石中，还有一部分未水化的水泥颗粒。当水灰比$(W/C) = 0.6$ 时，水泥颗粒已全部水化完，水泥石中还有多余自由水存在，水分蒸发后变成毛细管留下来，使抗渗性和耐久性降低。只有当 $W/C = 0.4$（也有的资料介绍 $W/C = 0.38 \sim 0.42$ 时），水泥颗粒全部水化，既无毛细水也无未水化颗粒，混凝土具有良好的抗渗性。

2）改善混凝土中水泥石与粗骨料之间界面结构

普通混凝土粗骨料与水泥石之间的界面上积滞着大量的 $Ca(OH)_2$，$Ca(OH)_2$ 在界面上的结晶与定向排列是混凝土强度与耐久性低下的主要原因，如图 C.2、图 C.3 所示。因此，要获得高强度、高耐久性的混凝土，改善混凝土中骨料与水泥石之间界面结构，抑制界面过渡区的形成，是高性能混凝土必须解决的关键技术。

A—骨料；C—Ca(OH)₂；h—C-S-H；m—硫铝酸钙水化物

图 C.2 硬化混凝土抛光面的 EPMA(宇智田等)

图 C.3 水泥浆-骨料界面的微观结构模型图(森野)

Khagat 等以 15% 的硅粉取代水泥后，混凝土($W/C=0.33$)的界面过渡区孔隙明显的降低。界面过渡区孔隙率降低及原生 Ca(OH)₂ 结晶含量降低如图 C.4 所示。

图 C.4(a)为没有硅粉的新拌混凝土，由于泌水，在粗骨料表面周围形成水囊，而界面连接处水泥粒子也不足；C.4(b)是在 C.4(a)所示基体系统硬化后的过渡区存在着 Ca(OH)₂ 相、C-S-H 相以及留下大量的孔隙，还有类似于针状物填充其间。C.4(c)为含硅粉新拌混凝土，硅粉微粒填充于粗骨料周围的空间，而不是为水所占据；C.4(d)是在 C.4(c)的基体中的过渡区，孔隙率很低。

以上定性与定量的观测证明：在高性能混凝土中，典型的致密结构扩展到骨料表面，大大地消除了过渡区的不均衡性。结构的改善使混凝土的性能提高。

3) 改善水泥石的孔结构

以 20% 的复合超细粉等量取代水泥，$W/C=0.35$ 制成的水泥净浆试件，标准养护7d、28d，测定的含与不含超细粉的孔结构如图 C.5 所示。

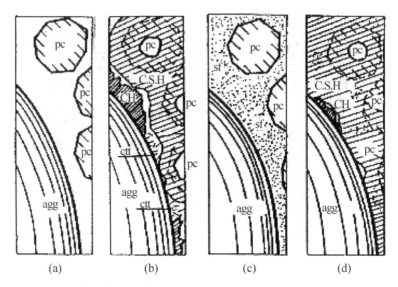

图 C.4　含与不含硅粉(SF)的混凝土中，水泥石与粗骨料界面区形成简图
(K. H. Khagat and P. C. Aitcin)

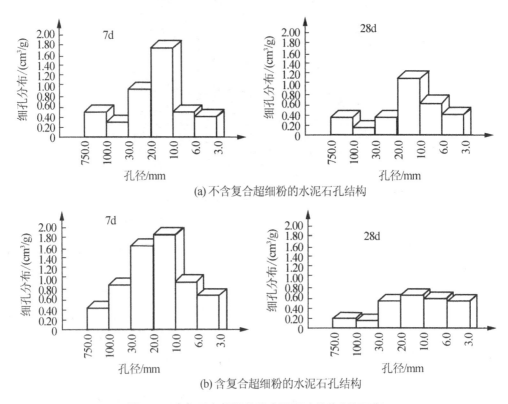

(a) 不含复合超细粉的水泥石孔结构

(b) 含复合超细粉的水泥石孔结构

图 C.5　含与不含超细粉的水泥石孔结构(冯乃谦)

由图可见，7d 龄期时，100nm 以上大孔，不含超细粉的试件含量偏高些。而<100nm 孔含量，则含超细粉的试件含量高。28d 龄期时，含超细粉的试件，≥100nm 的大孔含量，明显地少于不含超细粉的试件；<100nm 的小孔，明显地高于不含超细粉的试件。

试验证明，≥100nm 的大孔含量高，对混凝土的强度、抗渗性、耐久性都不利；＜100nm 孔含量高，有利于强度、抗渗性和耐久性。

而普通混凝土，由于水灰比偏高，水泥石中除了水化所需的水量外，还含有一部分多余的自由水；在混凝土浇筑、成型与凝结硬化过程中，自由水分的运动可形成连通毛细管和界面的水膜层，这也是普通混凝土其强度、抗渗性和耐久性较差的主要原因。

由此可见，通过超细粉在混凝土中的应用，改善骨料与水泥石的界面结构，改善水泥石的孔结构；提高混凝土的抗渗性、耐久性和强度，这是获得高性能混凝土途径的一方面。

另一方面，通过使用高效减水剂，在不改变原有生产工艺和施工工艺的基础上，也可以得到高性能混凝土。使用高效减水剂可降低混凝土的水灰比，并使混凝土具有比较大的流动性和保塑功能，保证施工和浇筑混凝土的密实性。

使普通混凝土达到高性能，也需要使用高效减水剂和矿物超细粉。

新型高效减水剂和矿物质超细粉是高性能混凝土及混凝土高性能化的物质基础，而混凝土技术又必须要与环境相协调，即减少环境污染，达到省资源、省能源和长寿命的目的。

C.3 矿物质超细粉、新型高效减水剂功能简介

1. 矿物质超细粉

矿物质粉体的粒径＜10μm 的称为超细粉。在 HPC 中最先应用的是硅粉（SF），据资料介绍，应用 SF 可配制出 230MPa 的 HPC。

日本后来发展了矿渣超细粉（BFS），利用 BFS 可取代 70％水泥，配制出来的混凝土施工性能好，强度高达 100MPa 以上，特别是具有优异的抗硫酸盐腐蚀的性能。美国大量使用粉煤灰（FA）配制 HPC，我国也用Ⅰ级 FA 及磨细 FA 配制 HPC。此外，还有采用超细沸石粉（NZ）及偏高岭土超细粉（MK）来配制 HPC。挪威早有人预计，MK 超细粉可能取代 SF 配制 HPC，因为 MK 超细粉在防治混凝土耐久性病害综合症方面优于 SF，同时具有廉价的优点。

矿物超细粉在混凝土中具有许多特殊功能，是 HPC 不可缺少的组成部分。

1）超细粉的填充效应

由于超细粉的粒子≤水泥颗粒粒子，能填充水泥颗粒间空隙，将胶凝材料的密实度提高。胶凝材料加水硬化后的密实度、强度也有提高。胶凝材料粒子组合与空隙率变化如图 C.6 所示。

硅酸盐水泥粒子 10.4μm 与 10.09μm 的粉煤灰粒子相复合，无论水泥与粉煤灰如何组合，胶凝材料的空隙率几乎没有变化；但当粉煤灰粒子降至 0.95μm 时，这时以水泥 70％与粉煤灰 30％复合时，胶凝材料的空隙率由原来的 40％降至 25％左右。粉煤灰、矿渣粉、硅粉都有相同的例子。而且对降低胶凝材料的空隙率来说，超细粉：水泥一般为 30：70的效果较好。

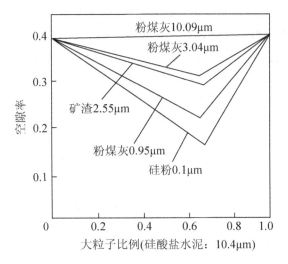

图 C.6　粒子组合与空隙率的变化

超细粉在水泥浆体中的填充作用还可以从图 C.7 的水泥结构得到说明。

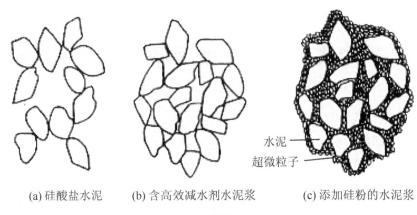

(a) 硅酸盐水泥　　　(b) 含高效减水剂水泥浆　　　(c) 添加硅粉的水泥浆

图 C.7　水泥浆的结构

硅酸盐水泥加水后浆体结构如图 C.7 所示，有大量自由水束缚于水泥颗粒形成的絮凝结构中，这种结构的浆体流动性差，硬化后孔隙大，性能不好；含高效减水剂的水泥浆体，由于排放出自由水分，水泥粒子间隙低，硬化后具有更高强度和耐久性。由于超细粉填充于水泥粒子间，硬化后水泥石的密实度、强度和耐久性均得到提高。

2) 超细粉的流化效应

在超细粉填充效应基础上，以一部分超细粉取代水泥，水泥空隙中的一部分水分被超细粉挤出来，能使净浆流动度增大，称之为超细粉的流化效应。如矿渣超细粉、磷渣超细粉及部分粉煤灰超细粉，等量取代部分水泥后，在基准条件不变的情况下，水泥浆的流动性高于基准浆体。但是，不是所有的超细粉都具有流化效应，有的超细粉由于比表面积太小或者超细粉本身具有多孔性能，虽然取代水泥后能填充水泥空隙，排出水泥浆体中部分水分，但由于超细粉本身吸水或湿润表面需要较多自由水，所以含矿物质超细粉浆体的流动性并不大；这种超细粉如天然沸石粉、硅粉。含不同超细粉的水泥浆体的流动度变化见表 C－1。

表 C-1　含不同超细粉的水泥浆体的流动度变化

水泥：超细粉	95：5	90：10	85：15	80：20	75：25	100%的水泥的沉入度为 32mm；相应的加水量为27%
矿渣超细粉	33.5	34	35	37	38	
磷渣超细粉	34	35.5	36	38	38.5	
天然沸石	31	30	26	20	16.5	
硅粉	31	21	14.5			

对于粉煤灰，由于煤种、燃烧情况及细度不同，对浆体流动性的影响也不同。有的粉煤灰取代部分水泥后浆体流动性增加；有的粉煤灰反而会使浆体流动性降低，见图 C.8。

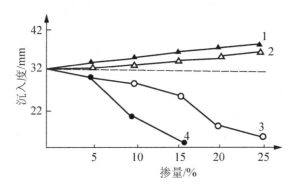

图 C.8　超细粉对浆体稠度的影响

在同时掺加高效减水剂与超细粉的情况下，浆体流动性的效果会更好，见表 C-2。

表 C-2　高效减水剂与超细粉双掺浆体流动性

高效减水剂掺量	0.4	0.5	0.6	0.7	0.8	备注
水泥	129	138	155	190	235	先加水 20%，化解高效减水剂后，再加水搅拌 2min
含 20%矿渣细粉	125	136	185	230	265	
含 20%磷渣细粉	132	170	215	250	270	
含 20%沸石超细粉		不流动	130	195	237	

高效减水剂在低掺量情况下（如 0.4%、0.5%），含不同矿物质超细粉浆体的流动性差别不是很明显，但当高效减水剂掺量超过 0.6%时，含磷渣超细粉与矿渣超细粉的水泥浆体比基准水泥浆体流动性明显增大。这主要是由于超细粉颗粒吸附高效减水剂分子，表面形成的双电层电位所产生的静电斥力大于粉体粒子之间的万有引力，粉体颗粒的分散，进一步加剧了水泥颗粒的分散，因此浆体流动性增大，如图 C.9 所示。

3）超细粉混凝土的耐久性效应

超细粉对混凝土的耐久性效应可以归纳成以下两个方面。

（1）预防混凝土的耐久性病害发生（如碱-骨料反应）。

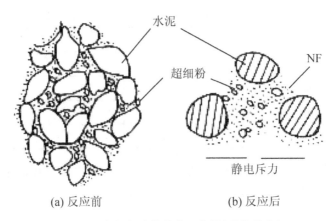

图 C.9　超细粉流化效应示意图（双掺效应）

在混凝土中碱含量超过 $3kg/m^3$，骨料又具有活性的情况下，混凝土较容易发生碱-骨料反应，造成混凝土的开裂损伤，甚至破坏。一般情况下，在混凝土中掺入 30％粉煤灰、40％矿渣、20％～25％的天然沸石粉，15％～20％的偏高岭土超细粉或 10％硅粉，均能有效地抑制碱-骨料反应的有害膨胀。

（2）抵抗混凝土耐久性病害的侵蚀。

耐久性病害有一般的劣化作用外力，如温度、湿度及中性化作用，所有的混凝土及钢筋混凝土结构，都会遭受这种劣化外力作用，另一种是特殊的劣化作用外力，如盐害、冻害、盐碱地腐蚀等，这就需要根据结构物所处的环境条件而定。如沿海地区，盐害最为严重；而东北与西北地区冻害较为突出。

混凝土及钢筋混凝土结构，抵抗耐久性病害的侵蚀，除考虑一般劣化外力作用外，还要考虑特殊劣化外力作用，在混凝土中掺入矿物质超细粉是抵抗耐久性病害的一种有效技术途径。如混凝土中掺入矿物质超细粉后，可以使混凝土的导电量明显下降，见表 C-3。

表 C-3　掺入矿物质超细粉后混凝土的导电量

混凝土类型	W/B	6h 总电量/C	
		28d	70d
52.5 普硅水泥	0.30	1805	1016
52.5 普硅水泥＋30％矿渣	0.30	1685	614
52.5 普硅水泥＋30％粉煤灰	0.30	1223	500

由表 C-3 可见，以 30％、比表面积接近 $5000cm^2/g$ 的矿渣，以及 30％、比表面积接近 $6000cm^2/g$ 的粉煤灰，取代不同水灰比混凝土中部分水泥后，28d 及 70d 的导电量均低于对比的基准混凝土。

根据已测出的 6h 总导电量，可判断混凝土的抗渗性和抗 Cl^- 渗透性能。根据导电量可以对混凝土渗透性进行评价见表 C-4。混凝土 28d 导电量＜1000C 时，Cl^- 的渗透性属很低的范围。

表C-4 6h混凝土总导电量与氯离子渗透性评价表

6h 总电量/C	氯离子渗透性	6h 总电量/C	氯离子渗透性
>4000	高	100~1000	很低
2000~4000	中	<100	可忽略
1000~2000	低		

由此可见，通过不同品种矿物超细粉取代混凝土中部分水泥后，混凝土的抗氯离子渗透性能都明显提高。

4）超细粉的强度效应

$W/B=0.30$，以 MK 超细粉等量取代 15% 水泥后，$W/B=0.3$、0.4 的混凝土 28d 强度均高于对比的基准混凝土见表 C-5。但水灰比为 0.5 的混凝土，含 MK 混凝土强度与基准混凝土强度差别不大。

表C-5 含MK混凝土强度与基准混凝土强度比较

水胶比	混凝土材料用量/(kg/m³)						抗压强度/MPa		
	水泥	MK	河砂	碎石	水	FNF	3d	7d	28d
0.3	550	—	750	1100	165	14.2	56.7	63.6	71.1
	467	83	750	1100	165	14.2	39.0	66.8	84.0

通过矿物质超细粉的填充性、流动性、耐久性和强度等方面的研究证明，在高性能混凝土中，以不同品种、不同质量和不同数量的矿物质细粉取代混凝土中部分水泥后，可以提高混凝土的流动性、耐久性和强度。特别是使混凝土耐久性提高，矿物质超细粉成为高性能混凝土中不可缺少的组分。

2. 新型高效减水剂

新型高效减水剂如氨基磺酸系高效减水剂和聚多羧酸系高效减水剂。这两大系列高效减水剂的特点是对水泥的分散能力强，减水率高，可大幅度降低混凝土单方用水量；可使新拌混凝土的流动性增大，且保持混凝土坍落度损失功能好；这两大系列高效减水剂中不含 Na_2SO_4，能提高混凝土的耐久性。

1）减水率高

在低水灰比混凝土中（如 $W/C \leqslant 0.2$ 的高性能混凝土），需要减水率高，对水泥分散性好的减水剂。不同外加剂的使用量和减水率之间的关系如图 C.10 所示。

由图 C.10 可见，达到相同减水率 20% 时，聚多羧酸系减水剂的掺量需 1.0%，而萘系减水剂的掺量需 2.0%，一般引气减水剂不管掺量多少均达不到这个减水率。由于减水率高，对水泥的分散能力好，国外已利用这类减水剂配制出 150MPa 的高性能混凝土，并用于工程中。

2）控制坍落度损失功能

在夏季施工时，由于施工中运输距离较远，而且混凝土泵送距离又很长时，必须具有控制坍落度损失的功能，以保证混凝土施工。

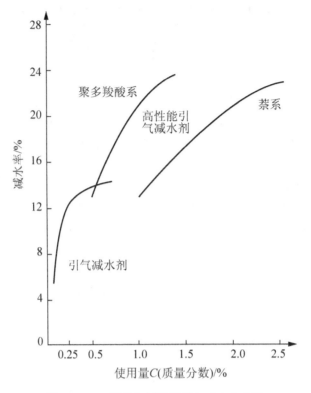

图 C.10 不同外加剂的用量与减水率关系

新型高效减水剂具有十分好的控制混凝土坍落度损失功能，在 90min 内坍落度损失仅为 1.0cm。

C.4 耐久性设计

1. 抗碳化的 HPC 配合比设计

由于碳化作用，使混凝土内部的碱度降低。如果碳化达到混凝土中钢筋附近，钢筋会因钝化膜破坏而受到腐蚀。如果水分适度，在碳化深度离钢筋数毫米处，钢筋就开始腐蚀了。混凝土碳化速度与混凝土使用材料、配合比、施工技术、环境温湿度、CO_2 含量等有关。由于中性化(或碳化)所产生对混凝土的劣化外力，主要与水灰比有关。混凝土在设计使用年限内，不超过容许劣化状态的水灰比，根据式(C.4)来决定。

$$x \leqslant \frac{5.83c}{a\sqrt{t}} + 38.3 \qquad\qquad (C.4)$$

式中　x——水灰比，%；

c——钢筋保护层厚度，cm，室内的保护层厚度比室外的增加 2cm；

a——劣化外力区分系数，室外为 1.0，室内为 1.7；

t——设计使用年限，年。

【应用实例 C - 1】

钢筋混凝土外墙，钢筋保护层厚度 2cm，设计使用年限 50 年，问按碳化的耐久性设计混凝土的水灰比该是多少？

【解】 根据式(C.4)，得按碳化的耐久性设计混凝土的水灰比为：

$$x \leqslant \frac{5.83c}{a\sqrt{t}} + 38.3 = \frac{5.83 \times 2}{1.0 \times \sqrt{50}} + 38.3 = 1.65 + 38.3 = 39.95$$

【应用实例 C - 2】

室内钢筋混凝土构件，已知混凝土的强度等级 C50(配合比设计的 $W/C = 0.36$)，设计使用年限 100 年，问所需保护层厚度。

【解】 根据式(C.4)，以及 $x = 0.36$，$t = 100$ 年，$\alpha = 1.7$，则钢筋混凝土构件所需保护层厚度为：

$$x \leqslant \frac{5.83c}{a\sqrt{t}} + 38.3$$

$$(x - 38.3) \times a\sqrt{t} \leqslant 5.83c$$

$$(36 - 38.3) \times 1.7 \times 10 \leqslant 5.83c$$

$$c \geqslant \frac{(36 - 38.3) \times 1.7 \times 10}{5.83} = -6.7(\text{cm})$$

也即是说，求出的钢筋保护层厚度为负值，说明原设计强度等级 C50($W/C = 0.36$)的混凝土，可以不考虑由于中性化带来的影响。按构造要求的保护层厚度即可。一般 HPC 的强度等级均 ≥C50，故 HPC 配比设计中可不考虑中性化问题。

2. 按盐害进行 HPC 的配合比设计

(1) ASTMC1202 方法的应用。抗盐害的混凝土配合比设计最简便方法是按 ASTMC1202 测定混凝土在规定龄期的导电量。对耐久性要求高的混凝土，28d 龄期 6h 总导电量＜1000C(或 56d 6h 总导电量＜500C)。HPC 的强度等级、水灰比及超细粉的品种、掺量与导电量关系可参考有关资料确定。

(2) 按混凝土强度等级要求选择混凝土水灰比、水泥用量及矿物质超细粉。

(3) 根据导电量要求，例如，56d 的导电量应≤500C，可参考有关资料查找，导电量 500C 以下的混凝土水灰比及超细粉品种和用量。

(4) 进行混凝土试拌，成型强度试件和导电量试件，测标准养护 3d、7d、28d 强度和 28d、56d 导电量。

(5) 确定能满足强度等级和导电量要求的混凝土配合比。

(6) 提交工程设计部门，根据混凝土的导电量、混凝土结构工作环境及使用寿命，确定钢筋保护层厚度。

将混凝土导电量换算成 Cl^- 扩散系数时，可根据式(C.5)换算：

$$y = 2.57765 + 0.00492x \tag{C.5}$$

式中　y——Cl^- 扩散系数，($\times 10^{-9} \text{cm}^2/\text{s}$)；

　　　x——6h 通过的总电量，C。

根据 Cl^- 扩散系数、环境中 Cl^- 的含量以及钢筋保护层厚度，可以预测 HPC 结构的寿命。

【应用实例 C - 3】

已知混凝土构件初始表面 Cl^- 的含量 C_0 为 0.84％，致钢筋锈蚀的 Cl^- 的含量临界值 C 为 0.3％（按英国标准）。现已知混凝土导电量为500C，问该构件要达到50年的使用寿命，钢筋保护层厚度需多大？

【解】 根据式(C.5)求出混凝土的 Cl^- 扩散系数。

$$y = 2.57765 + 0.00492x = 2.57765 + 0.00492 \times 500 = 5.0377 \times 10^{-9} (cm^2/s)$$
$$= 0.1589 (cm^2/y)$$

由 Fick 第二扩散定律求出的解为：

$$C = C_0 \left[1 - erf\left(\frac{x}{2\sqrt{Dt}} \right) \right] \tag{C.6}$$

式中 C——x 深度 Cl^- 含量，％。本题中为 0.3％；

C_0——混凝土构件初始表面 Cl^- 含量，本题中为 0.84％；

x——距混凝土表面深度（即保护层厚度），cm；

t——扩散时间，s；

erf——误差函数，可查表而得。

由此，即可知完好构件中钢筋开始锈蚀年限 t 与保护层关系。

$$erf\left(\frac{x}{2\sqrt{Dt}} \right) = 1 - \frac{C}{C_0} = 1 - \frac{0.30\%}{0.84\%} = 0.64286\%$$

$$\frac{x}{2\sqrt{Dt}} = 0.68266$$

$$t = \frac{[x/(2 \times 0.68266)]^2}{D} = \frac{x^2}{1.86410 \times 0.1612} = 3.3277x^2$$

$$t = 50, x = \frac{50}{3.3277} = 3.87cm, \ 取 \ x = 4.0cm$$

按设计要求，钢筋保护层厚度设计为 4.0cm。

C.5 绿色高性能混凝土

绿色高性能混凝土(Green High Performance Concrete，GHPC)概念是我国学者提出的。因为随着世界水泥产量和混凝土浇筑量的不断增加，对资源、能源和环境所产生的负面影响是非常惊人的。据估算，生产 1t 水泥熟料所排放的 CO_2 约为 1t，同时还要排放 SO_2、NOx 等有害气体，CO_2 的大量排放会直接导致"温室效应"；而 NOx 等气体的排放则会引起"酸雨"现象；由于吸尘设施不够理想，水泥生产还排放出大量粉尘，水泥厂一直被看作环境污染源；水泥工业也是耗煤、耗电大户，水泥和混凝土的大量生产和应用还将导致地球矿产资源的枯竭和生态平衡的破坏。因此，水泥混凝土能否长期作为最主要的土木工程材料，不仅要求其具备在耐久性、施工性和强度等方面的高性能，而且最关键之处在于其绿色"含量"是否高。

GHPC 必须符合下列要求。

（1）所使用的水泥必须为绿色水泥（简称GC）；砂石料的开采应以十分有序且不过分破坏环境为前提。

（2）最大限量地节约水泥用量，从而减少水泥生产中的 CO_2、SO_2 和 NOx 等气体，以保护环境。

（3）更多地掺加经加工处理的工农业废渣，如磨细矿渣、优质粉煤灰、硅灰和稻壳灰等作为活性掺合料，以节约水泥，保护环境，并改善混凝土耐久性。

（4）大量应用以工业废液，尤其是黑色纸浆废液为原料制造的改性减水剂，以及在此基础上研制的其他复合外加剂，限制其他工业生产中难以处置的液体排放物。

附录D
土木工程材料试验

试验1 土木工程材料基本物理性能试验

土木工程材料试验的目的是为了巩固与加深学生对课堂理论知识的理解，使学生对各种材料的技术性能和要求有比较全面的感性认识，并具备对常规土木工程材料进行质量鉴定的能力，以及培养学生进行科学研究的基本训练和提高分析问题、解决问题的能力。

本书试验内容是按照教学大纲要求，并根据现行国家或行业标准等编写的，不包括所有的土木工程材料试验内容。土木工程材料基本性能常规试验项目主要有以下几方面。

1. 密度

试验以普通烧结砖或石材为试验对象。

1）主要仪器

李氏瓶（如试验图 D.1 所示），天平（称量 500g，感量 0.01g），筛子（孔径 200μm 或 900 孔/cm²），干燥箱，干燥器、温度计等。

2）试验

（1）将试件磨细，并筛分后放入干燥箱内烘至恒重（105～110℃），然后放入干燥器中，冷却至室温。

（2）在李氏瓶中注入与试件不起化学反应的液体至突颈下部，记下刻度数。将李氏瓶放在盛水的容器中，试验过程中水温为 20℃。

（3）用天平称取 60～90g 试件。用小勺和漏斗将试件徐徐送入李氏瓶内，至液面上升至 20mL 的刻度。称剩下的试件，计算送入李氏瓶中试件的质量 $m(g)$。

（4）将注入试件后的李氏瓶中液面的读数，减去未注前的读数，得出试件的绝对体积$V(cm^3)$。

3）结果计算与评定

（1）按式（D.1）计算密度ρ，计算精确至$0.01g/cm^3$，即：

$$\rho = \frac{m}{V} \tag{D.1}$$

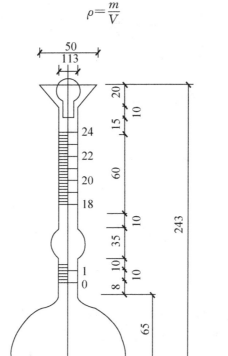

图 D.1　李氏瓶

（2）按规定以两次试验结果的平均值表示，两次相差不应大于$0.02g/cm^3$，否则应重做试验。

2. 表观密度

1）主要仪器

天平（称量1000g、感量0.1g）、游标卡尺（精度100μm）、干燥箱等，如果试件较大时，可用台秤（称量10kg、感量50g）、直尺（精度为1mm）。

2）试验

（1）将试件放入干燥箱内烘至恒重（105～110℃），然后放入干燥器中，冷却至室温备用。

（2）用游标卡尺量出试件尺寸。

当试件为正方体或平行六面体时，以长、宽、高（a、b、c）各量取三次，取平均值，然后计算体积：

$$V_0 = \frac{a_1 + a_2 + a_3}{3} \times \frac{b_1 + b_2 + b_3}{3} \times \frac{c_1 + c_2 + c_3}{3} (\text{cm}^3) \qquad \text{(D. 2)}$$

当试件为圆柱体时，以两个互相垂直的方向量直径，量上、中、下三处，取 6 次的平均值(d)，以互相垂直的两直径与圆周交界的四点上量高度(h)，取四次的平均值，然后计算体积：

$$V_0 = \frac{\pi d^2}{4} \times h (\text{cm}^3) \qquad \text{(D. 3)}$$

（3）用天平或台秤称重量 $m(\text{g})$。

3）结果计算与评定

（1）按式(D.4)计算表观密度 ρ_0，即

$$\rho_0 = \frac{m}{V_0} \times 1000 (\text{kg/m}^3) \qquad \text{(D. 4)}$$

（2）按规定以五次试验结果的平均值表示，计算精确至 10kg/m^3 或 0.01g/cm^3。

3. 吸水率试验

1）主要仪器

天平（称量 1000g、感量 0.1g）、游标卡尺（精度 $100\mu\text{m}$）、干燥箱、水槽等。

2）试验

将试件放入干燥箱中，以 $105\sim110℃$ 的温度烘至恒重，然后放入干燥器中，冷却至室温备用。

（1）用天平称其质量 $m(\text{g})$，将试件放入水槽中，在水槽底可放些垫条，如玻璃管或玻璃杆使试件底面与水槽底不至紧贴，试件之间相隔 1.2cm，使水能够自由进入。

（2）加水至试件高度的 1/3 处；经 24h 后，再加水至高度的 2/3 处；再经 24h，加水至试件表面 2cm 以上，放置 24h。逐次加水是为了使试件孔隙中的空气逐渐排出。

（3）取出试件，抹去表面水分，称其质量 $m_1(\text{g})$。

（4）为检查试件是否吸水饱和，可将试件再浸入水中至试件高度的 3/4 处，经 24h 重新称量，两次质量之差不得超过 1%。

3）结果计算与评定

按式(D.5)计算吸水率 W，即：

$$W_{质量} = \frac{m_1 - m}{m} \times 100\% \qquad \text{(D. 5)}$$

按规定以三个试件吸水率的平均值表示，计算精确至 0.01%。

试验 2　水　泥　试　验

本试验根据《水泥细度检验方法筛析法》（GB/T 1345—2005）、《水泥标准稠度用水量、凝结时间、安定性检验方法》（GB/T 1346—2001）及《水泥胶砂强度检验方法》（GB/T 17671—1999）的要求进行。

1. 水泥试验的一般规定

(1) 以同一水泥厂、同品种、同期到达、同强度的水泥为一个取样单位，取样有代表性，可连续取样，也可以从 20 个以上不同部位抽取等量样品，总量＞12kg。

(2) 实验室温度应为(20±2)℃，相对湿度应大于 50%，养护箱温度为(20±1)℃，相对湿度应＞90%。

(3) 试件应充分拌匀，通过 900μm 方孔筛，并记录筛余物的百分数。

(4) 水泥试件、标准砂、拌和用水及试件等的温度均应与实验室温度相同。

(5) 实验室用水必须是洁净的饮用水。

2. 水泥细度试验

1) 试验目的

了解水泥细度测定方法，熟悉国家标准对水泥细度的技术指标要求。

2) 检验方法

测定水泥细度可用透气式比表面积仪或筛析法测定。以下主要介绍筛析法中的负压筛法、水筛法和手工干筛法。如负压筛法、水筛法或手工干筛法测定的试验结果发生争议时，以负压筛法为准。试验用 45μm 筛称取试件 10g，试验用 80μm 筛称取试件 25g。

(1) 负压筛法。

① 主要仪器设备。

负压筛析仪。由 45μm 或 80μm 方孔负压筛、筛座、负压源、吸尘器组成。

天平。最大称量为 100g，感量 0.01g。

② 试验步骤。

筛析试验前，接通电源，检查控制系统：调节负压至 4000~6000 Pa，喷气嘴上孔平面应与筛网之间保持 2~8mm 的距离。

称取试件(精确至 0.01g)。置于洁净的负压筛中，盖上筛盖，放在筛座上，开动筛析仪连续筛动 2min，在此期间，如有试件附着在筛盖上，可轻轻敲击，使试件落下。筛毕，用天平称量筛余物的质量 R_s，精确至 0.01g。

当工作负压小于 4000 Pa 时，应清理吸尘器内水泥，使气压恢复正常。

(2) 水筛法。

① 主要仪器设备。

标准筛。筛孔为边长 45μm 或 80μm 方孔，筛框有效直径为 125mm，高为 80mm。

筛座。能支撑并带动筛子转动，转速约为 50 r/min。

喷头。直径 55mm，面上均匀分布 90 个孔，孔径 500~700μm。

天平。最大称量为 100g，感量 0.01g。

② 试验步骤。

筛析试验前，应调整好水压及筛架位置，使其能正常运转，喷头底面和筛网之间距离为 35~75mm。

称取试件(精确至 0.01g)置于水筛中，立即用洁净水冲洗至大部分细粉通过，再将筛子置于筛座上，用水压为 0.03~0.08MPa 的喷头连续冲洗 3min。

筛毕，取下筛子，将筛余物冲到筛的一边，用少量水将筛余物全部移至蒸发皿(或烘样盘)中，等水泥颗粒全部沉淀后，将水倒出，烘干后称量筛余物质量 R_s，精确至 0.01g。

（3）手工干筛法。

① 主要仪器设备。

标准筛。筛孔为边长 $45\mu m$ 或 $80\mu m$ 方孔，筛框有效直径为 150mm，高为 50mm。

干燥箱。

天平。最大称量为 100g，感量 0.01g。

② 试验步骤。

称取试件（精确至 0.01g）倒入干筛内，加盖，用一只手执筛往复运动，另一只手轻轻拍打。拍打速度约为 120 次/min，其间 40 次向同一方向转动 60°，使试件均匀分布在筛网上，直至试件通过的量不超过 0.03g/min 时为止。

称量筛余物 R_s，精确至 0.01g。

3）结果计算与评定

水泥试件筛余百分数按式（D.6）计算，计算精确至 0.1%，即：

$$F = \frac{R_s}{W} \times 100\% \tag{D.6}$$

式中　F——水泥试件的筛余百分数，%；

　　　R_s——水泥筛余物的质量，g；

　　　W——水泥试件的质量，g。

3. 水泥标准稠度用水量试验

1）试验目的

熟悉水泥标准稠度用水量试验方法，为测定凝结时间和安定性制作标准稠度的净浆，消除试验条件带来的差异。

2）检验方法

水泥标准稠度测定方法有两种：标准法和代用法。

（1）标准法。

① 主要仪器设备。

标准法维卡仪如图 D.2、图 D.3 所示，净浆搅拌机，量水器，天平等。

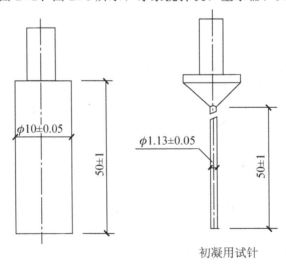

初凝用试针

图 D.2　标准稠度试杆示意图

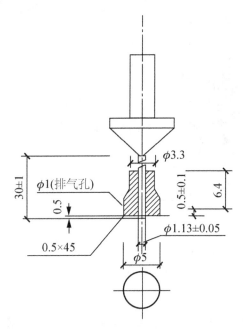

图 D.3　终凝用的试针

② 试验步骤。

试验前必须检查稠度仪的金属棒能否自由滑动，调整试杆接触玻璃板时，指针应对准标尺的零点，搅拌机运转正常。

用湿布擦拭水泥净浆搅拌机的筒壁及叶片，称取 500g 水泥试件，量取拌和水（按经验确定），水量精确至 0.1mL，倒入搅拌锅，5～10s 内将水泥加入水中，并防止水和水泥溅出。将搅拌锅放到搅拌机锅座上，升至搅拌位置，开动机器，低速搅拌 120s，停止 15s，接着快速搅拌 120s 停机。

拌和完毕，立即将净浆一次装入玻璃板上的试模中，用小刀插捣，轻轻振动数次，刮去多余净浆，抹平后迅速将其放到稠度仪上，并将试模中心对准试杆，将试杆降至净浆表面，拧紧螺丝 1～2s 后，突然放松，试杆落入水泥净浆中。在试杆停止下沉或释放试杆30s 时，记录试杆与底板的距离。升起试杆后，擦净试杆，整个过程在 1.5min 内完成。

③ 结果计算与评定。

以试杆沉入净浆并距底板(6±1)mm 时的水泥净浆为标准稠度净浆，此拌和用水量与水泥的质量百分比即为该水泥的标准稠度用水量 P，按式（D.7）计算：

$$P = \left(\frac{W}{500}\right) \times 100\%\qquad\text{(D.7)}$$

式中　W——水泥净浆达到标准稠度时，所需水的质量，g。

若试杆下沉的深度超出上述范围，需重做试验，直至达到(6±1)mm 时为止。

（2）代用法。

① 主要仪器设备。

代用法维卡仪（支座、试锥和试模），净浆搅拌机，量水器，天平等，如图 D.4、图 D.5 所示分别为标准稠度测定仪及试锥和试模。

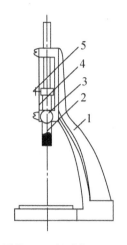

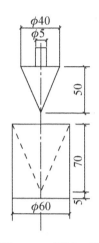

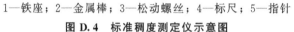

1—铁座；2—金属棒；3—松动螺丝；4—标尺；5—指针

图 D.4　标准稠度测定仪示意图　　　　**图 D.5　试锥和试模**

② 试验步骤。

采用代用法测定水泥标准稠度用水量，包括两种方法：调整用水量法和固定用水量法。

试验前准备同标准法。

水泥净浆的拌制同标准法。拌和用水量的确定采用调整用水量的方法时按经验确定，采用固定用水量方法时，用水量为 142.5mL（精确至 0.5mL）。

拌和完毕，立即将净浆一次装入锥模中，用小刀插捣，轻轻振动数次刮去多余净浆，抹平后迅速将其放到试锥下面的固定位置上，将试锥尖恰好降至净浆表面，拧紧螺丝 1～2s 后，突然放松，让试锥自由沉入净浆中，到试锥停止下沉或释放试锥 30s 时，记录试锥下沉的深度，全部操作应在 1.5min 内完成。

③ 结果计算与评定。

调整用水量法。以试锥下沉的深度为（28±2）mm 时的水泥浆为标准稠度，此时，拌和用水量与水泥质量的百分数为标准稠度用水量 P（计算与标准法相同，精确至 0.1%）。

固定用水量法。标准稠度用水量 P 可以从维卡仪对应标尺上读取或按式（D.8）计算，即：

$$P = 33.4 - 0.185S \tag{D.8}$$

式中　S——试锥下沉的深度，mm。

当试锥下沉深度＜13mm 时，固定水量法无效，应用调整水量法测定。

4. 水泥凝结时间试验

1）试验目的

熟悉水泥凝结时间试验方法，测定水泥初凝时间和终凝时间，评定水泥质量。

2）主要仪器设备

净浆搅拌机、湿热养护箱、天平、凝结时间测定仪（图 D.6）。

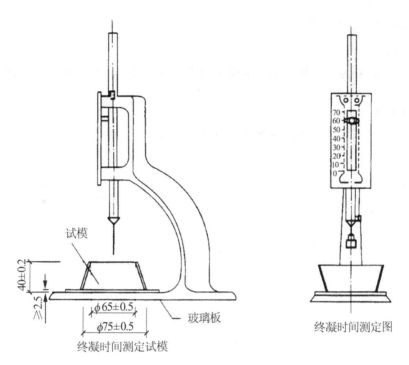

图 D. 6　凝结时间测定仪

3）测定步骤

（1）准备工作。将圆模放在玻璃板上，在膜内侧稍涂一层机油，调整凝结时间测定仪的试针，使之接触玻璃板时指针对准标尺零点。称取水泥试件500g，用标准稠度用水量拌制成水泥净浆装入圆模内，振动数次后刮平，然后放入标准养护箱内养护，记录水泥全部加入水中的时刻作为凝结时间的起始时刻。

（2）初凝时间测定。自加水开始约30min时进行第一次测定，当临近初凝时，每隔5min测定一次。测定时，从养护箱中取出试模放到试针下，让试针徐徐下降与净浆表面接触，拧紧螺丝1～2s后，突然放松，试针自由垂直地沉入净浆，观察试针停止或释放试针30s时指针的读数。当试针下沉至距底板(4±1)mm时，即为水泥达到初凝状态。达到初凝时，应立即重复测一次，当两次结果相同时，才能定为达到初凝状态。初凝时间即指自水全部加入水泥中时起，至水泥浆开始失去塑性时所需的时间。

（3）终凝时间测定。测定时，将试针更换为带环型附件的终凝试针。完成初凝时间测定后，立即将试模和浆体以平移的方式从玻璃板上取下，翻转180°，直径大端向上、小端向下放在玻璃板上，再放入养护箱中继续养护。当临近终凝时间时，每隔15min测定一次，当试针沉入浆体500μm时，且在浆体上不留环形附件的痕迹时即为水泥达到终凝状态。达到终凝时，应立即重复测一次，当两次结果相同时，才能定为达到终凝状态。终凝时间即指自水全部加入水泥中时起至水泥浆开始产生强度所需的时间。

整个测试过程中试针沉入的位置距试模内壁应大于10mm，每次测定不得让试针落入原针孔内，每次测试完毕，擦净试针，将试模放回养护箱内，全部测试过程试模不得振动。

5．水泥体积安定性试验

1）试验目的

了解水泥体积安定性试验方法，检验水泥浆体在硬化时体积变化的均匀性，评定水泥质量。

2）检验方法

安定性检验可用雷氏夹法或试饼法，有争议时以雷氏夹法为准。

（1）雷氏夹法。

① 主要仪器设备。

雷氏夹膨胀值测定仪（图 D.7）、水泥净浆搅拌机、沸煮箱、养护箱、天平、量水器、玻璃板等。

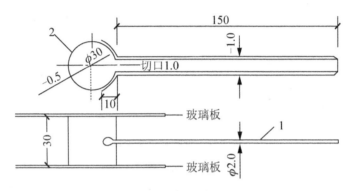

1—底座；2—模子座

图 D.7 雷氏夹膨胀值测定仪

② 试验步骤。

试验准备。首先在玻璃板和雷氏夹内侧涂刷一层机油，然后称取水泥试件 500g，以标准稠度用水量加水，搅拌成标准稠度的水泥净浆。

试件制备。将预先准备好的雷氏夹放在已擦过油的玻璃板上，并将已拌好的标准稠度水泥净浆一次装满雷氏夹，装模时，一只手轻扶雷氏夹，另一只手用宽约 10mm 的小刀插捣数次，然后抹平，盖上涂有油的另一块玻璃板，接着将试件移至养护箱内养护（24±2）h。

沸煮。先调整好沸煮箱的水位，使在整个沸煮过程中试件都浸泡在水中，同时保证能在（30±5）min 内加热至沸腾。脱去玻璃板，取下试件。先测量雷氏夹指针尖端间的距离 A，精确到 $500\mu m$，接着将试件放入水中算板上；指针向上，试件之间互不交叉；然后在（30±5）min 内加热至沸腾，并恒沸（180±5）min。

结果判别。煮毕，将热水放出，打开箱盖，待箱内温度冷却至室温时，取出试件。测量雷氏夹指针尖端间的距离 C，精确至 $500\mu m$。当两个试件煮后增加距离（$C-A$）的平均值不大于 4.0mm 时，安定性即为合格；反之，为不合格。当两个试件的（$C-A$）值相差超过 4.0mm 时，应用同一样品立即重做一次试验；再如此，则认为该水泥安定性不合格。

（2）试饼法。

① 主要仪器设备。

水泥净浆搅拌机、沸煮箱、养护箱、天平、量水器、玻璃板等。

② 试验步骤。

从拌好的标准稠度净浆中取试样约150g，分成两等份，分别搓成实心球型，放在涂过机油的玻璃板上，轻轻振动玻璃板，并用湿布擦过的小刀，由边缘向中央抹动，制成直径为70～80mm、中心厚约10mm、边缘渐薄、表面光滑的试饼，接着将试饼放入养护箱内养护(24±2)h。

煮沸。沸煮箱的要求与雷氏夹法相同。脱去玻璃板，取下试件放入沸煮箱中，然后在(30±5)min内加热至沸腾，并恒沸(180±5)min。

结果判别。煮毕，将热水放出，打开箱盖，待箱内温度冷却至室温时，取出试件。目测试饼，若未发现龟裂，再用直尺检查也没有弯曲时，则水泥安定性合格；反之，为不合格。当两个试饼判别结果有矛盾时，认为水泥安定性不合格。

6. 水泥胶砂强度试验(ISO法)

1) 试验目的

掌握水泥胶砂强度试验方法，测定水泥胶砂在规定龄期的抗压强度和抗折强度，评定水泥的强度等级。

2) 主要仪器设备

行星式水泥胶砂搅拌机，胶砂振实台，模套，试模(三联模，每个槽模内腔尺寸为40mm×40mm×160mm)，抗折试验机，抗压试验机及抗压夹具，刮平直尺等。

3) 试验步骤

(1) 试模准备。成型前，将试模擦净，试模四周与底座应涂黄油，紧密装配，防止漏浆，内壁均匀刷一层机油。

(2) 配合比。试验采用中国ISO标准砂。中国ISO标准砂可以单级分包装，也可以各级预配合以(1350±5)g量的塑料袋混合包装。胶砂的质量比为水泥∶标准砂∶水＝1∶3∶0.5。每成型三条试件，需要称量水泥(450±2)g，标准砂(1350±5)g，拌和用水量为(225±1)mL；掺火山灰质混合材料的普通硅酸盐水泥、火山灰质硅酸盐水泥、粉煤灰硅酸盐水泥、复合硅酸盐水泥在进行胶砂强度检验时，其用水量按0.50水灰比和胶砂流动度不小于180mm来确定。当流动度小于180mm时，必须以0.01的整倍数递增的方法将水灰比调整至胶砂流动度不小于180mm。

(3) 胶砂制备。将水加入搅拌锅里，再加入水泥，锅放在固定架上，上升至固定位置，然后立即开动搅拌机，低速搅拌30s后，在第二个30s开始时，均匀地将标准砂加入。当各级砂为分装时，从最粗粒级开始，依次将所需的各级砂加完。将搅拌机调至高速再拌30s，停拌90s，在第一个15s内，用胶皮刮具将叶片和锅壁上的胶砂刮入锅中间，再高速继续搅拌60s，各个搅拌阶段，时间误差应在±1s内。

(4) 试件成型。胶砂制备后立即进行试件成型。将空试模和模套固定在振实台上，用勺子从搅拌锅里将胶砂分两层装入试模。装第一层时，每个槽里约放300g胶砂，用大播料器垂直架在模套顶部沿每个模槽来回一次将料播平，接着振实60次。再装第二层胶砂，用小播料器播平，再振实60次。移走模套，从振实台上取下试模，用金属直尺以近似90°的角度架在试模顶的一端，然后沿试模长度方向以横向锯割动作慢慢向另一端移动，将超过试模部分的胶砂刮去，并用同一直尺以近乎水平的情况将试体表面抹平。在试模上做标记或加字条，标明试件编号和试件相对于振实台的位置。

（5）试件养护。立即将做好标记的试模放入雾室或养护箱的水平架子上养护，养护至20～24h后，取出脱模。脱模前，用防水墨汁或颜料笔对试件进行编号和做其他标记。两个龄期以上的试件在编号时应将同一试模中的三条试件分在两个以上龄期内。试件脱模后，应立即放入恒温水槽中养护，养护水温度（20±1）℃，养护期间试件之间应保持一定距离，水面至少高出试件5mm。

（6）强度试验。试件龄期是从水泥加水搅拌开始计时。各龄期的试件必须在规定的时间内进行强度试验，规定为：24h±15min、48h±30min、72h±45min、7d±2h、＞28d±8h。在强度试验前15min，将试件从水中取出，用湿布覆盖。

① 抗折强度测定。

测定前，将抗折试验夹具的圆柱表面清理干净，并调整杠杆，使其处于平衡状态。

擦去试件表面水分和砂粒，将试件放入抗折夹具内，使试件侧面与圆柱接触，试件长轴垂直于支撑圆柱。

加荷速率为（50±10）N/s，均匀地将荷载垂直加在棱柱体相对侧面上直至折断，记录破坏荷载 F_f。

抗折强度 R_f 按式（D.9）计算，计算精确至 0.1MPa，即：

$$R_f = \frac{1.5F_f L}{b^3} \tag{D.9}$$

式中　R_f——单个试件抗折强度，MPa；

　　　F_f——破坏荷载，N；

　　　L——支撑圆柱之间的距离，mm；

　　　b——棱柱体正方形截面的边长，mm。

抗折强度确定。以一组三个试件测定值的算术平均值为抗折强度的测定结果。当三个强度值中有超出平均值±10%的强度值时，应剔除后再取平均值作为抗折强度试验结果。

② 抗压强度测定。

抗折试验后的6个断块，应立即进行抗压试验。抗压强度试验需用抗压夹具进行，以试件的侧面作为受压面，并使夹具对准压力机压板中心。

以（2400±200）N/s的速率均匀加荷至破坏，记录破坏荷载 F（N）。

抗压强度 R_c 按式（D.10）计算，计算精确至 0.1MPa，即：

$$R_c = \frac{F_c}{A} \tag{D.10}$$

式中　R_c——单个试件抗压强度，MPa；

　　　F_c——破坏荷载，N；

　　　A——受压面积（40mm×40mm），mm²。

抗压强度确定。以6个抗压强度测定值的算术平均值为试验结果，如果6个测定值中有一个超过平均数的±10%，则应剔除这个结果，而以剩下5个的平均数为试验结果。如果5个测定值中再有超过它们平均数±10%的，则此组试验结果作废。

4）结果计算与评定

将试验及计算所得到的各标准龄期抗折和抗压强度值，对照国家标准所规定的水泥各标准龄期的强度值，来确定或验证水泥强度等级。

试验 3 混凝土用砂、石骨料试验

本试验根据《建设用砂》（GB/T 14684—2011）、《建设用卵石、碎石》（GB/T 14685—2011)的要求进行。

1. 砂的颗粒级配试验

本方法适用于测定普通混凝土用天然砂的颗粒级配及细度模数。

1）试验目的

测定砂的颗粒级配和粗细程度的目的是为了给普通混凝土用砂提供技术依据。

2）主要仪器设备

（1）鼓风干燥箱[温度控制在(105±5)℃]。

（2）天平。称量1000g，感量1g。

（3）方孔筛。孔径规格为$150\mu m$、$300\mu m$、$600\mu m$、$1.18mm$、$2.36mm$、$4.75mm$及$9.50mm$的筛各一只，并附有筛底和筛盖。

（4）摇筛机。

（5）搪瓷盘，毛刷等。

3）试件制备

按规定取样，筛除＞9.50mm的颗粒(并算出筛余百分率)，并将试件缩分至约1100g，放在干燥箱中于(105±5)℃下烘干至恒量，待冷却至室温后，分为大致相等的两份备用。

4）试验步骤

（1）称取试样500g，精确到1g。将试样倒入按孔径大小从上到下组合的套筛(附筛底)上，然后进行筛分。

（2）将套筛置于摇筛机上，摇10min；取下套筛，按筛孔大小顺序再逐个用手筛，筛至每分钟通过量小于试样总量0.1％为止。通过的试样并入下一号筛中，并和下一号筛中的试样一起过筛，这样顺序进行，直至各号筛全部筛完为止。

（3）称出各号筛的筛余量，精确至1g，试样在各号筛上的筛余量不得超过按式(D.11)计算的量：

$$G = \frac{A \times d^{1/2}}{200} \tag{D.11}$$

式中 G——在一个筛上的筛余量，g；

　　　A——筛面面积，mm^2；

　　　d——筛孔尺寸，mm。

超过时应按下列方法之一处理：

① 将该粒级试样分成少于按式(D.11)计算出的量，分别筛分，并以筛余量之和作为该号筛的筛余量。

② 将该粒级及以下各粒级的筛余物混合均匀，称出其质量，精确至1g；再用四分法缩分为大致相等的两份，取其中一份，称出其质量，精确至1g，继续筛分。计算该粒级及以下各粒级的分计筛余量时应根据缩分比例进行修正。

5）结果计算与评定

（1）计算分计筛余百分率。各号筛上的筛余量与试件总质量之比，计算精确至0.1%。

（2）计算累计筛余百分率。该号筛的筛余百分率加上该号筛以上各筛余百分率之和，计算精确至0.1%。筛分后，如每号筛的筛余量与筛底的剩余量之和同原试样质量之差超过1%，应重新试验。

（3）砂的细度模数 M_x 可按式（D.12）计算，精确至0.01。

$$M_x = \frac{(A_2 + A_3 + A_4 + A_5 + A_6) - 5A_1}{100 - 5A_1} \quad\quad (D.12)$$

式中　M_x——细度模数；

A_1、A_2、A_3、A_4、A_5、A_6——4.75mm、2.36mm、1.18mm、600μm、300μm、150μm 筛的累积筛余百分率。

（4）累计筛余百分率取两次试验结果的算术平均值，精确至1%。细度模数取两次试验结果的算术平均值，精确至0.1；如两次试验的细度模数之差＞0.20时，应重新试验。

（5）根据各号筛的累计筛余百分率，采用修约值比较法评定该试样的颗粒级配。

2．砂的表观密度和堆积密度试验

测定砂的表观密度和堆积密度是为评定砂的质量和混凝土用砂提供技术依据。

1）砂的表观密度试验

（1）主要仪器设备。

① 鼓风干燥箱[温度控制在(105±5)℃]。

② 天平。称量1000g，感量0.1g。

③ 容量瓶。500mL。

④ 干燥器、搪瓷盘、滴管、毛刷、温度计等。

（2）试样制备。试件制备可参照前述的取样与处理方法，并将试样缩分至约660g，放在干燥箱中于(105±5)℃下烘干至恒量，待冷却至室温后，分为大致相等的两份备用。

（3）试验步骤。

① 称取试件300g，精确至0.1g。将试样装入容量瓶，注入冷开水至接近500mL的刻度处，用手旋转摇动容量瓶，使砂样充分摇动，排除气泡，塞紧瓶盖，静置24h。然后用滴管小心加水至容量瓶500mL的刻度处，塞紧瓶塞，擦干瓶外水分。称出其质量，精确至1g。

② 倒出瓶内水和试样，洗净容量瓶，再向容量瓶内注水至500mL的刻度处，塞紧瓶塞，擦干瓶外水分，称出其质量，精确至1g。

（4）结果计算与评定。

砂的表观密度按式（D.13）计算，精确至10kg/m³：

$$\rho_0 = \left(\frac{G_0}{G_0 + G_2 - G_1} - \alpha_t \right) \times \rho_水 \quad\quad (D.13)$$

式中　ρ_0——表观密度，kg/m³；

$\rho_水$——水的密度，1000kg/m³；

G_0——烘干试样的质量，g；

G_1——试样、水及容量瓶的总质量，g；

G_2——水及容量瓶的总质量，g；

α_t——水温对表观密度影响的修正系数，见表 D-1。

表 D-1　不同水温对砂的表观密度影响的修正系数

水温/℃	15	16	17	18	19	20	21	22	23	24	25
α_t	0.002	0.003	0.003	0.004	0.004	0.005	0.005	0.006	0.006	0.007	0.008

表观密度取两次试验结果的算术平均值，精确至 10kg/m³；如两次试验结果之差＞20kg/m³，须重新试验。

2）砂的堆积密度试验

（1）主要仪器设备。

① 天平。称量 1000g，感量 1g。

② 容量筒。内径 108mm，净高 109mm，壁厚 2mm，筒底厚约 5mm，容积为 1L。

③ 鼓风干燥箱［能使温度控制在(105±5)℃］。

④ 方孔筛。孔径为 4.75mm 的筛一只。

⑤ 垫棒。直径 10mm，长 500mm 的圆钢。

⑥ 直尺、漏斗或料勺、搪瓷盘、毛刷等。

（2）试样制备。用搪瓷盘装取试件约 3L，放在干燥箱中于(105±5)℃下烘干至恒重，待冷却至室温后，筛除大于 4.75mm 的颗粒，分为大致相等的两份备用。

（3）试验步骤。

① 松散堆积密度。取试样一份，用漏斗或料勺将试样从容量筒中心上方 50mm 处徐徐倒入，让试样以自由落体落下，当容量筒上部试样呈堆体，且容量筒四周溢满时，即停止加料。然后用直尺沿筒口中心线向两边刮平（试验过程应防止触动容量筒），称出试样和容量筒的总质量，精确至 1g。

② 紧密堆积密度。取试样一份分两次装入容量筒。装完第一层后（约计稍高于 1/2），在筒底垫放一根直径为 10mm 的圆钢，将筒按住，左右交替击地面各 25 次。然后装入第二层，第二层装满后用同样的方法颠实（但筒底所垫钢筋的方向与第一层时的方向垂直）后，再加试样直至超过筒口，然后用直尺沿筒口中心向两边刮平，称出试样和容量筒的总质量，精确至 1g。

（4）结果计算与评定。

① 松散或紧密堆积密度按式(D.14)计算，精确至 10kg/m³：

$$\rho_1 = \frac{G_1 - G_2}{V} \tag{D.14}$$

式中　ρ_1——松散堆积密度或紧密堆积密度，kg/m³；

G_1——容量筒和试样总质量，g；

G_2——容量筒质量，g；

V——容量筒的容积，L。

堆积密度取两次试验结果的算术平均值，计算精确至 $10kg/m^3$。

② 空隙率按式(D.15)计算，精确至 1%：

$$V_0 = \left(1 - \frac{\rho_1}{\rho_0}\right) \times 100\% \tag{D.15}$$

式中　V_0——空隙率，$\%$；

　　　ρ_1——试件的松散(或紧密)堆积密度，kg/m^3；

　　　ρ_0——试件表观密度，kg/m^3。

空隙率取两次试验结果的算术平均值，精确至 1%。

3. 砂的含水率试验

1) 试验目的

测定砂的含水率，是为调整混凝土配合比及施工称量提供依据。

2) 主要仪器设备

① 天平。称量 1000g，感量 0.1g。

② 鼓风干燥箱[能使温度控制在(105±5)℃]。

③ 吹风机(手提式)。

④ 饱和面干试模及重约 340g 的捣棒。

⑤ 干燥器、吸管、搪瓷盘、小勺、毛刷等。

3) 试样制备

将自然潮湿状态下的试样用 4 分法缩至约 1100g，拌匀后分为大致相等的两份备用。

4) 测定步骤

称取一份试样的质量，精确至 0.1g。将试样倒入已知质量的烧杯中，放在干燥箱中于 (105±5)℃下烘干至恒重，待冷却至室温后，再称出其质量，精确至 0.1g。

5) 结果计算与评定

砂的含水率按式(D.16)计算，精确至 0.1%，即：

$$Z = \frac{G_2 - G_1}{G_1} \times 100\% \tag{D.16}$$

式中　Z——砂的含水率，$\%$；

　　　G_1——烘干前试样的质量，g；

　　　G_2——烘干后试样的质量，g。

砂的含水率以两次试验结果的算术平均值作为测定值，精确至 0.1%；两次试验结果之差大于 0.2%，应重新试验。

4. 碎石或卵石的颗粒级配试验

本方法适用于测定普通混凝土用碎石或卵石的颗粒级配测试。

1) 试验目的

测定碎石或卵石的颗粒级配、粒径规格，为混凝土配合比设计和一般使用提供依据。

2) 主要仪器设备

(1) 鼓风干燥箱[能使温度控制在(105±5)℃]。

(2) 台秤。称量 10kg，感量 1g。

（3）方孔筛。孔径为 2.36mm、4.75mm、9.50mm、16.0mm、19.0mm、26.5mm、31.5mm、37.5mm、53.0mm、63.0mm、75.0mm 及 90mm 的筛各一只，并附有筛底和筛盖（筛框内径为 300mm）。

（4）摇筛机。

（5）搪瓷盘，毛刷等。

3）试样制备

将试样缩分至略大于表 D-2 规定的质量，经烘干或风干后备用。

表 D-2　碎石或卵石颗粒级配试验所需试样质量

最大粒径/mm	9.5	16.0	19.0	26.5	31.5	37.5	63.0	75.0
最少试样质量/kg	1.9	3.2	3.8	5.0	6.3	7.5	12.6	16.0

4）试验步骤

（1）根据试样的最大粒径，称取按表 D-2 规定的数量试件一份，精确到 1g。将试样倒入按孔径大小从上到下组合的套筛（附筛底）上，然后进行筛分。

（2）将套筛置于摇筛机上，摇 10min；取下套筛，按筛孔大小顺序再逐个用手筛，筛至每分钟各筛号的通过量小于试样总量的 0.1% 为止；通过的颗粒并入下一号筛中，并和下一号筛中的试样一起过筛，这样顺序进行，直至各号筛全部筛完为止；当筛余颗粒的粒径大于 19.0mm 时，筛分过程中允许用手指拨动颗粒。

（3）称量各号筛上的筛余量，精确至 1g。

5）结果计算与评定

（1）计算分计筛余百分率，精确至 0.1%，计算方法同砂（略）。

（2）计算累计筛余百分率，精确至 1.0%，计算方法同砂（略）。筛分后，如每号筛的筛余量与筛底的筛余量之和同原试样质量之差超过 1.0%，应重新试验。

（3）根据各号筛的累计筛余百分率，采用修约值比较法评定该试件的颗粒级配。

5. 碎石或卵石的表观密度和堆积密度试验

测定碎石或卵石的表观密度和堆积密度为评定碎石或卵石的质量和混凝土用石提供技术依据。

（1）碎石或卵石的表观密度试验。

目前测试碎石或卵石的表观密度有液体比重天平法和广口瓶法两种。一般情况下，在土木工程材料教学中测试碎石或卵石的表观密度常用广口瓶法，故本书只介绍广口瓶法。广口瓶法不宜用于测定最大粒径大于 37.5mm 的碎石或卵石的表观密度。

① 仪器设备。

鼓风干燥箱［能使温度控制在（105±5）℃］。

天平。称量 2kg，感量 1g。

广口瓶。1000mL，磨口。

方孔筛。孔径为 4.75mm 的筛一只。

玻璃片（尺寸约 100mm×100mm）、温度计、搪瓷盘、毛巾等。

② 试样制备。

将试样缩分至略大于表 D-3 规定的数量,风干后筛余<4.75mm 的颗粒,然后洗刷干净,分为大致相等的两份备用。

③ 试验步骤。

(a) 按规定取样,并缩分至略大于表 D-3 规定的质量。

表 D-3　碎石或卵石的表观密度试验所需试样质量

最大粒径/mm	<26.5	31.5	37.5	63.0	75.0
最少试样质量/kg	2.0	3.0	4.0	6.0	6.0

(b) 将试样浸水饱和,然后装入广口瓶中。装试样时,广口瓶应倾斜放置,注入饮用水,用玻璃片覆盖瓶口。以上下左右摇晃的方法排除气泡。

(c) 气泡排尽后,向瓶中添加饮用水,直至水面凸出瓶口边缘。然后用玻璃片沿瓶口迅速滑行,使其紧贴瓶口水面。擦干瓶外水分后,称出试件、水、瓶和玻璃片总质量,精确至 1g。

(d) 将瓶中试样倒入浅盘,放在干燥箱中于(105±5)℃下烘干至恒重,待冷却至室温后,称出其质量,精确至 1g。

(e) 将瓶洗净并重新注入饮用水,用玻璃片紧贴瓶口水面,擦干瓶外水分后,称出水、瓶和玻璃片总质量,精确至 1g。

注:试验时各项称量可以在 15～25℃范围内进行。但从试件加水静止的 2h 起至试验结束,其温度变化不应超过 2℃。

④ 结果计算与评定。

表观密度按式(D.17)计算,精确至 10kg/m³:

$$\rho_0 = \left(\frac{G_0}{G_0 + G_2 - G_1} - \alpha_t \right) \times \rho_w \tag{D.17}$$

式中　ρ_0——表观密度,kg/m³;

G_0——烘干后试样的质量,g;

G_1——试样、水、瓶和玻璃片的总质量,g;

G_2——水、瓶和玻璃片的总质量,g;

ρ_w——水的密度,1000kg/m³;

α_t——水温对表观密度影响的修正系数,如表 D-1 所示。

表观密度取两次试验结果的算术平均值,两次试验结果之差>20kg/m³,应重新试验。对颗粒材质不均匀的试样,如两次试验结果之差超过 20kg/m³,可取 4 次试验结果的算术平均值。

(2) 碎石或卵石的堆积密度试验。

① 仪器设备。

台秤。称量 10kg,感量 10g;称量 50kg 或 100kg,感量 50g 各一台。

容量筒。容量筒规格见表 D-4。

表 D-4 容量筒的规格要求

最大粒径/mm	容量筒容积/L	容量筒规格		
		内径/mm	净高/mm	壁厚/mm
9.5, 16.0, 19.0, 26.5	10	208	294	2
31.5, 37.5	20	294	294	3
53.0, 63.0, 75.0	30	360	294	4

垫棒。直径 16mm，长 600mm 的圆钢。

直尺，小铲等。

② 试件制备。

将试样烘干或风干后，拌匀并把试样分为大致相等的两份备用。

③ 试验步骤。

松散堆积密度。取试样一份，用小铲将试样从容量筒口中心上方 50mm 处徐徐倒入，让试样以自由落体落下，当容量筒上部试样呈堆体，且容量筒四周溢满时，即停止加料。除去凸出容量口表面的颗粒，并以合适的颗粒填入凹陷部分，使表面稍凸起部分和凹陷部分的体积大致相等（试验过程应防止触动容量筒），称出试样和容量筒的总质量。

紧密堆积密度。取试样一份分 3 次装入容量筒。装完第一层后，在筒底垫放一根直径为 16mm 的圆钢，将筒按住，左右交替击地面各 25 次。再装入第二层，第二层装满后用同样的方法颠实（但筒底所垫钢筋的方向与第一层时的方向垂直），然后装入第三层，第三层装满后用同样的方法颠实（但筒底所垫钢筋的方向与第一层时的方向平行）。试样装填完毕，再加试样直至超过筒口，用钢尺沿筒口边缘刮去高出的试样，并用适合的颗粒填入凹陷部分，使表面稍凸起部分和凹陷部分的体积大致相等，称取试样和容量筒的总质量，精确至 10g。

④ 结果计算与评定。

松散或紧密堆积密度按式（D.18）计算，精确至 $10kg/m^3$。

$$\rho_1 = \frac{G_1 - G_2}{V} \qquad (D.18)$$

式中　ρ_1——松散堆积密度或紧密堆积密度，kg/m^3；

　　　G_1——容量筒和试样的总质量，g；

　　　G_2——容量筒质量，g；

　　　V——容量筒的容积，L。

空隙率按式（D.19）计算，精确至 1%。

$$V_0 = \left(1 - \frac{\rho_1}{\rho_2}\right) \times 100\% \qquad (D.19)$$

式中　V_0——空隙率，%；

　　　ρ_1——试样的松散（或紧密）堆积密度，kg/m^3；

　　　ρ_2——试样表观密度，kg/m^3。

堆积密度取两次试验结果的算术平均值，精确至 $10kg/m^3$。空隙率取两次试验结果的算术平均值，精确至 1%。

采用修约值比较法进行评定。

6. 碎石或卵石的吸水率试验

1）试验目的

测定碎石或卵石的吸水率是为调整混凝土配合比及施工称量提供依据。

2）主要仪器设备

① 天平。称量 10kg，感量 1g。

② 鼓风干燥箱［能使温度控制在(105±5)℃］。

③ 方孔筛。孔径为 4.75mm 的筛一只。

④ 容器、搪瓷盘、毛巾、刷子等。

3）试样制备

将试样缩分至略大于表 D-5 规定的质量，洗刷干净后分为大致相等的两份备用。

表 D-5　碎石或卵石吸水率试验试样质量

石子最大粒径/mm	9.5	16.0	19.0	26.5	31.5	37.5	63.0	75.0
最少试样质量/kg	2.0	2.0	4.0	4.0	4.0	6.0	6.0	8.0

4）测定步骤

① 取试样一份置于盛水的容器中，水面应高出试样表面约 5mm，浸泡 24h 后，从水中取出，用湿毛巾将颗粒表面水分擦干，即成为饱和面干试样，立即称出其质量，精确至 1g。

② 将饱和面干试样放在干燥箱中于(105±5)℃烘干至恒重，待冷却至室温后，称出其质量，精确至 1g。

5）结果计算与评定

吸水率按式(D.20)计算，精确至 0.1%，即：

$$W = \frac{G_1 - G_2}{G_2} \times 100\%$$ (D.20)

式中　W——吸水率，%；

G_1——饱和面干试样的质量，g；

G_2——烘干后试样的质量，g。

吸水率取两次试验结果的算术平均值，精确至 0.1%。采用修约值比较法进行评定。

试验 4　混凝土试验

本试验根据《普通混凝土拌合物性能试验方法》(GB/T 50080—2002)、《普通混凝土力学性能试验方法》(GB/T 50081—2002)的要求进行，主要内容包括混凝土拌和物和易性试验、混凝土拌和物表观密度试验、混凝土立方体强度试验。

1. 混凝土拌和物和易性试验

1）拌和物坍落度试验

本方法适用于测定骨料最大粒径＜40mm、坍落度＞10mm 的混凝土拌和物坍落度。

（1）试验目的。通过测定混凝土拌和物流动性，观察其粘聚性和保水性，综合评定混凝土的和易性，作为调整配合比和控制混凝土质量依据。

（2）主要仪器设备。

① 磅秤。称量 50kg，感量 50g。

② 天平。称量 5kg，感量 1g。

③ 拌盘（1.5m×2.0m 左右）、量筒（200mL、1000mL）、拌铲、盛器、抹布等。

④ 标准坍落度筒。金属制圆锥体，底部内径 200mm，顶部 100mm，高 300mm，壁厚大于或等于 1.5mm，如图 D.8 所示。

⑤ 捣棒。ϕ16mm×600mm 如图 D.8 所示。

⑥ 装料漏斗与坍落度筒配套。

⑦ 直尺、抹刀、小铲等。

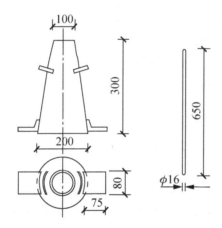

图 D.8　坍落度筒及捣棒（单位：mm）

（3）试样制备。配制混凝土拌和料时，环境温度宜处于（20±5）℃。所用材料的温度应与实验室温度保持一致。

根据所设计的混凝土配合比，分别称取 15L 混凝土拌和物所需各材料的用量。实验室拌和混凝土时，材料用量以质量计。称量精确度：骨料为 ±1%，水、水泥、矿物掺合料、外加剂均为 ±0.5%。

（4）测定步骤。

① 用湿布润湿拌板、拌铲和坍落度筒。

② 先将砂和水泥在拌盘内干拌均匀，然后再加石子继续干拌，当物料被拌和均匀后，将混合物堆成堆，在中间做一凹槽，将已称量好的水倒一半于凹槽内并对拌和物进行翻拌、铲切，同时徐徐加入剩余的水，继续翻拌、铲切拌和物，直至拌和物被拌和均匀。

③ 将润湿后的坍落度筒放在不吸水的刚性水平地板上，然后用脚踩住两边的脚踏板，将已拌匀的混凝土试样用小铲分 3 层装入筒内，每层高度约为筒高的 1/3。每层用捣棒插

捣 25 次，插捣应沿螺旋方向由外向中心进行，每次插捣应在截面上均匀分布。插捣筒边混凝土时，捣棒可以稍稍倾斜。插捣底层时，捣棒应贯穿整个深度，插捣第二层和顶层时，捣棒应插透本层至下一层的表面；浇灌顶层时，混凝土应灌到高出筒口。插捣过程中，如混凝土沉落到低于筒口，则应随时添加。顶层插捣完后，刮去多余的混凝土，并用抹刀抹平。

④ 清除筒边底板上的混凝土后，垂直平稳地提起坍落度筒。坍落度筒的提离过程应在 5～10s 内完成；从开始装料到提起坍落度筒的整过程应不间断地进行，并应在 150s 内完成。

⑤ 提起坍落度筒后，量测筒高与坍落后混凝土试体最高点之间的高度差，即为该混凝土拌和物的坍落度值（以 mm 为单位，结果表达精确至 5mm）；坍落度筒提离后，如混凝土拌和物发生崩坍或一边剪坏现象，则应重新取样进行测定；如第二次仍出现这种现象，则表示该混凝土拌和物和易性不好，应予记录备查。

⑥ 观察坍落后的混凝土试体的粘聚性及保水性。粘聚性的检查方法是用捣棒在已坍落的混凝土拌和物锥体侧面轻轻敲打，此时如果锥体逐渐下沉，则表示粘聚性良好，如果锥体倒塌、部分崩裂或出现离析，即表示粘聚性不好。保水性以混凝土拌和物稀浆析出的程度来评定，坍落度筒提起后如有较多的稀浆从底部析出，锥体部分的混凝土拌和物也因失浆而骨料外露，则表明此混凝土拌和物的保水性不好；如坍落度筒提起后无稀浆或仅有少量稀浆自底部析出，则表明此混凝土拌和物保水性良好。

⑦ 当混凝土拌和物的坍落度>220mm 时，用钢尺测量混凝土扩展后最终的最大直径和最小直径，在这两个直径之差<50mm 的条件下，用其算术平均值作为坍落扩展度值；否则，此次试验无效。

如果发现粗骨料堆集在中间或边缘有水泥浆析出，表示此混凝土拌和物离析性不好，应予记录。

⑧ 和易性调整。若测得的坍落度值小于施工要求的坍落度值，可在保持水胶比不变的同时，增加 5％或 10％的胶凝材料和水。若测得的坍落度值大于施工要求的坍落度值，可在保持砂率不变的同时，增加 5％或 10％（或更多）的砂和石。若粘聚性或保水性不好，则需适当调整砂率，并尽快拌和均匀，重新测定，直到和易性符合要求为止。

（5）结果计算与评定。

① 混凝土拌和物的和易性评定，应按试验测定值和试验目测情况综合评定。

② 记录调整前后拌和物的坍落度、保水性、粘聚性以及各材料实际用量，并以和易性符合要求后的各材料用量为依据，对混凝土配合比进行调整，求基准配合比。

③ 所测混凝土拌和物坍落度值若<10mm，说明该混凝土拌和物稠度过干，宜采用其他方法测定。

2）拌和物维勃稠度法试验

本方法适用于测定骨料最大粒径<40mm、维勃稠度在 5～30s 间的混凝土拌和物稠度测定。

（1）试验目的。测定拌和物维勃稠度值，作为调整混凝土配合比和控制其质量的依据。

（2）主要仪器设备。

① 维勃稠度仪如图 D. 9 所示。

容器。钢板制成，内径为(240±5)mm，高为(200±2)mm，筒壁厚为 3mm，筒底厚为 7.5mm。

坍落度筒。与坍落度法的要求和构造相同，但应去掉两侧的踏板。

旋转架。与测杆及喂料斗相连。测杆下部安装有透明的水平圆盘，并用测杆螺丝来固定其位置。就位后，测杆或喂料斗的轴线均应与容器的轴线重合。

② 秒表。精度 0.5 s。

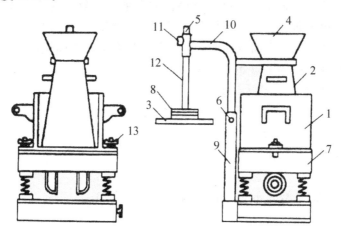

1—容器；2—坍落度筒；3—透明圆盘；4—喂料斗；5—套筒；7—振动台；
8—荷重；9—支柱；10—旋转盘；11—测杆螺丝；12—测杆；13—固定螺丝

图 D. 9 维勃稠度仪

（3）试样制备。配制混凝土拌和物约 15L，备用。计算、配制方法同坍落度试验。

（4）测定步骤。

① 将维勃稠度仪水平放在坚实的基面上，用湿布把容器、坍落度筒及喂料斗内壁及其他用具湿润。

② 将喂料斗提到坍落度筒上方扣紧，校正容器位置，使其中心与喂料斗中心重合，然后拧紧固定螺丝。

③ 装料、插捣方法同坍落度法（略）。

④ 将圆盘喂料斗转离坍落度筒，垂直地提起坍落度筒，此时应注意不使混凝土试体产生横向的扭动。

⑤ 将透明盘转到混凝土圆台体顶面，放松测杆螺钉，降下圆盘，使其轻轻接触到混凝土顶面，防止坍落的混凝土倒下与容器壁相碰。

⑥ 拧紧定位螺钉，并检查螺钉是否已经完全放松。开启振动台，同时以秒表计时。在振动的作用下，透明圆盘的底面被水泥浆布满的瞬间停止计时，并关闭振动台。

（5）结果计算与评定。

① 记录秒表上的时间，精确至 1s。由秒表读出的时间数表示该混凝土拌和物的维勃稠度值。

② 如果维勃稠度值小于 5s 或大于 10s，说明此种混凝土所具有的稠度已超出本试验仪器的适用范围。

2. 混凝土拌和物的表观密度试验

本方法适用于测定骨料最大粒径≤40mm的混凝土拌和物。

1）试验目的

测定混凝土拌和物的表观密度是为调整混凝土配合比提供依据。

2）主要仪器设备

（1）容量筒。容积5L，金属制带底圆筒，内径和高均为（186±2）mm，筒壁厚为3mm。容量筒容积应予以标定，先称出玻璃板和空桶的质量，然后向容量筒中灌入清水，当接近上口时，一边不断加水，一边把玻璃板沿筒口徐徐推入盖严，应注意使玻璃板下不带任何气泡；然后擦净玻璃板面及筒壁外的水分，将容量筒连同玻璃板放在台称上称其质量；两次质量之差（kg）即为容量筒的容积L。

（2）台秤。称量50kg，感量50g。

（3）振动台。频率（50±3）Hz，空载振幅（0.5±0.1）mm。

（4）捣棒。ϕ616×600mm。

（5）小铲、抹刀、金属直尺等。

3）试样制备

从满足混凝土和易性要求的拌和物中取样进行试验。

4）测定步骤

（1）用湿布把容量筒内外擦干净，称出筒质量（m_1），精确至50g。

（2）混凝土的装料及捣实方法应根据拌和物的稠度而定。坍落度＜70mm的混凝土，用振动台振实为宜；坍落度＞70mm的用捣棒捣实为宜。

① 采用捣棒捣实时，应根据容量筒的大小决定分层数与插捣次数。用5L容量筒时，混凝土拌和物应分两层装入，每层的插捣次数应＞25次。用＞5L的容量筒时，每层混凝土的高度应＜100mm，每层插捣次数应按每10000mm²截面＞12次计算。各次插捣应由边缘向中心均匀插捣，插捣底层时捣棒应贯穿整个深度，插捣第二层时，捣棒应插透本层至下一层的表面；每一层捣完后用橡皮锤轻轻沿容器外壁敲打5～10次，进行振实直至拌和物表面捣孔消失并不见大气泡为止。

② 采用振动台振实时，应一次将混凝土拌和物灌到高出容量筒口，装料时可用捣棒稍加插捣，振动过程中如混凝土低于筒口，应随时添加混凝土，振动直至表面出浆为止。

（3）用刮尺将筒口多余的混凝土拌和物刮去，表面如有凹陷应填平；将容量筒外壁擦净，称出混凝土试件与容量筒总质量（m_2），精确至50g。

5）结果计算与评定

混凝土拌和物表观密度 ρ_0（kg/m³）应按式（D.21）计算，精确至10kg/m³：

$$\rho_0 = \frac{m_2 - m_1}{V} \qquad (D.21)$$

式中　ρ_0——混凝土拌和物表观密度，kg/m³；

　　　V——容量筒的容积，L；

　　　m_1——容量筒质量，kg；

　　　m_2——试样与容量筒总质量，kg。

注：混凝土拌和物的表观密度一般允许利用制备混凝土抗压强度试件时，称量试模及称量试模连同拌和物的总质量(精确至0.1kg)的方法来测定。以一组三个试件表观密度的平均值作为拌和物的表观密度。

3. 混凝土立方体抗压强度试验

1) 试验目的

测定混凝土立方体抗压强度是为确定混凝土强度等级和调整配合比提供依据。

2) 主要仪器设备

(1) 压力试验机或万能试验机。其测量精度为±1%，试验时由试件最大荷载选择压力机量程，使试件破坏时的荷载位于全量程的20%～80%。

(2) 钢垫板。平面尺寸不小于试件的承压面积，厚度应>25mm，承压面的平面度公差为0.04mm，表面硬度>55HRC，硬化层厚度约为5mm。

(3) 试模。由铸铁或钢制成的立方体，试件尺寸根据混凝土骨料最大公称粒径选用，如表D-6所示。

(4) 标准养护室温度为(20±2)℃，相对湿度>95%。

(5) 振动台频率为(50±3)Hz，空载振幅为(0.5±0.1)mm。

(6) 捣棒、小铁铲、抹刀、金属直尺等。

表D-6 试件尺寸及强度换算系数

试件尺寸/mm	集料最大公称粒径/mm	抗压强度换算系数
100×100×100	31.5	0.95
150×150×150	40	1
200×200×200	63	1.05

3) 试件制作

本试验根据《普通混凝土力学性能试验方法标准》(GB/T 50081—2002)进行。

(1) 试件制作应符合下列规定。

① 每一组试件所用的混凝土拌和物应由同一次拌和成的拌和物中取出。

② 制作前，应将试模洗干净并将试模的内表面涂一薄层矿物油脂或其他不与混凝土发生反应的脱模剂。

③ 在实验室拌制混凝土时，其材料用量应以质量计，称量的精度：水泥、矿物掺合料、水和外加剂为±0.5%；集料为±1%。

④ 取样或实验室拌制混凝土应在拌制后尽快的时间内成型，一般不宜超过15min。

⑤ 根据混凝土拌和物的稠度确定混凝土成型方法，坍落度<70mm的混凝土宜用振动台振实；坍落度>70mm的宜用捣棒人工捣实；现浇混凝土或预制构件的混凝土试件成型方法宜与试验采用的方法相同。

(2) 试件制作步骤。

① 用振动台振实试件应按下述方法进行。

将混凝土拌和物一次装入试模，装料时应用抹刀沿各试模壁插捣，并使混凝土拌和物高出试模口。

试模应附着或固定在振动台上，振动时试模不得有任何跳动，振动应持续到表面出浆为止，不得过振。

② 用人工插捣制作试件应按下述方法进行。

混凝土拌和物应分两层装入试模，每层的装料厚度大致相等。

插捣应按螺旋方向从边缘向中心均匀进行。在插捣底层混凝土时，捣棒应达到试模底面；插捣上层时，捣棒应贯穿上层后插入下层 20～30mm。插捣时捣棒应保持垂直，不得倾斜。然后应用抹刀沿试模内壁插捣数次。

每层插捣次数为 10000mm² 面积内 >12 次。

插捣后应用橡胶锤轻轻敲击试模四周，直至插捣棒留下的捣孔消失为止。

③ 用插入式捣棒振实制作试件应按下述方法进行。

将混凝土拌和物一次装入试模，装料时应用抹刀沿各试模壁插捣，并使混凝土拌和物高出试模口。

宜用直径为 φ25mm 的插入式振捣棒插入试模，振捣棒距试模底板 10～20mm，且不得触及试模底板，振动应持续到表面出浆为止，且应避免过振，以防止混凝土离析。一般振捣时间为 20s。振捣棒拔出时要缓慢，拔出后不得留有捣孔。

④ 刮除试模上口多余的混凝土，待混凝土临近初凝时，用抹刀抹平。

4) 试件的养护

(1) 试件成型后应立即用不透水的薄膜覆盖表面。

(2) 采用标准养护的试件，应在温度为 $(20\pm5)℃$ 的环境下静置一昼夜至两昼夜，然后编号、拆模。拆模后应立即放入温度为 $(20\pm2)℃$，相对湿度为 95% 以上的标准养护室中养护，或在温度为 $(20\pm2)℃$ 的不流动的 $Ca(OH)_2$ 饱和溶液中养护。标准养护室内的试件应放在支架上，彼此间隔为 10～20mm，试件表面应保持潮湿，并不得被水直接冲淋。

(3) 同条件养护试件的拆模时间可与实际构件的拆模时间相同；拆模后，试件仍需保持同条件养护。

(4) 标准养护龄期为 28d(从搅拌加水开始计时)。

5) 抗压强度试验

(1) 试件自养护室取出后，随即擦干并测出其尺寸，精确至 1mm；据以计算试件的受压面积 A(单位为 mm²)。

(2) 将试件安放在下承压板上，试件的承压面应与成型时的顶面垂直。试件的中心应与试验机下压板中心对准。开动试验机，当上压板与试件接近时，调整球座，使接触均衡。

(3) 加压时，应连续而均匀地加荷，加荷速度应为：

混凝土强度等级 <C30 时，取 0.3～0.5MPa/s；

混凝土强度等级 ≥C30 时，取 0.5～0.8MPa/s；

混凝土强度等级 ≤C60 时，取 0.8～1.0MPa/s。

当试件接近破坏而迅速变形时，停止调整试验机油门，直至试件破坏。记录破坏荷载 F(单位为 N)。

6) 结果计算与评定

(1) 混凝土立方体试件抗压强度 $f_{c,cu}$ 按式(D.22)计算，精确至 0.1MPa。

$$f_{c,cu} = \frac{F}{A} \tag{D.22}$$

式中　$f_{c,cu}$——混凝土立方体试件抗压强度，MPa；

A——立方体试件承压面积，mm^2；

F——立方体试件破坏荷载，N。

（2）强度值的确定应符合下列规定。

① 以三个试件测值的算术平均值作为该组试件的强度值，精确至 0.1MPa。

② 如三个测定值中的最小值或最大值中有一个与中间值的差值超过中间值的 15%，则把最大及最小值一并舍去，取中间值作为该组试件的抗压强度值。

③ 如最大和最小值与中间值的差值均超过中间值的 15%，则此组试件的试验结果无效。

（3）混凝土强度等级<C60 时，用非标准试件测得的强度值均应乘以尺寸换算系数，其值为对 200mm×200mm×200mm 试件换算系数取 1.05，对 100mm×100mm×100mm 试件换算系数取 0.95。当混凝土强度等级≥C60 时，宜采用标准试件；使用非标准试件时，尺寸换算系数应由试验确定。

试验 5　建筑砂浆试验

本试验根据《建筑砂浆基本性能试验方法》（JGJ/T 70—2009)的要求进行。试验内容包括砂浆的稠度、分层度及抗压强度试验。

1. 试件制备

1）取样

建筑砂浆试验用料应从同一盘砂浆或同一车砂浆中取样，或在实验室用机械或人工拌制，取样量不应少于试验所需量的四倍。施工中取样进行砂浆试验时，其取样方法和原则应按现行有关规范执行。取样应至少从三个不同的部位取，现场取来的试样，试验前应人工搅拌均匀。从取样完毕到开始进行各项性能试验不宜超过 15min。

2）试验条件

实验室拌制砂浆所用材料应与现场材料一致，砂应通过公称粒径 4.75mm 筛。拌和时实验室的温度应保持在(20±5)℃。拌制砂浆时称量精度：水泥、外加剂、掺合料为±0.5%；砂为±1%。拌制前应将搅拌机、铁板、拌铲、抹刀等工具表面用水润湿，铁板上不得有积水。

3）主要仪器设备

砂浆搅拌机，铁板（1.5m×2.0m 左右），磅秤（称量 50kg，感量 50g），台秤（称量 10kg，感量 5g），拌铲，量筒，盛器等。

4）拌和方法

按配合比称取各材料用量，将称量好的砂子倒在拌板上，然后加入水泥，用拌铲拌和至混合物颜色均匀为止。将混合物堆成堆，在中间做一凹槽，将称好的石灰膏（或粘土膏）

倒入凹槽中(若为水泥砂浆,则将称好的水倒一半到凹槽中),再倒入部分水将石灰膏(或粘土膏)调稀;然后与水泥、砂共同拌和,并逐渐加水,直至拌和物色泽一致,和易性凭经验调整到符合要求为止,一般需拌和5min。

采用机械拌和方法时,应先按配合比拌适量砂浆,使搅拌机内壁粘附一薄层砂浆,以便正式拌和时不影响砂浆配合比的准确性。搅拌的用量宜为搅拌机容量的30%~70%,搅拌时间不应少于120s。掺有掺合料和外加剂的砂浆,其搅拌时间不应少于180s。

2. 砂浆稠度测定

1) 试验目的

了解砂浆稠度试验方法,掌握砂浆的技术性质。

2) 主要仪器设备

砂浆稠度仪(如图 D.10 所示)、捣棒、台秤、拌锅、拌板、量筒、秒表等。

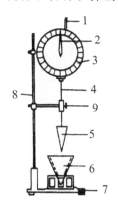

1—测杆;2—指针;3—刻度盘;4—滑动杆;5—锥体;
6—锥筒;7—底座;8—支架;9—制动螺丝

图 D.10 砂浆稠度仪

3) 试验步骤

(1) 将盛浆容器和试锥表面用湿布擦净,检查滑杆能否自由滑动。

(2) 将拌好的砂浆一次装入容器内,使砂浆表面低于容器口约10mm,用捣棒自容器中心向边缘插捣25次,轻击容器5~6次,使砂浆表面平整,随后将容器置于稠度测定仪的底座上。

(3) 放松试锥滑杆的制动螺丝,使试锥尖端与砂浆表面接触,拧紧制动螺丝,将齿条侧杆下端接触滑杆上端,并将指针对准零点。

(4) 突然松开制动螺丝,使试锥自由沉入砂浆中,同时计时,10s时立即固定螺丝,将齿条测杆下端接触滑杆上端,从刻度盘上读出下沉深度(精确至1mm),即为砂浆的稠度值。

(5) 圆锥筒内的砂浆只允许测定一次稠度,重复测定时,应重新取样。

同盘砂浆应取两次试验结果的算术平均值作为砂浆稠度测定结果,精确至1mm。两次测定值之差大于10mm,应重新取样测定。

3. 砂浆分层度测定

1) 试验目的

了解砂浆分层度试验方法,掌握砂浆的技术性质。

2) 主要仪器设备

分层度测定仪（图 D.11）、水泥胶砂振动台、其他仪器同砂浆稠度试验。

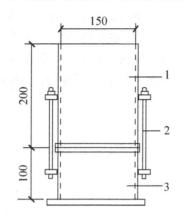

1—无底圆桶；2—螺栓；3—有底圆桶
图 D.11 分层度测定仪

3) 试验步骤

(1) 将砂浆拌和物按砂浆稠度试验方法测定稠度。

(2) 将砂浆拌和物一次装入分层度筒内，用木槌在分层度筒周围距离大致相等的四个不同部位敲击 1～2 次，当砂浆沉落到低于筒口时，应随时添加，然后刮去多余的砂浆，并用抹刀抹平。

(3) 静置 30min 后，去掉上节 200mm 砂浆，然后将剩余的 100mm 砂浆倒在拌锅内拌 2min，再按稠度试验方法测定其稠度。前后测得的稠度差值即为该砂浆的分层度值（mm）。

取两次试验结果的算术平均值为砂浆分层度值，精确至 1mm。两次分层度试验值之差大于 10mm 时，应重做试验。

4. 砂浆抗压强度试验

1) 试验目的

了解砂浆抗压强度试验方法，掌握砂浆的技术性质。

2) 主要仪器设备

试模（尺寸为 70.7mm × 70.7mm × 70.7mm），压力试验机，捣棒（ϕ10mm，长 350mm，端部磨圆），刮刀等。

3) 试件制作及养护

(1) 采用立方体试件，每组试件三个。

(2) 用黄油等密封材料涂抹试模的外接缝，试模内应涂刷薄层机油或脱离剂，将拌制好的砂浆一次性装满砂浆试模，成型方法应根据稠度而定。当稠度＞50mm 时，采用人工插捣成型；当稠度＜50mm 时，采用振动台振实成型。

① 人工振捣。用捣棒均匀地由边缘向中心按螺旋方式插捣 25 次，插捣过程中如砂浆沉落低于试模口时，应随时添加砂浆，可用油灰刀插捣数次，并用手将试模一边抬高 5～10mm 各振动五次，砂浆应高出试模顶面 6～8mm。

② 机械振动。将砂浆一次装满试模，放置到振动台上，振动时试模不得跳动，振动 5～10s 或持续到表面出浆为止，不得过振。

（3）待表面水分稍干后，将高出试模部分的砂浆沿试模顶面刮去并抹平。

（4）试件制作后，应在室温为(20±5)℃的环境下静置(24±2)h，当气温较低时，可适当延长时间，但不应超过两天；然后对试件进行编号、拆模；试件拆模后，应立即放入温度为(20±2)℃，相对湿度为90%以上的标准养护室中养护；养护期间，试件彼此间隔不小于10mm，混合砂浆试件上面应覆盖，防止有水滴在试件上。

（5）从搅拌加水开始计时，标准养护龄期应为28d，也可根据相关标准要求增加7d或14d。

5. 抗压强度测定

（1）试件从养护地点取出后，应尽快进行试验，以免试件内部的温湿度发生显著变化。

（2）先将试件擦干净，测量尺寸，并检查其外观。试件尺寸测量精确至1mm，并据此计算试件的承压面积A。若实测尺寸与公称尺寸之差不超过1mm，可按公称尺寸进行计算。

（3）将试件放在试验机的下压板上，试件的承压面应与成型时的顶面垂直，开动压力机，当上压板与试件接近时，调整球座，使接触面均衡受压。加荷应均匀而连续，加荷速度应为0.25～1.5kN/s；砂浆强度不大于2.5MPa时，宜取下限。当试件接近破坏而开始迅速变形时，停止调整压力机进油阀，直至试件破坏，记录破坏荷载F。

6. 结果计算与评定

单个试件的抗压强度按式(D.23)计算，精确至0.1MPa。即：

$$f_{m,cu} = K\frac{N_u}{A} \tag{D.23}$$

式中 $f_{m,cu}$——砂浆立方体试件抗压强度，MPa；

A——立方体试件承压面积，mm^2；

N_u——立方体试件破坏荷载，N；

K——换算系数，取1.35。

以三个试件测值的算术平均值作为该组试件的砂浆立方体抗压强度平均值，精确至0.1MPa；当三个测值的最大值或最小值中如有一个与中间值的差值超过中间值的15%时，则将最大值及最小值一并舍去，取中间值作为该组试件的抗压强度值；当两个测值与中间值的差值均超过中间值的15%时，该组试件的试验结果无效。

试验 6　砌墙砖试验

本试验根据《砌墙砖试验方法》（GB/T 2542—2003）的要求进行。

1. 烧结普通砖试验

1）试验目的

熟悉烧结普通砖强度试验方法，评定砖的强度等级。

2）取样方法

烧结普通砖以 3.5 万～15 万块为一检验批，不足 3.5 万块也按一批计。采用随机抽样法取样，外观质量检验的砖样在每一检验批的产品堆垛中抽取，数量为 50 块。尺寸偏差检验的砖样从外观质量检验后的样品中抽取，数量为 20 块，其他项目的砖样从外观质量和尺寸偏差检验后的样品中抽取。抽样数量为强度等级 10 块；泛霜、石灰爆裂、冻融及吸水率与饱和系数各 5 块；放射性 4 块。只进行单项检验时，可直接从检验批中随机抽取。

3）抗压强度试验

（1）主要仪器设备。压力试验机、锯砖机或切砖器、钢直尺等。

（2）试件处理。

① 普通制样。将砖样锯成两个半截砖，断开的半截砖边长＞100mm，否则应另取备用砖样补足。将已切断的半截砖放入净水中浸 10～20min 后取出，并以断口相反方向叠放，两者中间用 32.5 级的普通硅酸盐水泥调制成稠度适宜的水泥净浆粘结，其厚度不超过 5mm，上下两表面用厚度不超过 3mm 的同种水泥浆抹平，制成的试件上下两个面应相互平行，并垂直于侧面，如图 D.12 所示。

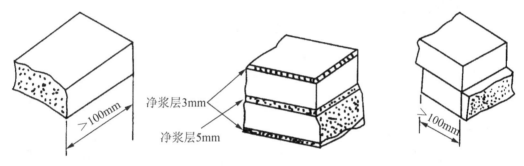

图 D.12 烧结砖试件的制作

② 模具制样。将砖样锯成两个半截砖，断开的半截砖边长＞100mm，否则应另取备用砖样补足。将已切断的半截砖放入净水中浸 20～30min 后取出，在铁丝网架上滴水 20～30min，并以断口相反方向装入制样模具中。用插板控制两个半砖间距为 5mm，砖大面与模具间距为 3mm，砖断面、顶面与模具间垫以橡胶垫或其他密封材料，模具内表面涂油或脱模剂，制样模具与插板如图 D.13 所示；将经过 1mm 筛的干净细砂与 2%～5% 与强度等级为 32.5 或 42.5 的普通硅酸盐水泥用砂浆搅拌机调制成砂浆，水灰比为 0.50～0.55 左右；将装好砖样的模具置于振动台上，在砖样上加少量水泥砂浆，接通振动台电源，边振动边向砖缝及砖模缝间加入水泥砂浆，加浆及振动过程为 0.5～1.0min。关闭电源，停止振动，稍事静置，将模具上表面刮平整。

普通制样和模具制样并行使用，仲裁检验采用模具制样。

③ 普通制样法制成的抹面试件置于不通风的室内养护 3d，室温不低于 10℃；模具制样的试件连同模具在室温不低于 10℃，不通风的室内养护 24h 脱模，再在相同条件下养护 48h，然后进行试验。

④ 测量每个试件连接面或受压面的长、宽尺寸各两个，分别取其平均值，精确至 1mm。

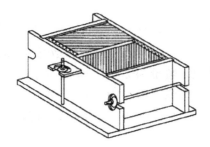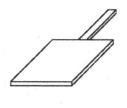

图 D. 13　制样模具与插板

⑤ 将试件平放在压力试验机加压板中央,以 $4kN/s$ 的加荷速度均匀加荷,直至试件破坏,记录破坏荷载 $P(N)$。

(3) 结果计算与评定。

烧结普通砖抗压强度试验结果按式(D.24)~式(D.28)计算,精确至 $0.01MPa$。即:

① 单块砖样抗压强度测定值:

$$f_i = \frac{P}{LB} \qquad (D.24)$$

② 10 块砖样抗压强度平均值:

$$\overline{f} = \frac{1}{10} \sum_{i=1}^{10} f_i \qquad (D.25)$$

③ 标准差:

$$S = \sqrt{\frac{1}{9} \sum_{i=1}^{10} (f_i - \overline{f})^2} \qquad (D.26)$$

④ 砖抗压强度标准值:

$$f_k = \overline{f} - 1.8S \qquad (D.27)$$

⑤ 强度变异系数:

$$\delta = \frac{S}{\overline{f}} \qquad (D.28)$$

式中　f_i——单块砖样抗压强度,MPa;

　　　P——最大破坏荷载,N;

　　　L——受压面(连接面)的长度,mm;

　　　B——受压面(连接面)的宽度,mm;

　　　S——10 块试件的抗压强度标准差,MPa。

参照表 6-3 对所测试的砖进行强度等级确定。

2. 非烧结砖试验

1) 试验目的

熟悉非烧结砖强度试验方法,评定砖的强度等级。

2) 抗压强度试验

非烧结砖抗压强度试验结果计算与评定烧结砖基本相同,只是非烧结砖不需养护,而是直接进行试验,如图 D.14 所示为非烧结砖试件的制作;试验结果按表 6-6 或 6-7 评定强度等级。

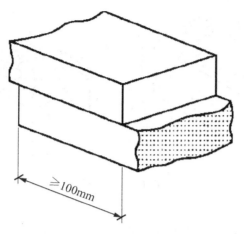

图 D. 14 非烧结砖试件的制作

3）抗折强度试验

（1）主要仪器设备。材料试验机、抗折夹具、钢直尺等。

（2）试件处理。非烧结砖应放在温度为（20±5）℃的水中浸泡 24h 后取出，用抹布拭去其表面水分进行抗折强度试验。

（3）试验步骤。

① 按规定测量试件的高度和宽度尺寸各两个，分别取算数平均值，精确至 1mm。

② 调整夹具下支辊的跨距为砖规格减去 40mm。但规格长度为 190mm 的砖，其跨距为 160mm。

③ 将试件大面平放在下支辊上，试件两端面与下支辊的距离应相同，当试件有裂缝或凹陷时，应使有裂缝或凹陷的大面朝下，以 50～150N/s 的速度均匀加荷，直至试件断裂，记录破坏荷载 P(N)。

（4）结果计算与评定。

每块试件的抗折强度 R_c 按式（D.29）计算，精确至 0.01MPa，即：

$$R_c = \frac{3PL}{2BH^2} \qquad (D.29)$$

式中　R_c——试件的抗折强度，MPa；

　　　P——最大破坏荷载，N；

　　　L——跨距，mm；

　　　B——试件宽度，mm；

　　　H——试件高度，mm。

试验结果以试件抗折强度的算术平均值和单块最小值表示，精确至 0.01MPa。试验结果按表 6-6 或表 6-7 评定强度等级。

3. 烧结多孔砖和空心砖试验

1）试验目的

熟悉烧结多孔砖（图 D.15）和空心砖强度试验方法，评定砖的强度等级。

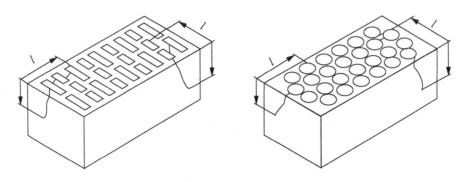

图 D.15　烧结多孔砖

2）试件处理

试件制作采用坐浆法操作。即将玻璃板置于试件制备平台上，其上铺一张湿的垫纸，纸上铺一层厚度不超过 5mm、强度等级为 32.5 的普通硅酸盐水泥调制成稠度适宜的水泥净浆；再将试件在水中浸泡 10～20min 后取出，在铁丝网架上滴水 3～5min，将试件受压面平稳地坐放在水泥浆上，在另一受压面上稍加压力，使整个水泥层与砖受压面相互粘结，砖的侧面应垂直于玻璃板。待水泥浆适当凝固后，连同玻璃板翻放在另一铺纸放浆的玻璃板上，再进行坐浆，用水平尺校正好玻璃板的水平位置。

将试件置于不通风的室内养护 3d，室温不低于 10℃，然后进行试验。

3）试验步骤

（1）测量每个试件受压面的长、宽尺寸各两个，分别取其平均值，精确至 1mm。

（2）将试件平放在压力试验机加压板中央，以 4kN/s 的加荷速度均匀加荷，直至试件破坏，记录破坏荷载 P(N)。

4）结果计算与评定

烧结多孔砖和空心砖抗压强度试验结果计算与评定烧结实心砖基本相同，试验结果按表 6-3 评定强度等级。

试验7　钢筋试验

本试验按《钢筋混凝土用热轧光圆钢筋》（GB 1499.1—2008）和《钢筋混凝土用热轧带肋钢筋》（GB 1499.2—2007）的要求进行。

1. 试验目的

（1）学习如何测定钢筋的屈服强度、抗拉强度与伸长率，注意观察钢筋拉力与变形之间的关系，检验钢筋的力学及工艺性能。

（2）检验钢筋承受规定弯曲程度的变形性能，确定其可加工性能，并显示其缺陷。

2. 取样与验收

（1）钢筋混凝土用热轧钢筋，应有出厂证明书或试验报告单。

（2）同一炉号、牌号、尺寸、交货状态应分批检验和验收，每批质量＜60t。每批钢筋中任取两根，截取两根作为拉力试件、两根作为弯曲试件。如其中有一根拉伸试验或弯曲试验中的任一指标不合格，再从同一批钢筋中任取双倍数量的试件，再进行复检。复检时如有一个指标不合格，则整批不予验收。另外，还要检验尺寸、表面状态等。如使用过程中有脆断、焊接不良以及机械性能明显不正常时应进行化学检验。

（3）钢筋拉伸和弯曲试件不允许车削加工；试验一般在 10～35℃ 的室温范围内进行，对温度要求严格的试验，试验温度应为 (23±5)℃。

3. 拉伸试验

本试验根据《金属材料室温拉伸试验方法》（GB/T 228—2002）的要求进行。

1）主要仪器设备

（1）拉力试验机。示值差小于 1%，试验时所有荷载的范围应在最大荷载的 20%～80%。

（2）钢筋划线机、游标卡尺（精确至 0.1mm）、天平等。

2）试件处理

（1）钢筋拉力试件如图 D.16 所示。

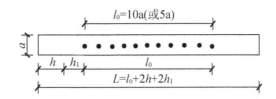

a—试件直径；l_0—标距长度；h_1—0.5～1d；h—夹具长度

图 D.16 钢筋拉力试件

（2）试件在 l_0 范围内，按 10 等分划线、分格、定标距，量出标距长度 l_0，精确至 0.1mm。

（3）测试试件的质量和长度。

（4）不经车削的试件按质量计算截面面积如式（D.30）。

$$A_0 = \frac{m}{7.85L} \tag{D.30}$$

式中 A_0——试件计算截面面积，mm^2；

$\quad\quad m$——试件质量，g；

$\quad\quad L$——试件长度，mm；

$\quad\quad 7.85$——钢材密度，g/cm^3。

计算钢筋强度时，截面面积采用公称横截面面积，故计算截面面积取靠近公称横截面积 A，见表 D-7。

表 D-7 钢筋的公称横截面积

公称直径/mm	公称横截面积/mm²	公称直径/mm	公称横截面积/mm²
8	50.27	22	380.1
10	78.54	25	490.9
12	113.1	28	615.8

续表

公称直径/mm	公称横截面积/mm²	公称直径/mm	公称横截面积/mm²
14	153.9	32	804.2
16	201.1	36	1018
18	254.5	40	1257
20	314.2	50	1964

3）试验步骤

（1）将试件上端固定在试验机夹具内，调整试验机零点，装好描绘器、纸、笔等，再用下夹具固定试件下端。

（2）开动试验机进行拉伸。拉伸速度控制为 10MPa/s；屈服后试验机活动夹头在荷载下移动速度每分钟不大于 $0.5l_c$（不经车削试件 $l_c = l_0 + 2h_1$），直至试件拉断。

注：热轧带肋钢筋的弹性模量约为 2×10^5 MPa。

（3）拉伸过程中，描绘器自动绘出荷载—变形曲线，由荷载变形曲线和刻度盘指针读出屈服荷载 F_s(N)（指针停止转动或第一次回转时的最小荷载）与最大极限荷载 F_b(N)。

（4）量出拉伸后的标距长度 l_1。将已拉断的试件在断裂处对齐，尽量使轴线位于一条直线上。如断裂处到邻近标距端点的距离 $> l_0/3$ 时，可用卡尺直接量出 l_1；如断裂处到邻近标距端点的距离 $\leqslant l_0/3$ 时，可按下述移位法确定 l_1：在长段上自断点起取等于短段格数得 B 点，再取等于长段所余格数[偶数如图 D.17(a)所示]之半得 C 点，或者取所余格数[奇数如图 D.17(b)所示]减 1 与加 1 之半得 C 与 C_1 点。移位后的 l_1 分别为 $AB + 2BC$ 或 $AB + BC + BC_1$。

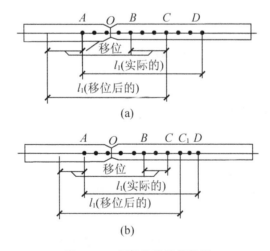

图 D.17 用移位法计算标距

4）结果计算与评定

（1）屈服强度 σ_s，精确至 5MPa；

$$\sigma_s = \frac{F_s}{A}$$

(D.31)

（2）抗拉强度 σ_b，精确至 5MPa；

$$\sigma_b = \frac{F_b}{A} \tag{D.32}$$

（3）伸长率 δ，精确至 1%。

$$\delta_{10}(\delta_5) = \frac{l_1 - l_0}{l_0} \times 100\% \tag{D.33}$$

式中　δ_{10}——$l_0 = 10d$ 时的伸长率；

　　　δ_5——$l_0 = 5d$ 时的伸长率；

　　　d——试件公称直径，mm。

如拉断处位于标距之外，伸长率无效，应重做试验。

4. 弯曲试验

本试验根据《金属材料弯曲试验方法》（GB/T 232—1999)的要求进行。

1) 主要仪器设备

压力机或万能试验机。具有两支承辊，支辊间距离可以调节。具有不同直径的弯心，弯心直径由有关标准规定。如图 D.18 所示为冷弯试验。

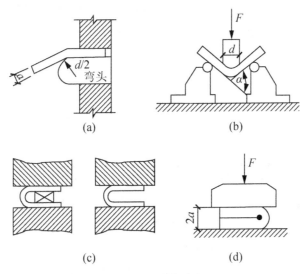

图 D.18　冷弯试验

2) 试件处理

试件加工为 $l = 5a + 150$（mm)。

3) 试验步骤

（1）按图 D.18 调整两支辊之间的距离，使 $x = d + 2.5a$。

（2）选用弯心直径 d。Ⅰ级钢筋 $d = a$；Ⅱ、Ⅲ级钢筋 $d = 3a(a = 8 \sim 25\text{mm})$ 和 $d = 4a$ $(a = 28 \sim 40\text{mm})$；Ⅳ级钢筋 $d = 5a(a = 10 \sim 25\text{mm})$ 和 $d = 6a(a = 28 \sim 30\text{mm})$。

（3）将试件按图 D.18 放置好后，平衡缓慢地加荷。在荷载作用下，钢筋贴着冷弯压头，弯曲到要求的角度 α。Ⅰ、Ⅱ级钢筋 $\alpha = 180°$，Ⅲ、Ⅳ级钢筋 $\alpha = 90°$。取下试件。

4) 结果评定

检查试件弯曲的外缘和侧面，若无裂纹、裂断或起层，则评定为冷弯试验合格。

试验 8 沥青试验

本试验根据《沥青针入度测定法》(GB/T 4509—1998)、《沥青延度测定法》(GB/T 4508—1999)、《沥青软化点测定法(环球法)》(GB/T 4507—1999)的要求进行。

1. 试验目的

(1) 学习如何测定石油沥青或煤沥青的针入度、延度、温度软化点等技术性能指标。

(2) 学会鉴别石油沥青或煤沥青的质量品质。

2. 针入度测定

本方法适用于测定针入度<350 的固体和半固体沥青材料的针入度,也适用于测定针入度为 350~500 的沥青材料的针入度。对于这样的沥青,需采用深度为 60mm、装样量不超过 125mL 的盛样皿测定针入度或采用 50g 荷重下测定的针入度乘以 2 的二次方根得到。

石油沥青的针入度以标准针在一定的荷重、时间及温度条件下垂直穿入沥青试件的深度来表示,单位为 1/10mm。除非另行规定,标准针、针连杆与附加砝码的总质量为(100±0.05)g,温度为(25±0.1)℃,时间为 5s。特定试验可采用的其他条件见表 D-8。

表 D-8 针入度特定试验条件规定

温度/℃	荷重/g	时间/s
0	200	60
4	200	60
46	50	5

注:特定试验报告中应注明试验条件。

1) 主要仪器设备

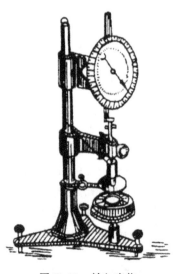

图 D.19 针入度仪

(1) 针入度仪。针入度仪(图 D.19)能使针连杆在无明显摩擦下垂直运动。能指示穿入深度精确到 0.1mm 的仪器均可使用。针连杆质量为(47.5±0.05)g,针和针连杆的总质量为(50±0.05)g。另外,仪器附有(50±0.05)g 和(100±0.05)g 的砝码各一个,可以组成(100±0.05)g 和(200±0.05)g 的荷重以满足试验所需的荷重条件。仪器设有放置平底玻璃皿的平台,并有可调水平的机构,针连杆应与平台垂直。仪器设有针连杆制动按钮,紧压按钮针连杆可自由下落。针连杆要易于拆卸,以便定期检查其质量。

(2) 标准针。标准针应由硬化回火的不锈钢制造,钢号为 440—C 或等同的材料,洛氏硬度为 54~60。针长约 50mm,直径为 1.00~1.02mm。针的一端必须磨成 8.7°～9.7°的锥体，锥体必须与针体同轴，圆锥表面和针体表面交界线的轴向最大偏差＜0.2mm，切平的圆锥端直径应在 0.14～0.16mm 之间，与针轴所成角度不超过 2°。切平的圆锥面的周边应锋利没有毛刺，圆锥表面的粗糙度的算术平均值应为 0.2～0.3μm，针应装在一个黄铜或不锈钢的金属箍中，针露在外面的长度应在 40～50mm，金属箍的直径为(3.20±0.05)mm，长度为(38±1)mm，针应牢固地装在箍里，针尖及针的任何其余部分均不得偏离箍轴 1mm 以上。针箍及其附件总质量为(2.50±0.05)g。每个针箍上打印单独的标志号码。

（3）试件皿。金属或玻璃的圆柱形平底皿，尺寸见表 D-9。

表 D-9 试件皿尺寸

针入度/0.1mm	直径/mm	深度/mm
＜200	35	35
200～350	55	70
350～500	50	60

（4）恒温水浴。容量＞10L，能保持温度在试验温度的±0.1℃范围内。

（5）温度计。液体玻璃温度计刻度范围 0～50℃，分度值为 0.1℃。

（6）平底玻璃皿。容量＞350mL，深度要浸过最大的样品皿。内设一个不锈钢三角支架，以保证试件皿的稳定。

2）试验准备

（1）小心加热样品，不断搅拌以防局部过热，加热到使样品能够流动。焦油沥青的加热温度不超过软化点 60℃，石油沥青不超过软化点 90℃。加热时间不超过 30min。加热、搅拌过程中避免试件中进入气泡。

（2）将试件倒入预先选好的试件皿中，试件深度应大于预计穿入深度 10mm。同时将试件倒入两个试件皿。

（3）松松地盖住试件皿以防灰尘落入。在 15～30℃的室温下，冷却 1～1.5h(小试件皿)或 1.5～2h(大试件皿)，然后将两个试件皿和平底玻璃皿一起放入恒温水浴中，水面应超过试件表面 10mm 以上。在规定的试验温度下冷却，小皿恒温 1～1.5h，大皿恒温1.5～2h。

3）试验步骤

（1）调节针入度仪的水平，检查针连杆和导轨，确保上面没有水和其他物质。先用合适的溶剂将针擦干净，再用干净的布擦干，然后将针插入针连杆中固定，按试验条件放好砝码。

（2）将以恒温到试验温度的试件皿和平底玻璃皿取出，放置在针入度仪的平台上慢慢放下针连杆，使针尖刚刚接触到试件的表面，必要时用放置在合适位置的光源的反射来观察。拉下活杆，使其与针连杆顶端相接触，调节针入度仪上的表盘读数指零。

（3）手紧压按钮，同时启动秒表，使标准针自由下落穿入沥青试件，到规定时间停压按钮，使标准针停止移动。

（4）拉下活杆，再使其与针连杆顶端相接触，此时表盘读针的读数即为试件的针入

度，用 1/10mm 表示。

（5）同一试件至少重复测定三次。每一试验点的距离和试验点与试件皿边缘的距离都不得＜10mm。每次试验前都应将试件和平底玻璃皿放入恒温水浴中，每次测定都要用干净的针。当针入度超过 200 时，至少用三根针，每次试验用的针留在试件中，直到三根针扎完时再将针从试件中取出。针入度＜200 时可将针取下用合适的溶剂擦净后继续使用。

4）结果评定

用三次测定针入度的平均值，取至整数作为试验结果。两次测定的针入度值相差不应＞表 D-10 数值。若差值超过表 D-10 的数值，则利用第二个样品重复试验。如果结果再次超过允许值，则取消所有的试验结果，重新进行试验。

表 D-10　针入度测定允许最大差值(0.1mm)

针入度	0～49	50～149	150～249	250～350
最大差值	2	4	6	8

3. 延度测定

本方法适用于测定石油沥青的延度，也适用于测定煤焦油沥青的延度。非经特殊说明，试验温度为(25±0.5)℃，拉伸速度为(5±0.25)cm/min。

延度是指沥青试件在一定温度下以一定速度拉伸至断裂时的长度。

1）主要仪器设备

（1）延度仪。凡能将试件持续浸没于水中，按照(5±0.25)cm/min 的速度拉伸试件的仪器均可使用。该仪器在开动时应无明显的振动。

（2）试件模具。试件模具由黄铜制造，由两个弧形端模和两个侧模组成，如图 D.20 所示。

（3）水浴。容量至少为 10L，能保持试验温度变化＜0.1℃，试件浸入水中深度＞10cm，水浴中设置带孔搁架以支撑试件，搁架距浴槽底部＞5cm。

（4）温度计。0～50℃，分度 0.1℃和 0.5℃各一支。

（5）金属网。筛孔为 0.3～0.5mm。

（6）隔离剂。以质量计，由两份甘油和一份滑石粉调制而成。

（7）支撑板。金属板或玻璃板，一面必须磨光至表面粗糙度为 $R_a=0.63$。

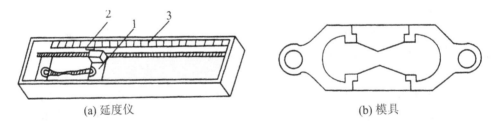

(a) 延度仪　　　　　　　　　　　　　　(b) 模具

图 D.20　延度仪及模具

2）试验准备

（1）将隔离剂拌和均匀，涂于支撑板表面和铜模侧模的内表面，将模具组装在支撑板上。

（2）小心加热样品，以防局部过热，直到完全变成液体能够倾倒。石油沥青样品加热至倾倒温度的时间不超过 2h，其加热温度不超过预计沥青软化点 110℃；煤焦油沥青样品加热至倾倒温度的时间不超过 30min，其加热温度不超过煤焦油沥青预计软化点 55℃。将熔化了的样品过筛，在充分搅拌之后，把样品倒入模具中，在倒样时使试样呈细流状，自模的一端至另一端往返倒入，使试样略高出模具，将试样在空气中冷却 30～40min，然后放在规定温度的水浴中保持 3min 取出，用热的直刀或铲将高出模具的沥青刮出，使试件与模具齐平。

（3）将支撑板、模具和试件一起放入水浴中，并在试验温度下保持 85～95min，然后从板上取下试件，拆掉侧模，立即进行拉伸试验。

3）试验步骤

（1）将模具两端的孔分别套在试验仪器的柱上，然后以一定的速度拉伸，直到试件拉伸断裂。拉伸速度允许误差为 ±5%，测量试件从拉伸到断裂所经过的距离（cm）。试验时，试件距水面和水底的距离 ＞2.5cm，并且要使温度保持在规定温度的 ±0.5℃ 的范围内。

（2）如果沥青浮于水面或沉入槽底，则试验不正常，应使用乙醇或 NaCl 调整水的密度，使沥青材料既不浮于水面，又不沉入槽底。

（3）正常的试验应将试件拉成锥形，直至在断裂时实际横断面面积接近于零。如果三次试验得不到正常结果，则报告在该条件下延度无法测定。

4）结果评定

若三个试件测定值在其平均值的 5% 内，取平行测定三个结果的平均值作为测定结果。若三个试件测定值不在其平均值的 5% 以内，但其中两个较高值在平均值的 5% 之内，则弃去最低测定值，取两个较高值的平均值作为测定结果，否则重新测定。

4. 软化点测定

本方法适用于环球法测定软化点范围在 30～157 ℃ 的石油沥青和煤焦油沥青试件，对于软化点在 30～80℃ 范围内的用蒸馏水做加热介质，软化点在 80～157℃ 范围内的用甘油做加热介质。

软化点是试件在测定条件下，因受热而下坠达 25.4mm 时的温度，以℃表示。

1）主要仪器设备

（1）环。两只黄铜肩环或锥环。

（2）支撑板。扁平光滑的黄铜板，其尺寸约为 50mm×75mm。

（3）球。两个直径为 9.5mm 的钢球，每个质量为 (3.50±0.05)g。

（4）钢球定位器。两只钢球定位器用于使钢球定位于试件中央。

（5）浴槽。可以加热的玻璃容器，其内径 ＞85mm，离加热底部的深度 ＞120mm。

（6）环支撑架和支架。一只铜支撑架用于支撑两个水平位置的环，其安装图如图 D.21 所示。支撑架上的肩环的底部距离下支撑板的上表面为 25.4mm，下支撑板的下表面距离浴槽底部为 (16 ±3)mm。

（7）温度计。温度计应符合 GB/T 514—2005 中沥青软化点专用温度计的规格技术要求，即测温范围在 30～180℃，最小分度值为 0.5℃ 的全浸式温度计。合适的温度计应按

图 D.21 所示悬于支架上，使得水银球底部与环底部水平，其距离在 13mm 以内，但不要接触环或支撑架，不允许使用其他温度计代替。

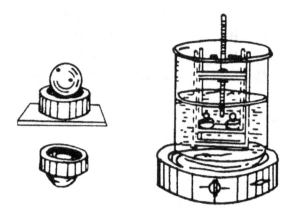

图 D.21　软化点测试安装图

2）试验准备

（1）所有石油沥青试件的准备和测试必须在 6h 内完成，煤焦油沥青必须在 4.5h 内完成。小心加热试件，并不断搅拌以防止局部过热，直到样品变得流动。小心搅拌以免气泡进入样品中。石油沥青样品加热至倾倒温度的时间不超过 2h，其加热温度不超过预计沥青软化点 110℃。煤焦油沥青样品加热至倾倒温度的时间不超过 30min，其加热温度不超过煤焦油沥青预计软化点 55℃。如果重复试验，不能重新加热样品，应在干净的容器中用新鲜样品制备试件。

（2）若估计软化点在 120℃ 以上，应将黄铜环与支撑板预热至 80～100℃，然后将铜环放到涂有隔离剂的支撑板上，否则会出现沥青试件从铜环中完全脱落。

（3）向每个环中倒入略过量的石油沥青试件，让试件在室温下至少冷却 30min。对于在室温下较软的样品，应将试件在低于预计软化点 10℃ 以上的环境中冷却 30min。从开始倒试件时起至完成试验的时间不得超过 249min。

（4）当试件冷却后，用稍加热的小刀或刮刀彻底地刮去多余的沥青，使得每一个圆片饱满且和环的顶部齐平。

3）试验步骤

（1）选择加热介质。新沸煮过的蒸馏水适于软化点为 30～80℃ 的沥青，起始加热介质温度应为（5±1）℃。甘油适于软化点为 80～157℃ 的沥青，起始加热介质的温度应为（30±1）℃。为了进行比较，所有软化点低于 80℃ 的沥青应在水浴中测定，而高于 80℃ 的在甘油浴中测定。

（2）把仪器放在通风橱内并配置两个样品环、钢球定位器，并将温度计插入合适的位置，浴槽装满加热介质，并使各仪器处于适当位置。用镊子将钢球置于浴槽底部，使其同支架的其他部位达到相同的起始温度。

（3）如果有必要，将浴槽置于冰水中，或小心加热并维持适当的起始浴温达 15min，并使仪器处于适当位置，注意不要污染浴液。

（4）再次用镊子从浴槽底部将钢球夹住并置于定位器中。

（5）从浴槽底部加热使温度以恒定的速率5℃/min上升。为防止通风的影响，必要时可用保护装置。试验3min后，升温速度应达到(5±0.5)℃/min，若温度上升速率超过此限定范围，则此次试验失败。

（6）当两个试环的球刚触及下支撑板时，分别记录温度计所显示的温度。无需对温度计的浸没部分进行校正。

4）结果评定

取两个温度的平均值作为沥青的软化点。如果两个温度的差值超过1℃，则重新试验。

因为软化点的测定是条件性的试验方法，对于给定的沥青试件，当软化点略高于80℃时，水浴中测定的软化点低于甘油浴中测定的软化点。

软化点高于80℃时，从水浴变成甘油浴时的变化是不连续的。在甘油浴中所显示的沥青的最低可能软化点为84.5℃，而煤焦油沥青的最低可能软化点为82℃。当甘油浴中软化点低于这些值时，应转变为水浴中的软化点，并在报告中注明。将甘油浴软化点转化为水浴软化点时，石油沥青的校正值为－4.5℃，煤焦油沥青的校正值为－2.0℃。采用此校正值只能粗略地表示出软化点的高低，欲得到准确的软化点应在水浴中重复试验。无论在任何情况下，如果甘油浴中所测得的石油沥青软化点的平均值为80.0℃或更低，煤焦油沥青软化点的平均值为77.5℃或更低，则应在水浴中重复试验。

将水浴中略高于80℃的软化点转化成甘油浴中的软化点时，石油沥青的校正值为＋4.5℃，煤焦油沥青的校正值为＋2.0℃。采用此校正值只能粗略地表示出软化点的高低，欲得到准确的软化点，应在甘油浴中重复试验。在任何情况下，如果水浴中两次测定温度的平均值为85.0℃或更高，则应在甘油浴中重复试验。

▌试验9　沥青混合料试验

1. 沥青混合料试件制作（击实法）

本试验根据《公路工程沥青及沥青混合料试验规程》（JTJ 052—2000）的要求进行。沥青混合料试件制作时的矿料规格及试件数量应符合该试验规程的规定。

1）试验目的

标准击实法适用于马歇尔试验、间接抗拉试验（劈裂法）等所使用的 φ101.6mm×63.5mm 圆柱体试件的成型。大型击实法适用于 φ152.4mm×95.3mm 的大型圆柱体试件的成型。供实验室进行沥青混合料物理力学性质试验使用。

2）仪器设备

击实仪（由击实锤、压实头及带手柄的导向棒组成）；标准击实台；实验室用沥青混合料拌和机；脱模器；试模（每种至少三组）；烘箱（大、中型各一台，装有温度调节器）；天平或电子秤（用于称量矿料的感量＜0.5g，用于称量沥青的感量＜0.1g）；沥青运动粘度测定设备（毛细管粘度计或赛波特重油粘度计）；插刀或大螺钉刀；温度计（分度值＜1℃）；其他[电炉或煤气炉、沥青熔化锅、拌和铲、标准筛、滤纸（或普通纸）、胶布、卡尺、秒表、粉笔、棉纱]等。

3）试验准备

（1）确定制作沥青混合料的拌和与压实温度。

① 按规程测定沥青的粘度，绘制粘温曲线。按表D-11所示的要求确定适宜于沥青混合料拌和及压实的等粘温度。

表D-11 适宜于沥青混合料拌和及压实的沥青等粘温度

沥青结合料种类	粘度与测定方法	适宜于拌和的沥青结合料粘度	适宜于压实的沥青结合料粘度
石油沥青（含改性沥青）	表观粘度，T 0625 运动粘度，T 0619 赛波特粘度，T 0623	(0.17±0.02)Pa·s (170±20)mm2/s (85±10)s	(0.28±0.03)Pa·s (280±30)mm2/s (140±15)s
煤沥青	恩格拉度，T 0622	(25±3)s	(45±5)s

注：液体沥青混合料的压实成型温度按石油沥青要求执行。

② 当缺乏沥青粘度测定条件时，试件的拌和与压实温度可按表D-12选用，并根据沥青品种和牌号作适当调整。针入度小、稠度大的沥青取高限，针入度大、稠度小的沥青取低限，一般取中值。对改性沥青，应根据改性剂的品种和用量，适当提高混合料的拌和及压实温度，对大部分聚合物改性沥青，需要在基质沥青的基础上提高15～30℃，掺加纤维时，则需再提高10℃左右。

表D-12 沥青混合料拌和及压实温度参考表

沥青结合料种类	拌和温度/℃	压实温度/℃
石油沥青	130～160	120～150
煤沥青	90～120	80～110
改性沥青	160～175	140～170

③ 常温沥青混合料的拌和及压实在常温下进行。

（2）沥青混合料配制

① 将各种规格的矿料置于(105±5)℃的烘箱中烘干至恒重（一般为4～6h）。根据需要，粗集料可先用水冲洗干净后烘干，也可将粗细集料过筛后用水冲洗干净后再烘干备用。

② 按规定试验方法分别测定不同粒径粗、细集料及填料（矿粉）的各种密度，按T0603测定沥青的密度。

③ 将烘干分级的粗、细集料，按每个试样设计级配要求称其质量，在一金属盘中混合均匀，矿粉单独加热，置烘箱中预热至沥青拌和温度以上约15℃（采用石油沥青通常为163℃；采用改性沥青时通常需180℃）备用。一般按一组试件（每组4～6个）备料，但进行配合比设计时宜对每个试件分别备料。当采用代替法时，对粗集料中粒径>26.5mm的部分，以13.2～26.5mm粗集料等量代替。常温沥青混合料的矿料不加热。

④ 用恒温烘箱、油浴或电热套将沥青试样熔化加热至规定的温度以备用，但不得超过175℃。当不得已采用燃气炉或电炉直接加热进行脱水时，必须使用石棉垫隔开。

⑤ 用沾有少许黄油的棉纱擦净试模、套筒及击实座等,置于100℃左右烘箱中加热1h备用。常温沥青混合料用试模不加热。

(3) 沥青混合料拌制。本试验所用沥青为粘稠石油沥青或煤沥青。

① 将沥青混合料拌和机预热至拌和温度以上10℃左右备用。

② 将每个试件预热的粗、细集料置于拌和机中,用小铲子适当混合,然后再加入需要数量的已加热至拌和温度的沥青,开动拌和机一边搅拌,一边将拌和叶片插入混合料中拌和1~1.5min,然后暂停拌和,加入单独加热的矿粉,继续拌和至均匀为止,并使沥青混合料保持在要求的拌和温度范围内。标准的总拌和时间为3min。

(4) 成型方法。

① 马歇尔标准击实法成型步骤。

将拌好的沥青混合料,均匀称取一个试件所需的用量(标准马歇尔试件约1200g,大型马歇尔试件约4050g)。当已知沥青混合料的密度时,可根据试件的标准尺寸计算并乘以1.03得到要求的混合料数量。当一次拌和几个试件时,宜将其倒入经预热的金属盘中,用小铲适当拌和均匀并分成几份,分别取用。在试件制作过程中,为防止混合料温度下降,应连盘放在烘箱中保温。

从烘箱中取出预热的试模及套筒,用沾有少许黄油的棉纱擦拭套筒、底座及击实锤底面,将试模装在底座上,垫一张圆形的吸油小的纸,按四分法从四个方向用小铲将混合料铲入试模中,用插刀或大螺钉刀沿周边插捣15次,中间10次。插捣后将沥青混合料表面整平成凸圆弧面,对大型马歇尔试件,混合料分两次加入,每次插捣次数同上。

插入温度计,至混合料中心附近,检查混合料温度。

待混合料温度符合要求的压实温度后,将试模连同底座一起放在击实台上固定,在装好的混合料上面垫一张吸油性小的圆纸,再将装有击实锤及导向棒的压实头插入试模中,然后启动电动机或人工将击实锤从457mm的高度自由落下击实规定的次数(75、50或35次)。对大型马歇尔试件,击实次数为75次(相应于标准击实50次的情况)或112次(相应于标准击实75次的情况)。

试件击实一面后,取下套筒,将试模掉头,装上套筒,然后以同样的方法和次数击实另一面。

试件击实结束后,如上、下面垫有圆纸,应立即用镊子取掉,用卡尺量取试件离试模上口的高度并由此计算试件高度,如高度不符合要求,则试件应作废,并按式(D.34)调整试件的混合料数量,以保证高度符合(63.5±1.3)mm(标准试件)或(95.3±2.5)mm(大型试件)的要求。

$$调整后混合料质量=\frac{要求试件高度×原用混合料质量}{所得试件的高度} \qquad (D.34)$$

② 卸去套筒和底座,将装有试件的试模横向放置冷却至室温后(不少于12h),置脱模机上脱出试件。

③ 将试件仔细置于干燥洁净的平面上,供试验用。

2. 压实沥青混合料试件的密度试验(水中重法)

1) 试验目的

水中重法适用于测定几乎不吸水的密实的Ⅰ型沥青混合料试件的表观密度。

2）仪器设备

浸水天平或电子秤(当最大称量在 3kg 以下时，感量＜0.1g；当最大称量在 3kg 以上时，感量＜0.5g；当最大称量在 10kg 以上时，感量＜5g)，应有测量水中重的挂钩；网篮；溢流水箱(使用洁净水，有水位溢流装置，保持试件和网篮浸入水中后的水位一定，试验时的水温应在 15～25℃范围内，并与测定集料密度时的水温相同)；试件悬吊装置(天平下方悬吊网篮及试件的装置，吊线应采用不吸水的细尼龙线绳，并有足够的长度；对轮碾成型机成型的板块状试件可用铁丝悬挂)；秒表；电风扇或烘箱。

3）试验步骤

(1) 选择适宜的浸水天平或电子秤，最大称量应不小于试件质量的 1.25 倍，且不大于试件质量的 5 倍。

(2) 除去试件表面的浮粒，称取干燥试件的空气中质量(m_a)，读取准确度根据选择的天平的感量决定为 0.1g、0.5g 或 5g。

(3) 挂上网篮，浸入溢流水箱的水中，调节水位，将天平调平或复零，把试件置于网篮中(注意不要使水晃动)，待天平稳定后立即读数，称取水中质量(m_w)。

注：若天平读数持续变化，不能在数秒钟内达到稳定，说明试件吸水较严重，不适用于此法测定。

(4) 对从边路钻取的非干燥试件，可先称取水中质量(m_w)，然后用电风扇将试件吹干至恒量[一般＞12h，当不需进行其他试验时，也可用(60±5)℃烘箱烘干至恒量]，再称取空气中质量(m_a)。

4）试验计算

(1) 按式(D.35)、式(D.36)计算用水中重法测定的沥青混合料试件的表观相对密度和表观密度，精确至 0.001g/cm³。

$$\gamma_a = \frac{m_a}{m_a - m_w} \tag{D.35}$$

$$\rho_a = \frac{m_a}{m_a - m_w} \times \rho_w \tag{D.36}$$

式中　γ_a——试件表观相对密度，量纲唯一；

ρ_a——试件表观密度，g/cm³；

m_a——干燥试件的质量，g；

m_w——试件的水中质量，g；

ρ_w——常温水的密度，g/cm³，取 1g/mm³。

(2) 当试件为几乎不吸水的密实沥青混合料时，以表观相对密度代替毛体积相对密度，按《公路工程沥青及沥青混合料试验规程》(JTJ 052—2000)中的方法计算试件的理论最大相对密度及空隙率、沥青的体积百分率、矿料间隙率、粗集料骨架间隙率、沥青饱和度等各项体积指标。

3. 沥青混合料马歇尔稳定度试验

1）试验目的

马歇尔稳定度试验是对标准击实的试件在规定的温度和速度等条件下受压，测定沥青混合料的稳定度和流值等指标所进行的试验。

标准马歇尔稳定度试验主要用于沥青混合料的配合比设计及沥青路面施工质量检验。

2）仪器设备

沥青混合料马歇尔试验仪应符合《沥青混合料马歇尔试验仪》（GB/T 11823—1989）的技术要求；恒温水槽（能保持水温温度为1℃，深度＞150mm）；真空饱水容器（包括真空泵及真空干燥器组成）；烘箱；天平（感量＜0.1g）；温度计（分度1℃）；马歇尔试件高度测定器；其他（卡尺，棉纱，黄油）。

3）标准马歇尔试验方法

（1）准备工作。

① 成型马歇尔试件。尺寸应符合直径（101.6±0.25）mm，高（63.5±1.3）mm 的要求。

② 量测试件的直径及高度。用卡尺测量试件中部的直径，用马歇尔试件高度测定器或用卡尺在十字对称的四个方向量测离试件边缘 10mm 处的高度，精确至 0.1mm，并以其平均值作为试件的高度。如试件高度不符合（63.5±1.3）mm 的要求或两侧高度差大于 2mm 时，此试件应作废。

③ 按规定的方法测定试件的密度、空隙率、沥青体积百分率、沥青饱和度、矿料间隙率等物理指标。

④ 将恒温水浴调节至要求的试验温度，对粘稠石油沥青或烘箱养护过的乳化沥青混合料为（60±1）℃，对煤沥青混合料为（33.8±1）℃，对空气养护的乳化沥青或液体沥青混合料为（25±1）℃。

（2）试验步骤。

① 将标准试件置于已达规定温度的恒温水槽中保温 30～40min。试件之间应有间隔，底下应垫起，离容器底部距离＞5cm。

② 将马歇尔试验仪的上下压头放入水槽或烘箱中达到同样温度。将上下压头从水槽或烘箱中取出擦干净内面。为使上下压头滑动自如，可在下压头的导棒上涂少量黄油。再将试件取出置于下压头上，盖上上压头，然后装在加载设备上。

③ 在上压头的球座上放稳钢球，并对准荷载测定装置的压头。

④ 当采用自动马歇尔试验仪时，将自动马歇尔试验仪的压力传感器、位移传感器与计算机或 X－Y 记录仪正确连接，调整好适宜的放大比例。调整好计算机程序或将 X－Y 记录仪的记录笔对准原点。

⑤ 当采用压力环和流值计时，将流值计安装在导棒上，使导向套管轻轻地压住上压头，同时将流值计读数调零。调整压力环中的百分表，对零。

⑥ 启动加载设备，使试件承受荷载，加载速度为（50±5）mm/min。计算机或 X－Y 记录仪自动记录传感器压力和试件变形曲线并将数据自动存入计算机。

⑦ 当试验荷载达到最大值的瞬间，取下流值计，同时读取压力环中百分表读数及流值计的流值读数。

⑧ 从恒温水槽中取出试件至测出最大荷载值的时间，不得超过 30s。

4）结果计算与评定

（1）试件的稳定度及流值。

① 由荷载测定装置读取的最大值即为试样的稳定度，精确至 0.1kN。

② 由流值计及位移传感器测定装置读取的试件垂直变形，即为试件的流值（FL），精确至 0.1mm。

（2）试件的马歇尔模数。

试件的马歇尔模数按式（D.37）计算：

$$T = \frac{MS}{FL} \tag{D.37}$$

式中　T——试件的马歇尔模数，kN/mm；

　　　MS——试件的稳定度，kN；

　　　FL——试件的流值，mm。

当一组测定值中某个数据与平均值之差大于标准差的 k 倍时，该测定值应予舍弃，并以其余测定值的平均值作为试验结果。当试验数目 n 为 3、4、5、6 个时，k 值分别 1.15、1.46、1.67、1.82。

4. 沥青混合料车辙试验

1）试验目的

沥青混合料的车辙试验是在规定尺寸的板块状压实试件上，用固定荷载的橡胶轮反复行走后，测定其在变形稳定期每增加变形 1mm 的碾压次数，即动稳定度，以次/mm 表示。

车辙试验的试验温度与轮压可根据有关规定和需要选用，非经注明，试验温度为 60℃，轮压为 0.7MPa。计算动稳定度的时间原则上为试验开始后 45～60min 之间。

本试验适于测定沥青混合料的高温抗车辙能力，并作为沥青混合料配合比设计的辅助性测试使用。

本试验适用于用轮碾成型机碾压成型的长 300mm、宽 300mm、厚 50mm 的板块状试件，也适用于现场切割制作的长 300mm、宽 150mm、厚 50mm 的板块状试件。

2）仪器设备

车辙试验机（主要由试件台、试验轮、加载装置、试模、变形测量装置、温度检测装置等部分组成）；恒温室[能保持恒温室温度（60±1）℃，试件内部温度（60±0.5）℃]；台秤（称量 15kg，感量不大于<5g）。

3）试验方法

（1）准备工作。

① 试验轮接地压强测定。测定在 60℃时进行。在试验台上放置一块 50mm 厚的钢板。其上铺一毫米方格纸，上铺一张新的复写纸，以规定的 700N 荷载试验轮静压复写纸，即可在方格纸上得出轮压面积，并由此求得接地压强。当压强不符合（0.7±0.05）MPa 时，荷载应予适当调整。

② 用轮碾成型法制作车辙试验试块。在实验室或工地制备成型的车辙试件，其标准尺寸为 300mm×300mm×50mm，也可从路面切割得到 300mm×150mm×50mm 的试件。

③ 将试件脱模，按本规程规定的方法测定密度及空隙率等各项物理指标。如经水浸，应用电扇将其吹干，然后再装回原试模中。

④ 试件成型后，连同试模一起在常温条件下放置的时间应>12h。对聚合物改性沥青混合料，放置的时间以 48h 为宜，使聚合物改性沥青充分固化后方可进行车辙试验，但室温下放置时间也不得长于一周。

（2）试验步骤。

① 将试件连同试模一起，置于达到试验温度（60±1）℃的恒温室中，保温不少于 5h，也不得多于 24h。在试件的试验轮不行走的部位上，粘贴一个热电隅温度计（也可在试件制作时预先将热电隅导线埋入试件一角），控制试件温度稳定在（60±0.5）℃。

② 将试件连同试模移置轮辙试验机的试验台上，试验轮在试件的中央部位，其行走方向须与试件碾压或行车方向一致。开动车辙变形自动记录仪，然后启动试验机，使试验轮往返行走，时间约 1h，或最大变形达到 25mm 时为止。试验时，记录仪自动记录变形曲线及试件温度。

4）结果计算与评定

（1）从变形曲线上读取 45min（t_1）及 60min（t_2）时的车辙变形 d_1 及 d_2，精确至 0.01mm。

当变形过大，在未到 60min 变形已达 25mm 时，则以达到 25mm（d_2）时的时间为 t_2，将其前 15min 为设定为 t_1，此时的变形量为 d_1。

（2）沥青混合料试件的动稳定度按式（D.38）计算：

$$DS = \frac{(t_2 - t_1) \times 42}{d_2 - d_1} \times c_1 \times c_2 \qquad (D.38)$$

式中　DS——沥青混合料的动稳定度，次/mm；

d_1——时间 t_1（一般为 45min）的变形量，mm；

d_2——时间 t_2（一般为 60min）的变形量，mm；

c_1——试验机类型修正系数，曲柄连杆驱动试件的变速行走方式为 1.0，链驱动试验轮的等速方式为 1.5；

c_2——试件系数，实验室制备的宽 300mm 的试件为 1.0，从路面切割的宽 150mm 的试件为 0.80。

同一沥青混合料至少平行试验三个试件，当三个试件动稳定度变异系数<20％时，取其平均值作为试验结果。当变异系数>20％时应分析原因，并追加试验。如计算动稳定度值大于 6000 次/mm 时，记作>6000 次/mm。

参 考 文 献

[1] 中华人民共和国国家标准. 混凝土质量控制标准(GB 50164—2011)[S]. 北京：中国建筑工业出版社，2011.

[2] 中华人民共和国行业标准. 普通混凝土配合比设计规程(JGJ 55—2011)[S]. 北京：中国建筑工业出版社，2011.

[3] 中华人民共和国国家标准. 混凝土强度检验评定标准(GB/T 50107—2010)[S]. 北京：中国建筑工业出版社，2010.

[4] 中华人民共和国国家标准. 普通混凝土拌合物性能试验方法标准(GB/T 50080—2002)[S]. 北京：中国建筑工业出版社，2003.

[5] 中华人民共和国国家标准. 混凝土结构工程施工质量验收规范(GB 50204—2002)[S]. 北京：中国建筑工业出版社，2002.

[6] 中华人民共和国行业标准. 建筑砂浆基本性能试验方法标准(JGJ/T 70—2009)[S]. 北京：中国建筑工业出版社，2009.

[7] 中华人民共和国国家标准. 建设用卵石、碎石(GB/T 14685—2011)[S]. 北京：中国标准出版社，2011.

[8] 中华人民共和国国家标准. 建设用砂(GB/T 14684—2011)[S]. 北京：中国标准出版社，2011.

[9] 中华人民共和国国家标准. 钢筋混凝土用钢(热轧带肋钢筋)(GB 1499.2—2007)[S]. 北京：中国标准出版社，2009.

[10] 中华人民共和国国家标准. 钢筋混凝土用钢(热轧光圆钢筋)(GB 1499.1—2008)[S]. 北京：中国标准出版社，2008.

[11] 中华人民共和国国家标准. 通用硅酸盐水泥(GB 175—2007)[S]. 北京：中国标准出版社，2007.

[12] 中华人民共和国国家标准. 用于水泥中的粒化高炉矿渣(GB/T 203—2008)[S]. 北京：中国标准出版社，2008.

[13] 中华人民共和国国家标准. 用于水泥中的火山灰质混合材料(GB/T 2847—2005)[S]. 北京：中国标准出版社，2005.

[14] 中华人民共和国国家标准. 用于水泥和混凝土中的粉煤灰(GB 1596—2005)[S]. 北京：中国标准出版社，2005.

[15] 中华人民共和国行业标准. 混凝土用水标准(JGJ 63—2006)[S]. 北京：中国建筑工业出版社，2006.

[16] 柳俊哲，宋少民，赵志曼. 土木工程材料[M]. 北京：科学出版社，2011.

[17] 彭小芹. 土木工程材料[M]. 重庆：重庆大学出版社，2009.

[18] 姜继圣. 新型建筑材料[M]. 北京：化学工业出版社，2009.

[19] 苏达根. 土木工程材料[M]. 北京：高等教育出版社，2008.

[20] 施惠生. 土木工程材料性能、应用与生态环境[M]. 北京：中国电力出版社，2008.

[21] 张粉芹，赵志曼. 建筑装饰材料[M]. 重庆：重庆大学出版社，2007.

[22] 王世芳. 建筑材料[M]. 武汉：武汉大学出版社，2007.

[23] [美] J. Francis Young, etc. *The Science and Technology of Civil Engineering Materials*. 北京：中国建筑工业出版社，2006.

[24] 赵志曼. 土木工程材料问答[M]. 北京：机械工业出版社，2006.

[25] [美]Shan Somayaji. *Civil Engineering Materials*. 北京：高等教育出版社，2006.

[26] 赵方冉. 土木工程材料[M]. 上海：同济大学出版社，2004.

[27] 冯乃谦. 高性能混凝土结构[M]. 北京：机械工业出版社，2004.

[28] 姚佳良. 材料引起的建筑工程质量问题与防治[M]. 长沙：湖南大学出版社，2004.

[29] 吴清仁. 生态建材与环保[M]. 北京：化学工业出版社，2003.

[30] 闫振甲. 工业废渣生产建筑材料实用技术[M]. 北京：化学工业出版社，2002.

[31] 杨茂森. 建筑材料质量检测[M]. 北京：中国计划出版社，2000.

[32] [奥]H. 索默. 高性能混凝土的耐久性[M]. 冯乃谦，译. 北京：科学出版社，1998.

[33] 冯乃谦. 高强混凝土技术[M]. 北京：中国建材工业出版社，1992.